Statistische Methoden
bei
textilen Untersuchungen

Von

Ulrich Graf †   und   **Hans-Joachim Henning**

Professor Dr.-Ing. habil.

Dr. phil.
Rheydt-Odenkirchen

Mit 71 Abbildungen

Dritter berichtigter Neudruck
mit einem stark erweiterten Literaturverzeichnis

Springer-Verlag Berlin Heidelberg GmbH
1960

Ursprünglich erschienen bei Springer-Verlag O H G., Berlin/Göttingen/Heidelberg 1960

Softcover reprint of the hardcover 3rd edition 1960

ISBN 978-3-662-28225-0   ISBN 978-3-662-29740-7 (eBook)
DOI 10.1007/978-3-662-29740-7

Vorwort zum dritten berichtigten Neudruck

Grundlegende Änderungen oder Ergänzungen sind auch beim dritten Neudruck nicht erfolgt. Neben einigen kleineren Richtigstellungen wurde eine einheitliche Handhabung des Prozentzeichens nach den Beziehungen $1 = 100\%$ und $0{,}01 = 1\%$ durchgeführt. Das %-Zeichen tritt daher nur noch in Verbindung mit Zahlenwerten in den Gleichungen auf, und in diese sind in Prozenten angegebene Werte als echte Brüche einzusetzen.

Im Zusammenhang mit dem Vertrauensbereich wird nur noch von diesem oder der Vertrauensgrenze gesprochen, die wenig treffende Bezeichnung „Genauigkeit" ist dafür ausgemerzt worden. Daß Vertrauensbereich und Vertrauensgrenze für die Kennzahl der Grundgesamtheit gelten, wurde möglichst klar herauszustellen versucht und damit einigen Diskussionsanregungen gefolgt. Diese führten außerdem dazu, die Bezeichnung „nicht gesichert" zu bevorzugen; durch sie soll noch deutlicher angezeigt werden, daß dann, wenn die statistische Prüfung auf eine nicht gesicherte Abweichung geführt hat, ein geringer echter Unterschied immer noch vorhanden sein könnte, er aber jedenfalls nicht größer als die Weite des der Stichprobe zugehörenden Zufälligkeitsbereiches sein dürfte.

Das Literaturverzeichnis wurde weitgehend ergänzt.

Allen, die Hinweise für Verbesserungen oder Vorschläge für Änderungen gegeben haben, sei auch an dieser Stelle bestens gedankt. Dem Springer-Verlag danke ich für alle Mühe und das bereitwillige Eingehen auf alle Änderungswünsche bei diesem Neudruck.

Rheydt-Odenkirchen, im November 1959

Hans-Joachim Henning

Vorwort zur ersten Auflage

In den folgenden Ausführungen wird der Versuch gemacht, den Nutzen und die Reichweite statistischer Verfahren bei textilen Untersuchungen darzulegen. Solche Gedankengänge sind heute im Ausland weit stärker entwickelt als bei uns, und der praktische Erfolg, der sich dabei erwiesen hat, wird diesen Methoden in Zukunft mehr und mehr Geltung verschaffen. Für ihre Anwendung ist es keineswegs erforderlich, Fachmathematiker zu sein; die technisch-statistischen Gebrauchsverfahren sind heute so weit entwickelt, daß sie wie ein gut gearbeitetes Werkzeug in der Hand des Textilfachmannes wirksam werden können.

Dem Standpunkt der Praxis sollte dadurch Rechnung getragen werden, daß möglichst zahlreiche prägnante Beispiele behandelt sind. An ihnen ist die Anwendungsmöglichkeit der statistischen Verfahren dargelegt, und die rein mathematischen Überlegungen treten zurück und sind jeweils nur so weit angeführt, wie es das grundsätzliche Verständnis und der Zusammenhang der einzelnen Verfahren erfordert. Mathematische Beweise sind überhaupt nicht gegeben. Daß trotzdem die Lektüre nicht überall leicht ist, liegt an der Sache selbst, die zu ihrer Beherrschung ohne Zweifel eine eingehende Vertiefung erfordert.

Die vielen Beispiele, die dem mathematischen Skelett Blut, Fleisch und Leben verleihen sollen, sind typisch für die statistische Schlußweise. Keineswegs sollen aber die an ihnen gezogenen Schlüsse auch sonst in textiler Hinsicht allgemeingültig sein. An dem Beispiel über das Kämmlingsverhältnis soll die Streuungsanalyse erläutert, aber keineswegs gezeigt werden, daß immer der Zeiteinfluß unwesentlich und der Maschineneinfluß wesentlich ist. Der Schwerpunkt liegt stets auf der Statistik.

Die Anwendung technisch-statistischer Verfahren in der Praxis erfordert sicher einige Mühe — wenn auch nur Bleistift, Papier und Kopf dafür erforderlich sind —, aber der Gewinn lohnt diese Mühe. Man erreicht eine schärfere und kritischere Bewertung von Meßergebnissen und beseitigt damit die Gefahr, aus Versuchsreihen, die nicht ausreichen, Schlüsse zu ziehen, die nicht gesichert sind. Solche ungesicherten Schlüsse können bei der Übertragung in großem Maßstab in die Praxis zu Fehlinvestitionen führen, die durch den Einsatz statischer Gedankengänge vermieden werden. Dabei spielt es keine Rolle, wenn der Statistiker mit seiner Schlußweise sehr vorsichtig ist, denn auch ein Urteil, das zunächst noch nicht genügend gesichert ist, wird sich, sofern es richtig ist, bei weiteren Untersuchungen immer als gesichert herausstellen. Die statistische Auswertung kann also trotz ihrer vorsichtigen Bewertungsweise niemals eine fortschrittliche Entwicklung aufhalten, sondern sie höchstens etwas verlangsamen, wobei aber — und das ist das große Plus — schwere Fehlentscheidungen vermieden werden. Darüber hinaus vermittelt die statistische Schlußweise Erkenntnisse und Möglichkeiten (etwa bei der laufenden Qualitätsüberwachung, den Kontrollkarten u. a.), die nur durch sie allein geliefert werden können und die bei Toleranzen, Liefer- und Abnahmebedingungen, Normen usw. ihre fruchtbarste Anwendung finden.

Dem Springer-Verlag danken wir für alle seine Mühe und für sein verständnisvolles Eingehen auf alle unsere Wünsche.

Düsseldorf und Rheydt-Odenkirchen,
im Februar 1952

Ulrich Graf   Hans-Joachim Henning

Inhaltsverzeichnis

Inhaltsverzeichnis IX

b

Berichtigung

S. 209, Zeile 3 v. u.: Statt $\varrho\,\dfrac{\sqrt{N-2}}{1-\varrho^2}$ lies $\varrho\,\sqrt{\dfrac{N-2}{1-\varrho^2}}$

S. 210, Zeile 11 v. o.: Statt $\varrho\,\dfrac{\sqrt{N-2}}{1-\varrho^2} = 0{,}45\,\dfrac{\sqrt{10}}{1-0{,}45^2} = 1{,}78$

$\qquad\qquad$ lies $\varrho\,\sqrt{\dfrac{N-2}{1-\varrho^2}} = 0{,}45\,\sqrt{\dfrac{10}{1-0{,}45^2}} = 1{,}59$

Graf/Henning, Statistische Methoden, 3. Neudr.

A. Einleitung

Die Anwendung der mathematischen Statistik auf industrielle Fragen, auf die Auswertung von Stichproben, die Beurteilung von Meßreihen, auf laufende Qualitätskontrolle und Fabrikationsüberwachung hat in den letzten Jahren mehr und mehr an Umfang zugenommen. Diese Methoden gewinnen immer stärker an Bedeutung, da sie dazu beitragen können, die Produktion zu verbilligen und zu erhöhen.

Wenn man diese Verfahren für die Praxis der Industrie darstellen will, so kann man dieses Ziel auf verschiedenen Wegen zu erreichen suchen. Wir glauben, daß es wenig Zweck hat, den Praktikern der Betriebe eine rein mathematische Darlegung vorzustellen. Der Statistiker, der rein mathematisch arbeitet, gleicht einem Komponisten, der mit ausgeklügelter Harmonielehre Kompositionen in schwarzen Notenköpfen aufstellt. Aber Notenköpfe sind noch keine Musik, und das, was die Industrie braucht, ist lebendige Musik, am besten vorgespielt auf dem Instrument der betreffenden Technik. So nehmen in der folgenden Darstellung die Beispiele eine zentrale Stellung ein, und um sie als das eigentliche geistige Gerüst sind die allgemeinen mathematischen Darlegungen nur so weit ausgeführt, wie es das Verständnis und der Zusammenhang der angewandten technischen Statistik erfordert.

Schon immer werden in textilen Betrieben laufende Messungen durchgeführt und notiert, so z.B. für die Garnnummer u. a. Keineswegs aber wird schon immer aus solchen Meßwerten die notwendige Schlußfolgerung gezogen, die ihre geistige Grundlage in den Gedankengängen der mathematischen Statistik hat. Wenn jemand mühevoll statistische Erfassungen durchführt, so gleicht er einem Manne, der mit viel Liebe und Kunst aus besten Zutaten einen Punsch zusammenbraut. Wenn er dann die statistischen Ergebnisse noch ordnet und tabellarisch oder graphisch zusammenstellt, schenkt er gleichsam den Punsch in das Glas, hält es gegen das Licht und freut sich an Farbe und Duft. Aber erst, wenn er die kritische statistische Auswertung und Bewertung vornimmt, trinkt er den Punsch auch mit Genuß aus. In diesem Sinne sollen alle folgenden Darlegungen verstanden werden.

Der Nutzen der statistischen Überlegungen bei textilen Untersuchungen ist unbestreitbar und durch in- und ausländische Erfahrungen erwiesen. Gerade in textilen Betrieben erwächst der mathematischen

Statistik in Zukunft noch ein weites und fruchtbares Feld, so wie es ein englischer Referent zum Ausdruck brachte[1]:

„The most marked advance seems to have come with the development of methods based on mathematical statistics; the purely instrumental attack of the earlier years having done little more than prove its own unsuitability."

B. Statistische Grundbegriffe
1. Grundgesamtheit, Stichprobe und Zufallsauswahl

Alle in der Textilindustrie verarbeiteten Materialien und die daraus hergestellten Halb- und Fertigfabrikate sind mit Inhomogenitäten behaftet, die in den zufälligen Schwankungen der gemessenen oder zu messenden Größen zum Ausdruck kommen. Als Beispiele solcher Messungen seien genannt:

Feinheitsmessungen an den Wollfasern eines Merino-Kammzuges nach DIN 53811.

Merkmal: Faserdurchmesser in μ ($1\mu = {}^1/_{1000}$ mm).

Drehungsbestimmungen an einem Streichgarn nach DIN 53832.

Merkmal: Anzahl der Drehungen auf 25 mm Einspannlänge.

Garnnummernkontrolle einer Spinnpartie.

Merkmal: Garnnummer metrisch Nm.

Einzelfaser-Festigkeitsmessungen an einer Zellwolle nach DIN 53816.

1. Merkmal: Zugfestigkeit in g bei 10 mm Einspannlänge.

2. Merkmal: Bruchdehnung in Prozenten der Einspannlänge.

Scheuerprüfungen an einem Gewebe auf einem Scheuerprüfgerät nach DIN 53863.

1. Merkmal: Gewichtsverlust in mg/100 cm² gescheuerter Fläche.

2. Merkmal: Festigkeitsverlust in Prozenten der durchschnittlichen Festigkeit des ungescheuerten Gewebes, usw.

Bei allen diesen Beispielen handelt es sich um *Stichproben*, wobei die Anzahl N aller gemessenen Merkmalswerte als *Umfang* der Stichprobe bezeichnet wird. Diese Stichproben sind jeweils aus der vorliegenden *Grundgesamtheit* (*alle* Wollfasern der betreffenden Merino-Partie bzw. *alle* 25 mm-Abschnitte der betreffenden Streichgarnlieferung bzw. *alle* herstellbaren Scheuerproben des Gewebes usw.) gewonnen. Die Zahl der Merkmalsmessungen, die an der Grundgesamtheit überhaupt gewonnen werden könnten, ist sehr groß oder — zumindest gedanklich — unendlich groß. Alle folgenden Überlegungen beziehen sich auf eine solche unendlich groß gedachte Grundgesamtheit[2].

---

[1] J. Text. Inst., Manchr. Vol. 40 (1949) Nr. 8, S. P844. Referat über „Wool-Research 1918/1948, Vol. 6, Drawing and Spinning".

[2] Im Gegensatz zu den statistischen Schlüssen, die sich auf eine endliche Grundgesamtheit (z. B. bei einer Volkszählung) beziehen.

Die Stichprobe erfaßt von allen möglichen Werten eine Auswahl, die rein zufällig genommen werden soll. Das bedeutet, daß für jedes Element der Grundgesamtheit die gleiche Wahrscheinlichkeit bestehen muß, zur Messung oder Bewertung herangezogen zu werden und damit der Stichprobe anzugehören. So soll z. B. bei der Faser-Feinheitsmessung jede Faser die gleiche Chance haben, in das auszumessende Präparat zu gelangen. Bei einer Garnprüfung muß für jedes Garnstück der insgesamt zu bewertenden Garnlänge der gleiche Gesichtspunkt gelten. Daher ist es z. B. bei Garndickenmessungen zu vermeiden, die Meßpunkte in gleichen Abständen voneinander zu wählen. Wenn nämlich periodische Dickenschwankungen an dem Garn auftreten, könnte es sein, daß man gerade immer die dünnsten Stellen erfaßt und dadurch genau das Gegenteil der erstrebten „Zufallsauswahl" erhält.

Das Ziel, mit der Stichprobe die zu untersuchende Grundgesamtheit möglichst gut zu bewerten, wird sich um so besser erreichen lassen, je größer der Umfang der Stichprobe ist, und bei kleinen Stichproben wird man mit zufallsbedingten Abweichungen der Ergebnisse rechnen müssen, die die Genauigkeit der zu ziehenden statistischen Schlüsse beeinträchtigen. Dieser Gesichtspunkt kommt in den später behandelten Formeln, bei denen der Umfang der Stichprobe eine wesentliche Rolle spielt, zum Ausdruck.

Die Art der Stichprobenentnahme kann ausschlaggebend für das Ergebnis und seine Beurteilung sein. So wird man z. B. bei Fasermessungen an Bändern u. dgl. zu unterscheiden haben, ob die Probe aus der Fasermasse oder aus dem Bandquerschnitt genommen ist. Im zweiten Falle ist die Stichprobe „längenbetont" (englisch length-biassed), d. h. in diesem Fall treten die längeren Fasern häufiger auf als im ersten Fall, da die Wahrscheinlichkeit für das Antreffen einer Faser in einem Querschnitt um so größer ist, je länger die Faser ist.

Weiterhin ist bereits bei der Durchführung von Versuchen darauf zu achten, daß fehlerhafte systematische Einflüsse nach Möglichkeit ausgeschaltet werden. Ein Beispiel dafür stellt der Kreuzversuch dar. Sind etwa zwei Partien miteinander zu vergleichen, so wird man es unter Umständen vermeiden müssen, jede Partie auf je einer Maschine zu verarbeiten (denn dann würde der Maschineneinfluß mit in die Partiebeurteilung eingehen) oder beide Partien nacheinander über die gleiche Maschine laufen zu lassen (denn dann würden bei den aufeinanderfolgenden Zeiten geänderte äußere Bedingungen, wie etwa das Klima, das Ergebnis beeinflussen können). Vielmehr wird man im Kreuzversuch beide Partien teilen und je zur Hälfte über die eine und die andere Maschine gleichzeitig laufen lassen.

Läßt sich das zur Untersuchung stehende Material eindeutig in Teilmengen zerlegen, dann wird besser statt einer Zufallsstichprobe eine sogenannte *repräsentative Stichprobe* gezogen. Der Unterschied der beiden Probenahmen möge an dem Beispiel einer auf 5 Maschinen produzierten Garnpartie erläutert werden. Sollen 20 Cops geprüft werden, dann können diese 20 Cops auf 2 Arten entnommen werden. Entweder greift man sie, nachdem alle Cops der Partie — zumindest gedanklich — durcheinandergebracht worden sind, ganz willkürlich aus der Masse aller Cops heraus, dann erhält man eine Zufallsstichprobe, oder aber man hält die Lieferungen der 5 Maschinen getrennt und entnimmt – die Teillieferungen der einzelnen Maschinen mögen der Einfachheit halber als gleich groß anzusehen sein — von jeder dieser 5 Teilmengen je 4 Cops, wobei für jede in ganz zufälliger Weise vorzugehen ist. Im zweiten Falle ist das Ergebnis eine repräsentative Stichprobe. Diese Form der Auswahl liefert eine Art ähnlich verkleinertes Abbild der vollen Grundgesamtheit[1]. Vor allem bei kleinem Stichprobenumfang leistet die repräsentative Probenahme erheblich mehr als die reine Zufallsauswahl, mit zunehmender Anzahl der Meßwerte gleichen sich die Unterschiede immer mehr aus, da dann auch die Zufallsprobe mehr und mehr repräsentativ wird.

An weiteren Fällen, bei denen der Grundsatz der repräsentativen Probeentnahme eine Rolle spielt, seien hier nur noch folgende genannt: Die Vorschrift bei der Konditionierung nach DIN 53823 lautet, daß die Proben aus den Kisten in der Raumdiagonale entnommen werden müssen. Würden die Proben nämlich aus der obersten Schicht gezogen, so bestünde die Möglichkeit, ein falsches Bild zu erhalten, wenn etwa die oberste Schicht durch Sonnenbestrahlung zu ausgetrocknet oder durch die Einwirkung von Regen zu feucht wäre. Für die Ermittlung der Garnnummer des Schusses in einem Gewebe gilt die Regel: Die Proben sollen in größeren Abständen in Kettrichtung verteilt werden, damit mehrere Schußspulen erfaßt werden und nicht etwa der Einfluß einer einzelnen, möglicherweise herausfallenden Spule ein falsches Bild gibt.

Grundsätzlich wird auch eine richtig entnommene Stichprobe mit Zufälligkeiten behaftet sein, und es ist Aufgabe der mathematischen Statistik, diese Zufälligkeiten und die Wahrscheinlichkeit ihres Auftretens formelmäßig zu beherrschen. Das Problem, aus einer Stichprobe richtige Schlüsse auf die Grundgesamtheit zu ziehen, ist die technisch wichtigste Aufgabe der mathematischen Statistik; sie wird in den folgenden Darlegungen ausführlich behandelt. Voraussetzung dabei ist

---

[1] Dieser Gedanke, in der Stichprobe ein umfangmäßig verkleinertes, aber repräsentatives Modell der Gesamtheit aufzubauen, liegt dem bekannten Gallup-Verfahren zugrunde. Die Auswahl und Schichtung des Personenkreises, der dabei befragt wird, ist entscheidend für den Erfolg und die Ermittlung einer zutreffenden Vorhersage.

aber stets, daß die Stichprobe selbst, welchen Umfang sie auch haben mag, tendenzlos, d. h. ohne eine bewußte oder unbewußte Bevorzugung entnommen wird. Auf diesen Gesichtspunkt kann gar nicht Wert genug gelegt werden.

Bei Stichproben größeren Umfanges gestatten oftmals die Zahlenwerte selbst eine nachträgliche Kontrolle, ob die Auswahl wirklich in diesem Sinne tendenzlos war. So sind z. B. die 120 Messungen einer Festigkeitsbestimmung an einem Seidengarn (italienische Grège vom Titer 20/22 den) im folgenden der Reihe nach zeilenweise aufgeschrieben.

Beispiel 1: Festigkeitsbestimmung an einem Seidengarn (italienische Grège vom Titer 20/22 den) (I)

Bruchlast in g

83	92	94	67	64	103	105	106	56	61	831
63	78	73	68	97	94	99	73	73	71	789
81	92	95	108	99	103	76	71	68	64	857
76	84	82	88	89	83	72	70	82	54	780
54	53	81	82	76	88	96	94	88	93	805
87	68	71	67	68	64	63	76	78	86	728
84	80	76	78	65	67	84	71	81	87	773
86	83	92	89	94	81	82	75	71	81	834
84	84	69	80	75	91	78	91	73	71	796
60	71	61	97	95	97	89	81	81	65	797
71	65	102	103	103	84	80	70	94	90	862
90	81	84	86	74	70	92	78	90	74	819
919	931	980	1013	999	1025	1016	956	935	897	9671

Die vorstehenden 120 Werte sind sowohl zeilenweise addiert (Summen 831, 789, 857 usw.) als auch spaltenweise zusammengezählt (Summen 919, 931, 980 usw.). Weder die Reihe der Zeilensummen noch die Reihe der Spaltensummen zeigt einen „Gang", d. h. eine Tendenz zum Größer- oder Kleinerwerden, es sind vielmehr die großen und die kleinen Werte in diesen beiden Reihen regellos verteilt. Dieser Umstand kann als erstes und einfachstes Kennzeichen für eine Zufallsauswahl der 120 gefundenen Zahlenwerte dienen.

Allerdings ist dieses Kennzeichen noch keineswegs hinreichend für eine wahre Zufallsauswahl. Wenn z. B. diese 120 Werte alle an Mustern aus dem obersten Teil des ersten Ballens gewonnen worden sind, so braucht eine solche Probe durchaus nicht repräsentativ für die ganze, aus 5 Ballen bestehende Lieferung zu sein, obgleich das vorstehende Kennzeichen erfüllt ist. Die genaueren statistischen Folgerungen über die Zeilen- und Spaltenmittel, ihre Mittelwerte und Schwankungen sowie über die „Aufteilung der Streuung", die z. B. bei der Festigkeitsprüfung an mehreren Copsen eine Rolle spielt, sind später behandelt (Beispiel 56).

2. Mittelwert, mittlere quadratische Abweichung und Streuung

Das erste und wesentlichste Kennzeichen jeder Stichprobe ist der *Mittelwert* (arithmetisches Mittel). Werden die N Einzelwerte der Stichprobe mit x_1, x_2, x_3, ... x_N, allgemein mit x_i, bezeichnet, so ist der Mittelwert $\bar{x}$ gegeben durch

$$\bar{x} = \frac{x_1 + x_2 + x_3 + \cdots + x_N}{N} = \frac{1}{N} \sum_{i=1}^{N} x_i. \tag{1}$$

Das Symbol $\bar{x}$ wird im allgemeinen zur Kennzeichnung des Mittelwertes einer Stichprobe (Umfang N) benutzt, während der Mittelwert der Grundgesamtheit (Umfang unendlich groß) im folgenden mit μ bezeichnet wird.

Beispiel 2: Festigkeitsbestimmung an einem Seidengarn (II), (vgl. S. 5)

Die Addition aller 120 Werte ergibt 9671. Der Mittelwert ist also $9671 : 120 = 80{,}592 \approx 80{,}6$ g. — Hat man schon die auf S. 5 erläuterte Probe durchgeführt, so ergibt sowohl die Summe aller Zeilensummen als auch die Summe aller Spaltensummen gleichermaßen 9671 (Rechenkontrolle!).

Vielfach verkürzt man die Rechenarbeit, die mit der Addition hoher Zahlen verbunden ist, indem man einen glatten Zahlenwert als vorläufiges Mittel $\bar{x}'$ nach Schätzung annimmt und die Rechnung selbst nur für die Differenzen zwischen den Meßwerten und diesem Wert $\bar{x}'$ ausführt. Der gesuchte Mittelwert $\bar{x}$ ist dann, wie man leicht bestätigt, durch die Formel

$$\bar{x} = \bar{x}' + \frac{1}{N} \sum_{i=1}^{N} (x_i - \bar{x}') \tag{2}$$

bestimmt.

Beispiel 3: Drehungsmessung an einem Reyon-Kreppgarn (I)

Zu einer orientierenden Drehungsfestlegung wurden folgende 10 Werte (bezogen auf 500 mm Fadenlänge) bestimmt:

1090	1110	1125	1050	1057
1110	1141	1136	1123	1110

Als vorläufiges Mittel wurde der runde Wert

$$\bar{x}' = 1100$$

geschätzt. Die Differenzen $(x_i - \bar{x}')$ der vorstehenden 10 Einzelwerte x_i gegen dieses vorläufige Mittel betragen:

−10	+10	+25	−50	−43
+10	+41	+36	+23	+10

Die Summe dieser Differenzen (unter Berücksichtigung der Vorzeichen!) ist:

$$\sum_{i=1}^{i=10} (x_i - \bar{x}') = 155 - 103 = +52.$$

Der gesuchte Mittelwert $\bar{x}$ wird daher nach Gl. (2)

$$\bar{x} = 1100 + \tfrac{1}{10} \cdot 52 = 1105{,}2 \text{ Drehungen pro 50 cm.}$$

Nach dem Mittelwert $\bar{x}$ ist das zweite maßgebende Kennzeichen einer Stichprobe die *mittlere quadratische Abweichung s*. Ihr Quadrat s^2 wird als *Streuung* bezeichnet[1]. Die Einzelwerte einer Meßreihe streuen nämlich um ihren Mittelwert, und für die Güte des untersuchten Materials ist ausschlaggebend, wie groß diese Schwankung ist, d. h. wie „scharf" der Mittelwert Gültigkeit für das Material besitzt. Als statistisches Maß dieser Schwankung der Einzelwerte ist die mittlere quadratische Abweichung (m. qu. Abw.) s eingeführt, die sich nach der Gleichung

$$s = \sqrt{\frac{1}{N-1} \sum_{i=1}^{N} (x_i - \bar{x})^2} \tag{3}$$

berechnet, wobei $\bar{x}$ den durch Gl. (1) erklärten Mittelwert bedeutet. Die geometrische Veranschaulichung dieser Gleichung und die grundlegende Anwendbarkeit des Streuungsbegriffs sind später erläutert.

Für die praktische Berechnung von s arbeitet man oft wiederum mit einem provisorischen Mittel $\bar{x}'$ und benutzt dann an Stelle der Gl. (3) die gleichwertige Form

$$s^2 = \frac{1}{N-1} \left[\sum_{i=1}^{N} (x_i - \bar{x}')^2 - \frac{1}{N} \left\{ \sum_{i=1}^{N} (x_i - \bar{x}') \right\}^2 \right]. \tag{4}$$

Ihre Anwendung ist an dem Beispiel 4 erläutert:

Beispiel 4: Drehungsmessung an einem Reyon-Kreppgarn (II)
(vgl. S. 6)

Provisorisches Mittel: $\bar{x}' = 1100$

Mittelwert $\quad \bar{x} = 1105{,}2$;

$$\sum_{i=1}^{N} (x_i - \bar{x}') = 52,$$

Streuung $s^2 = \tfrac{1}{9} \cdot (8880 - \tfrac{1}{10} \cdot 52^2)$

$\qquad\qquad = \tfrac{1}{9} \cdot 8609{,}6 = 956{,}62,$

m. qu. Abw. $s = 30{,}95$

$\qquad \approx 31$ Drehungen pro 50 cm.

Nr. des Meßwertes	Meßwert x_i	$x_i - \bar{x}'$	$(x_i - \bar{x}')^2$
1	1090	-10	100
2	1110	$+10$	100
3	1125	$+25$	625
4	1050	-50	2500
5	1057	-43	1849
6	1110	$+10$	100
7	1141	$+41$	1681
8	1136	$+36$	1296
9	1123	$+23$	529
10	1110	$+10$	100
		$+155$	8880
		-103	
		$+ 52$	

---

[1] Für s bzw. s^2 haben sich neuerdings mehr und mehr die Bezeichnungen *Standardabweichung* bzw. *Varianz* (auch *Streuungsquadrat*) eingebürgert.

Ohne Benutzung eines provisorischen Mittels kann man zur Berechnung der Streuung s^2 auch die Gl. (5) heranziehen:

$$s^2 = \frac{1}{N-1}\left[\sum_{i=1}^{N} x_i^2 - \frac{1}{N}\left\{\sum_{i=1}^{N} x_i\right\}^2\right]. \tag{5}$$

An dem gleichen Zahlenmaterial wie oben gestaltet sich die Berechnung der Streuung s^2 folgendermaßen:

Beispiel 5: Drehungsmessung an einem Reyon-Kreppgarn (III)
(vgl. S. 6)

Nr. des Meßwertes	Meßwert x_i	x_i^2
1	1090	1 188 100
2	1110	1 232 100
3	1125	1 265 625
4	1050	1 102 500
5	1057	1 117 249
6	1110	1 232 100
7	1141	1 301 881
8	1136	1 290 496
9	1123	1 261 129
10	1110	1 232 100
	11052	12 223 280

Mittelwert $\bar{x} = 11\,052 : 10 = 1105{,}2$,

Streuung $s^2 = \frac{1}{9} \cdot (12\,223\,280 - \frac{1}{10} \cdot 11\,052^2)$
$= \frac{1}{9} \cdot 8609{,}6 = 956{,}62$,

m. qu. Abw. $s = 30{,}95$ Drehungen pro 50 cm.

Bei diesem Verfahren nach Gl. (5) ist der Rechengang denkbar unkompliziert: schematisch werden die Meßwerte x_i in einer Spalte und ihre Quadrate x_i^2 in der Nebenspalte aufgeschrieben. Die Summe aller x_i ergibt $\sum x_i = 11\,052$, die Summe der Quadratwerte x_i^2 liefert $\sum x_i^2 = 12\,223\,280$. Das Einsetzen dieser Werte und des Wertes $N = 10$ für den Stichprobenumfang in die Rechenvorschriften der Gl. (1) und (5) führt unmittelbar auf die Werte von $\bar{x}$ und s^2.

Dieses Verfahren ist aber praktisch nur dann geeignet, wenn der Stichprobenumfang N nicht allzu groß ist und wenn man außerdem Quadratzahltafel und Rechenmaschine benutzt.

Die vorstehende Drehungsmessung an einem Reyon-Kreppgarn ist also durch die beiden Angaben:

Mittelwert $\bar{x} = 1105$ Drehungen pro 50 cm,
m. qu. Abw. $s = \quad 31$ Drehungen pro 50 cm

gekennzeichnet.

Vielfach wird die m. qu. Abw. s in Prozenten des Mittelwertes angegeben. Diese Prozentzahl heißt *Variationskoeffizient*:

$$V = \frac{s}{\bar{x}}\,100\,\%. \tag{6}$$

Bei der geschilderten Drehungsmessung beträgt also der Variationskoeffizient

$$V = \frac{31}{1105}\,100\,\% = 2{,}8\,\%.$$

Bei einer umfangreichen Stichprobe vereinfacht man alle Rechenarbeit von vornherein, indem man die N Einzelwerte in Klassen zusammenfaßt. Der Unterschied zwischen dem größten und dem kleinsten auftretenden Meßwert heißt *Variationsbreite* (auch *Spannweite*, engl. *range*, frz. *marge*). Sie wird gleichabständig in eine bestimmte Anzahl von Klassen geteilt, wobei nach Möglichkeit die Klassengrenzen auf zahlentechnisch bequeme, glatte Werte fallen sollen[1]. Bei der Klasseneinteilung wird stets eine Ungenauigkeit begangen, denn es wird angenommen, daß die Meßwerte innerhalb einer Klasse alle in die Klassenmitte fallen. Für die Anzahl der zu wählenden Klassen bzw. die Klassenbreite gilt der doppelte Gesichtspunkt, daß einerseits mit hoher Klassenzahl und enger Klassenbreite die begangene Ungenauigkeit verringert wird, daß aber andererseits mit einer solchen Verringerung der Ungenauigkeit eine Steigerung der Rechenarbeit verbunden ist. Es handelt sich also für die Praxis darum, einen Mittelweg zwischen Genauigkeit und Rechenarbeit zu finden. Dafür hat sich die Faustregel bewährt, daß man auch bei kleinerem Stichprobenumfang nicht unter 8 Klassen gehen soll, und daß normalerweise etwa 10 bis 20 Klassen ausreichen.

Beispiel 6: Festigkeitsbestimmung an einem Seidengarn (III)
(vgl. S. 5)

Klassengrenzen in g	Klassenmitten x_j	Strichliste	Häufigkeit f_j
50/55	52,5	|||	3
55/60	57,5	|—	1,5
60/65	62,5	||||| ||||	9
65/70	67,5	||||| |||||		11
70/75	72,5	||||| ||||| ||||| |||—	18,5
75/80	77,5	||||| ||||| |—	11,5
80/85	82,5	||||| ||||| ||||| ||||| |||—	23,5
85/90	87,5	||||| ||||| ||—	12,5
90/95	92,5	||||| ||||| ||||—	14,5
95/100	97,5	||||| ||	7
100/105	102,5	||||| —	5,5
105/110	107,5	||—	2,5
			120

Aus der Urliste der gemessenen Werte gewinnt man die (absoluten) Häufigkeiten f_j für jede einzelne Klasse (Klassenmitte x_j) mit Hilfe

---

[1] Bei Einordnung bereits gerundeter Meßwerte in eine Klasseneinteilung sollen die Klassengrenzen mit Grenzen von Rundungsintervallen zusammenfallen. Im Beispiel 6 müßten somit streng die Klassengrenzen auf 49,5; 54,5; 59,5; usw. gelegt werden. Der Einfachheit halber wurden glatte Zahlen genommen, ohne daß dadurch hier ein ins Gewicht fallender Fehler begangen wird.

einer *Strichliste*, die vorstehend für das Beispiel 1 (S. 5) für eine Unterteilung in 12 Klassen mit 5 g Klassenbreite ausgeführt ist.

Für eine solche Aufstellung gilt:

1. Fällt ein Meßwert genau auf eine Klassengrenze, so wird er zur Hälfte in die obere und zur anderen Hälfte in die untere Klasse gerechnet. So kommen die halbzahligen Werte in der Strichliste und in der Häufigkeitsspalte zustande.

2. Vielfach legt man bei der Durchführung der Messungen gleich von vornherein eine Strichliste an und verzichtet auf das Aufschreiben der Urliste. Man nimmt dabei allerdings in Kauf, daß die Reihenfolge der Werte verlorengeht und die an der Urliste (S. 5) durchgeführte Kontrolle unausführbar bleibt; außerdem muß bei diesem Verfahren eine geeignete Klasseneinteilung von vornherein feststehen, z. B. aus vorangegangenen Versuchen bekannt sein.

Im folgenden wird vorausgesetzt, daß bei größeren Stichproben die Einteilung in Klassen bereits durchgeführt ist, so daß eine Urliste nicht mehr in Erscheinung tritt.

Für Mittelwert und Streuung ergeben sich an Stelle der ursprünglichen Gl. (1), (3) und (5) die leicht zu übersehenden Formeln:

$$\bar{x} = \frac{1}{N} \sum_j f_j \, x_j, \tag{7}$$

$$s^2 = \frac{1}{N-1} \sum_j f_j (x_j - \bar{x})^2, \tag{8}$$

$$s^2 = \frac{1}{N-1} \left[\sum_j f_j \, x_j^2 - \frac{1}{N} \left\{ \sum_j f_j \, x_j \right\}^2 \right], \tag{9}$$

in denen die Häufigkeit f_j der Klasse mit der Mitte x_j berücksichtigt ist. Diese Formeln werden jedoch in der Praxis seltener angewandt, vielmehr erleichtert man sich die Rechnung, indem man die Klassen geeignet numeriert und die Rechnung mit Hilfe dieser Klassennummern durchführt. Das folgende Beispiel zeigt den Rechengang nach diesem Verfahren.

Beispiel 7: Festigkeitsbestimmung an einem Seidengarn (IV)
(vgl. S. 9)

Zunächst wird ein angenäherter Mittelwert $\bar{x}'$ nach Schätzung angenommen, der in eine Klassenmitte fällt ($\bar{x}' = 82,5$). Von ihm ausgehend werden die Klassen mit positiven und negativen Nummern m gekennzeichnet, wobei das angenäherte Mittel das Mittel der Klasse 0 ist. Die Klassenbreite beträgt c Merkmalseinheiten ($c = 5$ g). Es gilt also:

$$m = \frac{x_j - \bar{x}'}{c}.$$

Klassen-grenzen	Klassen-mitten x_j	Häufigkeit f_m	Klassen-nummer m	$m\,f_m$	$m^2\,f_m$
50/55	52,5	3,0	−6	−18,0	108,0
55/60	57,5	1,5	−5	− 7,5	37,5
60/65	62,5	9,0	−4	−36,0	144,0
65/70	67,5	11,0	−3	−33,0	99,0
70/75	72,5	18,5	−2	−37,0	74,0
75/80	77,5	11,5	−1	−11,5	11,5
80/85	82,5	23,5	0	0,0	0,0
85/90	87,5	12,5	+1	+12,5	12,5
90/95	92,5	14,5	+2	+29,0	58,0
95/100	97,5	7,0	+3	+21,0	63,0
100/105	102,5	5,5	+4	+22,0	88,0
105/110	107,5	2,5	+5	+12,5	62,5
Klassen-breite $c = 5$		$N = 120$		−143,0 + 97,0 ──── − 46,0	758,0

Danach werden mit Hilfe der Häufigkeitsspalte f_m (übereinstimmend mit der Häufigkeit f_j auf S. 9) die Spalten $m\,f_m$ und $m^2\,f_m$ gebildet, wobei die letzte Spalte durch Multiplikation der Werte m und $m\,f_m$ entsteht. Schließlich bildet man die Summen der Spalten $m\,f_m$ und $m^2\,f_m$ (die erste von ihnen unter Berücksichtigung der Vorzeichen) und erhält so

$$\sum_m m\,f_m \quad \text{und} \quad \sum_m m^2\,f_m.$$

Dann gelten für das gesuchte Mittel $\bar{x}$ und die gesuchte Streuung s^2 die leicht zu beweisenden Formeln:

$$\bar{x} = \bar{x}' + \frac{c}{N} \sum_m m\,f_m, \tag{10}$$

$$s^2 = \frac{c^2}{N-1} \left[\sum_m m^2\,f_m - \frac{1}{N} \left\{ \sum_m m\,f_m \right\}^2 \right]. \tag{11}$$

Die Anwendung der Gl. (10) ergibt den Mittelwert $\bar{x}$ zu

$$\bar{x} = 82,5 + \frac{5}{120}\,(-46) = 80,56 \approx 80,6,$$

ebenso die Gl. (11) die Streuung s^2 zu

$$s^2 = \frac{25}{119} \left[758 - \frac{(-46)^2}{120} \right] = 155,54,$$

$$s = 12,5.$$

Die Festigkeitsmessung ist also durch den

$$\textit{Mittelwert } \bar{x} = 80,6 \; g$$

und die

$$\textit{m. qu. Abw. } s = 12,5 \; g$$

gekennzeichnet. Nach Gl. (6) beträgt der Variationskoeffizient

$$V = \frac{s}{\bar{x}}\, 100\,\% = 15{,}5\,\%.$$

Bei der Klasseneinteilung wurde angenommen, daß die Meßwerte in jeder Klasse in die Klassenmitte selbst fallen. Diese erste Annäherung läßt sich nach SHEPPARD durch die meistens zutreffendere Annahme ersetzen, daß die Werte innerhalb einer Klasse nach einem bestimmten linearen Gesetz verteilt sind. Die Durchführung dieses Ansatzes führt auf eine Korrektur („Sheppard-Korrektur") an dem nach Gl. (11) berechneten Wert von s^2. Der korrigierte Wert s^2_{kor} der Streuung ist

$$s^2_{\text{kor}} = s^2 - \frac{c^2}{12},$$

wobei c die Klassenbreite bedeutet.

In dem Beispiel 7 wird der so korrigierte Wert der Streuung

$$s^2_{\text{kor}} = s^2 - \frac{c^2}{12} = 155{,}54 - \frac{5^2}{12} = 153{,}46,$$

$$s_{\text{kor}} \approx 12{,}4.$$

Da man bei anderen Annahmen über die Häufigkeitsverteilung zu anderen Ergebnissen kommt und auch die SHEPPARDsche Korrektur nur eine auf Annahmen beruhende Annäherung darstellt, die zahlenmäßig meist nicht ins Gewicht fällt, ist im folgenden auf die Benutzung dieser Korrektur verzichtet.

Schließlich sei noch eine letzte Art der Streuungsberechnung erwähnt, die den großen Vorzug hat, nur mit einfachen Additionen auszukommen. Dieses *Summenverfahren zur Streuungsberechnung* ist wiederum an den vorstehend benutzten Zahlen, die die Festigkeitsmessung an einer Seide betreffen, durchgeführt.

Beispiel 8: Festigkeitsmessung an einem Seidengarn (V), (vgl. S. 9)

x_j	f_j	1. Summation	2. Summation	3. Summation
52,5	3,0	3,0	3,0	
57,5	1,5	4,5	7,5	
62,5	9,0	13,5	21,0	
67,5	11,0	24,5	45,5	
72,5	18,5	43,0	88,5	
77,5	11,5	54,5	$A_1 = 143{,}0$	$B_1 = 308{,}5$
82,5	23,5			
87,5	12,5	42,0	$A_2 = 97{,}0$	$B_2 = 190{,}5$
92,5	14,5	29,5	55,0	
97,5	7,0	15,0	25,5	
102,5	5,5	8,0	10,5	
107,5	2,5	2,5	2,5	
	$N = 120$			

Die beiden ersten Spalten, die die Klassenmitten x_j und die zugehörigen Häufigkeiten f_j enthalten, finden sich bereits im Beispiel 6,

S. 9. Bei der folgenden Rechnung spielt die Klasse $x_j = 82,5$, in der der angenäherte Mittelwert liegt, nicht mehr mit. Die dritte Spalte (1. Summation) entsteht einerseits durch laufende Summation der Häufigkeitswerte f_j von oben her bis zu der Klasse, die vor der mit dem angenäherten Mittel liegt (jede dieser Zahlen ist die Summe der über ihr und links neben ihr stehenden), andererseits in sinngemäß gleicher Weise durch Summation von unten her bis zur Klasse hinter der des angenäherten Mittels. Die nächste Spalte (2. Summation) entsteht wiederum nach dem gleichen Verfahren durch Addition der links danebenstehenden Spaltenwerte (Spalte 1. Summation). Man erhält so die beiden Zahlenwerte $A_1 = 143,0$ und $A_2 = 97,0$. Die letzte Spalte schließlich (3. Summation) enthält nur noch die Summen aller links danebenstehenden Zahlen. Diese beiden Summen sind $B_1 = 308,5$ (oberer Abschnitt) und $B_2 = 190,5$ (unterer Abschnitt).

Mit den Zahlenwerten A_1, A_2, B_1, B_2 erhält man den Mittelwert $\bar{x}$ und die Streuung s^2 nach den einfachen Beziehungen

$$\bar{x} = \bar{x}' + \frac{c}{N}(A_2 - A_1), \tag{12}$$

$$s^2 = \frac{c^2}{N-1}\left[2(B_1 + B_2) - (A_1 + A_2) - \frac{1}{N}(A_2 - A_1)^2\right], \tag{13}$$

wobei $c = 5$ die Klassenbreite, $N = 120$ der Stichprobenumfang und $\bar{x}' = 82,5$ der benutzte angenäherte Mittelwert sind. Mit den Zahlen des Beispiels wird

$$\bar{x} = 82,5 + \frac{5}{120}(97 - 143) = 82,5 + \frac{5}{120}(-46) = 80,56;$$

$$s^2 = \frac{25}{119}\left[2(308,5 + 190,5) - (143 + 97) - \frac{1}{120}(-46)^2\right] = 155,54$$

in Übereinstimmung mit Beispiel 7, S. 11.

Bei textilen Untersuchungen liegt manchmal der Fall vor, daß nicht einzelne Meßwerte ermittelt werden, sondern daß durch ein Gerät automatisch eine Kurve aufgezeichnet wird (z. B. die Garndicke). Zur Auswertung kann man eine solche Kurve in N Abschnitte geeigneter Länge unterteilen, in jedem Abschnitt den Ordinatenwert in der Mitte bestimmen und mit diesen N Einzelwerten die Rechnung nach einem der geschilderten Verfahren durchführen. Neben diesem einfachsten Verfahren, abschnittsweise Einzelwerte herauszugreifen, sind noch andere Methoden üblich, die die vorliegenden Schwankungen stärker berücksichtigen. Man kann auch die Auswertung mechanisch durch die Benutzung von Potenzplanimetern oder mit Hilfe von elektrischen, automatisch arbeitenden Integrationsinstrumenten vornehmen. Ein graphisches Verfahren schließlich ist näher in Abschn. C. 2. beschrieben.

An Stelle der m. qu. Abw. s hatte sich auf textilem Gebiet besonders in Deutschland weitgehend die *durchschnittliche Abweichung*

$$\delta = \frac{1}{N} \sum_{i=1}^{N} |x_i - \bar{x}|$$

eingebürgert, die meist in Prozenten des Mittelwertes nach der SOMMER-schen Gleichung

$$U = \frac{\delta}{\bar{x}} \, 100\% = \frac{2z\,(\text{Mittel} - \text{Untermittel})}{N \times \text{Mittel}} \, 100\%,$$

$(z = $ Zahl der Untermittelwerte$)$

berechnet und als „Ungleichmäßigkeit" bezeichnet wird. Für exakte statistische Auswertungen ist die durchschnittliche Abweichung δ ungeeignet, es ist vielmehr der m. qu. Abw. s bzw. dem Variationskoeffizienten V der Vorzug zu geben, zumal die Berechnung von s und V nur wenig umständlicher ist als die von δ und U. Nur bei idealer GAUSS-scher Normalverteilung (vgl. Abschn. B. 6.) sind s und δ bzw. V und U durch die Beziehungen

$$V : U = s : \delta = \sqrt{\pi : 2} = 1{,}253\,314 \approx 1{,}25 = 5 : 4$$

verbunden. Beim automatischen Aufschreiben der Meßwerte in Kurvenform genügt in diesem Falle für die Auswertung ein einfaches Planimeter.

3. Häufigkeitspolygon, Staffelbild und Summenlinie

Einen Überblick über die Verteilung der Merkmalswerte einer Stichprobe gewinnt man zeichnerisch leicht durch das *Häufigkeitspolygon*. Auf einer horizontalen Abszissenachse werden die Merkmalswerte mit ihrer Klasseneinteilung aufgetragen und darauf in den Klassenmitten senkrechte Ordinaten errichtet, die in geeignetem Maßstab die absoluten oder relativen Häufigkeiten darstellen. Der Streckenzug, der alle diese Punkte verbindet, heißt Häufigkeitspolygon. Diese anschaulichen Bilder sind nachstehend wiederum an dem Zahlenmaterial entwickelt, das die Festigkeitsmessung an einem Seidengarn lieferte (vgl. Beispiel 6, S. 9). Die drei ersten Spalten der folgenden Tabelle zeigen noch einmal die schon dort benutzten Werte, während in der vierten Spalte die relative Häufigkeit h_j in Prozenten eingetragen ist. (So sind z. B. 11 Meß-werte 9,17% der insgesamt erfaßten $N = 120$ Meßwerte.) Die Summe der Häufigkeit in Prozent ergibt 100,02% an Stelle des exakten Wertes 100,00%, eine Ungenauigkeit, die auf die Benutzung des Rechenschiebers zurückzuführen ist und für die weitere Auswertung nicht korrigiert zu werden braucht. Die letzte Spalte (Häufigkeitssumme in %) entsteht durch schrittweise Addition der Werte in der vorhergehenden Spalte. Jede Zahl der letzten Spalte ist die Summe der über ihr und links neben ihr stehenden. Infolgedessen gibt z. B. der Wert 20,42 in der letzten Spalte an, daß 20,42% des gesamten Materials eine Festigkeit bis zu 70 g haben.

Beispiel 9a: Festigkeitsbestimmung an einem Seidengarn (VI)
(vgl. S. 9)

Klasse	Klassenmitte x_j	absolute Häufigkeit f_j	relative Häufigkeit h_j in %	Häufigkeitssumme $\sum h_j$ in %
50/55	52,5	3,0	2,50	2,50
55/60	57,5	1,5	1,25	3,75
60/65	62,5	9,0	7,50	11,25
65/70	67,5	11,0	9,17	20,42
70/75	72,5	18,5	15,41	35,83
75/80	77,5	11,5	9,59	45,42
80/85	82,5	23,5	19,60	65,02
85/90	87,5	12,5	10,42	75,44
90/95	92,5	14,5	12,09	87,53
95/100	97,5	7,0	5,83	93,36
100/105	102,5	5,5	4,58	97,94
105/110	107,5	2,5	2,08	100,02
		120,0	100,02	

In Abb. 1a ist das Häufigkeitspolygon für diese Zahlenwerte dargestellt. Der entstandene Zick-Zack-Zug zeigt noch keinen einheitlichen Verlauf, es treten „Rückschläge" auf.

Vielfach wird auch an Stelle des Häufigkeitspolygons das *Staffelbild* gezeichnet. Es besteht aus den Rechtecken über den Merkmalsklassen mit den Häufigkeiten als Höhen. In Abb. 1a ist es dünn eingezeichnet; die schraffierte Gesamtfläche hat den Inhalt 100% × Klassenbreite, sie repräsentiert also die 100% der gesamten Stichprobe.

Unter Abb. 1a ist mit gleicher Abszisseneinteilung als Abb. 1b das *Summenpolygon* gezeichnet, das nach den Werten in der letzten Spalte der vorstehenden Tabelle gewonnen wird. Dabei muß beachtet

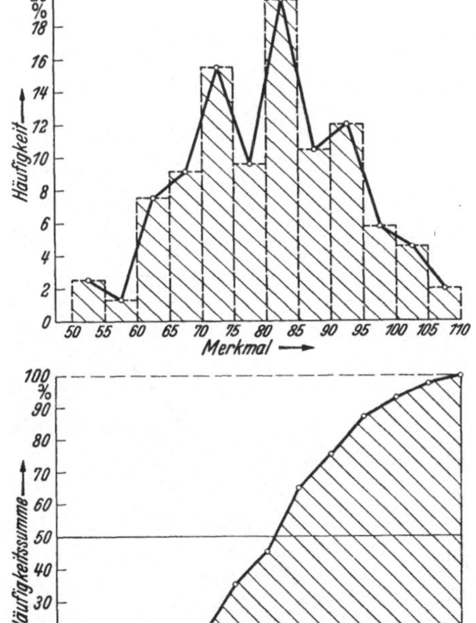

Abb. 1a u. b. Festigkeitsbestimmung an einem Seidengarn 1. Klasseneinteilung

werden, daß die Ordinatenwerte jeweils in der oberen Klassengrenze (nicht
in der Klassenmitte) aufgetragen werden müssen. Der Linienzug zeigt das
Anwachsen der Häufigkeitssumme von 0 bis 100%, wobei die Zunahme
in der Mitte, d. h. bei der 50%-Linie, am schnellsten erfolgt. Die Summenlinie weist entsprechend ihrer Entstehung durch eine Art Integration
einen weit glatteren Verlauf auf als das darüberstehende Häufigkeitspolygon.

Um auch bei diesem zu einem glatteren und damit übersichtlicheren
Verlauf zu kommen, nehmen wir eine zweite Klasseneinteilung in nur
7 Klassen vor, wobei das schon bekannte Mittel $\bar{x} = 80{,}6 \approx 81$ in eine
Klassenmitte gelegt ist. Die nachstehende Tabelle, gewonnen aus der
Urliste auf S. 5, gibt die Häufigkeiten für die neuen 7 Klassen an.

Beispiel 9b: Festigkeitsbestimmung an einem Seidengarn (VI)
(vgl. S. 5)

Mit den Zahlenwerten aus nachstehender Tabelle sind in Abb. 2a
und b wiederum Staffelbild und Summenlinie gezeichnet. In den
7 Stufen der Abb. 2a bzw. den 8 Punkten der Abb. 2b (durch Nullenkreise hervorgehoben) sind jetzt jeweils größere Merkmalskomplexe zusammengefaßt, so daß die zufälligen Ungleichmäßigkeiten der Abb. 1a u. b gemildert sind. Die Folge der Stufen bzw. Punkte ist durch glatte Kurven ersetzt, die als „Idealbilder" den theoretischen Verlauf wiedergeben. Entstehung und Gleichung dieser Kurven sind später geschildert. In Abb. 2a ist der Flächeninhalt unter der glockenförmigen Kurve gleich dem schraffierten Flächeninhalt aller Treppenstufen.

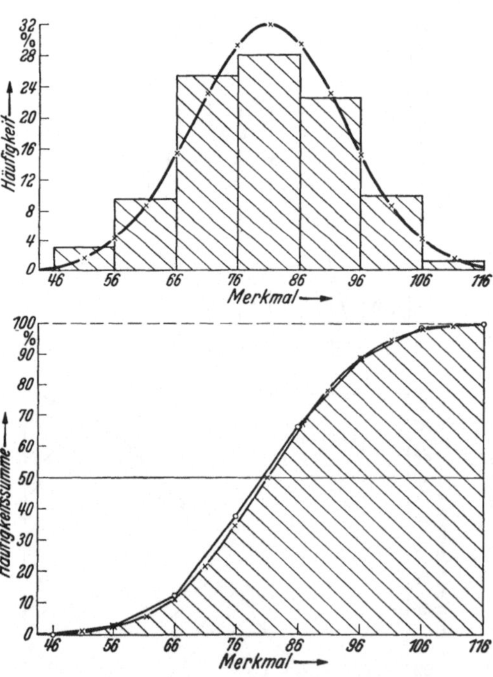

Abb. 2a u. b. Festigkeitsbestimmung an einem
Seidengarn, 2. Klasseneinteilung

Den grundsätzlichen Verlauf der Kurve, der oftmals die Beurteilung der Häufigkeitsverteilung erleichtert, erkennt man aus einem Staffelbild um so besser, je breiter die Klassen gewählt sind. Dagegen wird die Berechnung

Klasse	Klassenmitte x_j	absolute Häufigkeit f_j	relative Häufigkeit h_j in %	Häufigkeitssumme Σh_j in %
46/56	51	3,5	2,92	2,92
56/66	61	11,5	9,59	12,51
66/76	71	30,5	25,40	37,91
76/86	81	34,0	28,34	66,25
86/96	91	27,0	22,50	88,75
96/106	101	12,0	10,00	98,75
106/116	111	1,5	1,25	100,00
		120,0	100,00	

von Mittelwert und Streuung um so genauer, je enger die Klassen sind. Beide Gesichtspunkte stehen in einer Art Gegenprinzip:

Für eine anschauliche Beurteilung wählt man breite Klassen, dagegen enge Klassen für eine genaue Rechnung.

4. Geometrische und arithmetische Verteilung, Häufigkeitsbild der Grundgesamtheit

Die bisher behandelten Beispiele bezogen sich auf Merkmale (Festigkeit oder Drehung), die innerhalb eines gewissen Bereiches kontinuierlich jeden Wert annehmen können, also stetig verteilt sind. Im Gegensatz dazu stehen solche Merkmale, die nur gewisse, diskontinuierlich verteilte, meist ganzzahlige Werte annehmen können, wie z. B. die Zahl der Fadenbrüche, die Zahl fehlerhafter Spulen, die Zahl der Noppen o. ä. Im ersten Fall nennt man die Merkmalsverteilung *geometrisch*, im zweiten *arithmetisch*.

Werden wie bisher geometrisch verteilte Merkmale klassenweise zusammengefaßt, so geht man gleichsam als Annäherung von der geometrischen zu einer arithmetischen Verteilung über, denn man betrachtet an Stelle der kontinuierlichen Werteskala nur die Klassenmitten als vorhanden und rechnet jeden Beobachtungswert, der überhaupt in die betreffende Klasse fällt, der Klassenmitte zu.

Denkt man sich bei dem Bild der relativen Häufigkeiten[1] einer arithmetischen Verteilung den Umfang N der Stichprobe größer und größer genommen, bis man schließlich mit $N \to \infty$ die volle Grundgesamtheit selbst erfassen würde, so liefert dieser gedankliche Grenzübergang das Häufigkeitsbild der Grundgesamtheit. Es wird mit dem entsprechenden Bild der Stichprobe um so besser übereinstimmen, je

---

[1] Relative Häufigkeit φ gleich Verhältnis der Anzahl der Einheiten mit dem zu prüfenden Merkmal zur Gesamtzahl der untersuchten Einheiten; z. B. ist bei 9 Spindeln mit je 6 Fadenbrüchen unter insgesamt 75 Spindeln die relative Häufigkeit der Spindeln mit 6 Fadenbrüchen gleich $9 : 75 = 0,12 = 12\%$.

größer ihr Umfang N ist. Bei kleinen Stichproben dagegen kann man noch nicht aus dem Verteilungsbild der Stichprobe bindende Schlüsse auf das der zugehörigen Grundgesamtheit ziehen. Auch die beiden statistischen Maßzahlen, die bisher als Mittelwert und Streuung eingeführt wurden, können und werden in Stichprobe und Grundgesamtheit verschiedene Werte annehmen. Um diesen Unterschied stets deutlich zu machen, bezeichnet man

	in der Grundgesamtheit	in der Stichprobe
den Mittelwert mit	μ	$\bar{x}$
die Streuung mit	σ^2	s^2
die mittlere quadratische Abweichung mit	σ	s

Die wichtigste Aufgabe der statistischen Praxis besteht darin, aus den Maßzahlen $\bar{x}$ und s^2 der Stichprobe Schlüsse auf die entsprechenden Werte von μ und σ^2 zu ziehen.

Das Häufigkeitsbild einer arithmetisch verteilten Grundgesamtheit umfaßt also einen bestimmten Wertebereich (kleinster Wert m_A, größter Wert m_E, wobei m_A bzw. m_E auch gleich $-\infty$ bzw. $+\infty$ sein kann), und zu jedem der möglichen Werte m gehört eine relative Häufigkeit $\varphi(m)$. Da die Summe aller relativen Häufigkeiten Eins sein muß, gilt

$$\sum_{m_A}^{m_E} \varphi(m) = 1. \tag{14}$$

Die relativen Häufigkeiten $\varphi(m)$ kann man auch in Prozenten angeben und erhält dann für ihre Gesamtsumme den Wert 100%.

Ist die Häufigkeitsverteilung $\varphi(m)$ der Grundgesamtheit einer arithmetischen Verteilung bekannt, so errechnen sich Mittelwert μ und Streuung σ^2 dieser arithmetischen Verteilung nach den Formeln

$$\mu = \sum_{m_A}^{m_E} m\,\varphi(m), \tag{15}$$

$$\sigma^2 = \sum_{m_A}^{m_E} (m - \mu)^2\,\varphi(m). \tag{16}$$

An dem Staffelbild der Häufigkeitsverteilung einer Stichprobe kann man einen weiteren Grenzübergang durchführen, wenn es sich um die klassenweise Zusammenfassung eines geometrisch verteilten Merkmals handelt. In dem Staffelbild repräsentiert jede Stufe (Breite $c = \Delta x$, Mitte x_j, Höhe h_j als relative Häufigkeit) durch ihren Flächeninhalt $h_j \Delta x$ den relativen Anteil aller N Beobachtungswerte an dem Intervall Δx. Läßt man nun mit $N \to \infty$ zugleich $\Delta x \to 0$ streben, so geht das Staffelbild in eine stetige Verteilungskurve und die relative Häufigkeit h_j in die Häufigkeitsdichte $\varphi(x)$ über. Nach diesem Grenzübergang stellt $\varphi(x)\,dx$ die relative Häufigkeit dar, die den Werten im Intervall x bis $x + dx$ zukommt. Erstreckt sich die geometrische Verteilung von x_A bis x_E, so lautet die frühere Bedingung (14) jetzt

$$\int_{x_A}^{x_E} \varphi(x)\,dx = 1, \tag{17}$$

und Mittelwert μ sowie Streuung σ^2 der geometrischen Grundgesamtheit errechnen sich bei bekannter Häufigkeitsdichte $\varphi(x)$ nach den Beziehungen

$$\mu = \int_{x_A}^{x_E} x\,\varphi(x)\,dx, \tag{18}$$

$$\sigma^2 = \int_{x_A}^{x_E} (x - \mu)^2\,\varphi(x)\,dx. \tag{19}$$

Der wichtigste Typ einer arithmetischen Verteilung ist die Binomialverteilung, der einer geometrischen Verteilung die GAUSSsche Normalverteilung. Auf diese beiden Verteilungsformen wird im folgenden eingegangen.

5. Die Binomialverteilung

Die Verteilung der Merkmalswerte um den Mittelwert, die durch die zufälligen Einflüsse bedingt ist, läßt sich in einem einfachen und grundsätzlich wichtigen Fall erläutern durch das Gedankenexperiment mit dem *Galtonschen Nagelbrett* (Abb. 3). Es besteht aus einem geneigt aufgestellten Holzbrett, in das Nägel in der Anordnung der Abb. 3 eingeschlagen sind. Von oben her läßt man Kugeln durch die Nagelreihen laufen. Dabei soll jede Kugel von Reihe zu Reihe auf einen Nagel treffen und die gleiche Möglichkeit haben, nach links oder rechts abgelenkt zuwerden. Nach dem Durchlaufen von n Nagelreihen werden

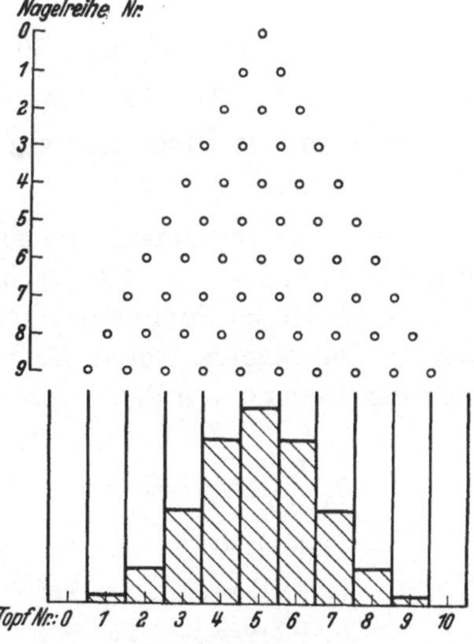

Abb. 3. GALTONsches Nagelbrett (symmetrisch)

2*

die Kugeln in $(n+1)$ aneinandergereihten Töpfen aufgefangen. Die Füllung der Töpfe zeigt wie ein Staffelbild die Verteilung der Kugelgesamtheit an.

Die Maßzahlen für die Füllhöhen der Töpfe lassen sich (vorausgesetzt, daß sehr viele, theoretisch unendlich viele Kugeln genommen werden) leicht bestimmen. An der Nagelreihe Nr. 2 z. B. werden von 4 Kugeln durchschnittlich je eine auf die beiden äußeren Nägel prallen, und 2 auf den mittleren, da dieser mittlere je eine Kugel von links und von rechts her zu erwarten hat; die Verteilung an dieser Nagelreihe Nr. 2 lautet also $1:2:1$. Sinngemäß entsprechend erhält man an Nagelreihe Nr. 3 die Verteilung $1:3:3:1$, usw. Insgesamt kommt man zu dem folgenden Verteilungsschema:

Pascalsches Dreieck

Nummer der Reihe   **Summe der Reihe**

$$
\begin{array}{rccccccccccccl}
0 & & & & & 1 & & 1 & & & & & & = 2^0 \\
1 & & & & 1 & & 1 & & 1 & & 2 & & & = 2^1 \\
2 & & & 2 & & 1 & & 2 & & 1 & & 4 & & = 2^2 \\
3 & & 3 & & 1 & & 3 & & 3 & & 1 & & 8 & = 2^3 \\
4 & 4 & & 1 & & 4 & & 6 & & 4 & & 1 & & 16 = 2^4 \\
5 & 1 & & 5 & & 10 & & 10 & & 5 & & 1 & & 32 = 2^5 \\
6 & 1 & & 6 & & 15 & & 20 & & 15 & & 6 & 1 & 64 = 2^6 \\
7 & 1 & & 7 & & 21 & & 35 & & 35 & & 21 & 7 & 1 \quad 128 = 2^7 \\
8 & 1 & & 8 & & 28 & & 56 & & 70 & & 56 & 28 & 8 \quad 1 \quad 256 = 2^8 \\
9 & 1 & & 9 & & 36 & & 84 & & 126 & & 126 & 84 & 36 \quad 9 \quad 1 \quad 512 = 2^9 \\
10 & 1 & & 10 & & 45 & & 120 & & 210 & & 252 & 210 & 120 \quad 45 \quad 10 \quad 1 \quad 1024 = 2^{10} \\
\end{array}
$$

Diese Zahlenpyramide, die man beliebig weit fortsetzen kann, ist in der Mathematik als Pascalsches Dreieck bekannt. Jede auftretende Zahl ist gleich der Summe der beiden rechts und links über ihr stehenden. In der Algebra treten die Pascalschen Zahlen bei der Entwicklung der Binome von der Form $(a+b)^n$ auf:

$$
\begin{aligned}
(a+b)^0 &= 1 \\
(a+b)^1 &= 1\,a + 1\,b \\
(a+b)^2 &= 1\,a^2 + 2\,a\,b + 1\,b^2 \\
(a+b)^3 &= 1\,a^3 + 3\,a^2\,b + 3\,a\,b^2 + 1\,b^3 \\
(a+b)^4 &= 1\,a^4 + 4\,a^3\,b + 6\,a^2\,b^2 + 4\,a\,b^3 + 1\,b^4 \\
(a+b)^5 &= 1\,a^5 + 5\,a^4\,b + 10\,a^3\,b^2 + 10\,a^2\,b^3 + 5\,a\,b^4 + 1\,b^5
\end{aligned}
$$

Die fettgedruckten Zahlen heißen daher *Binomialkoeffizienten*. Allgemein wird der m-te Koeffizient in der n-ten Reihe mit $\binom{n}{m}$ bezeichnet, und es gilt:

$$\binom{n}{m} = \frac{n\,(n-1)\,(n-2)\cdots(n-m+1)}{1\cdot 2\cdot 3\cdot 4\cdots(m-1)\,m} = \frac{n!}{m!\,(n-m)!}\,, \qquad (20)$$

$$(n,\, m = 0,\, 1,\, 2,\, 3\,\ldots)$$

wobei bei ganzzahligem n das Symbol $n!$ (gelesen n-Fakultät) die Abkürzung für das Produkt $1\cdot 2\cdot 3\cdot 4\cdots(n-1)\cdot n$ ist. Zusätzlich gilt die Erklärung

$$0! = 1 \quad \text{und} \quad \binom{n}{0} = \binom{n}{n} = 1\,,$$

und es ist

$$\binom{n}{m} = \binom{n}{n-m}\,.$$

Anmerkung: Die Fakultät $x! = 1\cdot 2\cdot 3\cdots x$ ist zunächst nur für ganzzahlige positive Werte von x erklärt. Die Verallgemeinerung für beliebige x leistet die Gammafunktion, die durch die Beziehung

$$\Gamma(x+1) = x! = \int\limits_{t=0}^{\infty} e^{-t}\, t^{x}\, dt$$

definiert ist. Die Zahlenwerte von $x!$ findet man in mathematischen Tabellenwerken. Insbesondere ist

$$(\tfrac{1}{2})! = \tfrac{1}{2}\sqrt{\pi}\,; \quad (\tfrac{3}{2})! = \tfrac{3}{4}\sqrt{\pi}\,; \quad (-\tfrac{1}{2})! = \sqrt{\pi}\,.$$

Beispiel: Im PASCALschen Dreieck ist der vierte Koeffizient der siebenten Reihe 35, und in der Tat erhält man nach der vorstehenden Formel mit $m = 4$ und $n = 7$

$$\binom{n}{m} = \binom{7}{4} = \frac{7\cdot 6\cdot 5\cdot 4}{1\cdot 2\cdot 3\cdot 4} = 35$$

oder

$$\binom{n}{m} = \frac{n!}{m!\,(n-m)!} = \frac{1\cdot 2\cdot 3\cdot 4\cdot 5\cdot 6\cdot 7}{1\cdot 2\cdot 3\cdot 4\cdot 1\cdot 2\cdot 3} = 35\,.$$

Die Summe der Binomialkoeffizienten in der n-ten Reihe beträgt 2^{n}, d. h. es gilt

$$\sum_{m=0}^{n}\binom{n}{m} = \binom{n}{0} + \binom{n}{1} + \binom{n}{2} + \cdots + \binom{n}{n} = 2^{n}\,. \qquad (21)$$

Nach diesen Rechenvorschriften lassen sich alle Binomialkoeffizienten leicht bestimmen. So sind in Abb. 3 die Füllhöhen der Töpfe in den Verhältnissen

$$\binom{10}{0} : \binom{10}{1} : \binom{10}{2} : \binom{10}{3} : \binom{10}{4} : \binom{10}{5} : \binom{10}{6} : \binom{10}{7} : \binom{10}{8} : \binom{10}{9} : \binom{10}{10}$$

$$= 1\ :\ 10\ :\ 45\ :\ 120 : 210 : 252 : 210 : 120\ :\ 45\ :\ 10\ :\ 1$$

eingezeichnet.

Abb. 3 zeigt das GALTONsche Nagelbrett in symmetrischer Anordnung. Denkt man sich das Brett so in Leisten zersägt, daß jede Nagelreihe auf einer Leiste liegt, und darauf diese Leisten so verschoben, daß jeder Nagel die Strecke der beiden darunterstehenden Nägel im Verhältnis $p : q$ teilt, so entsteht Abb. 4. Sie ist für das Verhältnis $p : q = 1 : 3$ gezeichnet.

Bei dieser Anordnung des Brettes denkt man sich an jedem Nagel von 4 Kugeln durchschnittlich 1 nach rechts und 3 nach links abgelenkt. Die Brüche $\frac{1}{4}$ und $\frac{3}{4}$ werden als Wahrscheinlichkeiten bezeichnet.

Allgemein versteht man unter einer *mathematischen Wahrscheinlichkeit* den Bruch, dessen Zähler die Zahl der zutreffenden oder günstigen Ereignisse und dessen Nenner die Zahl aller möglichen Ereignisse angibt.

Beispiel: Die Wahrscheinlichkeit, mit einem Wurf eine Zwei zu würfeln, ist $1 : 6$, denn es gibt die sechs Möglichkeiten 1, 2, 3, 4, 5, 6 und nur eine davon ist zutreffend oder günstig, nämlich 2.

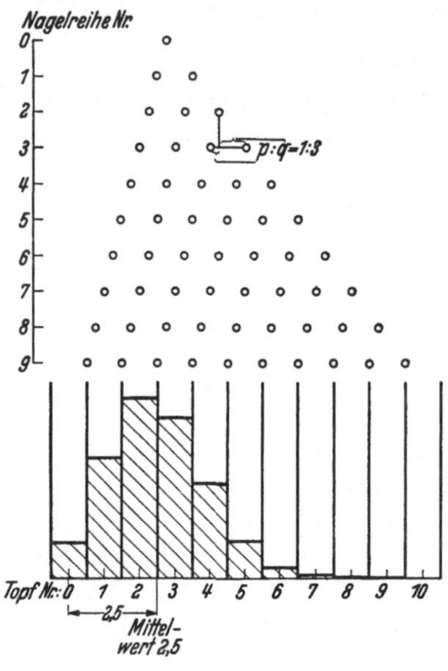

Abb. 4. GALTONsches Nagelbrett
(unsymmetrisch)

Beispiel: Die Wahrscheinlichkeit, aus einem gut durchmischten Skatspiel von 32 Blatt ein As zu ziehen, ist $4 : 32$ oder $1 : 8$, denn es gibt vier Asse (günstige Fälle) und 32 Karten (mögliche Fälle).

Die mathematische Wahrscheinlichkeit ist stets ein echter Bruch. Die Gewißheit für das Eintreten eines Ereignisses ist durch 1, die Unmöglichkeit durch 0 gekennzeichnet. Zwischen 0 und 1 liegen die verschiedenen Grade der Wahrscheinlichkeit.

Die vorstehende einfache Erklärung der Wahrscheinlichkeit setzt allerdings voraus, daß alle möglichen Fälle untereinander gleichberechtigt oder „gleichwahrscheinlich" sind, d. h. die Gleichwahrscheinlichkeit ist in der Definition der Wahrscheinlichkeit bereits enthalten. Auf die allgemeinere Wahrscheinlichkeitsdefinition, die in mathematischen Lehrbüchern ausführlich behandelt wird, ist hier nicht näher eingegangen.

In der Praxis wird die Wahrscheinlichkeit meistens in Prozenten angegeben, wobei 100% die Gewißheit bedeutet. Unter „Wahrscheinlichkeit 75%" für ein Ereignis wird verstanden, daß dieses Ereignis durchschnittlich in 100 Fällen 75 mal eintritt. „Durchschnittlich" soll dabei bedeuten, daß sehr viele Versuchsreihen von je 100 Fällen vorzustellen sind und daß im Mittel 75 mal das Ereignis eintritt.

Bei dem asymmetrischen GALTONschen Nagelbrett der Abb. 4 besteht also die Wahrscheinlichkeit $p = \frac{1}{4}$ dafür, daß eine Kugel an einem Nagel nach rechts abgelenkt wird und die Wahrscheinlichkeit $q = \frac{3}{4}$ dafür, daß sie nach links abgelenkt wird. Die Maßzahlen für die Füllhöhen der Töpfe werden durch die Entwicklung des Ausdruckes

$$(\tfrac{1}{4} + \tfrac{3}{4})^{10} \quad \text{oder allgemein} \quad (p + q)^n,$$

wobei

$$p + q = 1$$

ist, gewonnen. Die Entwicklungsformel lautet

$$\begin{aligned}
(p + q)^n &= \binom{n}{0} p^n + \binom{n}{1} p^{n-1} q + \binom{n}{2} p^{n-2} q^2 + \cdots \\
&\quad \cdots + \binom{n}{n-1} p\, q^{n-1} + \binom{n}{n} q^n \\
&= \binom{n}{0} q^n + \binom{n}{1} q^{n-1}\, p + \binom{n}{2} q^{n-2} p^2 + \cdots \\
&\quad \cdots + \binom{n}{n-1} q\, p^{n-1} + \binom{n}{n} p^n.
\end{aligned} \tag{22}$$

Wir benutzen in Zukunft stets die zweite Entwicklungsform der Gl. (22), um die Zählrichtung von links nach rechts in der Topfreihe beizubehalten.

Da $p + q = 1$ und damit auch $(p + q)^n = 1$ ist, muß auch die rechte Seite in (22) gleich eins sein, d. h. es gilt:

$$\sum_{m=0}^{n} \binom{n}{m} p^m q^{n-m} = 1. \tag{23}$$

Das m-te Glied der Entwicklung (22) ist

$$\varphi(m) = \binom{n}{m} p^m q^{n-m}. \tag{24}$$

$\varphi(m)$ ist die relative Häufigkeit der arithmetischen Grundgesamtheit, die durch den GALTONschen Nagelbrettversuch charakterisiert ist, und dient als Maßzahl für die Füllhöhe des m-ten Topfes. Werden N Kugeln durch das Nagelbrett geschickt, so sind $N\varphi(m)$ Kugeln in diesem m-ten Topf zu erwarten. Dabei ist

$$N\,\varphi(m) = N \binom{n}{m} p^m q^{n-m}, \quad m = 0, 1, 2 \ldots n. \tag{25}$$

Nach diesem Verfahren lassen sich die Füllhöhen in den 11 Töpfen der Abb. 4 berechnen. An Stelle der unhandlichen Gl. (24) benutzt man meistens mit Vorteil die leicht zu beweisende Rekursionsformel

$$\varphi(m + 1) = \varphi(m)\,\frac{n - m}{m + 1}\,\frac{p}{q}. \tag{26}$$

Beispiel: Für $n = 10$, $p = \frac{1}{4}$, $q = \frac{3}{4}$ (s. Abb. 4) ist nach Gl. (24)

$$\varphi(0) = \binom{10}{0} \left(\frac{1}{4}\right)^0 \left(\frac{3}{4}\right)^{10} = \left(\frac{3}{4}\right)^{10} = 0{,}0563\,.$$

Daraus nach (26)

$$\text{mit} \quad m = 0, \quad \varphi(1) = \varphi(0) \cdot \frac{10}{1} \cdot \frac{1}{3} = 0{,}0563 \cdot \frac{10}{3} = 0{,}1877\,,$$

und weiter nach (26)

$$
\begin{aligned}
\text{mit } m = 1 \quad & \varphi(2) &&= \varphi(1) \cdot \tfrac{9}{2} \cdot \tfrac{1}{3} &&= 0{,}1877 \cdot \tfrac{3}{2} &&= 0{,}2815 \\
\text{mit } m = 2 \quad & \varphi(3) &&= \varphi(2) \cdot \tfrac{8}{3} \cdot \tfrac{1}{3} &&= 0{,}2815 \cdot \tfrac{8}{9} &&= 0{,}2502 \\
\text{mit } m = 3 \quad & \varphi(4) &&= \varphi(3) \cdot \tfrac{7}{4} \cdot \tfrac{1}{3} &&= 0{,}2502 \cdot \tfrac{7}{12} &&= 0{,}1460 \\
\text{mit } m = 4 \quad & \varphi(5) &&= \varphi(4) \cdot \tfrac{6}{5} \cdot \tfrac{1}{3} &&= 0{,}1460 \cdot \tfrac{2}{5} &&= 0{,}0584 \\
\text{mit } m = 5 \quad & \varphi(6) &&= \varphi(5) \cdot \tfrac{5}{6} \cdot \tfrac{1}{3} &&= 0{,}0584 \cdot \tfrac{5}{18} &&= 0{,}0162 \\
\text{mit } m = 6 \quad & \varphi(7) &&= \varphi(6) \cdot \tfrac{4}{7} \cdot \tfrac{1}{3} &&= 0{,}0162 \cdot \tfrac{4}{21} &&= 0{,}0031 \\
\text{mit } m = 7 \quad & \varphi(8) &&= \varphi(7) \cdot \tfrac{3}{8} \cdot \tfrac{1}{3} &&= 0{,}0031 \cdot \tfrac{1}{8} &&= 0{,}0004 \\
\text{mit } m = 8 \quad & \varphi(9) &&= \varphi(8) \cdot \tfrac{2}{9} \cdot \tfrac{1}{3} &&= 0{,}0004 \cdot \tfrac{2}{27} &&= 0{,}0000 \\
\text{mit } m = 9 \quad & \varphi(10) &&= \varphi(9) \cdot \tfrac{1}{10} \cdot \tfrac{1}{3} &&= &&= 0{,}0000 \\
\hline
& \textstyle\sum \varphi = &&&&&&= 0{,}9998 \\
& &&&&&&\approx 1
\end{aligned}
$$

Im Verhältnis der so berechneten Zahlen $\varphi(m)$ sind die Füllhöhen in Abb. 4 eingezeichnet.

Die durch die Gl. (24) festgelegte arithmetische Verteilung heißt Binomialverteilung.

Mittelwert μ und Streuung σ^2 [vgl. Gl. (15) und (16)] lassen sich bei der Binomialverteilung n-ter Ordnung berechnen zu:

$$\mu = p\,n \tag{27}$$

und

$$\sigma^2 = n\,p\,q\,. \tag{28}$$

Beispiel: $n = 10$, $p = \frac{1}{4}$, $q = \frac{3}{4}$ (Abb. 4).
Es wird:

$$\mu = \tfrac{1}{4} \cdot 10 = 2{,}5 \quad \text{und} \quad \sigma = \sqrt{10 \cdot \tfrac{1}{4} \cdot \tfrac{3}{4}} = 1{,}37\,.$$

Beispiel 10: Schwankungen bei Faserauszählungen

Wolle und Zellwolle sind im Gewichtsverhältnis $a\%$ Wolle zu $b\%$ Zellwolle gemischt worden. Die mittlere Wollfeinheit metrisch sei Nm_a und die mittlere Wollfaserlänge l_a (auf Meter umgerechnet). Für die Zellwolle seien die betreffenden Daten Nm_b und l_b (Meter). Dann stehen die Faseranzahlen bei Wolle und Zellwolle im Verhältnis

$$p : q = \left(a\,\frac{Nm_a}{l_b}\right) : \left(b\,\frac{Nm_a}{l_b}\right)\,.$$

Soll das Mischungsverhältnis nachgeprüft werden, so wird an einer bestimmten Faseranzahl n festgestellt, wieviel Wollfasern und wieviel Zellwollfasern unter den n Prüffasern vorhanden sind[1]. Es seien x Wollfasern und y Zellwollfasern; $(x + y = n)$. Bei vielfacher Wiederholung des Versuches mit n Fasern werden x und y schwanken; auch die Extremfälle $x = 0$, $y = n$ (die Probe enthält nur Zellwollfasern) und $x = n$, $y = 0$ (die Probe enthält nur Wollfasern) sind denkbar. Insgesamt gibt es jedesmal $(n + 1)$ Möglichkeiten, nämlich

$x = 0$	$x = 1$	$x = 2$	...	$x = n - 2$	$x = n - 2$	$x = n$
$y = n$	$y = n - 1$	$y = n - 2$	...	$y = 2$	$y = 1$	$y = 0$

d. h. jede Probe gehört in eine der Klassen mit den Nummern 0, 1, 2, 3, ... n. Die Klassennummer stellt das Merkmal dar, nämlich die Anzahl der Wollfasern in der Probe.

Von vornherein wird man verschiedene Häufigkeiten in den einzelnen Klassen erwarten; die Extremfälle werden am seltensten, die ungefähr dem tatsächlichen Mischungsverhältnis $x : y = p : q$ entsprechenden Fälle am häufigsten auftreten. Die genaue Verteilung der Häufigkeiten (ausgedrückt in Prozent) in den einzelnen Klassen ist durch die Binomialverteilung

$$100 \, (p + q)^n \, \%$$

gegeben.

Zur Durchführung eines Zahlenbeispiels werde angenommen, daß Wolle und Zellwolle im Verhältnis 60% : 40% gemischt sind und die mittleren Faserlängen der beiden Materialien in der Mischung annähernd gleich lang sind $(l_a \approx l_b)$. Ebenso mögen die Faserfeinheitsnummern annähernd gleich groß sein. Ferner soll jede Probe zunächst 6 Fasern umfassen. Dann ist

$$p = 0{,}6; \quad q = 0{,}4; \quad n = 6.$$

Abb. 5 zeigt für dieses Beispiel das Staffelbild der Binomialverteilung $(0{,}6 + 0{,}4)^6 \cdot 100\%$, wobei die Ordinaten die relativen Häufigkeiten in % angeben. Die Gesamtfläche des Staffelbildes beträgt 100%. Mittelwert μ und mittlere quadratische Abweichung σ der Grundgesamtheit aller denkbarer 6-Faser-Stichproben ergeben sich nach den Gl. (27) und (28) zu

$$\mu = 0{,}6 \cdot 6 = 3{,}6 \quad \text{und} \quad \sigma = \sqrt{6 \cdot 0{,}6 \cdot 0{,}4} = 1{,}2,$$

wobei die Stufenbreite die Einheit darstellt.

Für $n = 30$ Fasern — praktisch würde man noch mehr Fasern auszählen — zeigt Abb. 6 das Staffelbild, festgelegt durch die Binomialverteilung $(0{,}6 + 0{,}4)^{30} \cdot 100\%$.

---

[1] Diese Probeentnahme bezieht sich auf die Fasermasse. Für Querschnittsuntersuchungen dagegen vgl. Abschn. J. 1.

Die Rechnung ist in beiden Fällen nach der Rekursionsgleichung (26) ausgeführt. Mittelwert und mittlere quadratische Abweichung ergeben sich für $n = 30$ zu

$$\mu = 0{,}6 \cdot 30 = 18 \quad \text{und} \quad \sigma = \sqrt{30 \cdot 0{,}6 \cdot 0{,}4} = 2{,}7 \,.$$

Die Maßstäbe in den Abb. 5 und 6 sind so gewählt, daß die Strecke σ beide Male die gleiche Länge und außerdem die gesamte anschraffierte Staffelfläche beide Male die gleiche Größe haben.

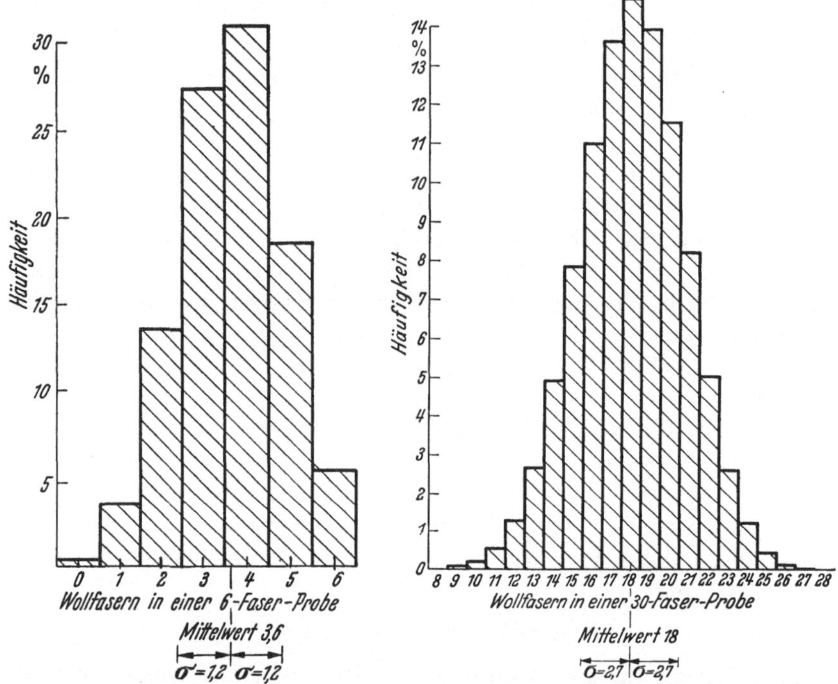

Abb. 5. Häufigkeitsverteilung in einer 6-Faser-Probe　　　　　Abb. 6. Häufigkeitsverteilung in einer 30-Faser-Probe

Aus Abb. 6 liest man ab, daß zwar mit der größten auftretenden Häufigkeit, nämlich 14,7%, 18 Wollfasern und 12 Zellwollfasern in einer 30-Faser-Probe zu erwarten sind, wie es dem Mischungsverhältnis $p : q = 60 : 40$ entspricht, daß aber noch mit einer Häufigkeit von etwa 5% mit einem Auftreten von nur 14 Wollfasern ($= 47\%$ Wollanteil) oder auch mit einer Häufigkeit von 1,2% mit 24 Wollfasern ($= 80\%$ Wollanteil) in der 30-Faser-Probe gerechnet werden muß.

Der Vergleich der beiden Abb. 5 und 6 zeigt:

1. Die Asymmetrie des Staffelbildes für $n = 30$ ist weit geringer als die des Bildes für $n = 6$. In der Tat verschwindet allgemein die

Asymmetrie um so mehr, je größer n wird, und außerdem um so eher, je näher p dem Wert 0,5 liegt.

2. Die Berechnung des Variationskoeffizienten nach Gl. (6), S. 8, liefert:

$$n_1 = 6, \qquad V_1 = 100\,\frac{\sigma_1}{\mu_1}\,\% = 100 \cdot \frac{1,2}{3,6}\,\% = 33,3\,\%,$$

$$n_2 = 30, \qquad V_2 = 100\,\frac{\sigma_2}{\mu_2}\,\% = 100 \cdot \frac{2,7}{18}\,\% = 15,0\,\%.$$

Im ersten Fall beträgt die mittlere quadratische Abweichung 33,3 %, im zweiten nur 15,0 % des Mittelwertes. Der Variationskoeffizient nimmt mit wachsendem n ab. Aus den Gl. (27) und (28) folgt nämlich:

$$V_1 = 100\,\frac{\sigma_1}{\mu_1}\,\% = 100\,\frac{\sqrt{n_1\,p\,q}}{n_1\,p}\,\%,$$

$$V_2 = 100\,\frac{\sigma_2}{\mu_2}\,\% = 100\,\frac{\sqrt{n_2\,p\,q}}{n_2\,p}\,\%.$$

$$V_1 : V_2 = \sqrt{n_2 : n_1}$$

Die Variationskoeffizienten verhalten sich umgekehrt wie die Wurzeln aus den Ordnungszahlen.

Für $n_1 = 6$ und $n_2 = 30$ ergibt sich

$$V_1 : V_2 = \sqrt{n_2 : n_1} = \sqrt{30 : 6} = 33,3\,\% : 15,0\,\%.$$

Das vorstehende Beispiel ist dadurch charakterisiert, daß die Grundwahrscheinlichkeit $p = 0,6$ von vornherein bekannt war, nämlich durch das Mischungsverhältnis der Wolle und Zellwolle. Oft liegt dieser Fall nicht vor, und man muß dann so vorgehen, daß man den bekannten Mittelwert der Stichprobe dem Mittel $\mu = p\,n$ der Grundgesamtheit gleichsetzt, um einen plausiblen Schätzwert für p zu gewinnen. Mit welcher Ungenauigkeit man bei einer solchen Annäherung zu rechnen hat, wird später auseinandergesetzt, vgl. Abschn. J. 2.

Das folgende Beispiel erläutert diese Überlegung.

Beispiel 11: Betriebskontrolle von Maschinensätzen[1] (I)

Eine Partie wird gleichzeitig auf acht gleichen Maschinen verarbeitet. Um ein Bild über die Arbeitsweise der Gesamtanlage zu erhalten, wird 4 Tage lang bei achtstündiger Arbeitszeit mit 12 Beobachtungen pro

---

[1] Vgl. die ausführliche Darstellung bei L. H. C. TIPPET: Statistical Methods in Textile Research, Part 3 — A Snap-Reading Method of Making Time-Studies of Machines and Operatives in Factory Surveys. J. Text. Inst., Manchr. Bd. 26 (1935) S. T51. Das Verfahren findet Anwendung als Methode der Multimomentaufnahme (ratio delay method); wegen weiterer Angaben kann hier nur verwiesen werden auf DE JONG: Multimomentaufnahmen. Arbeitswissenschaftlicher Auslandsdienst 1, 1954.

Stunde festgestellt, wieviel von den 8 Maschinen zu der betreffenden Zeit jeweils in Betrieb sind bzw. wieviel von ihnen durch zufällige Störungen stillstehen. Insgesamt liegen also $12 \cdot 8 \cdot 4 = 384$ Beobachtungen vor. Die Spalten (1) und (2) der nachstehenden Tabelle zeigen die Häufigkeitsverteilung des so gewonnenen empirischen Beobachtungsmaterials. Als Mittelwert ergibt sich $\bar{x} = 2464 : 384 = 6{,}43$, d. h. im Mittel sind 6,43 Maschinen in Betrieb gefunden worden.

Die empirischen Häufigkeiten der Spalte (2) sollen mit den theoretisch zu erwartenden Häufigkeiten verglichen werden. Diese Erwartungswerte ergeben sich aus einer Binomialverteilung (Grundgesamtheit), deren Bestimmungsdaten als $\mu = 6{,}43$ und $n = 8$ angesetzt werden. (Für den Mittelwert μ der Grundgesamtheit wird also, da kein genauer Wert bekannt ist, als Annäherung der Mittelwert $\bar{x}$ der Stichprobe angenommen.) Aus dem Mittelwert $\mu = 6{,}43$ wird für $n = 8$ nach Gl. (27)

$$p = 0{,}804 \approx 0{,}80$$

bestimmt. Aus $p + q = 1$ folgt

$$q = 0{,}20 .$$

Die theoretischen absoluten Häufigkeiten $N\varphi(m)$ werden nach Gl. (25) als die Glieder der Binomialentwicklung von

$$N(p + q)^n = 384 \cdot (0{,}80 + 0{,}20)^8$$

unter Benutzung der Rekursionsgleichung (26) (vgl. Beispiel S. 24) errechnet[1]. Diese theoretischen Häufigkeiten sind in Spalte (4) der Tabelle eingetragen und zeigen eine gute Übereinstimmung mit den Werten

Anzahl m der in Betrieb befindlichen Maschinen	Beobachtete Häufigkeit f_m	$f_m\,m$	Theoretisch berechnete Häufigkeit $N\varphi(m)$
1	2	3	4
0	0	0	0,0
1	0	0	0,0
2	0	0	0,4
3	1	3	3,5
4	19	76	17,6
5	63	315	56,3
6	106	636	112,6
7	126	882	128,8
8	69	552	64,4
	384	2464	383,6 ≈ 384

[1] Diese Rechnung ist von unten nach oben durchgeführt, d. h. es ist der Reihe nach bestimmt:

$$384 \cdot 0{,}8^8 = 64{,}4 ,$$

$$64{,}4 \, \frac{8}{1} \cdot \frac{0{,}2}{0{,}8} = 128{,}8 , \qquad 128{,}8 \, \frac{7}{2} \cdot \frac{0{,}2}{0{,}8} = 112{,}6 , \qquad 112{,}6 \, \frac{6}{3} \cdot \frac{0{,}2}{0{,}8} = 56{,}3 \text{ usw.}$$

in Spalte (2). In Abschn. H ist das Prüfverfahren geschildert, das die Entscheidung gestattet, ob die vorhandenen Abweichungen nur als zufällig gelten können.

Abb. 7 zeigt die ineinandergesetzten Staffelbilder der empirischen und theoretischen Häufigkeiten.

Die Methoden, die ausführlich an dem vorstehenden Beispiel geschildert sind, lassen sich sinngemäß übertragen auf Auszählungen nach anderen Gesichtspunkten. Von mikroskopischen Verfahren seien noch erwähnt:

1. Bestimmung des Mercerisationsgrades.

Aus einer Probe von n Fasern werden die gut mercerisierten und die schlecht mercerisierten ausgezählt.

2. Bestimmung des Schädigungsgrades.

Aus einer Probe von n Fasern werden die geschädigten und die ungeschädigten Fasern (z. B. nach Kenntlichmachung durch die PAULYsche Diazoreaktion bei Wolle, durch Quellung in Natronlauge bei Baumwolle usw.) ausgezählt.

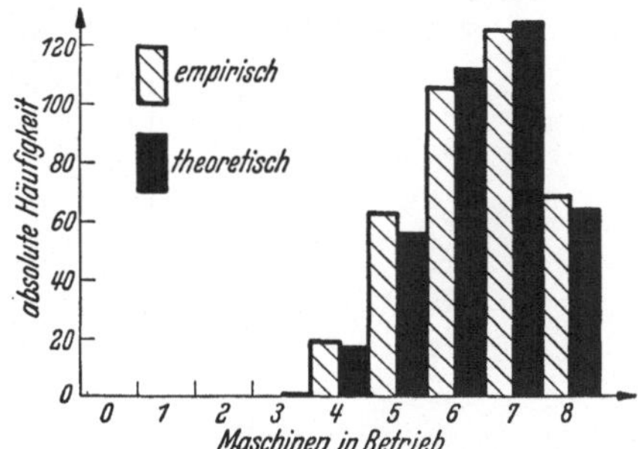

Abb. 7. Betriebskontrolle von Maschinensätzen

3. Bestimmung des Reifegrades von Baumwolle.

Aus einer Probe von n Fasern werden die unreifen Fasern ausgezählt (vgl. die amerikanische Normvorschrift ASTM-Standards Designation: D 414—47).

6. Die Gaußsche Normalverteilung

Das Staffelbild einer Binomialverteilung zeigt für $p = q = \frac{1}{2}$ einen symmetrischen (Abb. 3), für $p \neq q$ einen asymmetrischen (Abb. 4, 5 und 7) Verlauf. Je größer die Klassenanzahl n wird, um so mehr geht die Asymmetrie zurück (Abb. 5 und 6). Gleichzeitig nähert sich mit wachsendem n das Staffelbild einem kurvenmäßigen Verlauf.

Die Kurve, die man aus der Binomialverteilung erhält, wenn man bei festem $p \neq 0$ die Klassenzahl im Grenzübergang unendlich groß werden läßt ($n \rightarrow \infty$), ist die *Glockenkurve der Gaußschen Normalverteilung*.

Abb. 8a, b, c, d zeigt die Staffelbilder für $p = q = \frac{1}{2}$ und $n = 4$ (Abb. 8a), $n = 16$ (Abb. 8b), $n = 64$ (Abb. 8c) und schließlich die Grenzkurve $n \rightarrow \infty$ (Abb. 8d). Dabei nimmt mit zunehmender Klassenzahl n die Klassenbreite c ab. Das Gesetz dieses Zusammenhanges zwischen Zunahme von n und Abnahme von c fordert, daß die mittlere quadratische Abweichung (gemessen mit c als Einheit)

$$\sigma = \sqrt{npq}\, c = \tfrac{1}{2} \sqrt{n}\, c, \qquad p = q = \tfrac{1}{2}$$

konstant bleibt. In der Abbildungsreihe 8a, b, c, d hat daher die ein-
gezeichnete Strecke σ stets die gleiche Länge. Der Ordinatenmaßstab

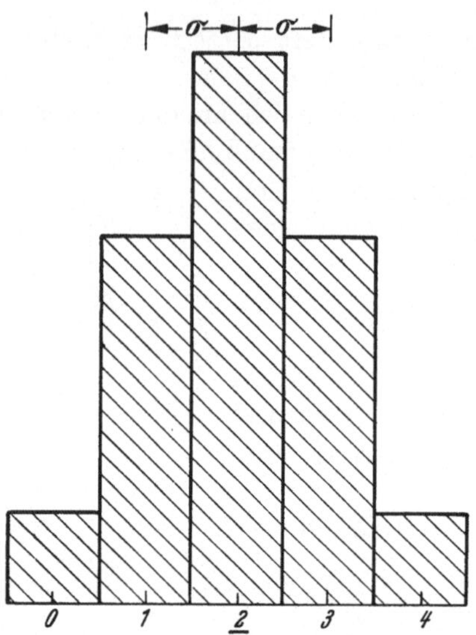

Abb. 8a. Symmetrische Binomialverteilung für $n = 16$

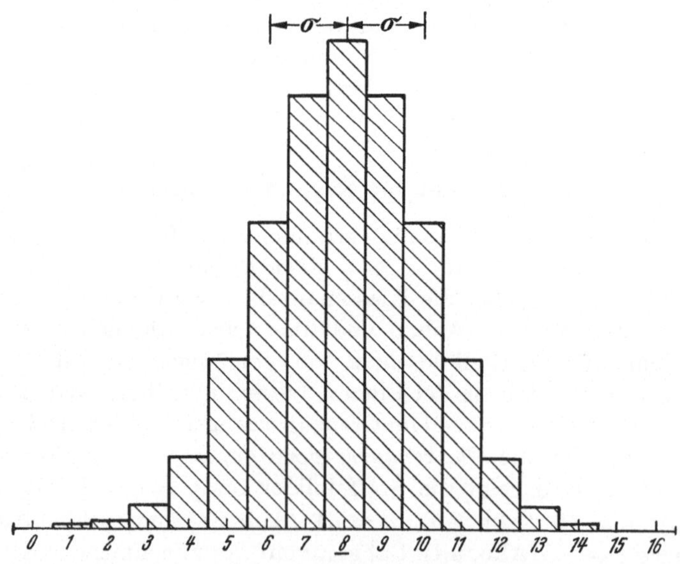

Abb. 8b. Symmetrische Binomialverteilung für $n = 4$

ist so gewählt, daß die Flächeninhalte der Staffelbilder bzw. die Fläche
unter der Glockenkurve gleich groß sind. Durch diese hier geometrisch
formulierten Forderungen ist der Grenzübergang eindeutig festgelegt,

der aus dem sprungweisen Staffelbild der Binomialverteilung allmählich
die stetige Glockenkurve der Gaussschen Normalverteilung entstehen

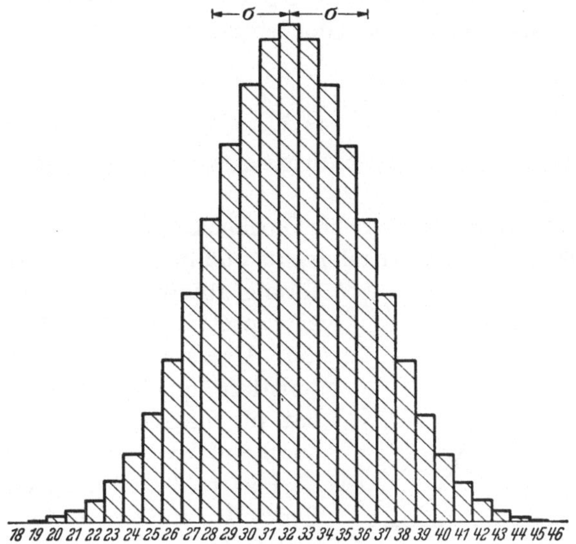

Abb. 8c. Symmetrische Binomialverteilung für $n = 64$

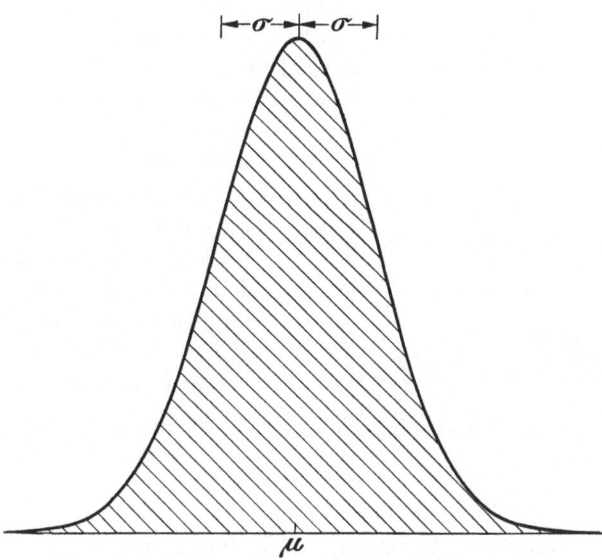

Abb. 8d. Die Gausssche Glockenkurve als Grenzfall der Binomialverteilung ($n \to \infty$)

läßt. Während die Binomialverteilung nur für ganzzahlige Merkmalswerte gegeben ist (arithmetische Verteilung), rücken diese Merkmals-

werte bei der Gaußschen Verteilung unendlich dicht aneinander, so daß die Verteilung kontinuierlich (geometrisch) wird.

Die mathematische Durchführung dieses Grenzüberganges liefert die Gleichung der Gaußschen Glockenkurve:

$$\varphi(x) = \frac{1}{\sigma\sqrt{2\pi}}\, e^{-\frac{(x-\mu)^2}{2\sigma^2}}. \tag{29}$$

$\varphi(x)$ bedeutet die Häufigkeitsdichte dieser geometrischen Verteilung, vgl. Abschn. 4.

Abb. 9 zeigt diese Gaußssche Glockenkurve, die vom Scheitel S aus (über dem Mittelwert μ) nach rechts und links symmetrisch glockenförmig abfällt. Die Kurve nähert sich asymptotisch nach beiden Seiten hin der Abszissenachse. Die Strecke σ (mittlere quadratische Abweichung) hat für die Kurve eine unmittelbare anschauliche Bedeutung:

Die beiden Wendepunkte W der Glockenkurve liegen im Abstand σ rechts und links vom Mittelwert μ.

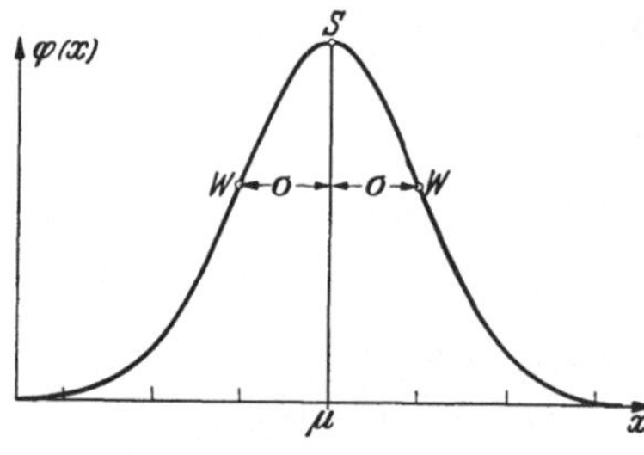

Abb. 9. Die Gaußsche Glockenkurve der Normalverteilung

Durch die Angabe von Mittelwert μ und Streuung σ^2 ist die Gaußssche Glockenkurve nach Gl. (29) vollständig bestimmt.

Abb. 10 zeigt drei solche Glockenkurven über dem gleichen Mittelwert $\mu = 8$ mit den mittleren quadratischen Abweichungen $\sigma = 0{,}5$, $\sigma = 1{,}0$, $\sigma = 2{,}0$. Die Fläche unter den 3 Kurven ist jedesmal die gleiche. Je kleiner σ, um so größer ist die Scheitelordinate und um so steiler fällt die Kurve ab. Mit wachsendem σ dagegen nimmt die Breite der Kurve und damit die „Unschärfe" des Mittelwertes zu. In jedem Falle erstrecken sich die Kurven von $-\infty$ bis $+\infty$,

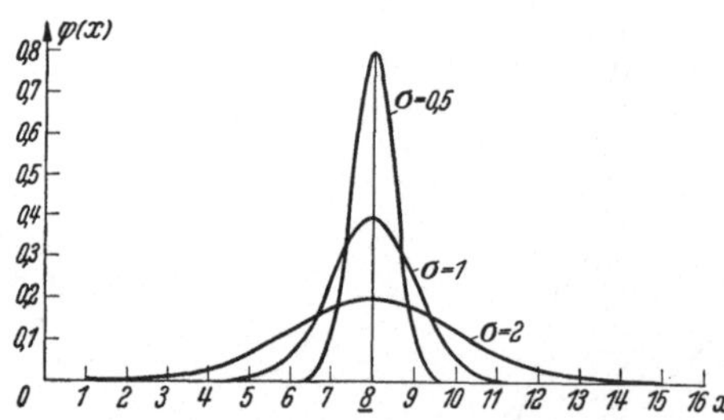

Abb. 10. Formen der Gaußsschen Glockenkurve bei verschiedener mittlerer quadratischer Abweichung σ

wenn auch bei der Kleinheit der weit außen liegenden Werte eine zeichnerische Darstellung nicht möglich ist.

Für die praktische Rechnung und Zeichnung benutzt man die normierte Form der Gaußsschen Normalverteilung

$$\varphi(\lambda) = \frac{1}{\sqrt{2\pi}}\, e^{-\frac{\lambda^2}{2}}, \tag{30}$$

die aus (29) für $\mu = 0$ und $\sigma = 1$ mit $x = \lambda$ entsteht. Die Tabelle I in Abschn. N gibt die Zahlenwerte dieser Funktion $\varphi(\lambda)$.

Die Benutzung dieser Tabelle werde an dem Beispiel 12 erläutert.

Beispiel 12: Festigkeitsbestimmung an einem Seidengarn (VII)
[vgl. S. 16 (Abb. 2a)]

Klassenbreite $c = 10$ g, Mittelwert $\bar{x} = 80{,}6$ g, mittlere quadratische Abweichung $s = 12{,}5$ g.

Für die Aufstellung der zugehörigen GAUSSschen Normalverteilung wird die naheliegende Annahme gemacht, daß ihr Mittelwert μ bzw. ihre Streuung σ^2 mit den empirisch gewonnenen Werten $\bar{x}$ und s^2 der Stichprobe übereinstimmen. Man bildet also die Größen:

$$\lambda = \frac{x - \bar{x}}{s} \quad \text{und} \quad y = \frac{c}{s}\,\varphi(\lambda)\,100\,\% \,.$$

Die mit x als Abszisse und mit y als Ordinate berechnete oder gezeichnete Kurve stellt bei den getroffenen Annahmen die Idealverteilung für unendlich großen Stichprobenumfang dar. Dabei gibt y unmittelbar die Häufigkeitsdichte in % an. Die durchgeführte Rechnung ist in der folgenden Tabelle angedeutet:

x	80,6	85,6	90,6	. . .	105,6	110,6
λ	0	0,4	0,8	. . .	2,0	2,4
$\varphi(\lambda)$	0,3989	0,3683	0,2897	. . .	0,0540	0,0224
y	31,95	29,5	23,18	. . .	4,32	1,79

Die zu den berechneten Werten λ gehörigen Werte $\varphi(\lambda)$ sind der Tab. I, Abschn. N, entnommen. Wegen des symmetrischen Verlaufs der Glockenkurve genügt es, nur die Werte auf einer Seite des Mittelwertes $\mu \approx \bar{x}$ zu berechnen, so daß man immer mit positiven λ-Werten auskommt. Die nach der vorstehenden Rechnung gewonnene Kurve ist in Abb. 2a eingezeichnet[1].

Neben die relative Häufigkeit war bereits im Beispiel 9a u. b, S. 15, die Häufigkeitssumme gesetzt, ebenso in Abb. 1 und 2 unter dem Staffelbild der Häufigkeitsverteilung die Summenlinie gezeichnet. Führt man diesen Gedankengang nun für die ideale GAUSSsche Glockenkurve durch, so ist die Summation im Grenzfall durch die Integration zu ersetzen, und man erhält an Stelle der Summenlinie eine Summen-

---

[1] Wenn man für $\lambda = 0$ die Scheitelordinate $y_{\max}$ bestimmt hat, kann man leicht einige weitere Ordinaten nach folgender Überschlagsrechnung gewinnen und danach meist genügend genau die Kurve zeichnen:

$x =$	μ	$\mu \pm 0{,}5\sigma$	$\mu \pm \sigma$	$\mu \pm 1{,}5\sigma$	$\mu \pm 2\sigma$	$\mu \pm 3\sigma$
$y =$	$y_{\max}$	$\frac{7}{8}\,y_{\max}$	$\frac{5}{8}\,y_{\max}$	$\frac{2{,}5}{8}\,y_{\max}$	$\frac{1}{8}\,y_{\max}$	$\frac{1}{80}\,y_{\max}$

kurve. Abb. 11 a u. b zeigt untereinander die GAUSS-Verteilung und ihre Integralkurve (Summenkurve), aufgetragen in Prozenten. Die Gleichung der Summenkurve lautet:

$$100\,\% \int\limits_{-\infty}^{x} \varphi(x)\,dx = \frac{100\,\%}{\sigma\sqrt{2\pi}} \int\limits_{-\infty}^{x} e^{-\frac{(x-\mu)^2}{2\sigma^2}}\,dx.$$

Sie zeigt die schon bekannte S-Form, hat die 0 %-Gerade und die 100 %-Gerade zu Asymptoten und verläuft spiegelbildlich zu ihrem Wendepunkt mit den Koordinaten μ und 50 % . Wegen des spiegelbildlichen Kurvenverlaufs genügt es, die Ordinatenwerte für den oberen Teil zu kennen. Für alle praktischen Rechnungen benutzt man die Integralfunktion

$$\Phi(\lambda) = \int\limits_{-\lambda}^{+\lambda} \varphi(\lambda)\,d\lambda = \frac{1}{\sqrt{2\pi}} \int\limits_{-\lambda}^{+\lambda} e^{-\frac{\lambda^2}{2}}\,d\lambda. \tag{31}$$

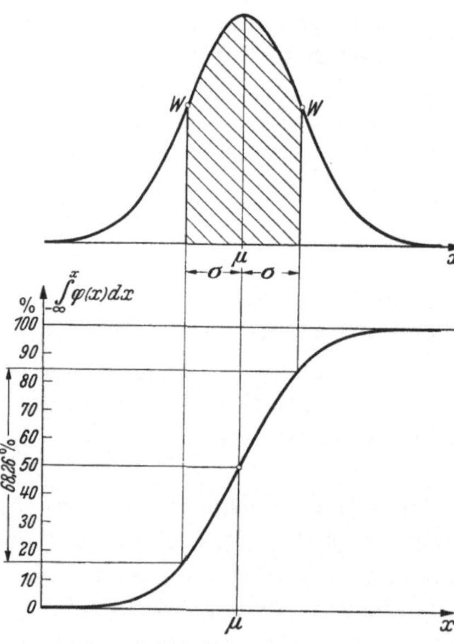

Abb. 11a u. b. Glockenkurve und Summenkurve
der Normalverteilung

Dabei ist der Zusammenhang zwischen der hier auftretenden Variablen λ einerseits und den Werten μ und σ für Mittelwert und m. qu. Abw. andererseits gegeben durch die Beziehung

$$\lambda = \frac{x-\mu}{\sigma}. \tag{32}$$

Die Funktion $\Phi(\lambda)$ heißt das „*Gaußsche Fehlerintegral*". Das Integral selbst läßt sich nicht durch elementare Funktionen ausdrücken; es muß nach Verfahren der höheren Mathematik ausgewertet werden. Die so gewonnenen Zahlenwerte der Funktion $\Phi(\lambda)$ sind in der Tabelle II, Abschn. N zusammengestellt. Die Bedeutung der Zahlenwerte $\Phi(\lambda)$ zeigt Abb. 12:

$\Phi(\lambda)$ *gibt denjenigen Bruchteil der Gesamtfläche unter der Gaußschen Kurve an, der zwischen den Abszissenwerten* $-\lambda$ *und* $+\lambda$ *liegt.*

Dabei ist die Gesamtfläche durch den Wert 1 gekennzeichnet. Durch $100\,\Phi(\lambda)\,\%$ ist daher der genannte Bruchteil in Prozenten der Gesamtfläche (100 %) ausgedrückt.

Die Benutzung der Tab. II werde an der Berechnung der Kurve Abb. 2b, S. 16, erläutert (vgl. Tab. II, Abschn. N).

x	80,6	85,6	90,6	. . .	105,6	110,6
λ	0	0,4	0,8	. . .	2,0	2,4
$\Phi(\lambda)$	0	0,3108	0,5762	. . .	0,9544	0,9836

Da $\Phi(\lambda)$ die Fläche zwischen $-\lambda$ und $+\lambda$ symmetrisch zum Mittelwert mißt, während in Abb. 2b die Fläche zwischen $-\infty$ und dem Wert x gesucht wird, muß man die abgelesenen Werte $\Phi(\lambda)$ — ausgedrückt in Prozenten — auf der Ordinatenachse der Abb. 2b von der 50%-Marke aus jeweils zur Hälfte nach oben und nach unten abtragen.

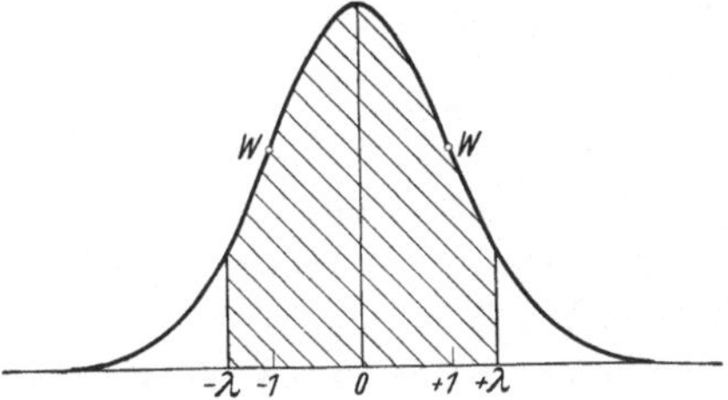

Abb. 12. Geometrische Bedeutung der Integralfunktion $\Phi(\lambda)$

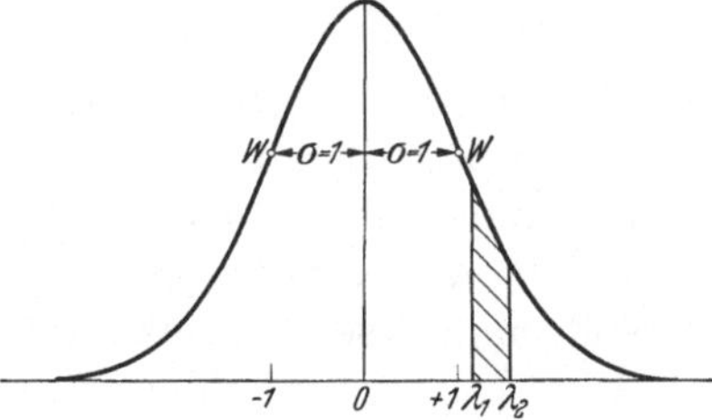

Abb. 13. Geometrische Bedeutung der Flächenfunktion $F(\lambda_1, \lambda_2)$

Die Abb. 11b veranschaulicht diesen Zusammenhang für $x = \pm\sigma$, d. h. $\lambda = \pm 1$, also für die Fläche zwischen den beiden Wendepunkten. Die Konstruktion, die sich durch rechnerische Verfahren unterbauen läßt, zeigt, daß diese Fläche 68,26% der Gesamtfläche ausmacht.

Soll ein Flächenstück unter der Gaussschen Glockenkurve bestimmt werden, das nicht symmetrisch zur Scheitelordinate liegt, sondern allgemein zwischen den Merkmalswerten x_1 und x_2 bzw. λ_1 und λ_2 (vgl. Gl. 32), so ist dieses Flächenstück (vgl. Abb. 13) bestimmt durch

$$F(\lambda_1, \lambda_2) = \tfrac{1}{2}\left[\Phi(\lambda_2) - \Phi(\lambda_1)\right]. \tag{33}$$

$F(\lambda_1, \lambda_2)$ stellt die Wahrscheinlichkeit dafür dar, daß der Merkmalswert x in das Intervall von x_1 bis x_2 fällt. Die in diesem Intervall zu erwartende Häufigkeit bei einem Stichprobenumfang N ist durch

$$f = N \cdot F(\lambda_1, \lambda_2) \tag{34}$$

gegeben. Bei Klasseneinteilung kann man nach dieser Formel die theoretisch zu erwartende Häufigkeit in jeder Klasse ermitteln.

Beispiel 13: Festigkeitsbestimmung an einem Seidengarn (VIII)
[vgl. S. 15 (Abb. 1a)]

Es ist zu bestimmen, wieviel Werte theoretisch zwischen 95 g und 100 g zu erwarten sind.

Auf S. 11 waren Mittelwert $\bar{x}$ und mittlere quadratische Abweichung s errechnet worden zu

$$\bar{x} = 80{,}6 \text{ g} \quad \text{und} \quad s = 12{,}5 \text{ g}.$$

Mit $x_1 = 95$ g und $x_2 = 100$ g wird nach Gl. (32)

$$\lambda_1 = 1{,}15, \quad \lambda_2 = 1{,}55 \text{ (vgl. Abb. 13)},$$

darauf nach Tab. II, Abschn. N

$$\Phi(\lambda_1) = 0{,}7499, \quad \Phi(\lambda_2) = 0{,}8788$$

und schließlich nach Gl. (33) und (34) bei dem Stichprobenumfang $N = 120$ die theoretische Häufigkeit

$$f = 7{,}73$$

ermittelt.

Die Messung ergab $f = 7$, vgl. die Tabelle auf S. 11.

Führt man die vorstehende Rechnung für sämtliche Klassen durch, so hat man die Möglichkeit, die theoretische GAUSSsche Häufigkeitsverteilung der empirischen zum Vergleich gegenüberzustellen. Vgl. die Ausführung dieses Gedankenganges in Abschn. H.

Das GAUSSsche Fehlerintegral $\Phi(\lambda)$ liefert zu jedem λ-Wert den zwischen $-\lambda$ und $+\lambda$ liegenden Flächenanteil an der Gesamtfläche 1 bzw. 100% unter der GAUSSschen Kurve. Der verbleibende Rest, dargestellt durch die beiden nicht schraffierten Flächenzipfel links und rechts in Abb. 12 wird mit

$$P(\lambda) = 1 - \Phi(\lambda) \tag{35}$$

bezeichnet. Für die statistische Praxis sind bestimmte typische Werte von λ bzw. $\Phi(\lambda)$ oder $P(\lambda)$ von Bedeutung. Wählt man glatte λ-Werte, nämlich $\lambda = 1$, 2 oder 3, so muß man krumme Zahlenwerte von $\Phi(\lambda)$ bzw. $P(\lambda)$ in Kauf nehmen; fordert man dagegen glatte Prozentwerte für $\Phi(\lambda)$ bzw. $P(\lambda)$, so erhält man krumme Zahlenwerte für λ. Die gebräuchlichsten Werte (vgl. Tab. II, Abschn. N) sind:

$$
\begin{array}{llll}
① & \lambda = 1, & \Phi(\lambda) = 68{,}26\% & ④ \quad \Phi(\lambda) = 95\ \%, \quad \lambda = 1{,}960 \\
 & x - \mu = \pm\,\sigma, & P(\lambda) = 31{,}74\% & \quad P(\lambda) = 5\ \%, x - \mu = \pm\,1{,}960\,\sigma \\
② & \lambda = 2, & \Phi(\lambda) = 95{,}44\% & ⑤ \quad \Phi(\lambda) = 99\ \%, \quad \lambda = 2{,}576 \\
 & x - \mu = \pm\,2\sigma, & P(\lambda) = 4{,}56\% & \quad P(\lambda) = 1\ \%, x - \mu = \pm\,2{,}576\,\sigma \\
③ & \lambda = 3, & \Phi(\lambda) = 99{,}73\% & ⑥ \quad \Phi(\lambda) = 99{,}9\%, \quad \lambda = 3{,}291 \\
 & x - \mu = \pm\,3\sigma, & P(\lambda) = 0{,}27\% & \quad P(\lambda) = 0{,}1\%, x - \mu = \pm\,3{,}291\,\sigma
\end{array}
\tag{36}
$$

Durch die vorstehenden Zahlenwerte, gültig für eine GAUSSsche Normalverteilung, sind die folgenden Regeln begründet:

1. Innerhalb des Schwankungsbereiches von $-\sigma$ bis $+\sigma$ (symmetrisch zum Mittelwert) sind 68,26%, d. h. rund $^2/_3$ aller Werte zu erwarten.

2. Innerhalb der 2σ-Grenze von −2σ *bis* +2σ *sind* 95,44% *aller Werte zu erwarten. Nur 4,56% werden außerhalb der 2σ-Grenze liegen.*

3. Innerhalb der 3σ-Grenze von −3σ *bis* +3σ *werden 99,73% aller Werte liegen, d. h. praktisch alles. Nur noch ein Rest von 0,27% ist außerhalb zu erwarten.*

4. Um 95% aller Werte zu erfassen, wird man bis 1,960σ nach links und rechts vom Mittelwert gehen müssen.

5. Um 99% aller Werte zu erfassen, muß man die Grenzen auf 2,576σ erweitern.

6. 99,9% aller Werte umschließt man in den Grenzen zwischen ±3,291σ *vom Mittelwert.*

Die 6 Abbildungen 14 erläutern die vorstehenden Sätze 1 bis 6.

Diejenigen Grenzmarken, die gerade die Hälfte, d. h. 50% der Gesamtfläche bestimmen, sind nach Tab. II, Abschn. N

$$\lambda = 0,6745, \quad \Phi(\lambda) = P(\lambda) = 50\%,$$
$$x - \mu = \pm 0,6745\,\sigma \approx \pm \tfrac{2}{3}\,\sigma.$$

Die im vorstehenden ausführlich erläuterte GAUSSsche Normalverteilung ist die wichtigste aller vorkommenden Verteilungen. Andere Verteilungen bei Meßreihen sind nicht nur denkbar, sondern treten auch in der Praxis auf. Trotzdem behält die GAUSSsche Normalverteilung ihre grundlegende Bedeutung, und die in den späteren Abschnitten entwickelten Prüfverfahren sind größtenteils auf sie abgestellt. Diese einschränkende Annahme für die Grundgesamtheit

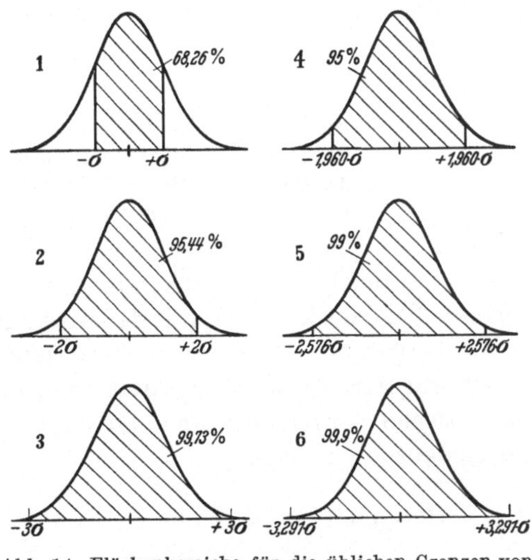

Abb. 14. Flächenbereiche für die üblichen Grenzen von σ bzw. $\Phi(\lambda)$

bringt jedoch keine großen Nachteile mit sich. Erstens nämlich läßt sich durch geeignete Wahl der Versuchsbedingungen vielfach erreichen, daß die Voraussetzung einer Normalverteilung ohne weiteres zutrifft, zweitens kann man oftmals die Grundgesamtheit durch eine passende und sinnvolle Wahl der Variablen in eine Normalverteilung überführen, und drittens läßt sich schließlich zeigen, daß die Prüfverfahren oft auch dann nicht in ihrer Wirkung beeinträchtigt werden, wenn die Grundgesamtheit schon recht beträchtlich von der Normalverteilung abweicht.

Auch bei einer ganz allgemeinen Form der Häufigkeitsverteilung, deren Gesetz unbekannt sein möge, lassen sich Beziehungen zwischen der m. qu. Abw. σ und dem zugehörigen prozentualen Anteil aller Meßwerte angeben. Ein hier nicht bewiesener Satz von TSCHEBYSCHEFF besagt nämlich:

Die Wahrscheinlichkeit, daß ein Meßwert weniger als $a\sigma$ vom Mittelwert μ entfernt liegt, ist größer als $\dfrac{a^2 - 1}{a^2}$.

Aus diesem Satz folgt:

Bei einer beliebigen Häufigkeitsverteilung liegen im Bereich

$$\begin{aligned}
&- 2\sigma \text{ bis } + 2\sigma \text{ mindestens } 75{,}0\ \% \text{ aller Werte}\\
&- 3\sigma \text{ bis } + 3\sigma \text{ mindestens } 88{,}9\ \% \text{ aller Werte}\\
&- 4\sigma \text{ bis } + 4\sigma \text{ mindestens } 93{,}75\% \text{ aller Werte}\\
&- 5\sigma \text{ bis } + 5\sigma \text{ mindestens } 96{,}0\ \% \text{ aller Werte}\\
&-10\sigma \text{ bis } +10\sigma \text{ mindestens } 99{,}0\ \% \text{ aller Werte}
\end{aligned}$$

Diese noch sehr weiten Grenzen lassen sich verengen, wenn man weiß, daß die Verteilungskurve nur ein Maximum in der Nähe des arithmetischen Mittels hat und nach beiden Seiten monoton abfällt. In diesem Falle gilt:

Im Bereich

$$\begin{aligned}
&- 2\sigma \text{ bis } + 2\sigma \text{ liegen mindestens } 88{,}9\% \text{ aller Werte}\\
&- 3\sigma \text{ bis } + 3\sigma \text{ liegen mindestens } 95{,}1\% \text{ aller Werte}\\
&- 4\sigma \text{ bis } + 4\sigma \text{ liegen mindestens } 97{,}2\% \text{ aller Werte}\\
&- 5\sigma \text{ bis } + 5\sigma \text{ liegen mindestens } 98{,}2\% \text{ aller Werte}\\
&-10\sigma \text{ bis } +10\sigma \text{ liegen mindestens } 99{,}6\% \text{ aller Werte}
\end{aligned}$$

Der Vergleich der vorstehenden Zahlen, die für allgemeine Verteilungen Gültigkeit besitzen, mit den vorangegangenen Bewertungszahlen für die GAUSSsche Normalverteilung zeigt, daß man bei dieser zu erheblich engeren Schwankungsbereichen kommt, daß aber die mittlere quadratische Abweichung σ auch noch bei allgemeinen Verteilungen ihre Bedeutung behält.

Beispiel 14[1]: Laufende Überwachung der Garnnummer durch Kontrollkarten

Um die Garnnummer einer Partie beim Verspinnen zu überwachen, werden in regelmäßigen Zeitabständen Nummernkontrollen vorgenommen. Es empfiehlt sich, diese Kontrollmessungen nicht einfach

---

[1] Vgl. dazu z. B. auch U. GRAF und H.-J. HENNING: Zur Anwendung statistischer Methoden in der textilen Praxis, Glockenkurve, Wahrscheinlichkeitsnetz und Kontrollkarte. Das Deutsche Textilgewerbe Jg. 52 (1950) S. 494 und F. MONFORT: Application of Control Charts to the Control of Count in Worsted Spinning. J. Text. Inst. Vol. 47 (1956) S. T 111.

in ein Buch einzutragen, sondern der größeren Übersichtlichkeit und
besseren Kontrollmöglichkeit halber fortlaufend auf einer Kontrollkarte aufzuzeichnen, wie sie Abb. 15 darstellt. Die aufgenommenen Meßwerte zeigen eine natürliche Schwankung, und der Vorteil der Kontrollkarte beruht darauf, daß man an ihr unmittelbar erkennt, ob eine
Schwankung noch als zufällig angesprochen werden darf oder ob sie
dieses Ausmaß überschreitet und infolgedessen eine Änderung an der
Einstellung der Maschine nötig macht.

Die Abb. 15 bezieht sich als Beispiel auf ein Garn der metrischen
Nummer 36/1. Die m. qu. Abw. der Garnnummer sei bekannt als

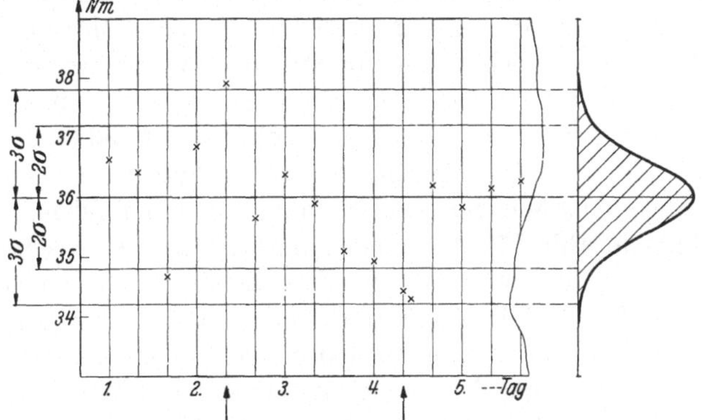

Abb. 15. Kontrollkarte zur laufenden Überwachung der Garnnummer

$\sigma = 0{,}6$, entweder aus einem genügend umfangreichen Vorversuch oder
aus der für die betreffende Qualität vorliegenden Erfahrung des Betriebes. Dabei ist es gleichgültig, ob jede Nummernkontrolle mit 3,5
oder mehr Cops und mit 100, 500 oder mehr Metern Weiflänge je Cop
vorgenommen wird, sofern sich nur der Wert σ der mittleren quadratischen Abweichung stets auf die gleichen Prüfbedingungen bezieht, die
ja zumindest innerhalb eines Betriebes einheitlich gehandhabt werden.
Wenn z. B. die Kontrollkarte so angelegt werden soll, daß zur Überwachung der Garnnummer die Meßwerte von jedesmal 5 Cops bei je
100 m Weiflänge herangezogen werden, so muß die m. qu. Abw. σ vorher selbstverständlich unter den gleichen Bedingungen ermittelt sein.
Jede einzelne Kontrolle bezieht sich dann also auf den Durchschnitt
aus 5 Cops. Man könnte an und für sich jedesmal auch nur einen Cop
heranziehen; abgesehen von praktischen Gesichtspunkten empfiehlt es
sich jedoch meist vom Standpunkt der mathematischen Statistik aus,
von vornherein die Durchschnitte aus mehreren Cops zu wählen, da
solche Mittelwerte auch dann noch gut der zugrunde gelegten Gaussschen Normalverteilung genügen, wenn die Einzelwerte selbst einem
anderen Verteilungsgesetz folgen. Außerdem lassen solche Mittelwerte

eine eingetretene Veränderung eher erkennen als Einzelwerte, die Mittelwertkarte ist schärfer als die Einzelwertkarte.

In Abb. 15 ist die Sollnummer Nm 36 durch eine Horizontale gekennzeichnet. Parallel zu ihr sind nach oben und nach unten jeweils weitere Horizontale in den Abständen 2σ und 3σ eingezeichnet. Auf dem unteren Kartenrand ist als Abszissenmaßstab die Zeit angegeben, zu der die Kontrollmessung erfolgt. Jede Messung wird senkrecht über der betreffenden Zeitmarke mit Hilfe des Nummernmaßstabes am linken Kartenrand durch ein kleines Kreuz in die Karte eingetragen.

Auf Grund der vorangegangenen Überlegungen sind bei ordnungsgemäßer Nummernhaltung 95,44% aller Messungen innerhalb des Streifens zwischen $\mu + 2\sigma$ und $\mu - 2\sigma$ und 99,73% aller Messungen innerhalb des Streifens zwischen $\mu + 3\sigma$ und $\mu - 3\sigma$ zu erwarten. Es ist also sehr unwahrscheinlich, daß ein einzutragendes Kreuz außerhalb des 3σ-Streifens liegt [die Wahrscheinlichkeit dafür beträgt nur $(100 - 99,73)\% = 0,27\%$]. Wenn also dieser Fall auftritt, wird man eine Änderung an der Maschineneinstellung vornehmen (siehe den ersten Pfeil von links in Abb. 15). Auch eine Abweichung, die zwischen 2σ und 3σ fällt, ist unwahrscheinlich [die Wahrscheinlichkeit dafür beträgt $(99,73 - 95,44)\% = 4,29\%$], so daß man diesen Fall als ein Warnungszeichen aufzufassen hat. Man wird dann in kurzem Abstand danach eine weitere Messung als Zwischenkontrolle durchführen. Zeigt sie eine Differenz in gleicher Richtung, so wird man auch hier eine Einstellungsänderung durchführen (siehe den zweiten Pfeil von links in Abb. 15 mit der dicht darauf folgenden Sondermessung, die zu einer Einstellungsänderung geführt hat). In jedem Falle ermöglicht das graphische Bild der Kontrollkarte eine bessere Prüfung und Übersicht als das einfache listenmäßige Aufzeichnen der Werte, ganz abgesehen von dem zusätzlichen Vorteil, daß die Kontrollkarte gleichsam automatisch auf die Notwendigkeit einer Maschinenumstellung hinweist, die also nicht nur nach mehr oder weniger willkürlichem Ermessen zu erfolgen braucht.

In Abb. 15 ist am rechten Rande die GAUSSsche Kurve angedeutet, die der geschilderten Vorstellung zugrunde liegt. Bei einer sehr großen Zahl von Meßpunkten würde deren Horizontalprojektion nach rechts auf eine Häufigkeitsverteilung nach dieser Idealkurve führen.

Die hier an der Nummernkontrolle geschilderte Karte läßt sich in gleicher Weise bei anderen laufenden Prüfungen (Bandgewichte, Vorgarnnummern, Metergewicht bei Stücken usw.) anwenden.

Bei dem vorstehenden Beispiel waren Abweichungen vom Mittelwert gleichermaßen nach oben wie nach unten von Interesse, da die Nummer weder zu grob noch zu fein ausfallen soll. Im Gegensatz dazu ist vielfach nur die Abweichung nach einer Richtung wesentlich. In diesem

Fall muß man eine leicht abgeänderte Kontrollkarte entwerfen, die nachstehend geschildert wird.

Beispiel 15: Schrumpfungskontrolle an Geweben

Die Lieferbedingung für eine Ware bestimmt, die Stücke so auszurüsten, daß die Schrumpfung den Wert 2,5% nicht übersteigt.

Die Einhaltung der Lieferbedingung wird zweckmäßigerweise bei der Herstellerfirma durch eine Kontrollkarte überwacht. Aus einem Vorversuch ist die Streuung der Schrumpfungswerte zu $\sigma = 0,2\%$ bestimmt worden. Würde man den Mittelwert der Schrumpfung auf 2,5% bringen, so wäre der Lieferbedingung nicht Genüge getan, da in diesem Falle 50% der Schrumpfungswerte größer als 2,5% sein würden. Um zu gewährleisten, daß der Sollwert 2,5% Schrumpfung nicht oder nur in Ausnahmefällen erreicht oder gar überschritten wird, ist es vielmehr notwendig, den Mittelwert kleiner als 2,5% zu halten. Begnügt man sich mit der Forderung, daß die Marke 2,5% die 2σ-Grenze darstellt, so wäre mit $\sigma = 0,2\%$ der Mittelwert bei $2,5\% - 2 \cdot 0,2\% = 2,1\%$ Schrumpfung anzusetzen. In diesem Fall darf man wegen der Einseitigkeit der Abweichung damit rechnen, daß nur $\frac{1}{2} \cdot (100 - 95,44)\% = 2,28\%$ der Lieferung die Schrumpfungsgrenze 2,5% überschreiten. Abb. 16 zeigt die nach dieser Forderung angelegte Kontrollkarte.

Betrachtet man 2,28% der Lieferung, die zu Beanstandungen führen könnten, noch als zu hoch, so müßte man die 2,5%-Marke noch weiter ver-

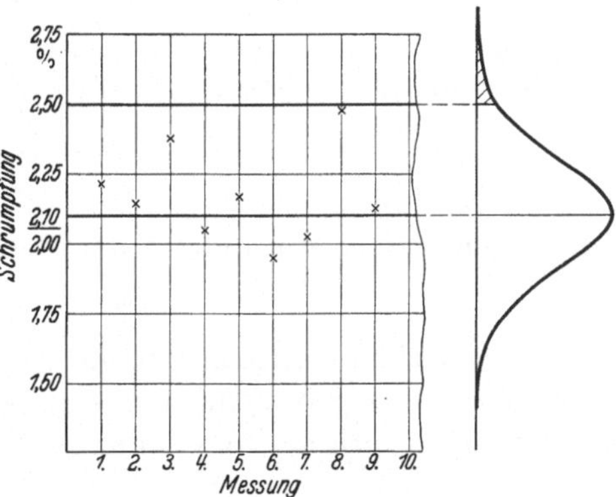

Abb. 16. Kontrollkarte zur laufenden Überwachung der Schrumpfung

schieben. Legt man sie auf die 3σ-Grenze, wählt also den Mittelwert bei $2,5\% - 3 \cdot 0,2\% = 1,9\%$, so darf man erwarten, daß nur noch $\frac{1}{2}(100 - 99,73)\% = 0,135\%$ des Materials mehr als 2,5% Schrumpfung aufweisen.

Zur Veranschaulichung ist in Abb. 16 wiederum rechts die Gausssche Glockenkurve angedeutet, die der Verteilung der Meßwerte und der Festlegung der Schranke entspricht. Die Gegenüberstellung der Abb. 15 und 16 zeigt die Verschiedenartigkeit einer zweiseitigen und einer einseitigen Fragestellung.

Die in den beiden Beispielen 14 und 15 dargestellten Kontrollkarten geben die einfachsten Möglichkeiten wieder, eine laufende Überwachung durchzuführen. Mit diesen Karten wird man vor allem der Forderung gerecht, eine solche Überwachung während der Fabrikation selbst und nicht erst nachträglich durchzuführen. Die Vorteile liegen auf der Hand: Die laufende Kontrolle gestattet die schnelle Abstellung eventuell auftretender Fehler und läßt den Ausschuß der Produktion auf ein Minimum herabsinken oder steigert zumindest die Gleichmäßigkeit des Erzeugnisses. (Vgl. hierzu auch Abschn. M.)

7. Abgeleitete Größen und Fortpflanzung der Streuung

Wenn eine Größe als Funktion eines Merkmals auftritt, für das Mittelwert und Streuung aus N Beobachtungen berechnet worden sind, so ergibt sich die Frage, wie sich aus diesem Beobachtungsmaterial Mittelwert und Streuung der abgeleiteten Größe gewinnen lassen. Ist z. B. das Bandgewicht gemessen und will man aus diesen Meßwerten auf die metrische Nummer schließen, so besteht zwischen der Größe Nummer metrisch und dem Merkmal Bandgewicht die Beziehung

$$\text{Bandgewicht} = 1 : \text{Nummer metrisch}.$$

Allgemein lautet der Zusammenhang zwischen der abgeleiteten Größe y und der gemessenen Größe x

$$y = f(x).$$

Hierbei ist zu beachten, daß der Mittelwert $\bar{y}$ der Funktion im allgemeinen keineswegs gleich der Funktion des Mittelwertes ist:

$$\bar{y} \neq f(\bar{x}).$$

Ein Gleichheitszeichen gilt nur dann, wenn zwischen x und y eine lineare Beziehung besteht. Das sinngemäß Entsprechende gilt für die mittlere quadratische Abweichung. Für

$$
\left.
\begin{aligned}
y &= a\,x \pm b \\
\bar{y} &= a\,\bar{x} \pm b, \\
s_y &= a\,x_x .
\end{aligned}
\right\}
\tag{37}
$$

wird

In allen anderen Fällen wird man die Einzelwerte x_i nach der Beziehung $y = f(x)$ auf die Einzelwerte y_i umrechnen und aus diesen wie früher $\bar{y}$ und s_y bestimmen (vgl. auch Abschn. C, S. 59). Für gewisse funktionale Beziehungen sind Näherungsformeln entwickelt, auf die hier nicht eingegangen ist. Erwähnt sei lediglich, daß bei quadratischem Zusammenhang $y = x^2$, wie er z. B. zwischen Querschnitt und Durchmesser besteht, angenähert $s_y = 2\bar{x}\,s_x$ gilt.

Tritt eine Größe als Funktion mehrerer Merkmale auf, so erhebt sich wiederum die Frage nach dem Zusammenhang zwischen Mittelwert und Streuung bei den Merkmalen einerseits und der abgeleiteten Größe andererseits. In diesem Fall gelten speziell bei linearem Zusammenhang folgende Beziehungen:

$$\left.\begin{aligned} z &= x \pm y,\\ \bar{z} &= \bar{x} \pm \bar{y},\\ s_z^2 &= s_x^2 + s_y^2 \pm 2\,r_{xy}\,s_x\,s_y. \end{aligned}\right\} \tag{38}$$

Die hierbei auftretende Größe r_{xy} (Korrelationskoeffizient) ist in Abschn. L erläutert. Gl. (38) läßt sich sinngemäß auch auf mehr als 2 Merkmale erweitern:

$$\left.\begin{aligned} w &= x \pm y \pm z \pm \cdots,\\ \overline{w} &= \bar{x} \pm \bar{y} \pm \bar{z} \pm \cdots,\\ s_w^2 &= s_x^2 + s_y^2 + s_z^2 + \cdots \pm 2\,r_{xy}\,s_x\,s_y \pm 2\,r_{xz}\,s_x\,s_z \pm 2\,r_{xy}\,s_x\,s_z \cdots \end{aligned}\right\} \tag{39}$$

Für das Produkt zweier Merkmale gilt:

$$\left.\begin{aligned} z &= x\,y,\\ \bar{z} &= \bar{x}\,\bar{y} + r_{xy}\,s_x\,s_y,\\ s_z^2 &\approx \bar{x}^2 s_y^2 + \bar{y}^2 s_x^2 + 2\,r_{xy}\,\bar{x}\,\bar{y}\,s_x\,s_z. \end{aligned}\right\} \tag{40}$$

Für den Quotienten zweier Merkmale erhält man:

$$\left.\begin{aligned} z &= \frac{x}{y},\\ \bar{z} &\approx \frac{\bar{x}}{\bar{y}}\left(1 + \frac{s_y^2}{\bar{y}^2} - r_{xy}\,\frac{s_x\,s_y}{\bar{x}\,\bar{y}}\right),\\ s_x^2 &\approx \frac{\bar{x}^2}{\bar{y}^2}\left(\frac{s_x^2}{\bar{x}^2} + \frac{s_y^2}{\bar{y}^2} - 2\,r_{xy}\,\frac{s_x\,s_y}{\bar{x}\,\bar{y}}\right). \end{aligned}\right\} \tag{41}$$

Für andere funktionale Zusammenhänge lassen sich Approximationsformeln aufstellen, auf die hier nicht näher eingegangen ist.

Die Bedeutung der vorstehenden Formeln zeigen die folgenden Beispiele.

Beispiel 16: Umrechnung von Mittelwert und m. qu. Abw. von englischer Nummer auf metrische Nummer

Bei einer Nummernkontrolle, die unter Benutzung des englischen Maßsystems ausgeführt wurde, ergaben sich Mittelwert $\bar{x}$ und m. qu. Abw. s_x zu

$$\bar{x} = 40{,}8; \qquad s_x = 5{,}3\,.$$

Der Zusammenhang zwischen der englischen Baumwollnummer Ne_B und der metrischen Nummer Nm lautet:

$$Nm = 1{,}693\,Ne_B\,.$$

Nach (37) sind daher die zugehörigen Werte von Mittelwert $\bar{y}$ und m. qu. Abw. s_x der metrischen Nummer

$$\bar{y} = 1{,}693\,\bar{x} = 69{,}1, \qquad s_y = 1{,}693\,s_x = 8{,}97\,.$$

Beispiel 17: Mittelwert und mittlere quadratische Abweichung bei linearer Schrumpfung und Flächenschrumpfung

Bei der Schrumpfungskontrolle an einem Gewebe wurde der absolute Einsprung sowohl in Kett- als auch in Schußrichtung mehrmals bestimmt. Die ermittelten Zahlen für den mittleren Einsprung und dessen mittlerer quadratischer Abweichung waren

$$\text{Kette:}\quad \bar{u} = 3,1 \text{ cm},\qquad s_u = 0,12 \text{ cm},$$

$$\text{Schuß:}\quad \bar{v} = 0,5 \text{ cm},\qquad s_v = 0,04 \text{ cm}.$$

Betrug die Meßlänge, die vor dem Schrumpfungsversuch auf dem Gewebe jeweils markiert wurde, a cm für die Kette und b cm für den Schuß, dann ist die Ausgangsfläche $z_0 = a\,b$, und die Fläche des gemessenen Rechteckes nach der Schrumpfung

$$z = (a - u)\,(b - v).$$

Setzt man

$$x = a - u \quad \text{und} \quad y = b - v,$$

so gilt unter Benutzung von (37)

$$\bar{x} = a - \bar{u},\qquad s_x = s_u,$$

$$\bar{y} = b - \bar{v},\qquad s_y = s_v,$$

und es ist die Fläche z des geschrumpften Meßrechteckes

$$z = x\,y.$$

Da Kett- und Schußeinsprung als voneinander unabhängig angesehen werden können ($r_{xy} = 0$), erhält man für die mittlere Fläche $\bar{z}$ nach der Schrumpfung mit Gl. (40)

$$\bar{z} = \bar{x}\,\bar{y} = (a - \bar{u})\,(b - \bar{v}),$$

und damit für die mittlere relative Flächenschrumpfung K_f den Ausdruck

$$K_f = \frac{z_0 - \bar{z}}{z_0} \cdot 100\,\% = \frac{\bar{u}\,b + \bar{v}\,a - \bar{u}\,\bar{v}}{a\,b} \cdot 100\,\%,$$

$$K_f = (K_k + K_s - K_k K_s) \cdot 100\,\%,$$

wenn $K_k = \dfrac{u}{a} \cdot 100\,\%$ bzw. $K_s = \dfrac{\bar{v}}{b} \cdot 100\,\%$ die mittlere lineare Schrumpfung für die Kett- bzw. die Schußrichtung in Prozent sind. Praktisch kann das Glied $K_k K_s$ meist vernachlässigt werden, dann ist mit ausreichender Genauigkeit die Flächenschrumpfung gleich der Summe der beiden linearen Schrumpfungen:

$$K_f \approx (K_k + K_s) \cdot 100\,\%.$$

Im Zahlenbeispiel werden, wenn für Kette und Schuß mit 50 cm Meßlänge ($a = b = 50$ cm) gearbeitet wurde, die linearen Schrumpfungswerte

$$K_k = \frac{3,1}{50} = 0,062 = 6,2\,\%, \qquad K_s = \frac{0,5}{50} = 0,01 = 1\,\%,$$

woraus für die Flächenschrumpfung der Wert

$$K_f = 0,062 + 0,01 - 0,062 \cdot 0,01 \approx 0,072 = 7,2\,\%$$

erhalten wird.

Für die Streuung s_z^2 der geschrumpften Meßfläche ergibt sich nach (40)

$$s_z^2 \approx \bar{x}^2\, s_y^2 + \bar{y}^2\, s_x^2 = (a - \bar{u})^2\, s_v^2 + (b - \bar{v})^2\, s_u^2.$$

Da die relative Flächenschrumpfung

$$K_f = 1 - \frac{z}{z_0}$$

ist, liefert Gl. (37) für ihre Streuung den Ausdruck

$$s_{K_f}^2 = \left(\frac{s_z}{z_0}\right)^2.$$

Mit dem oben angegebenen Wert für s_z erhält man daraus nach kurzer Umformung:

$$s_{K_f}^2 \approx (1 - K_k)^2 \left(\frac{s_v}{b}\right)^2 + (1 - K_s)^2 \left(\frac{s_u}{a}\right)^2.$$

Setzt man die Zahlenwerte ein, so ergibt sich

$$s_{K_f}^2 \approx 0,938^2 \left(\frac{0,04}{50}\right)^2 + 0,99^2 \left(\frac{0,12}{50}\right)^2 = 621 \cdot 10^{-8},$$

so daß die m. qu. Abw. der Einzelwerte der Flächenschrumpfung zu

$$s_{K_f} \approx 25 \cdot 10^{-4} = 25 \cdot 10^{-2}\,\% = 0,25\,\%$$

erhalten wird.

Beispiel 18: Mittelwert und m. qu. Abw. bei metrischer Nummer, Festigkeit und Reißlänge

Die Messung der metrischen Nummer und der Festigkeit an einem Garn führte auf folgende Werte

$$\text{Nummer metrisch:} \quad \bar{x} = 37,8, \qquad s_x = 2,1,$$
$$\text{Festigkeit:} \qquad\qquad \bar{y} = 128\ \text{g}, \qquad s_y = 19,5\ \text{g}.$$

Da zwischen diesen beiden Merkmalen ein sehr straffer Zusammenhang im Sinne einer umgekehrten Proportionalität besteht, darf der Korrelationskoeffizient r_{xy} mit -1 angesetzt werden. Die Anwendung der Formeln (40) ergibt auf Grund der Beziehung

$$\text{Reißlänge } z = \text{Nummer metrisch } x \times \text{Festigkeit } y$$

für die Reißlänge die Werte:

$$\bar{z} = \bar{x}\,\bar{y} - s_x\,s_y = 4798 \approx 4800 \text{ m}.$$

$$s_z^2 \approx \bar{x}^2\,s_y^2 + \bar{y}^2\,s_x^2 - 2\bar{x}\,\bar{y}\,s_x\,s_y = 869\,500 \text{ m}^2,$$

$$s_z \approx 933 \text{ m}.$$

Die mittlere quadratische Abweichung der Reißlängen-*Einzel*werte beträgt somit angenähert $s_z = 933$ m.

Beispiel 19: Mittelwert und mittlere quadratische Abweichung für Titer in Denier, Festigkeit in Gramm und Gütezahl in Gramm pro Denier

Die Messungen für Titer in Denier und Festigkeit in Gramm an einer Seide ergaben für Mittelwert und Streuung:

Festigkeit in Gramm: $\bar{x} = 80{,}6$ g, $\qquad s_x = 12{,}5$ g,

Titer in Denier: $\qquad \bar{y} = 20{,}5$ den, $\quad s_y = \;\;1{,}42$ den.

Durch diese beiden Merkmale ist die Gütezahl auf Grund der Beziehung

Gütezahl $z = $ Zugfestigkeit x in Gramm : Titer y in Denier

festgelegt. Da für die beiden gemessenen Merkmale x und y eine straffe direkte Proportionalität mit dem Korrelationskoeffizienten $r_{xy} = +1$ anzunehmen ist, erhält man für Mittelwert und m. qu. Abw. der Gütezahl z nach Gl. (41)

$$\bar{z} \approx \frac{\bar{x}}{\bar{y}}\left(1 + \frac{s_y^2}{\bar{y}^2} - \frac{s_x\,s_y}{\bar{x}\,\bar{y}}\right) = 3{,}91 \text{ g/den},$$

$$s_z^2 \approx \frac{\bar{x}^2}{\bar{y}^2}\left(\frac{s_x^2}{\bar{x}^2} + \frac{s_y^2}{\bar{y}^2} - 2\,\frac{s_x\,s_y}{\bar{x}\,\bar{y}}\right) = 0{,}114 \;(\text{g/den})^2,$$

$$s_z \approx 0{,}34 \text{ g/den}.$$

Die mittlere quadratische Abweichung der Gütezahleinzelwerte ergibt sich demnach zu $s_z \approx 0{,}34$ g/den.

8. Die Streuung des Mittelwertes

Aus einer Grundgesamtheit, die den Mittelwert μ und die Streuung σ^2 besitzt, denke man sich eine sehr große Anzahl von Stichproben genommen, jede mit dem Umfang N. Aus den N Werten jeder einzelnen Stichprobe werde der Mittelwert errechnet. Der Reihe nach erhält man so die Mittelwerte $\bar{x}_1, \bar{x}_2, \bar{x}_3 \ldots$ Faßt man die Gesamtheit dieser Mittelwerte als neue Grundgesamtheit auf, so kann man bei ihr wiederum nach Mittelwert und Streuung fragen. Auf diese Frage antwortet der folgende Satz der mathematischen Statistik:

1. Die Verteilung der Mittelwerte $\bar{x}_1, \bar{x}_2, \bar{x}_3 \ldots$ ist angenähert eine GAUSSsche Normalverteilung, sofern N genügend groß ist.

2. Der Mittelwert $\mu_{\bar{x}}$ der Mittelwertverteilung $\bar{x}_1, \bar{x}_2, \bar{x}_3 \ldots$ stimmt mit dem Mittelwert μ der Grundgesamtheit überein.

3. Die Streuung $\sigma_{\bar{x}}^2$ der Mittelwertverteilung $\bar{x}_1, \bar{x}_2, \bar{x}_3 \ldots$ ist mit der Streuung σ^2 der Grundgesamtheit durch die Beziehung

$$\sigma_{\bar{x}} = \frac{\sigma}{\sqrt{N}} \tag{42}$$

verbunden.

Die letzte Aussage leuchtet unmittelbar anschaulich ein, denn je größer der Stichprobenumfang N ist, um so kleiner wird die zu erwartende Schwankung in der Mittelwertverteilung sein. In der Tat nimmt $\sigma_{\bar{x}}$ mit wachsendem N nach dem Wurzelgesetz (42) ab.

Abb. 17 zeigt eine normale Grundverteilung $\varphi(x)$ und die Verteilung $\varphi(\bar{x})$ der Mittelwerte, die aus Stichproben vom Umfang $N = 16$ gewonnen werden. Nach dem Wurzelgesetz beträgt die m. qu. Abw. $\sigma_{\bar{x}}$ der Mittelwerte ein Viertel der m. qu. Abw. σ der Grundgesamtheit.

Der vorstehend genannte Satz gilt auch dann, wenn die Verteilungsform der Grundgesamtheit nicht mehr normal ist. Der sogenannte zentrale Grenzwertsatz der mathema-

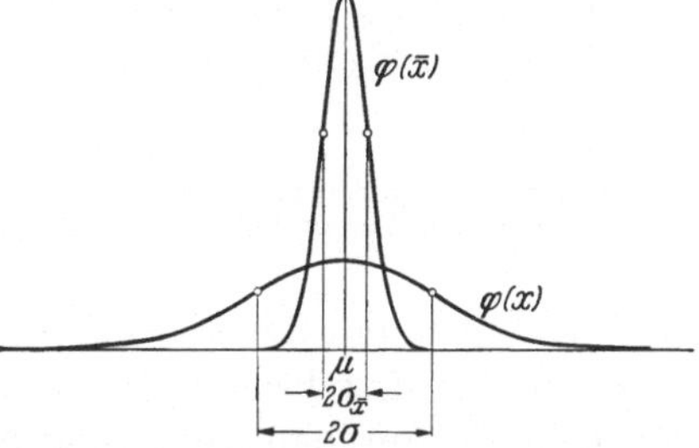

Abb. 17. Verteilung $\varphi(x)$ der Grundgesamtheit und Verteilung $\varphi(\bar{x})$ der Mittelwerte für $N = 16$

tischen Statistik besagt nämlich in seinem wichtigsten Sonderfall, daß auch bei einer Grundgesamtheit, die stark von der GAUSSschen Normalverteilung abweicht, die Mittelwerte $\bar{x}$ aus Stichproben vom Umfang N in ihrer Verteilung angenähert der Glockenkurve gehorchen, und zwar um so besser, je größer N ist.

Dieser zunächst verblüffende Satz spielt eine entscheidende Rolle, denn er berechtigt dazu, die Mittelwerte von Stichproben aus unbekannten Grundgesamtheiten als normal verteilt anzusprechen und auszuwerten. Wegen dieser seiner Bedeutung sei daher der zentrale Grenzwertsatz durch ein Experiment veranschaulicht.

Eine Grundgesamtheit wurde künstlich nach folgendem Schema geschaffen. Drei Kartothekkarten wurden mit einer „1" beziffert, zwei mit einer „2", eine mit einer „3" usw. nach folgender Häufigkeitsübersicht:

Kennzeichen x_i	„1"	„2"	„3"	„4"	„5"	„6"	„7"	„8"	„9"	„10"
Häufigkeit f_i	3	2	1	0	1	2	3	4	5	6

Die Serie dieser 27 Karten wurde mehrere Male hergestellt und das gesamte Kartenmaterial gut durchmischt. Es war so eine Grundgesamtheit entstanden, deren Häufigkeitsbild (Abb. 18a) einer unsymmetrischen V-Form glich.

Aus dieser Grundgesamtheit wurden Stichproben vom Umfang $N = 10$ gezogen. Nach jedem Zug wurde die Karte zurückgelegt und die Grundgesamtheit neu durchmischt. Aus jeweils zehn aufeinanderfolgenden Zügen ergab sich der Mittelwert einer Stichprobe, der in

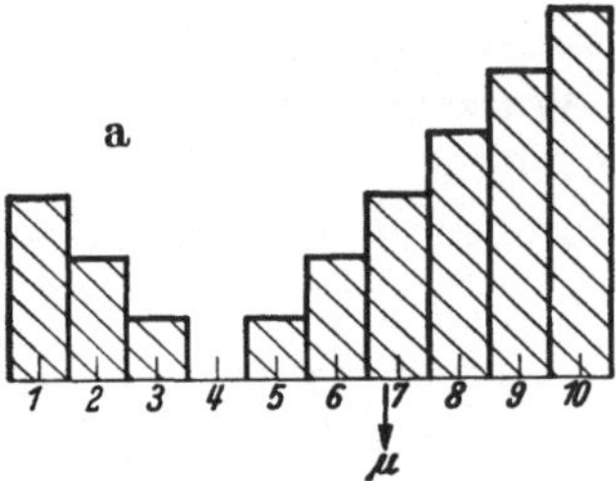

Abb. 18a. Häufigkeitsverteilung
der Grundgesamtheit

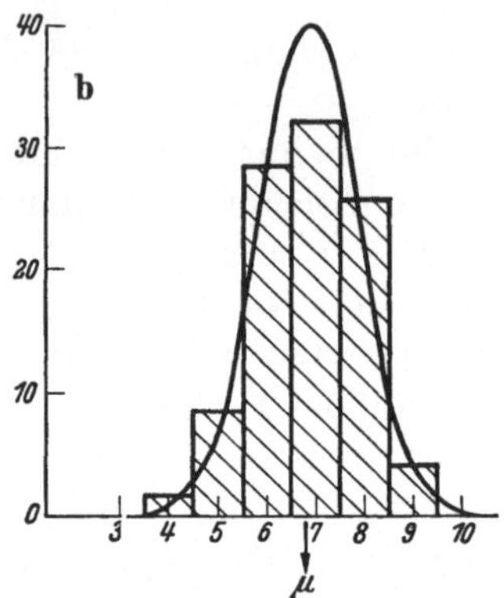

Abb. 18b. Häufigkeitsverteilung
der Mittelwerte von 100 Stichproben
zu je 10 Einzelwerten

einer Strichliste mit der Klassenbreite 1 notiert wurde. Die Häufigkeitsverteilung der Mittelwerte aus insgesamt 100 solcher Stichproben zeigt Abb. 18b. Ihr anschaulicher Eindruck überzeugt davon, wie gut diese Mittelwerte sich einer Normalverteilung anpassen.

Aus der mathematischen Statistik sei ergänzend zu diesem Experiment noch folgendes angeführt. Bei einer nicht normalen Grundgesamtheit werden neben dem Mittelwert μ und der Streuung σ^2 noch weitere statistische Maßzahlen zur Kennzeichnung benutzt, von denen die wichtigsten die „Schiefe" γ_1 und der „Exzeß" γ_2 sind[1]. Ihre Definition lautet:

$$\gamma_1 = \frac{\sum (x_i - \mu)^3 f_i}{\sigma^3 \sum f_i} \quad \text{und} \quad \gamma_2 = \frac{\sum (x_i - \mu)^4 f_i}{\sigma^4 \sum f_i} - 3.$$

Für die Gesamtheit der Mittelwerte aus Stichproben vom Umfang N sind die folgenden statistischen Maßzahlen zu erwarten:

$$\text{Mittelwert:} \ \mu_{\bar{x}} = \mu,$$

$$\text{Streuung:} \ \sigma_{\bar{x}}^2 = \frac{\sigma^2}{N}, \quad \text{Schiefe:} \ \gamma_{1\bar{x}} = \frac{\gamma_1}{\sqrt{N}}, \quad \text{Exzeß:} \ \gamma_{2\bar{x}} \frac{\gamma_2}{N}.$$

Die hier nicht mehr zitierte rechnerische Nachprüfung ergab eine gute Übereinstimmung des experimentellen Sachverhaltes am Beispiel mit den mathematischen Erwartungen[2].

---

[1] Für eine Binomialverteilung gilt:

$$\text{Schiefe} \ \gamma_1 = \frac{q - p}{\sqrt{p q n}} \quad \text{und} \quad \text{Exzeß} \ \gamma_2 = \frac{1 - 6 p q}{p q n}.$$

[2] Für rechteckige und dreieckige Ausgangsverteilungen sind die Mittelwerte von Viererstichproben experimentell untersucht worden von W. A. Shewart: Economic Control of Quality of Manufactured Product. D. Van Nostrand Company, Inc.

Beispiel 20: Doublieren zur Erhöhung der Bandgleichmäßigkeit

Um die Gleichmäßigkeit eines Bandes zu steigern, werden üblicherweise in der Spinnerei mehrere Bänder, z. B. 6, zu einem neuen Band vereinigt, wobei durch 6fachen Verzug diese 6 Bänder auf das ursprüngliche Bandgewicht gebracht werden. Das neue Bandgewicht ist dann der Mittelwert aus den Gewichten der benutzten 6 Bänder. Wenn σ die m. qu. Abw. bei den ursprünglichen Bandgewichten ist, so hat man nach den vorstehenden Überlegungen für die mittlere quadratische Abweichung $\sigma_{\bar{x}}$ des doublierten und verstreckten Bandes den 0,408-fachen Wert von σ zu erwarten $\left(\dfrac{1}{\sqrt{6}} = 0,408\right)$. Durch eine 6fache Doublierung läßt sich also eine Verringerung der Bandgewichtsschwankungen auf $\frac{2}{5}$ erreichen $(0,408 \approx \frac{2}{5})$, wobei vorausgesetzt wird, daß durch den Streckvorgang keine zusätzlichen Schwankungen verursacht werden (praktisch ist mit dem Auftreten solcher zusätzlicher Schwankungen immer zu rechnen). Aus dem Wurzelgesetz (42) kann man unmittelbar auf die günstigstenfalls erreichbare Gleichmäßigkeitsverbesserung des Bandgewichts schließen.

Gleichartige Überlegungen gelten beim Vergleichmäßigen eines Garnes durch den Zwirnprozeß. Das vorstehend genannte Wurzelgesetz der Streuung werde im folgenden an einem 2fach gezwirnten Garn (Kammgarn) erläutert.

Beispiel 21: Schwankungen des Gewichts kurzer Garnstücke bei ein- und zweifachem Garn (I)

Von 2 Copsen einfachen Kammgarnes wurden je 50 Abschnitte zu 25 cm Länge gewogen. Das Ergebnis zeigt die folgende Tabelle.

Klasse (mg/25 cm)	1. Cop Häufigkeit in %	2. Cop Häufigkeit in %	Klasse (mg/25 cm)	1. Cop Häufigkeit in %	2. Cop Häufigkeit in %
4,5/4,8	0	1,0	6,3/6,6	22,0	25,0
4,8/5,1	0	8,0	6,6/6,9	18,0	11,0
5,1/5,4	0	4,0	6,9/7,2	12,0	3,0
5,4/5,7	10,0	17,0	7,2/7,5	9,0	1,0
5,7/6,0	17,0	16,0	7,5/7,8	1,0	0
6,0/6,3	9,0	14,0	7,8/8,1	2,0	0

Die Berechnung von Mittelwert $\bar{x}$ und Streuung s^2 (vgl. die gleichartige Berechnung, wie sie an dem Beispiel S. 10 durchgeführt wurde) ergab folgende Werte:

1. Cop: $\bar{x}_1 = 6{,}48$ mg/25 cm $\triangleq Nm\ 38{,}6$, $s_1^2 = 0{,}345$,

2. Cop: $\bar{x}_2 = 6{,}03$ mg/25 cm $\triangleq Nm\ 41{,}4$, $s_2^2 = 0{,}336$.

Als Mittelwert ergibt sich für das einfache Garn somit

$$\bar{x}_e = \tfrac{1}{2}(\bar{x}_1 + \bar{x}_2) = 6{,}25 \text{ mg/25 cm.}$$

Die durchschnittliche Streuung s_e^2 erhält man nach folgender allgemeiner Überlegung:

1. Cop: $s_1^2(N_1 - 1) = \sum (x_1 - \bar{x}_1)^2,$

2. Cop: $s_2^2(N_2 - 1) = \sum (x_2 - \bar{x}_2)^2.$

Zusammenfassung:

$$s_e^2(N_1 + N_2 - 2) = \sum (x_1 - \bar{x}_1)^2 + \sum (x_2 - \bar{x}_2)^2$$
$$= s_1^2(N_1 - 1) + s_2^2(N_2 - 1).$$
$$s_e = \sqrt{\frac{s_1^2(N_1 - 1) + s_2^2(N_2 - 1)}{N_1 + N_2 - 2}}.$$

Insbesondere wird für $N_1 = N_2$

$$s_e = \sqrt{\frac{s_1^2 + s_2^2}{2}}.$$

Im vorliegenden Falle wird daher

$$s_e^2 = \tfrac{1}{2}(0{,}345 + 0{,}336) = 0{,}340,$$
$$s_e = 0{,}583 \text{ mg/25 cm.}$$

In gleicher Weise wie bei den einfachen Cops wurden aus dem zweifachen Garn, hergestellt aus den gleichen Cops, 50 Proben zu je 25 cm Länge gewogen. Die Tabelle zeigt das Ergebnis:

Klasse (mg/25 cm)	Häufigkeit in %	Klasse (mg/25 cm)	Häufigkeit in %	Klasse (mg/25 cm)	Häufigkeit in %
10,5/11,0	4,0	12,0/12,5	26,0	13,5/14,0	10,0
11,0/11,5	9,0	12,5/13,0	12,0	14,0/14,5	6,0
11,5/12,0	18,0	13,0/13,5	13,0	14,5/15,0	2,0

Mittelwert $\bar{x}_z = 12{,}52 \text{ mg/25 cm} \triangleq Nm\ 40/2,$

m. qu. Abw. $s_z = 0{,}953 \text{ mg/25 cm.}$

Wegen der zweifachen Zwirnung müssen die Werte von $\bar{x}_z$ und s_z zum Vergleich mit denen des einfachen Garnes ($\bar{x}_e$ und s_e) halbiert werden. Der Vergleich liefert

$$\tfrac{1}{2}\bar{x}_z = 6{,}26 \text{ mg/25 cm}; \quad \bar{x}_e = 6{,}25 \text{ mg/25 cm,}$$

also eine gute Übereinstimmung.

Für $\tfrac{1}{2} s_z$ und s_e ist nach dem Wurzelgesetz (42) die Beziehung

$$\frac{1}{2} s_z = \frac{s_e}{\sqrt{2}}$$

zu erwarten. Die ermittelten Zahlenwerte

$$\frac{1}{2}\,s_z = 0{,}476 \quad \text{und} \quad \frac{s_e}{\sqrt{2}} = 0{,}412$$

halten der theoretischen Forderung mit genügender Genauigkeit stand. (Die Zufälligkeit der vorhandenen Abweichung ist auf S. 108 mit Hilfe des F-Testes nachgeprüft.)

Führt man in gleicher Weise Festigkeitsmessungen an einfachem und gezwirntem Garn aus, so muß beachtet werden, daß die Festigkeit eines Zwirnes aus N Einzelfäden nicht die N-fache Festigkeit des Einzelfadens zu sein braucht, da die Drehrichtung und die Anzahl der Zwirndrehungen pro Meter die Faserlage und damit die Festigkeit beeinflussen. Überdies können noch unterschiedliche Fadenspannungen und sonstige Einflüsse auftreten.

Die m. qu. Abw. $s_{\bar{x}}$ des Mittelwertes $\bar{x}$ wird meistens als „mittlerer Fehler des Mittelwertes" bezeichnet, und es ist üblich, $s_{\bar{x}}$ zur Kennzeichnung der Schwankungen von $\bar{x}$ zu benutzen. Man gibt dann den Mittelwert in der Form

$$\bar{x} \pm s_{\bar{x}} \quad \text{oder} \quad \bar{x} \pm \frac{s}{\sqrt{N}}$$

an.

Im Beispiel 7 (vgl. S. 10) wurde die Festigkeit der untersuchten Grège zu $\bar{x} = 80{,}6$ g und die mittlere quadratische Abweichung zu $s = 12{,}5$ g bei einem Stichprobenumfang $N = 120$ bestimmt. Der mittlere Fehler des Mittelwertes $\bar{x}$ ist somit

$$s_{\bar{x}} = \frac{s}{\sqrt{N}} = \frac{12{,}5}{\sqrt{120}} = 1{,}1 \text{ g.}$$

Die Angabe des Mittelwertes in der Form

$$(80{,}6 \pm 1{,}1)\,\text{g}$$

bedeutet nach (36), S. 36, wenn man näherungsweise den Mittelwert $\mu_{\bar{x}}$ der Grundgesamtheit und den Mittelwert $\bar{x}$ der Stichprobe gleichsetzt:

Es ist zu erwarten, daß 68,26% oder rund zwei Drittel aller Festigkeitsmessungen zu 120 Werten auf Mittelwerte innerhalb der Grenzen

$$80{,}6 + 1{,}1 = 81{,}7 \text{ g} \quad \text{und} \quad 80{,}6 - 1{,}1 = 79{,}5 \text{ g}$$

führen.

Manchmal wird hinter dem Mittelwert nicht der mittlere Fehler $s_{\bar{x}}$, sondern der „wahrscheinliche Fehler q" angegeben. Dieser wahrscheinliche Fehler q ist dadurch definiert, daß innerhalb der Grenzen $\mu_{\bar{x}} \pm q$ gerade die Hälfte aller der Mittelwerte liegt, die aus Stichproben vom Umfang N erhalten werden. Es ist somit gleich wahrscheinlich, daß ein solcher Mittelwert innerhalb oder außerhalb des Intervalls $\mu_{\bar{x}} \pm q$ liegt. Daher rührt der Name „wahrscheinlicher Fehler".

Zwischen dem mittleren Fehler $s_{\bar{x}}$ und dem wahrscheinlichen Fehler q besteht nach S. 37 die Beziehung

$$q = 0{,}6745\, s_{\bar{x}}.$$

Die Kennzeichnung der Genauigkeit eines Mittelwertes durch die Angabe des mittleren Fehlers $s_{\bar{x}}$ oder des wahrscheinlichen Fehlers q findet sich vor allem in der älteren Literatur. Neuerdings pflegt man den Zufallsspielraum beim Schätzen des Mittelwertes der Grundgesamtheit durch den Vertrauensbereich $\bar{x} \pm \lambda\, s_{\bar{x}}$ zu kennzeichnen, wobei der Faktor λ entsprechend der statistischen Sicherheit gewählt wird (für $S = 95\%$ ist $\lambda = 1{,}96$, für $S = 99\%$ ist $\lambda = 2{,}58$, für $S = 99{,}9\%$ ist $\lambda = 3{,}29$, vgl. S. 72 f.).

9. Die Streuung der mittleren quadratischen Abweichung

Aus einer Gaussschen Grundgesamtheit, die den Mittelwert μ und die Streuung σ^2 besitzt, denke man sich wiederum eine sehr große Anzahl von Stichproben genommen, jede mit dem Umfang N. Für jede einzelne dieser Stichproben werde der Mittelwert und die Streuung berechnet. Der Reihe nach erhält man so

die Mittelwerte $\bar{x}_1, \bar{x}_2, \bar{x}_3, \ldots$ und die m. qu. Abw. $s_1, s_2, s_3, \ldots$

Faßt man die Gesamtheit der m. qu. Abw. $s_1, s_2, s_3, \ldots$ als neue Grundgesamtheit auf, so kann man wiederum nach Mittelwert und Streuung dieser „Abweichungsgesamtheit" fragen. Für die Beantwortung dieser Frage gilt näherungsweise, und zwar um so strenger, je größer N ist:

1. Die Abweichungsgesamtheit $s_1, s_2, s_3, \ldots$ gehorcht einer Normalverteilung.

2. Der Mittelwert der Abweichungsgesamtheit $s_1, s_2, s_3, \ldots$ ist die m. qu. Abw. der Grundgesamtheit.

3. Die Streuung σ_s^2 der Abweichungsgesamtheit $s_1, s_2, s_3, \ldots$ ist mit der Streuung σ^2 der Grundgesamtheit durch die Beziehung

$$\sigma_s^2 = \frac{\sigma^2}{2N} \tag{43}$$

verbunden.

Der Sinn der Gl. (43) sei an dem folgenden Beispiel erläutert:

**Beispiel 22: Festigkeitsmessung an einem Seidengarn (IX);
Streuung der mittleren quadratischen Abweichung (vgl. S. 10)**

Auf S. 11 wurde aus $N = 120$ Messungen die m. qu. Abw. zu $s = 12{,}5$ g ermittelt. Denkt man sich eine zweite, eine dritte, eine vierte usw. Messung (jedesmal mit 120 Einzelwerten) ausgeführt, so wird die jeweilige Streuungsberechnung auf etwas verschiedene Werte der mittleren quadratischen Abweichung $(s_2, s_3, s_4, \ldots)$ führen, z. B. $s_2 = 12,8\,\mathrm{g}$, $s_3 = 11,7\,\mathrm{g}$, $s_4 = 13,6\,\mathrm{g}$ usw. Das Mittel aus allen den so berechneten Abweichungswerten sei 12,5 g, so daß dieser Wert als die m. qu. Abw. σ der Grundgesamtheit angesehen werden darf.

Die Abweichungsgesamtheit ist in Abb. 19 dargestellt. Es ergibt sich eine Normalverteilung um den Mittelwert $\sigma = 12,5\,\mathrm{g}$ mit der Streuung σ_s^2, berechnet nach der Gl. (43) zu

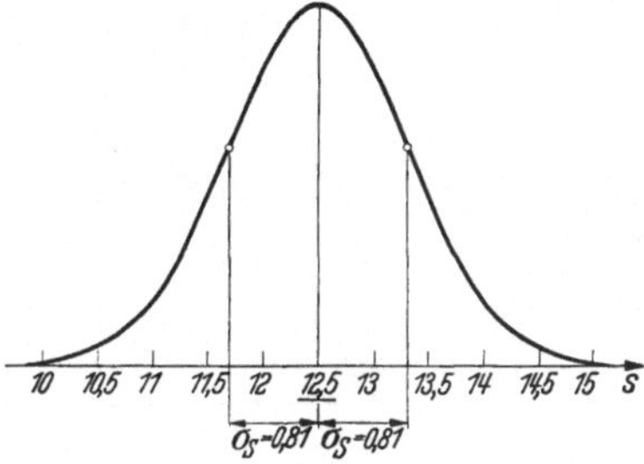

Abb. 19. Verteilungsbild der mittleren quadratischen Abweichungen

$$\sigma_s = \frac{\sigma}{\sqrt{2\,N}} = \frac{12,5}{\sqrt{2 \cdot 120}} = 0,81\,\mathrm{g}.$$

68,26% der gedachten Messungen zu je $N = 120$ Einzelwerten liefern somit eine m. qu. Abw. zwischen den Grenzen $(12,5 \pm 0,81)\,\mathrm{g}$.

C. Graphische Verfahren

1. Wahrscheinlichkeitsnetz und Summenkurve

Es liegt nahe, die bildlichen Darstellungen, die bereits mehrfach zur Veranschaulichung benutzt wurden (Abb. 1 a u. b, 2 a u. b), unmittelbar zur Gewinnung von Mittelwert und Streuung einer Stichprobe heranzuziehen. Dabei wird zunächst vorausgesetzt, daß die vorhandenen Meßwerte der Stichprobe bereits eine GAUSSsche Normalverteilung erkennen lassen.

Für ein graphisches Verfahren eignet sich vor allem die Summenlinie (S. 15), die auf Grund ihrer Entstehung durch eine Art Integration einen kurvenmäßig glatteren Verlauf aufweist als das zugehörige Häufigkeitspolygon (Abb. 2 a u. b). Für den idealen Fall der GAUSSschen Normalverteilung ist in Abb. 11 b (S. 34) die zu der Glockenkurve gehörende Integralkurve (Summenkurve) dargestellt.

Um nun ein häufig wiederholtes Zeichnen der Summen*kurve* zu vermeiden, kann man das Millimeternetz seinerseits so abändern und verzerren, daß in dem gesetzmäßig verzerrten neuen Netz die alte Summenkurve als *gerade Linie* erscheint. Das so gewonnene Netz heißt *Wahrscheinlichkeitsnetz*[1].

Abb. 20 a u. b erläutert seine Entstehung. In Abb. 20 a ist ein $\lambda, \Phi(\lambda)$-Achsenkreuz eingezeichnet, in dem sich der obere Teil der Summenkurve nach der Zahlentab. II, Abschn. N, zeichnen läßt (vgl. S. 35). Ein

---

Punkt P dieser Summenkurve wird in das neue Netz Abb. 20b (Bild-
punkt P') übertragen, indem man den Wert λ als Ordinate von der
50%-Linie aus aufträgt, als Maßzahl der Ordinate aber die Zahl
$50 \cdot [1 + \Phi(\lambda)]$ % an-
schreibt. Auf diese Weise
entsteht das *Wahrschein-
lichkeitsnetz*. Von der
50%-Mittellinie aus neh-
men symmetrisch nach
oben und unten die Ordi-
naten in immer größer
werdenden Schritten zu.
Allzu große und all-
zu kleine Prozentwerte
haben auf der beschränk-
ten Fläche des Papiers keinen Platz mehr; zum Ein-
zeichnen der 0%-Marke
und der 100%-Marke
müßte das Zeichenpapier
unendlich lang sein.

Der praktische Ge-
brauch des Wahrschein-
lichkeitspapiers ist im
folgenden erläutert am

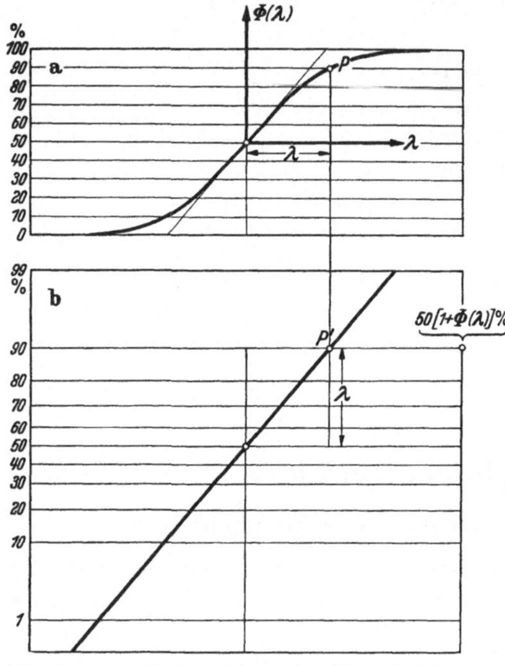

Abb. 20a u. b. Die Entstehung des Wahrscheinlich-
keitsnetzes

Beispiel 23: Festigkeitsuntersuchung an einer Grège (X) (vgl. S. 15)

Klasse	$\sum h_j$ in %
50/55	2,50
55/60	3,75
60/65	11,25
65/70	20,42
70/75	35,83
75/80	45,42
80/85	65,02
85/90	75,44
90/95	87,53
95/100	93,36
100/105	97,94
105/110	100,02

In der Tabelle auf S. 15 war bereits die Häufigkeitssumme in Prozenten (letzte Spalte) berechnet
worden; die erste und die letzte Spalte dieser
Tabelle sind nebenstehend noch einmal wiederholt. Auf der horizontalen Achse des Wahrscheinlichkeitspapiers (Abb. 21) wird in geeignetem
Maßstab die Merkmalsskala mit ihrer Klasseneinteilung eingezeichnet. Darauf werden die zu
jeder Klasse gehörenden $\sum h_j$-Werte der letzten
Tabellenspalte als Ordinatenpunkte markiert.
*Dabei ist darauf zu achten, daß die Ordinaten-
werte an den oberen Klassengrenzen (nicht in den
Klassenmitten!) aufzutragen sind.*

Die Summenbildung bis zu einer bestimmten Stelle erfaßt nämlich alle vorangegangenen Klassen, so daß die betreffende Ordinate am Ende der letzten erfaßten
Klasse eingezeichnet werden muß. Aus diesem Grunde ist auf dem Wahrschein-

lichkeitspapier von Schleicher & Schüll an der Abszisse ausdrücklich die Bezeichnung „Merkmals*grenz*wert" angegeben.

Die so gewonnenen Punkte (Abb. 21) liegen zwar nicht mathematisch exakt auf einer Geraden (Einfluß der zufälligen Schwankungen), zeigen aber deutlich eine lineare Tendenz. Mit guter Genauigkeit läßt sich nach Augenmaß durch diese Punkte eine „beste Gerade" legen. Für sie sind vor allem die mittleren Punkte (etwa zwischen den Ordinatenwerten 10% bis 90%) maßgebend; die oberen und unteren Randpunkte treten in ihrer Bedeutung zurück, da sie zufälligen Schwankungen am meisten ausgesetzt sind und diese sich bei ihnen auf Grund der Netzverzerrung besonders stark auswirken.

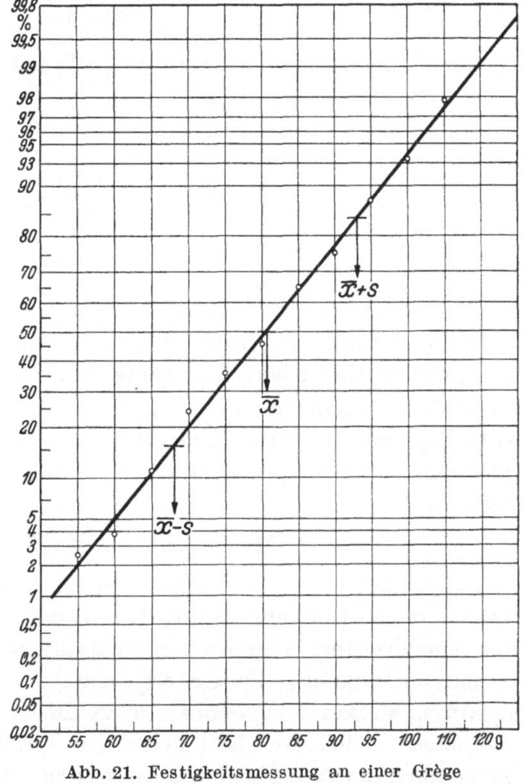

Abb. 21. Festigkeitsmessung an einer Grège

Vergleicht man das hier leicht und einwandfrei zu zeichnende Bild der besten Geraden im Wahrscheinlichkeitsnetz mit dem unausgeglichenen Zick-Zack-Zug der direkten Häufigkeitsverteilung (Abb. 1a), so erkennt man erneut die ausgleichende und glättende Wirkung der Summenbildung.

Das Ziel der graphischen Darstellung im Wahrscheinlichkeitsnetz ist die unmittelbare Gewinnung von

Mittelwert x̄ und *mittlerer quadratischer Abweichung s.*

Dazu geht man folgendermaßen vor:

1. Man bringt die gezeichnete Gerade mit der horizontalen 50%-Linie zum Schnitt. Der Abszissenwert des Schnittpunktes ist der gesuchte Mittelwert x̄.

(Im Beispiel der Abb. 21: x̄ = 80,6 g.)

2. Man bringt in gleicher Weise die gezeichnete Gerade mit den Horizontalen durch die 84,1%- und die 15,9%-Linie zum Schnitt. (Begründung siehe S. 35: $50\% + \frac{1}{2} \cdot 68,26\% \approx 84,1\%$; $50\% - \frac{1}{2} \cdot 68,26\% \approx 15,9\%$.) Die Abszissen der beiden Schnittpunkte liefern die Werte

$$\bar{x} + s$$

und

$$\bar{x} - s.$$

Die halbe Differenz dieser beiden Werte ist die m. qu. Abw. s. (Im Beispiel der Abb. 21:

$$\begin{aligned} \bar{x} + s &= 93,1, \\ \underline{\bar{x} - s = 68,1} \\ 2s &= 25 \\ s &= 12,5 \text{ g}.) \end{aligned}$$

Das vorstehend erläuterte graphische Verfahren liefert Mittelwert und m. qu. Abw. der Stichprobe mit ausreichender Genauigkeit bei geringster Rechenarbeit. Für seine Anwendung ist allerdings erforderlich, daß die Stichprobe bereits gut eine GAUSSsche Verteilung erkennen läßt. Zugleich ist dieser Umstand eine Kontrolle dafür, wie gut der entnommenen Stichprobe eine GAUSSsche Normalverteilung zugrunde liegt.

2. Meßergebnisse in Kurvenform

Bereits auf S. 13 war der bei textilen Untersuchungen häufiger vorkommende Fall erwähnt worden, daß das Meßergebnis nicht in Form von Einzelwerten, sondern als fortlaufend aufgezeichnete Kurve erhalten wird. Sofern die Grundgesamtheit, die dem auf diese Weise geprüften Merkmal zugehört, als gaußisch oder angenähert gaußisch angesehen werden darf, läßt sich die m. qu. Abw. des Merkmals aus der Kurve nach einem einfachen graphischen Verfahren gewinnen, das sich in seinen Grundlagen an die Überlegungen des vorangegangenen Abschnittes und die Ausführungen von S. 36 anlehnt.

Zur Erläuterung diene Abb. 22a. Sie möge als Beispiel eine Garndickenkurve darstellen, welche durch ein Gleichmäßigkeitsprüfgerät aufgezeichnet worden ist. Die horizontale Achse entspricht somit der Garnlänge, die vertikale der Garndicke. In die Kurve werden Parallele zur Abszisse eingezeichnet, deren Abstände in Merkmalseinheiten, d. h. im vorliegenden Fall in Dickeneinheiten, gemessen untereinander gleich sind. In einfacher Weise bekommt man dann die zu dem registrierten Kurvenstück gehörende Summenlinie, wenn man auf jeder Parallelen die Breitensumme der mit dieser Parallelen gebildeten Kurventäler ausmißt und diese Breitensumme in Prozent der gleich 100 gesetzten

geprüften Länge L ausdrückt. In einer neuen Abbildung trägt man die
so gefundenen $\sum h$-Werte in Abhängigkeit von den Merkmalswerten, die
zu den einzelnen Parallelen gehören, auf und erhält als Verbindung

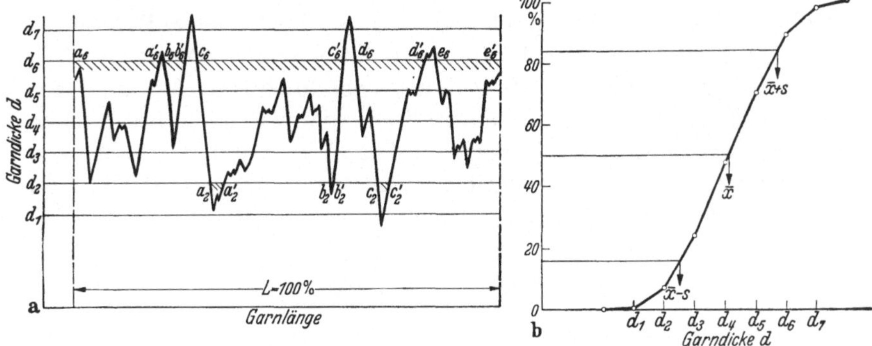

Abb. 22a u. b. Garndickenkurve und zugehörige Summenkurve

der auf diese Weise gewonnenen Punkte die gesuchte Summenlinie
(Abb. 22b)[1]. In Abb. 22a ist beispielsweise die Breitensumme für die
Parallele im Abstand d_2 zu bilden als

$$(\sum h)_2 = (a_2\, a_2' + b_2\, b_2' + c_2\, c_2')\, \frac{100}{L}\, \%.$$

Der für $(\sum h)_2$ erhaltene Wert ist in Abb. 22b als Ordinate zur Abszisse d_2 einzuzeichnen. Analog ist für die Parallele im Abstand d_6 die
Breitensumme

$$(\sum h)_6 = (a_6\, a_6' + b_6\, b_6' + \cdots + e_6\, e_6')\, \frac{100}{L}\, \%.$$

In Abb. 22a sind die zu den beiden ausgewählten Parallelen gehörenden Kurventäler durch Schraffur hervorgehoben.

Die weitere Auswertung erfolgt dann mit Hilfe der Summenlinie
in gleicher Weise wie im vorangegangenen Abschnitt. Man bringt die
Summenlinie mit den Horizontalen durch die 15,9%-, 50%- und 84,1%-
Ordinaten zum Schnitt und liest als zugehörige Abszissen die Werte
$x - s$, x und $x + s$ ab.

Praktisch ist die Gewinnung der ganzen Summenlinie nicht erforderlich. Es genügt vielmehr die Ermittlung einiger $\sum h$-Werte in der
Umgebung von 15,9% und 84,1% und die Aufzeichnung der zugehörenden kurzen Teilstücke der Summenlinie. Die wie vorher durch
Interpolation an der 15,9%- und 84,1%-Marke abgelesenen Abszissen

---

[1] Wie im vorangegangenen Abschnitt können die $\sum h$-Werte auch in das
Wahrscheinlichkeitsnetz eingezeichnet werden, um eine Summengerade zu erhalten.

liefern $\bar{x} - s$ sowie $\bar{x} + s$, deren Addition auf $\bar{x}$, deren Subtraktion auf s führt.

Das geschilderte Verfahren bleibt auch dann anwendbar, wenn nicht das Merkmal selbst, sondern dessen relative Abweichung vom Mittelwert durch das Prüfgerät registriert wird. Das ist z. B. bei dem bekannten USTER-Gerät zur Prüfung der Garngleichmäßigkeit der Fall. Dann wird diese relative Abweichung vom Mittel als Merkmal angesehen. Nach Erhalt der Summenlinie, die wie oben beschrieben gefunden wird, führt die Ablesung an den 15,9%- und 84,1%-Marken jetzt auf die m. qu. Abw. ausgedrückt in Prozenten des Mittels, d. h. direkt auf den Variationskoeffizienten.

3. Nichtlineare Merkmalsskalen

Bei statistischen Untersuchungen wird als Merkmal meistens unmittelbar eine nach den Betriebsunterlagen vorliegende Größe gewählt. Dabei ergibt sich manchmal eine nichtnormale Verteilung (vgl. z. B. Abb. 26). Diese Form der Häufigkeitsverteilung ändert sich naturgemäß, wenn man die Abszissenwerte der Merkmalsskala einer Transformation unterwirft. Oftmals ist eine solche Transformation aus sachlichen Gründen naheliegend, und es zeigt sich, daß nach ihrer Ausführung die Häufigkeitsverteilung der GAUSSschen Normalform gehorcht. In solchen Fällen empfiehlt es sich stets, mit den transformierten Merkmalswerten zu arbeiten und dadurch die graphische Behandlung im Wahrscheinlichkeitsnetz zu ermöglichen.

Dieser Gedankengang wird im folgenden erläutert an dem

Beispiel 24: Nummernschwankungen an einem Flyervorgarn

Zur Prüfung der Gleichmäßigkeit eines Flyervorgarns wurden von einer Spule fortlaufend 10 cm lange Stücke geschnitten und an ihnen die Nummer bestimmt. Es wurden 150 Messungen durchgeführt; die aufgenommene Urliste hatte somit folgendes Aussehen:

Probestück Nr.:	1	2	3	4	5	$\cdots$	150
Nummer metrisch:	2,83	2,74	3,16	2,80	2,64	$\cdots$	2,90

Mit Hilfe der Strichliste ergab sich die nachstehende Häufigkeitsverteilung. Abb. 23a zeigt ihr Summenbild im Wahrscheinlichkeitspapier.

Eine ausgleichende Gerade durch die Punkte ist nicht möglich, vielmehr zeigt sich eine einheitliche Krümmungstendenz. Das ist ein Zeichen dafür, daß nicht in ausreichendem Maße eine GAUSSsche Normalverteilung vorliegt.

Klasse (Nm)	Häufigkeit h in %	$\sum h$ in %	Klasse (Nm)	Häufigkeit h in %	$\sum h$ in %
2,30/2,38	0,67	0,67	2,78/2,86	18,33	76,32
2,38/2,46	3,33	4,00	2,86/2,94	10,67	86,99
2,46/2,54	7,00	11,00	2,94/3,02	7,33	94,32
2,54/2,62	11,33	22,33	3,02/3,10	1,67	95,99
2,62/2,70	19,33	41,66	3,10/3,18	3,67	99,66
2,70/2,78	16,33	57,99	3,18/3,26	0,33	99,99

Wird dagegen an den 150 Probestücken nicht die Nummer metrisch, sondern das Bandgewicht in g/m bestimmt, so erhält man eine Urliste folgender Gestalt:

Probestück Nr.:	1	2	3	4	5	$\cdots$	150
Bandgewicht g/m:	0,353	0,365	0,317	0,357	0,378	$\cdots$	0,345

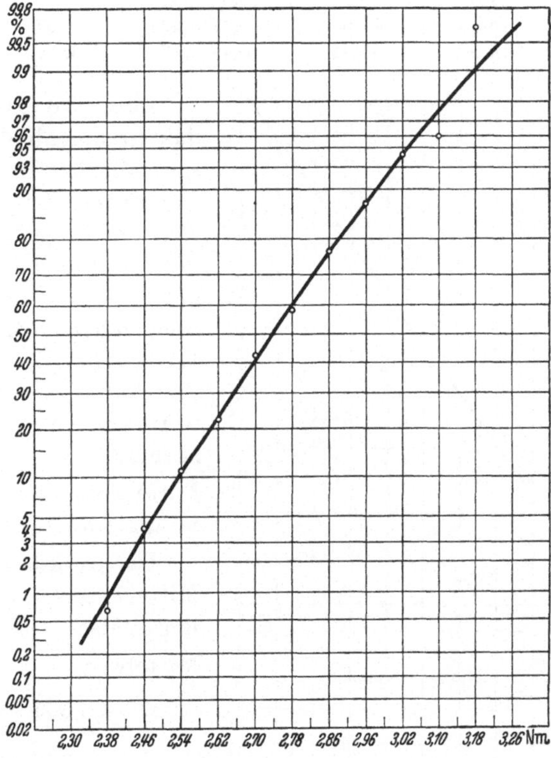

Abb. 23a. Summenbild über der Nummer metrisch im Wahrscheinlichkeitsnetz

Die beiden Merkmalswerte, die oben und hier benutzt wurden, nämlich

$$Nummer\ metrisch\ x_1$$
$$\text{und } Bandgewicht\ x_2$$

stehen in dem Zusammenhang

$$x_1 = 1 : x_2.$$

Man kann daher die zweite Merkmalswahl auch als eine Transformation des ersten Merkmals in dem Sinne auffassen, daß an Stelle des ersten Merkmals sein reziproker Wert benutzt wird (reziproke Transformation der Merkmalsskala).

Aus der zweiten Urliste gewinnt man die folgende Häufigkeitstabelle:

Klasse Bandgew. g/m	Häufigkeit h in %	Σh in %	Klasse Bandgew. g/m	Häufigkeit in h %	Σh in %
0,31/0,32	3,00	3,00	0,37/0,38	19,67	76,01
0,32/0,33	2,00	5,00	0,38/0,39	8,67	84,68
0,33/0,34	6,67	11,67	0,39/0,40	10,00	94,68
0,34/0,35	11,67	23,34	0,40/0,41	4,00	98,68
0,35/0,36	18,33	41,67	0,41/0,42	0,67	99,35
0,36/0,37	14,67	56,34	0,42/0,43	0,67	100,02

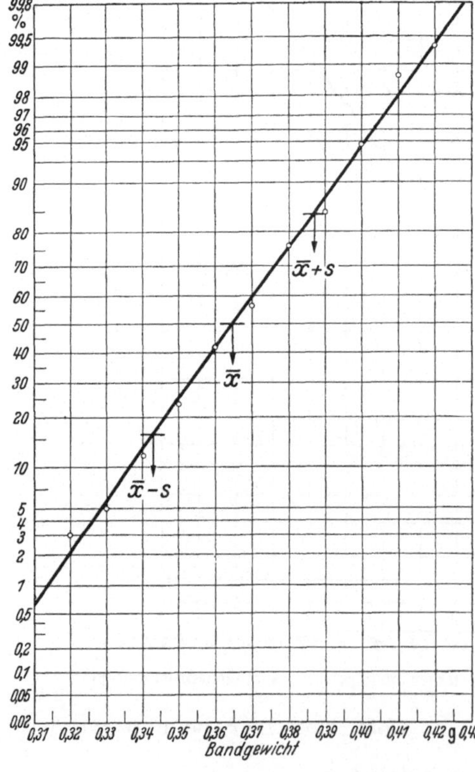

Abb. 23b. Summenbild über dem Bandgewicht im Wahrscheinlichkeitsnetz

Abb. 23b zeigt wieder das Summenbild im Wahrscheinlichkeitspapier. Die Forderung der geradlinigen Tendenz ist jetzt gut erfüllt, d. h., mit dem Bandgewicht als Merkmal liegt in ausreichendem Maße eine GAUSSsche Verteilung vor. Aus Abb. 23b werden Mittelwert und m. qu. Abw. bestimmt zu

Mittelwert $\bar{x} = 0{,}365$ g/m,
m. qu. Abw. $s = 0{,}022$ g/m.

Die exakte Angabe des Mittelwertes (vgl. S. 51) lautet also:

Mittelwert

$$\bar{x} = 0{,}365 \pm \frac{0{,}022}{\sqrt{150}}$$

$$= 0{,}365 \pm 0{,}002 \text{ g/m}.$$

Zu beachten ist dabei, daß der so gefundene Mittelwert $\bar{x}_2$ das arithmetische Mittel

$$\bar{x}_2 = \frac{1}{N} \Sigma x_2$$

der Bandgewichte x_2 darstellt. Sein reziproker Wert deckt sich nicht mit dem arithmetischen Mittel der Nummern metrisch. Allgemein mathematisch formuliert: Der Mittelwert der Funktionswerte ist im allgemeinen nicht der Funktionswert des Mittelwertes aus den Argumenten:

$$f\left(\frac{1}{N}\,\Sigma\,x\right) \neq \frac{1}{N}\,\Sigma\,f\,(x).$$

Vielmehr stimmt der obenstehende Mittelwert $\bar{x}_2$ überein mit dem Reziprokalwert des harmonischen Mittels $\tilde{x}_1$ der Nummern metrisch x_1, definiert durch die Beziehung

$$\frac{1}{\tilde{x}_1} = \frac{1}{N}\,\Sigma\,\frac{1}{x_1}.$$

Vgl. auch S. 42.

Unter den nichtlinearen Merkmalsskalen wird am häufigsten die logarithmische Skala benutzt. Sehr viele Größen, die in Natur und Technik auftreten, wachsen nämlich nicht in arithmetischer, sondern in geometrischer Progression, d. h. nicht gleiche Differenzen, sondern gleiche Quotienten (Verhältnisse) der Merkmalswerte sind maßgebend. (Das klassische Beispiel dafür ist das WEBER-FECHNERsche Gesetz der Physiologie: Die Reize müssen geometrisch abgestuft sein, wenn die Empfindungen gleichabständig sein sollen.)

Das folgende Beispiel erläutert diesen Gedankengang.

Beispiel 25: Wollfeinheitsmessung (I)

Nach DIN 53811 wurden 400 Feinheitsmessungen in Mikroprojektion an einer A/B-Wolle durchgeführt. Für die vorgeschriebene gleichabständige Merkmalsteilung zu $2\,\mu$ Klassenbreite ergab sich nebenstehende Häufigkeitstabelle.

Die Darstellung der $\Sigma\,h$-Werte im üblichen Wahrscheinlichkeitspapier (Abb. 24a) führt auf einen einsinnig gekrümmten Verlauf.

Die einzelnen Qualitätsklassen, in die die Wollen eingestuft werden, sind nun aber nach DIN 60402 in geometrischer Folge aufgebaut; vgl. den nachstehenden Ausschnitt aus dem genannten DIN-Blatt. Die Klassenbreiten sind nicht konstant,

Klasse μ	Häufigkeit h in %	$\Sigma\,h$ in %
9/11	0,25	0,25
11/13	1,25	1,50
13/15	3,50	5,00
15/17	10,75	15,75
17/19	16,50	32,25
19/21	18,75	51,00
21/23	13,25	64,25
23/25	13,00	77,25
25/27	6,50	83,75
27/29	7,75	91,50
29/31	3,75	95,25
31/33	1,75	97,00
33/35	1,50	98,50
35/37	1,00	99,50
37/39	0,25	99,75
39/41	0,25	100,00

sondern nehmen stetig zu. (Die Schwankungen bei der Zunahme sind durch die Abrundung auf eine Dezimale bedingt.) Genau ist der

Zusammenhang zwischen Faserdurchmesser μ, der Klassenmitte und der Klassenbezeichnung Fn nach dem DIN-Blatt gegeben auf Grund der Beziehung

$$\log \mu = 0{,}0375 \cdot n + 1{,}15635. \tag{*}$$

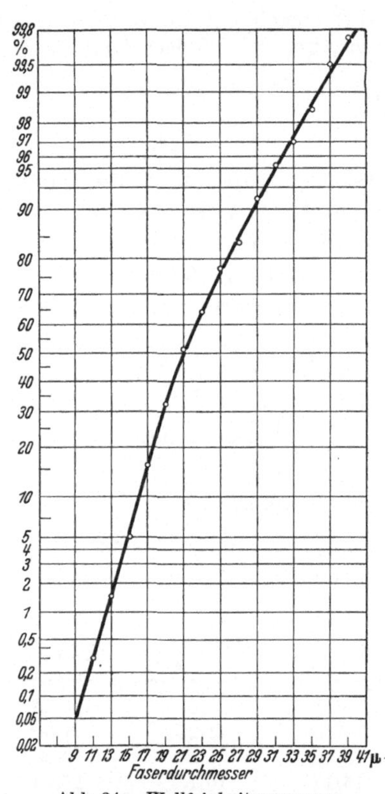

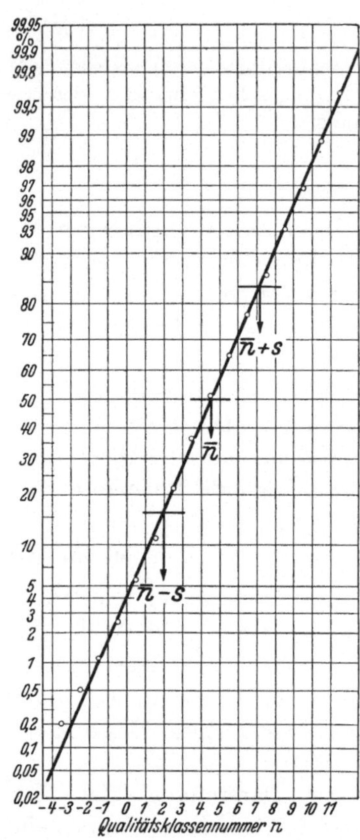

Abb. 24a. Wollfeinheitsmessung
(Merkmal: Faserdurchmesser μ)

Abb. 24b. Wollfeinheitsmessung
(Merkmal: Qualitätsklassennummer n)

Für halbzahlige Werte von n erhält man jeweils die Klassengrenzen.

Bezeichnung der Klasse	Klassengrenzen in μ	Klassenmitte in μ	Klassenbreite in μ
F 1	15,0/16,3	15,6	1,3
F 2	16,3/17,8	17,0	1,5
F 3	17,8/19,4	18,6	1,6
F 4	19,4/21,1	20,2	1,7
F 5	21,1/23,1	22,1	2,0
F 6	23,1/25,1	24,0	2,0
F 7	25,1/27,4	26,2	2,3
…	………	…	…

Es liegt daher nahe, auch für die Klasseneinteilung der 400 Werte aus der eingangs genannten Messung als neues Merkmal die Nummer n der Qualitätsklasse Fn zu benutzen, die nach (*) mit dem Durchmesser μ durch eine logarithmische Beziehung verbunden ist. Die Klasseneinteilung erfolgt also nicht mehr in gleichabständigen μ-Werten, sondern in gleichabständigen n-Werten. Dann verteilen sich die 400 Messungen folgendermaßen:

Klassen-bezeichnung Fn	Klassengrenzen in μ	Häufigkeits-summe Σh	Klassen-bezeichnung Fn	Klassengrenzen in μ	Häufigkeits-summe Σh
$n = -4$	9,7/10,6	0,20	4	19,4/21,1	51,0
-3	10,6/11,6	0,50	5	21,1/23,1	65,0
-2	11,6/12,6	1,10	6	23,1/25,1	77,0
-1	12,6/13,7	2,50	7	25,1/27,4	86,3
0	13,7/15,0	5,50	8	27,4/29,9	93,1
1	15,0/16,3	11,0	9	29,9/32,6	96,9
2	16,3/17,8	21,5	10	32,6/35,5	98,85
3	17,8/19,4	36,2	11	35,5/38,7	99,65

Die Werte in der letzten Spalte (Σh) lassen sich unmittelbar aus Abb. 24a abgreifen; so liest man z. B. dort über dem Merkmalswert 23,1 (obere Grenze der Klasse $n = 5$ in der vorstehenden Tabelle) den Σh-Wert 65,0 ab, der in der letzten Spalte eingetragen ist.

Abb. 24b zeigt die Σh-Werte im Wahrscheinlichkeitspapier über der Qualitätsnummer n als Merkmal. (Die Nummern n stellen die Klassenmitten dar; die Ordinaten sind an den oberen Klassengrenzen aufgetragen!) Die gewonnenen Punkte zeigen eine gute geradlinige Tendenz.

Wie früher liest man aus der in Abb. 24b eingezeichneten Summengeraden an der 50%-Marke den Mittelwert $\bar{n}$ und an der 84,1%- bzw. 15,9%-Marke die Streuungsgrenzen ab. Das Ergebnis ist

$$\bar{n} = 4{,}55, \quad s = 2{,}62, \quad s_{\bar{n}} = \frac{2{,}62}{\sqrt{400}} = 0{,}13.$$

Die mittlere Qualitätsnummer der untersuchten Wolle beträgt also

$$\bar{n} = 4{,}55 \pm 0{,}13.$$

Auf Grund des gefundenen Mittelwertes $n = 4{,}55$ wäre man geneigt, die Wolle in die Klasse F 5 einzuordnen. Dies Vorgehen ist jedoch nicht zu vertreten, vielmehr kann man mit ausreichender statistischer Sicherheit die Wolle nur der Zwischenklasse F 4 bis 5 zuweisen. (Den Begriff der statistischen Sicherheit vgl. S. 70ff.)

Das vorstehend ausführlich geschilderte Verfahren einer logarithmischen Merkmalsabänderung wird zweckmäßigerweise dadurch bedeutend vereinfacht, daß man von vornherein eine logarithmisch geteilte

Merkmalsskala benutzt und in ihr dann unmittelbar das ursprüngliche Merkmal aufträgt. Das bedeutet, daß man die Logarithmen der Meßwerte so behandelt, als ob sie die ursprünglichen Meßwerte darstellen[1].

In diesem Sinne ist das folgende Beispiel direkt über logarithmischer Merkmalsskala durchgeführt.

**Beispiel 26: Prüfung einer Zellwolle
auf Dauerbiegefestigkeit der Einzelfasern**

An 50 untersuchten Fasern ergab sich die folgende Häufigkeitsverteilung:

Zahl der Faserdoppelbiegungen bis zum Bruch	absolute Faserhäufigkeit	relative Faserhäufigkeit h in %	Σh in %
100/200	3	6	6
200/300	9	18	24
300/400	9	18	42
400/500	8	16	58
500/600	6	12	70
600/700	5	10	80
700/800	3	6	86
800/900	3	6	92
900/1000	1	2	94
1000/1100	1	2	96
1100/1200	1	2	98
1200/1300	0	0	98
1300/1400	1	2	100
	50	100	

Die Aufträgung der Summenhäufigkeitswerte über logarithmischer Skala (Abb. 25) führt auf einen geradlinigen Verlauf. Die Ablesung an der 50%-Marke ergibt den Mittelwert

$$\bar{x}_g = 440 \; (Doppelbiegungen\ bis\ zum\ Bruch).$$

Hierbei ist zu beachten, daß $\bar{x}_g$ nicht etwa das arithmetische Mittel der Biegezahlen, sondern vielmehr der Numerus des arithmetischen Mittels ihrer Logarithmen ist, d. h. es gilt

$$\log \bar{x}_g = \frac{1}{N} \sum_{i=1}^{N} \log x_i$$

oder

$$\bar{x}_g = \sqrt[N]{x_1 x_2 x_3 \ldots x_N} = \sqrt[N]{\prod_{i=1}^{N} x_i}.$$

Dieser Mittelwert $\bar{x}_g$, gewonnen als N. Wurzel aus dem Produkt der N Einzelwerte, heißt das *geometrische Mittel* der Einzelwerte. Ent-

---

[1] Wahrscheinlichkeitspapier mit logarithmisch geteilter Merkmalsskala wird ebenfalls von der Fa. Schleicher & Schüll, Einbeck bei Hannover, hergestellt.

sprechend der logarithmischen Teilung der Merkmalsskala werden auf ihr für die 84,1%- bzw. 15,9%-Marke die Werte $\bar{x}_g \cdot \varepsilon$ bzw. $\bar{x}_g : \varepsilon$ abgelesen, denn bei der logarithmischen Skala tritt an die Stelle der Addition und Subtraktion von s, nämlich $\bar{x} + s$ und $\bar{x} - s$, die Multiplikation und Division mit ε, also $\bar{x}_g \cdot \varepsilon$ und $\bar{x}_g : \varepsilon$.

Die Ablesung an Abb. 25 ergibt $\bar{x}_g \cdot \varepsilon = 740$ und $\bar{x}_g : \varepsilon = 262$. Der Mittelwert $\bar{x}_g = 440$ ist das geometrische Mittel aus 262 und 740, d. h.

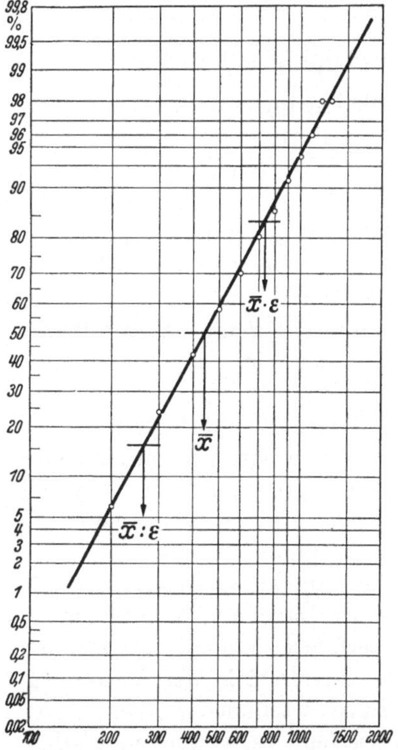

es ist $440 = \sqrt{262 \cdot 740}$. Nach den Darlegungen auf S. 36 liegen rund 68% des untersuchten Materials zwischen den Grenzen 262 und 740.

In gleicher Weise lassen sich alle Überlegungen, die an der linearen Merkmalsskala angestellt wurden, auf die logarithmische Skala übertragen. Durch die Benutzung dieser Skala ist eine GAUSSsche Normalverteilung erreicht, während die Darstellung über der linearen Skala eine Verteilung mit starker Asymmetrie liefert (Abb. 26).

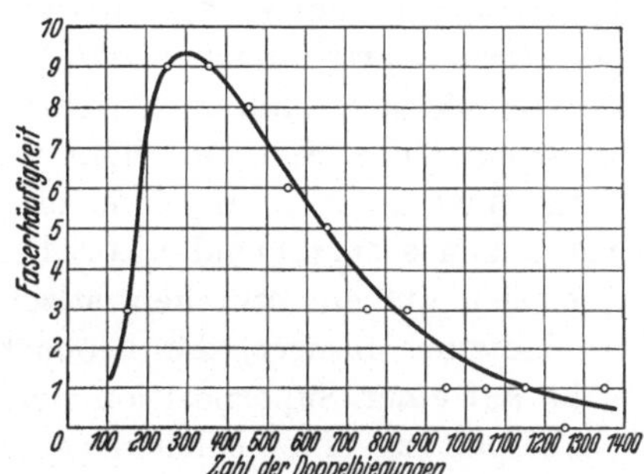

Abb. 25. Dauerbiegefestigkeit an einer Zellwolle (Merkmal: Zahl der Doppelbiegungen bis zum Bruch)

Abb. 26. Dauerbiegefestigkeit an einer Zellwolle

An weiteren Beispielen der Textilpraxis, bei denen sich die Verwendung einer nichtlinearen Merkmalsskala als vorteilhaft erweisen kann, seien angeführt:

Scheuerprüfungen. Das Merkmal (Zahl der Scheuerungen bis zum Bruch) wird auf logarithmischer Skala aufgetragen.

Dickenmessungen. Für das Merkmal (Durchmesser d) wird eine quadratische Skala benutzt, d. h., die (kreisförmige) Querschnittsfläche $F = 0,25 \cdot \pi d^2$ wird als neues Merkmal eingeführt.

Grundsätzlich ließe sich zu jeder beliebigen Verteilungskurve eine Merkmalstransformation bestimmen, die die Verteilung in eine GAUSS-sche Normalverteilung überführt. Doch wird man an solche Transformation die Forderung stellen, daß sie sachlich aus der vorliegenden Fragestellung begründet ist und nicht etwa nur eine mathematische Spielerei darstellt. In solchem Sinne ist vor allem die Transformation auf eine logarithmische Skala von Bedeutung, wie sie in dem letzten Beispiel behandelt wurde.

4. Häufigkeitsanalyse einer zweigipfligen Verteilung

Die Benutzung des Wahrscheinlichkeitspapiers läßt unmittelbar erkennen, ob eine GAUSSsche Verteilung vorliegt. Das Kennzeichen dafür ist die Geradlinigkeit des Verlaufs der Σh-Werte (vgl. Abb. 20 u. 21).

Trifft dieses Kennzeichen nicht zu, so kann man mit einer Merkmals-transformation, wie sie im vorigen Abschnitt geschildert wurde, die Umformung auf eine Gerade versuchen (vgl. Abb. 23b und 24b). Insbesondere wird man eine solche Transformation auf ein — sachlich begründetes — neues Merkmal dann einführen, wenn man im Wahrscheinlichkeitspapier an Stelle einer Geraden eine einsinnig durchgebogene Kurve erhalten hat.

Schließlich läßt sich in gewissen Fällen vermuten, daß die beobachtete Asymmetrie der Verteilung durch eine Superposition von zwei oder mehr Normalverteilungen bewirkt wird. Zu einer solchen Vermutung wird man vielfach dann geführt, wenn das Σh-Bild im Wahrscheinlichkeitspapier einen Kurvenverlauf mit Wendepunkt aufweist. Die Zerlegung einer solchen Mischverteilung in ihre erzeugenden Normalverteilungen ist im folgenden kurz behandelt[1]. Dabei muß man beachten, daß es sich um ein rein heuristisches Verfahren handelt, das auf der Voraussetzung basiert, die beobachtete Asymmetrie der Verteilung beruhe auf einer Superposition von Normalverteilungen. Überdies ist die Aufspaltung einer solchen asymmetrischen Verteilung im mathematischen Sinne keineswegs eindeutig. Ein Vorgehen mit dem Ziel einer solchen Häufigkeitsanalyse setzt daher eine genaue sachliche Kenntnis der vorliegenden Fragestellung voraus, nach der die An-

---

[1] Ausführliche Darstellungen sclcher Häufigkeitsanalysen mit vielen Beispielen geben DAEVES und BECKEL: Großzahl-Methodik und Häufigkeits-Analyse. Weinheim (Bergstraße): Verlag Chemie 1958.

Ein besonders eindrucksvolles Beispiel aus dem Textilgebiet gibt K. RAMS-THALER: Analyse der Faserfestigkeitsverteilung einer Zellwollmischung durch statistische Verfahren und Großzahlforschung. Textil-Praxis 4 (1949) S. 358 und 438. Die Anwendung auf die Analyse von Titerschwankungen bei Zellwolle findet sich bei E. HUSUNG: Untersuchung über die Titerungleichmäßigkeit von Zellwollen und über deren praktische zahlenmäßige und zeichnerische Auswertung. Melliand Textilber. Bd. 19 (1938) S. 886 und 956.

nahme, daß mehrere Normalverteilungen zugrunde liegen, berechtigt sein muß.

Die Entstehung einer Mischverteilung III durch Superposition aus zwei Normalverteilungen I und II (GAUSSschen Glockenkurven) zeigt Abb. 27. Ein solches Verteilungsbild III erhält man z. B. für die Faserfestigkeit von Zellwolle, die aus 2 Zellwollqualitäten verschiedener Festigkeit I und II gemischt ist. Für die Praxis entsteht die umgekehrte Aufgabe, aus einer experimentell erhaltenen Mischverteilung III die

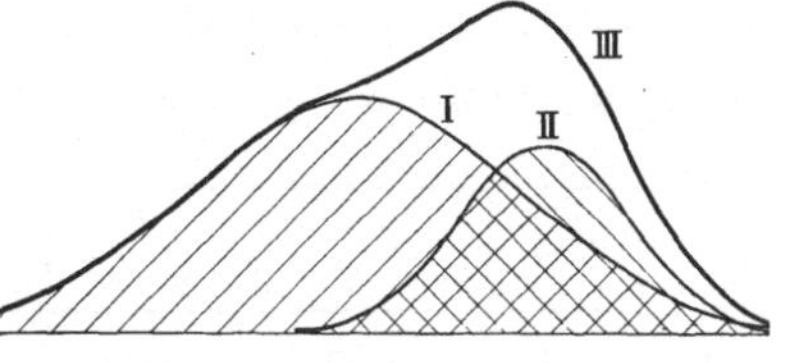

Abb. 27. Superposition zweier Normalverteilungen

Auffindung erzeugender normalverteilter Komponenten (im Beispiel die Verteilungen I und II) zu versuchen.

Da die graphische Lösung dieser Aufgabe auf gewöhnlichem Millimeterpapier allzu schwierig wird, benutzt man mit Vorteil wiederum die Teilung des Wahrscheinlichkeitspapiers, in das jetzt aber nicht die Summenbilder, sondern die unmittelbaren Häufigkeitsverteilungen eingetragen werden. Die GAUSSsche Glockenkurve einer

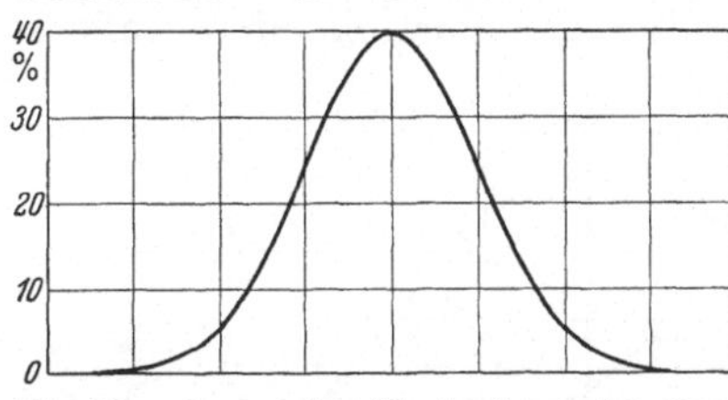

Abb. 28a. GAUSSsche Glockenkurve im normalen Netz

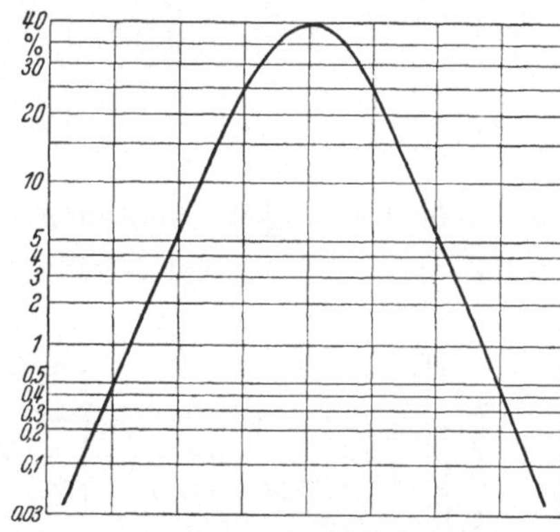

Abb. 28b. GAUSSsche Glockenkurve im Häufigkeitspapier

Normalverteilung erscheint in diesem Netz als haarnadelartig-hyperbelähnliche Kurve mit geradlinig verlaufenden Seitenästen; Abb. 28a und b zeigt die Glockenkurve im Normalnetz und ihr verzerrtes Bild im Wahrscheinlichkeitsnetz. An der Netzverzerrung kann man sich leicht anschaulich klarmachen, wie die horizontal ausschwingenden Äste der Glockenkurve in dem neuen Netz zu einem geradlinigen Verlauf gebogen werden. Bei der Zeichnung muß beachtet werden, daß hier die Ordinaten jeweils in den Klassenmitten (nicht wie beim Summenbild in den oberen Klassengrenzen!) aufgetragen werden[1].

---

[1] Ein Netzpapier dieser Art wird als „Häufigkeitspapier" von der Fa. Schleicher & Schüll, Einbeck bei Hannover, hergestellt. Als Ordinaten sind bei diesem Papier am linken Rand die Häufigkeitsprozente und am rechten Rand die absoluten Häufigkeiten markiert.

Die Verwendung des Häufigkeitspapiers für die Zerlegung einer Mischverteilung ist an dem folgenden Beispiel erläutert.

Beispiel 27: Drehungsuntersuchung an Reyon

Um an einer Reyon die Gleichmäßigkeit der Drehung zu beurteilen, wurde fortlaufend die Drehung x mit 10 cm Einspannlänge bestimmt.

x	$f(x)$	h in %	Σh in %	f_I	h_I in %	Σh_I in %	f_{II}	h_{II} in %	Σh_{II} in %
10	3	5,00	5,00	3,12	13,0	13,0	—	—	—
11	4	6,67	11,67	3,60	15,0	28,0	—	—	—
12	5	8,33	20,00	4,80	20,0	48,0	0,18	0,5	0,5
13	6	10,00	30,00	4,80	20,0	68,0	1,08	3,0	3,5
14	8	13,33	43,33	3,84	16,0	84,0	4,11	11,4	14,9
15	11	18,32	61,65	2,31	9,6	93,6	8,32	23,1	38,0
16	11	18,32	79,97	1,06	4,4	98,0	10,45	29,0	67,0
17	8	13,33	93,30	0,36	1,5	99,5	7,74	21,5	88,5
18	3	5,00	98,30	0,10	0,4	99,9	3,20	8,9	97,4
19	1	1,67	99,97	—	—	99,9	0,83	2,3	99,7
	60	99,97		23,99 ≈ 24	99,9		35,91 ≈ 36	99,7	

Die an 60 Messungen erhaltenen Werte ergaben eine Häufigkeitsverteilung $f(x)$, die in den ersten 4 Spalten der vorstehenden Tabelle

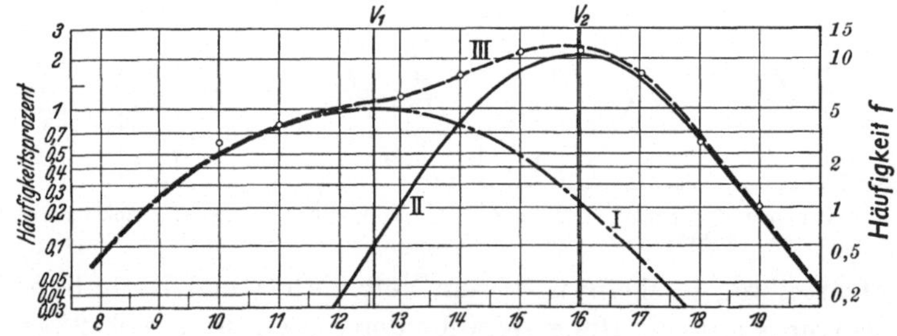

Abb. 29. Graphische Analyse im Häufigkeitspapier

wiedergegeben ist. Die Werte in den ersten beiden Spalten [Abszisse x, Ordinate $f(x)$] im Häufigkeitspapier (Abb. 29) ergeben die Kurve III. Bei der Zeichnung ist zu beachten:

1. Die Ordinaten $f(x)$ werden in den Klassenmitten x aufgetragen.

2. Es werden als Ordinaten die absoluten Häufigkeiten $f(x)$ unter Benutzung der rechten Ordinatenskala verwendet.

Die so gewonnene Kurve III läßt eine Entstehung aus Normalkurven (Abb. 28b) vermuten, da bei III sowohl auf der linken als auch auf der rechten Seite eine geradlinige Tendenz zu erkennen ist. Man versucht die Zerlegung der Kurve III unter folgenden Gesichtspunkten:

1. An der rechten Seite der Kurve III beginnend wählt man eine Vertikale v_2 ein wenig rechts von dem erkennbaren Maximum der Kurve III und spiegelt den geradlinig auslaufenden rechten Seitenast von III an dieser Vertikalen.

2. Entsprechend geht man auf der linken Seite von III vor und spiegelt den geradlinigen Teil an einer Vertikalen v_1.

3. Die nach 1. und 2. gewonnenen Geradenstücke ergänzt man nach dem Vorbild der Abb. 28b nach Augenmaß durch einzufügende Scheitelbögen.

4. Bei den beiden so gewonnenen Teilkurven I und II prüft man, ob ihre Ordinatensumme auf die Kurve III führt. So wird z. B. in Abb. 29 über dem Merkmalswert $x = 13$ für I die Ordinate (rechter Maßstab!) $f_I = 4{,}80$ und für II der Wert $f_{II} = 1{,}08$ abgelesen. Die Summe $f_I + f_{II} = 5{,}88$ muß angenähert gleich dem Ordinatenwert $f = 6$ von III sein. Die gleiche Probe ist an allen Merkmalswerten anzustellen.

5. Erreicht man noch nicht an allen Stellen das gewünschte Ergebnis, so werden die beiden Teilkurven I und II — stets unter Beachtung ihres symmetrischen hyperbelartigen Verlaufs nach Abb. 28b — so lange verbessert, bis das Ergebnis zufriedenstellend ist.

Dieses Verfahren setzt zwar einige Geschicklichkeit voraus, führt aber dann schnell und mit genügender Genauigkeit zum Ziel.

An den fertigen Teilkurven I und II werden die Ordinatenwerte f_I und f_{II} abgelesen und in die entsprechenden Spalten der Tabelle (S. 68) eingetragen. Die absoluten Häufigkeiten f_I und f_{II} rechnet man darauf in die relativen Häufigkeiten h_I und h_{II} um und bildet schließlich aus diesen Prozentwerten die Spalten $\sum h_I$ und $\sum h_{II}$.

Die weitere Untersuchung erfolgt an den Summenbildern im Wahrscheinlichkeitsnetz, Abb. 30. Die Ordinaten der 3 Summenbilder III, I, II sind den Spalten $\sum h$, $\sum h_I$, $\sum h_{II}$ der Tabelle auf S. 68 entnommen. (Achtung: Die Ordinaten sind in den oberen Klassengrenzen aufzutragen!) Das Summenbild III zeigt einen Kurvenverlauf mit Wendepunkt, dagegen sind die Summenbilder I und II gemäß ihrer Entstehung geradlinig. An ihnen lassen sich wie früher Mittelwert und m. qu. Abw. ablesen.

In diesem Sinne liefert Abb. 30 folgendes Ergebnis:

Normalverteilung I: Mittelwert $\bar{x}_I = 12{,}6$ Drehungen/10 cm,
m. qu. Abw. $s_I = 1{,}9$ Drehungen/10 cm.

Normalverteilung II: Mittelwert $\bar{x}_{II} = 15{,}9$ Drehungen/10 cm,
m. qu. Abw. $s_{II} = 1{,}3$ Drehungen/10 cm.

In der Tabelle S. 68 hatten die Summen der Spalten $f(x)$ bzw. f_I bzw. f_II die Werte 60 bzw. 24 bzw. 36. (Probe: $60 = 24 + 36$). Der Umfang 60 der Gesamtprobe verteilt sich also mit 40% und 60% auf die beiden Normalverteilungen I und II.

Das Gesamtergebnis der Untersuchung lautet somit:

Die untersuchte Reyon weist durch einen Fabrikationsfehler zwei überlagerte (normalverteilte) Drehungen auf. Die erste Drehung ist mit 40%, die zweite mit 60% beteiligt. Der Mittelwert des ersten Anteils beträgt 126 Dreh./m, der des zweiten 159 Dreh./m.

Nach dem vorstehend erläuterten Verfahren lassen sich Häufigkeitsanalysen, d. h. Zerlegungen von Mischverteilungen in zwei oder mehrere Normalverteilungen, besonders überall da vornehmen, wo z. B. Fasern verschiedener Feinheit gemischt wurden oder Material aus verschiedenen Partien als Verwechslung durcheinandergeraten ist.

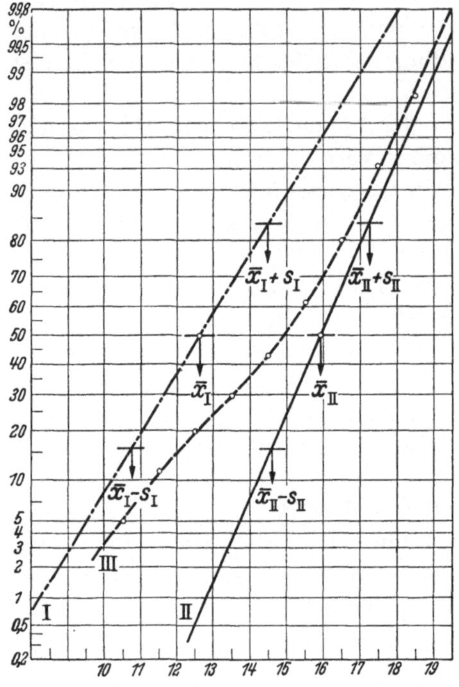

Abb. 30. Summenbilder im Wahrscheinlichkeitsnetz

D. Der Begriff der statistischen Sicherheit

Bei allen textilen Untersuchungen tritt als häufigste Fragestellung das Problem auf, aus einer beschränkten Anzahl von Messungen (Stichprobe) Schlüsse auf eine statistische Kennzahl (z. B. Mittelwert oder Streuung) der Gesamtheit zu ziehen. Da die gefundenen Einzelwerte mit zufälligen Schwankungen behaftet sind, ist zu erwarten, daß auch die aus ihnen abgeleitete statistische Kennzahl Schwankungen aufweisen wird, d. h. daß sie nicht als eindeutiger exakter Zahlenwert und die aus ihr abzuleitende Kennzahl der Grundgesamtheit nur in einem gewissen Bereich angegeben werden kann.

Denkt man sich nämlich die Stichprobe oft wiederholt und hat man alle die so ermittelten Kennzahlwerte innerhalb eines gewissen Intervalls gefunden, so besteht durchaus die Möglichkeit, daß „zufälligerweise" bei einer weiteren Stichprobe die ermittelte Kennzahl sehr stark von den bisher gewonnenen Werten und dem „wahren" Wert der Grundgesamtheit abweicht. Eine hundertprozentige absolute Gewißheit kann es nicht geben.

Trotzdem kann für die Kennzahl der Grundgesamtheit ein Intervall (Vertrauensintervall) festgelegt werden, dem ein gewisses Vertrauen zuzusprechen ist. Dieses Vertrauen wird um so größer, je seltener mit einer starken Abweichung eines neu ermittelten Kennzahlwertes zu rechnen ist, d. h. je kleiner die Wahrscheinlichkeit dafür ist. Diese Wahrscheinlichkeit heißt Irrtums- oder Überschreitungswahrscheinlichkeit. Je kleiner sie ist, um so größer muß das zu ihr gehörende Vertrauensintervall sein. Zu jedem solchen Vertrauensintervall gehört unerläßlich die Angabe der zugehörigen Überschreitungswahrscheinlichkeit; sie ist das typische Merkmal jeder statistischen Aussage.

An Stelle der Überschreitungswahrscheinlichkeit (z. B. 0,01 oder, prozentual ausgedrückt, 1%) wird gleichbedeutend von der *statistischen Sicherheit* (z. B. 0,99 bzw. 99%) gesprochen. Sie ist die Gegenwahrscheinlichkeit der Überschreitungswahrscheinlichkeit; ziffernmäßig ergänzen sich die Überschreitungswahrscheinlichkeit und die statistische Sicherheit stets zu 1 bzw. 100%.

Die Angabe der statistischen Sicherheit S (z. B. $S = 99\%$) bei einem Vertrauensintervall bedeutet: Bei sehr vielen Wiederholungen der betreffenden Meßreihe ist in 99% aller Wiederholungen zu erwarten, daß der Kennzahlwert der Grundgesamtheit innerhalb des Vertrauensintervalls liegt. Nur in durchschnittlich 1% aller Wiederholungen muß man mit einer Überschreitung des Vertrauensintervalls rechnen.

Der Begriff der statistischen Sicherheit werde an dem einfachsten Beispiel erläutert, nämlich an der Einordnung von Einzelwerten einer bekannten, normal verteilten Grundgesamtheit. Der Einzelwert tritt in diesem Fall an die Stelle der statistischen Kennzahl. Nach den Darlegungen auf S. 36 liegen innerhalb des Streuungsintervalls von $-\sigma$ bis $+\sigma$ (Abb. 14, $_1$) 68,26% der Gesamtheit. Es besteht somit die Wahrscheinlichkeit 68,26% dafür, daß ein beliebiger Einzelwert in dieses Intervall fällt, oder anders ausgedrückt, dem *Streuungsintervall* von $-\sigma$ bis $+\sigma$ um den Mittelwert μ kommt für einen Einzelwert die statistische Sicherheit $S = 68,26\%$ zu. In gleichem Sinne kommt dem

Streuungsintervall	*die statistische Sicherheit*
$-2\sigma \cdots +2\sigma$,	$S = 95,44\%$ (Abb. 14, $_2$)
$-3\sigma \cdots +3\sigma$,	$S = 99,73\%$ (Abb. 14, $_3$)

zu.

Wählt man glatte Zahlenwerte für die statistische Sicherheit, so erhält man krumme Werte für die zugehörigen Grenzen, ausgedrückt in Vielfachen von σ:

Statistische Sicherheit		*Streuungsintervall*
$S = 95\%$	(Abb. 14, $_4$),	$-1{,}960\,\sigma \cdots +1{,}960\,\sigma$,
$S = 99\%$	(Abb. 14, $_5$),	$-2{,}576\,\sigma \cdots +2{,}576\,\sigma$,
$S = 99{,}9\%$	(Abb. 14, $_6$),	$-3{,}291\,\sigma \cdots +3{,}291\,\sigma$.

Die heute in der Technik gebräuchlichsten Werte für die statistische Sicherheit sind

$$S = 95\%, \quad S = 99\%, \quad S = 99{,}9\%.$$

Daneben werden die Werte

$$S = 95{,}44\% \quad (2\,\sigma\text{-Grenze})$$

und

$$S = 99{,}73\% \quad (3\,\sigma\text{-Grenze})$$

benutzt.

Alle diese Zahlenwerte gelten unter der Voraussetzung, daß eine GAUSSSCHE Normalverteilung oder zumindest keine starke Abweichung von ihr vorliegt. Trifft diese Voraussetzung nicht zu bzw. ist die Art der Verteilung nicht weiter bekannt, so lassen (mit dem Einzelwert als Kennzahl) sich die auf S. 38 genannten Zahlen für die Angabe der statistischen Sicherheit verwenden.

Die Wahl der statistischen Sicherheit S ist an und für sich willkürlich und hängt von der Art des Aufgabenbereiches ab, für den die statistische Untersuchung durchgeführt wird. Für einfache betriebliche Untersuchungen, bei denen ein Fehlurteil ohne allzu große Folgen in Kauf genommen werden kann, wird man sich im allgemeinen mit einer statistischen Sicherheit $S = 95\%$ begnügen, während bei Versuchsreihen, die grundlegende Änderungen betreffen und unter Umständen sogar zu einer Verfahrensänderung oder Betriebsumstellung führen können, eine höhere statistische Sicherheit, z. B. $S = 99{,}9\%$, gefordert werden wird.

Nach dem Vorstehenden können auch große und größte Abweichungen rein zufällig entstehen, wenn auch mit sehr geringer Wahrscheinlichkeit. *Wo* eine „Grenze des Zufälligen" liegt, ist Sache der Vereinbarung! In der technischen statistischen Praxis haben sich folgende Regeln durchgesetzt:

a) Eine Abweichung, die mit einer statistischen Sicherheit von weniger als $S = 95\%$ erschlossen ist, kann als zufällig gelten. Die Abweichung ist statistisch nicht gesichert (nicht signifikant).

b) Eine Abweichung, die mit einer statistischen Sicherheit von mehr als $S = 99\%$ erschlossen ist, gilt als nicht mehr zufällig. Die Abweichung ist statistisch gesichert (signifikant).

c) Eine Abweichung, die mit einer statistischen Sicherheit zwischen $S = 95\%$ und $S = 99\%$ erschlossen ist, läßt zwar die Vermutung auf-

kommen, daß die Abweichung nicht mehr zufällig ist, jedoch muß diese Vermutung durch weitere Untersuchungen nachgeprüft werden.

d) In besonders gelagerten Fällen, die eine sehr große Sicherheit der Aussage erfordern, wird eine Abweichung erst dann als statistisch gesichert angesehen, wenn sie mit einer Sicherheit von mehr als S = 99,9% [vielfach auch S = 99,73%, d. h. mit der Irrtumswahrscheinlichkeit 0,27% (3 σ-Grenze)] erschlossen ist.

Die praktischen Anwendungen dieses Begriffs der statistischen Sicherheit sind in den folgenden Abschnitten ausführlich geschildert.

E. Die Prüfung von Mittelwerten

1. Vertrauensbereich des Mittelwertes

Die wichtigste Frage bei textilen Untersuchungen betrifft den Mittelwert aus einer Stichprobe und seinen Vertrauensbereich. Da die gefundenen Einzelwerte mit zufälligen Schwankungen behaftet sind, bleibt die Frage offen, in welchem Bereich der Mittelwert der Grundgesamtheit anzusetzen ist, d. h. innerhalb welcher Grenzen er Vertrauen verdient. Die Weite des Vertrauensbereiches hängt ab

1. von der Zahl der durchgeführten Messungen (Stichprobenumfang N),

2. von der Streuung s^2 der Einzelwerte,

3. von der geforderten statistischen Sicherheit S.

Für die m. qu. Abw. $\sigma_{\bar{x}}$ des Mittelwertes $\bar{x}$ aus einer Stichprobe vom Umfang N ist bereits auf S. 47 die Gl. (42)

$$\sigma_{\bar{x}} = \frac{\sigma}{\sqrt{N}}$$

angegeben worden.

In ihr bedeutet σ die m. qu. Abw. der Grundgesamtheit, und sofern N genügend groß ist, kann die aus den N Werten der Stichprobe ermittelte Abweichung s mit dieser Abweichung σ der Grundgesamtheit identifiziert werden. Für genügend große N — der Begriff „genügend groß" ist im folgenden näher geschildert — gilt daher im Zusammenhang mit den Ausführungen auf S. 37 und 71 folgende Regel:

Ein Mittelwert $\bar{x}$, gewonnen aus einer Stichprobe von großem Umfang N, führt für den Mittelwert der Grundgesamtheit auf den Vertrauensbereich

$$\bar{x} \pm \lambda \frac{s}{\sqrt{N}}, \tag{44}$$

wobei der Wert des Faktors λ durch die geforderte statistische Sicherheit S nach Tab. II, Abschn. N, bestimmt ist. Die gebräuchlichsten Werte für λ sind:

$\lambda = 1$; $S = 68,26\%$	$\lambda = 1,960$; $S = 95\%$
$\lambda = 2$; $S = 95,44\%$	$\lambda = 2,576$; $S = 99\%$
$\lambda = 3$; $S = 99,73\%$	$\lambda = 3,291$; $S = 99,9\%$

**Beispiel 28: Festigkeitsmessung an einem Seidengarn (XI);
Bestimmung des Stichprobenumfanges
bei vorgegebenem Vertrauensbereich**

In Beispiel 7, S. 10 (Festigkeitsbestimmung an einer Grège), waren folgende Daten ermittelt:

$$\text{Stichprobenumfang } N = 120$$
$$\text{Mittelwert.} \ldots \ldots \bar{x} = 80{,}6 \text{ g}$$
$$\text{m. qu. Abw.} \ldots \ldots s = 12{,}5 \text{ g}$$

Mit der statistischen Sicherheit $S = 95\%$, also mit $\lambda = 1{,}96$, ergibt sich somit die Weite des Vertrauensbereiches zu

$$\pm \lambda \frac{s}{\sqrt{N}} = 1{,}96 \frac{12{,}5}{\sqrt{120}} = \pm 2{,}24 \text{ g}.$$

Wie groß muß der Stichprobenumfang N gemacht werden, um bei 95%iger Sicherheit die Weite des Vertrauensbereichs auf ± 1 g herunterzudrücken?

Nach Gl. (44) soll

$$\pm \lambda \frac{s}{\sqrt{N}} = \pm 1{,}96 \frac{12{,}5}{\sqrt{N}} = \pm 1$$

sein. Daraus folgt der erforderliche Stichprobenumfang

$$N = 600.$$

Wird in diesem Beispiel die statistische Sicherheit $S = 99\%$ gefordert, so ist für λ der Wert $2{,}576 \approx 2{,}58$ einzusetzen. Die entsprechenden Ergebnisse lauten:

Stichprobenumfang $N = 120$, Weite des Vertrauensbereichs $\pm 2{,}94$ g und

Weite des Vertrauensbereichs ± 1 g, Stichprobenumfang $N \approx 1040$.

In Stichproben mit kleinem Umfang N ist es nicht mehr zulässig, die Streuung σ^2 durch s^2 zu ersetzen, denn die aus wenigen Werten ermittelte Streuung s^2 kann beträchtlich von der wahren Streuung σ^2 der Grundgesamtheit abweichen. Die Wahrscheinlichkeit dafür ist um so größer, je kleiner der Stichprobenumfang N ist.

Um diesen Umstand zu berücksichtigen, behält man in Gl. (44) zwar den Abweichungswert s bei, wie er aus der Stichprobe vom Umfang N ermittelt wurde, ersetzt aber dafür den Faktor λ der statistischen Sicherheit durch einen neuen, größeren Faktor t. Dieser hängt jetzt nicht nur von der Sicherheit S, sondern auch von dem Stichprobenumfang N ab. Je größer N ist (bei festem S), um so kleiner wird der Unterschied zwischen t und λ, und für $N \to \infty$ geht t in λ über.

Die mathematische Untersuchung, die hier nicht geschildert ist, ergibt zur Bestimmung von t den Ausdruck:

$$S = 100\% \; \frac{\left(\dfrac{n-1}{2}\right)!}{\sqrt{\pi n}\left(\dfrac{n-2}{2}\right)!} \int_{-t}^{+t} \frac{d\,t}{\sqrt{\left(1+\dfrac{t^2}{n}\right)^{n+1}}}. \tag{45}$$

Dabei tritt t in den Integralgrenzen auf. S ist die statistische Sicherheit und n der Freiheitsgrad. Zwischen diesem Freiheitsgrad n und dem Stichprobenumfang N besteht die Beziehung:

$$n = N - m,$$

wobei m die Anzahl der benutzten statistischen Maßzahlen bedeutet. Auf diese Beziehung wird später noch näher eingegangen.

Nach Gl. (45) läßt sich der Faktor t als Funktion von S und n ermitteln. Wesentlich ist es, daß t *nicht* von der m. qu. Abw. s abhängt.

Läßt man in Gl. (45) $n \to \infty$ gehen, so findet man mit Hilfe der STIRLINGschen Gleichung

$$x! \sim x^x\, \mathrm{e}^{-x} \sqrt{2\pi x}$$

leicht den Ausdruck

$$S = 100\% \; \frac{1}{\sqrt{2\pi}} \int_{-\lambda}^{+\lambda} \mathrm{e}^{-\frac{\lambda^2}{2}}\, d\lambda = 100 \sqrt{\frac{2}{\pi}} \int_{0}^{\lambda} \mathrm{e}^{-\frac{\lambda^2}{2}}\, d\lambda,$$

wobei die Integrationsvariable t durch λ ersetzt ist. Durch diesen Grenzübergang ist der Zusammenhang mit den Darlegungen auf S. 34ff., Gl. (31) hergestellt.

Vergleicht man die auf S. 32 benutzte λ-Verteilung [Gl. (30)]

$$\varphi(\lambda) = \frac{1}{\sqrt{2\pi}}\, \mathrm{e}^{-\frac{\lambda^2}{2}}$$

mit der in Gl. (45) enthaltenen t-Verteilung[1]

$$\varphi(t) = \frac{\left(\dfrac{n-1}{2}\right)!}{\sqrt{\pi n}\left(\dfrac{n-2}{2}\right)!} \; \frac{1}{\sqrt{\left(1+\dfrac{t^2}{n}\right)^{n+1}}},$$

so erkennt man erneut, daß für $n \to \infty$ die t-Verteilung in die λ-Verteilung (Normalverteilung, Glockenkurve) übergeht. Abb. 31 zeigt die Kurven $\varphi(t)$ für die Werte $n = 1$; 5 und ∞. Die Kurven verlaufen um so flacher, je kleiner n ist; die letzte Kurve ($n = \infty$) ist die GAUSSsche Glockenkurve.

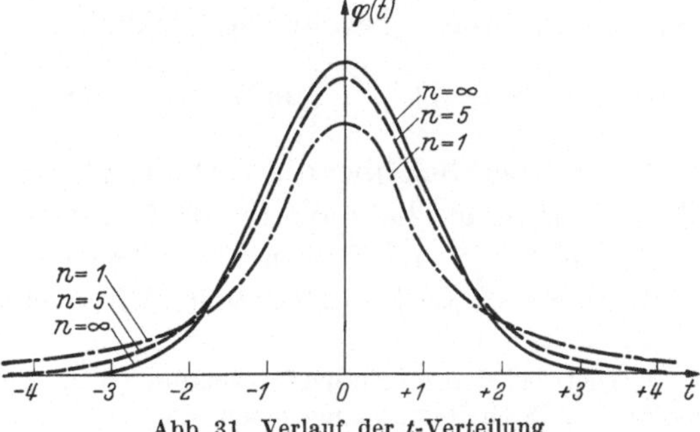

Abb. 31. Verlauf der t-Verteilung

[1] In der mathematischen Statistik werden verschiedene Funktionen durch verschiedene Veränderliche bezeichnet, und das Funktionszeichen φ wird immer zur Kennzeichnung einer Verteilungsfunktion benutzt.

Abb. 32 gibt noch einmal die Kurven für $n = 5$ und $n = \infty$ wieder, diesmal mit den eingezeichneten Grenzwerten der statistischen Sicherheit $S = 95\%$.

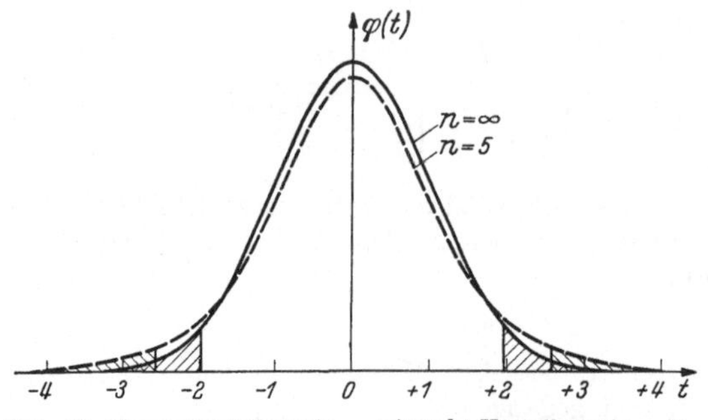

Abb. 32. Normalverteilung ($n = \infty$) und t-Verteilung ($n = 5$) mit Sicherheitsschwellen $S = 95\%$

Die außerhalb der Grenzen liegenden Gebiete sind anschraffiert (vgl. S. 37); man erkennt, daß die Grenzmarken um so weiter draußen liegen, je kleiner n ist.

Der Faktor t ist eine Funktion der statistischen Sicherheit S und des Stichprobenumfanges N. Um nun die Tabellen und Kurven für die t-Faktoren allgemein benutzbar zu machen, werden sie für den Freiheitsgrad n an Stelle des Stichprobenumfanges N aufgestellt. Dabei ergibt sich jeweils der Freiheitsgrad n, indem man N um die Anzahl m der auftretenden statistischen Maßzahlen vermindert. So ist z. B. bei der hier vorliegenden Fragestellung (Vertrauensbereich des Mittelwertes) als statistische Maßzahl dieser Mittelwert $\bar{x}$ benutzt, so daß $n = N - 1$ zu setzen ist[1]. Anschaulich leuchtet der Begriff „Freiheitsgrad" ein, wenn man sich klarmacht, daß die Summe aller N Differenzen $(x - \bar{x})$ ja Null ergeben soll, so daß durch diese Forderung die letzte Differenz durch die übrigen $(N - 1)$ Differenzen festgelegt ist. Es bleiben somit nur $n = N - 1$ Differenzen frei wählbar.

Die Zahlenwerte des Faktors t für die verschiedenen Freiheitsgrade $n = 1, 2, 3, \ldots \infty$ sind in Tab. III, Abschn. N, gegeben, und zwar für die drei festen statistischen Sicherheiten

$$S = 95\%; \quad S = 99\%; \quad S = 99{,}9\%$$

bzw. Überschreitungswahrscheinlichkeiten

$$100\% - S = 5\%; \quad 100\% - S = 1\%; \quad 100\% - S = 0{,}1\%.$$

Einen Überblick über die Verteilung dieser t-Werte gibt das Kurvenblatt A, in dem die t-Werte als Ordinaten über den n-Werten als Abszissen für S als Parameter aufgezeichnet sind[2]. Der Abszissenmaßstab ist logarithmisch geteilt. Mit wachsendem n nähern sich die

---

[1] Auch bei den folgenden Anwendungen der t-Verteilung ist jeweils der einzusetzende Freiheitsgrad angegeben.

[2] Hier und bei anderen Kurvenblättern sind nur die Ordinatenwerte über den ganzzahligen N- bzw. n-Werten von Bedeutung. Der Anschaulichkeit halber sind wie üblich diese Punkte durch einen Kurvenzug verbunden.

Kurven asymptotisch den 3 Werten

$$t_\infty = 1{,}645 \quad\Big|\quad t_\infty = 1{,}960 \quad\Big|\quad t_\infty = 2{,}326 \quad\Big|\quad t_\infty = 2{,}576 \quad\Big|\quad t_\infty = 3{,}291$$
$$S = 90\% \quad\Big|\quad S = 95\% \quad\Big|\quad S = 98\% \quad\Big|\quad S = 99\% \quad\Big|\quad S = 99{,}9\%$$

die der GAUSSschen Normalverteilung zukommen (vgl. Tab. II bzw. Abb. 14, $_{4,\,5,\,6}$, S. 37).

Für die Festlegung des Vertrauensbereichs von Mittelwerten aus kleinen Stichproben gilt somit die Regel:

Ein Mittelwert $\bar{x}$, gewonnen aus einer Stichprobe von kleinem Umfang N, führt für den Mittelwert der Grundgesamtheit auf den Vertrauensbereich

$$\bar{x} \pm t \frac{s}{\sqrt{N}}\,, \tag{46}$$

wobei der Wert des Faktors t nach Tab. III oder Kurvenblatt A (Abschn. N) durch den Freiheitsgrad $n = N - 1$ und die geforderte statistische Sicherheit S bestimmt ist.

Beispiel 29: Drehungsmessung an einem Reyon-Kreppgarn (IV); Vertrauensbereich des Mittels

Vgl. das Beispiel auf S. 7. Mittelwert $\bar{x}$ und m. qu. Abw. s waren aus $N = 10$ Messungen bestimmt zu

$$\bar{x} = 1105 \text{ Dreh./50 cm}; \quad s = 31 \text{ Dreh./50 cm}.$$

Welches ist der Vertrauensbereich des Mittelwertes bei der statistischen Sicherheit $S = 99\%$?

Nach Gl. (46) wird der Faktor t für den Freiheitsgrad $n = N - 1 = 9$ und $S = 99\%$ in Tab. III, Abschn. N, zu

$$t = 3{,}25$$

abgelesen. Dann folgt nach (46)

$$\bar{x} \pm t \frac{s}{\sqrt{N}} = 1105 \pm 3{,}25 \frac{31}{\sqrt{10}} = (1105 \pm 31{,}8) \text{ Dreh./50 cm}.$$

Die Weite des Vertrauensbereiches beträgt demnach 31,8 Dreh./50 cm oder $\dfrac{31{,}8}{1105} \cdot 100\% = 2{,}9\%$ bei 99% statistischer Sicherheit.

Wird nur eine statistische Sicherheit $S = 95\%$ gefordert, so liefert eine entsprechende Rechnung mit $t = 2{,}26$ eine Vertrauensbereich-Weite von 2,0%. Bei $S = 99{,}9\%$ schließlich wird $t = 4{,}78$ und damit die Vertrauensbereich-Weite 4,2%.

Allgemein gilt nach (46) für die auf den Mittelwert bezogene relative Weite p des Vertrauensbereichs die Gleichung

$$p = \frac{t}{\bar{x}} \frac{s}{\sqrt{N}} \cdot 100\%\,. \tag{47}$$

Die Antwort auf die naheliegende Frage, wann ein Stichprobenumfang N als klein und wann als groß zu bewerten ist, hängt außer von der statistischen Sicherheit S noch von der geforderten Genauigkeit ab. Es läuft darauf hinaus, wann man in Kurvenbild A, Abschn. N, den Kurvenwert durch den Asymptotenwert ersetzen darf.

Das folgende Zahlenbeispiel gibt die relative Weite p des Vertrauensbereichs für die verschiedenen N-Werte an, einerseits nach großer Stichprobe, andererseits nach kleiner Stichprobe berechnet:

Mittelwert $\bar{x} = 100$; m. qu. Abw. $s = 10$;

Weite p des Vertrauensbereiches in %

	als kleine Stichprobe	als große Stichprobe	als kleine Stichprobe	als große Stichprobe	als kleine Stichprobe	als große Stichprobe
$N = 5$	12,4	8,75	20,6	11,5	38,4	14,7
$N = 10$	7,15	6,20	10,3	8,16	15,1	10,4
$N = 20$	4,67	4,38	6,39	5,77	8,67	7,35
$N = 40$	3,20	3,10	4,28	4,08	5,62	5,21
$N = 80$	2,22	2,19	2,96	2,88	3,82	3,68
$N = 100$	1,98	1,96	2,63	2,58	3,39	3,29
	bei der statistischen Sicherheit $S = 95\%$		bei der statistischen Sicherheit $S = 99\%$		bei der statistischen Sicherheit $S = 99{,}9\%$	

Die Zahlen zeigen, daß bei diesem Beispiel für $N = 5$ und $N = 10$ das (unzulässige) Verfahren der großen Stichprobe noch zu starken Abweichungen gegenüber dem (richtigen) Verfahren der kleinen Stichprobe führt, während von $N = 40$ an die Unterschiede im Rahmen der üblichen Genauigkeit erträglich sind, und zwar um so eher, je kleiner die statistische Sicherheit S ist.

Um die jedesmalige Rechenarbeit nach den Gl. (44) und (46) bzw. (47) zu vermeiden, sind diese Gleichungen für den praktischen Gebrauch in 3 Nomogrammen

Kurvenblatt B (Statistische Sicherheit $S = 95\%$),
Kurvenblatt C (Statistische Sicherheit $S = 99\%$), } Abschn. N
Kurvenblatt D (Statistische Sicherheit $S = 99{,}9\%$),

zusammengefaßt. Auf der Abszissenachse ist jeweils der Variationskoeffizient, d. h. die m. qu. Abw. s in Prozenten des Mittelwertes $\bar{x}$, und auf der Ordinatenachse die relative Weite p des Vertrauensbereiches dieses Mittelwertes aufgetragen. Für jeden Stichprobenumfang N ergibt sich eine Gerade, mit deren Hilfe von dem Variationskoeffizienten $V = \frac{s}{\bar{x}} \cdot 100\%$ (vgl. S. 8) auf die Vertrauensbereich-Weite p (in %) geschlossen wird. Ebenso kann man bei vorgeschriebener Weite des Vertrauensbereichs und berechnetem Variationskoeffizienten $\frac{s}{\bar{x}} \cdot 100\%$ den erforderlichen Umfang N der Stichprobe bestimmen, wobei man die Annahme macht, daß der zunächst gefundene Variationskoeffizient auch noch für den neuen Stichprobenumfang gilt.

Bei der Benutzung der Nomogramme bleibt die erforderliche Ablesegenauigkeit auch dann erhalten, wenn es sich um kleine Werte von $\frac{s}{\bar{x}} \cdot 100\%$ handelt, die in der Nähe des Anfangspunktes liegen, wo alle Strahlen der Nomogramme zusammenlaufen. Ist z. B. $\frac{s}{\bar{x}} \cdot 100\% = 2{,}2\%$ bei $N = 120$ Messungen und soll die Weite p des Vertrauensbereichs für die Sicherheit $S = 99\%$ bestimmt werden, dann ist eine unmittelbare Ablesung an Kurvenblatt C (Abschn. N) nicht mehr möglich. In diesem Falle führt man die Ablesung für ein bequemes Vielfaches, z. B. das Zehnfache, von $2{,}2\%$ aus. Mit $10 \cdot 2{,}2\% = 22\%$ liest man für $N = 120$ an Kurvenblatt C ab $p = 5{,}3\%$. Dann ist der gesuchte Wert p der zehnte Teil von $5{,}3\%$, d. h. $0{,}53\%$. Mit Hilfe dieses einfachen Zusatzverfahrens gestatten die 3 Nomogramme stets schnelle Ablesungen mit ausreichender Genauigkeit.

Beispiel 30: Scheuerprüfung an einem Kleiderstoff aus Zellwolle; Vertrauensbereich des Mittelwertes

Die Scheuerversuche an $N = 5$ Stoffproben zu je 50 cm² hatten ergeben:

Probe-nummer	Gewicht (g)		Gewichtsverlust x	$10^6 \, x^2$
	vor dem Scheuern	nach dem Scheuern		
1	2,340	2,230	0,110	12 100
2	2,383	2,280	0,103	10 609
3	2,440	2,330	0,110	12 100
4	2,360	2,262	0,098	9 604
5	2,423	2,324	0,099	9 801
			0,520 : 5 = 0,104	54 214

$$s^2 = \frac{1}{4} \cdot \left(0{,}054214 - \frac{0{,}520^2}{5}\right) = 0{,}0000335,$$

$$s = 0{,}0058, \qquad \frac{s}{\bar{x}} \cdot 100\% = \frac{0{,}0058}{0{,}104} \cdot 100\% = 5{,}58\%, \qquad N = 5.$$

Der durchschnittliche Gewichtsverlust beträgt somit 104 mg/50 cm².

Die relative Weite p des zugehörigen Vertrauensbereichs wird mit $N = 5$ und $\frac{s}{\bar{x}} \cdot 100\% = 5{,}58\%$ an den Kurvenblättern B, C, D (Abschn. N) abgelesen zu:

$p = 6{,}8\%$ bei der statistischen Sicherheit $S = 95\%$,

$p = 11{,}4\%$ bei der statistischen Sicherheit $S = 99\%$,

$p = 22{,}0\%$ bei der statistischen Sicherheit $S = 99{,}9\%$.

Wie groß muß nach diesem Versuchsergebnis die Zahl der Messungen gemacht werden, wenn der durchschnittliche Gewichtsverlust mit einer Vertrauensbereich-Weite von $p = 5\%$ bestimmt werden soll?

Der gesuchte N-Wert wird an der Geraden abgelesen, die durch den Schnittpunkt der Horizontalen durch $p = 5\%$ mit der Vertikalen durch $\frac{s}{\bar{x}} \cdot 100 = 5{,}58\%$ läuft, wobei gegebenenfalls zwischen zwei solchen Geraden zu interpolieren ist. Die Ablesung an den Kurvenblättern B, C, D liefert:

Erforderlicher Stichprobenumfang $N = 8$ bei $S = 95\%$,

Erforderlicher Stichprobenumfang $N = 12$ bei $S = 99\%$,

Erforderlicher Stichprobenumfang $N = 19$ bei $S = 99{,}9\%$.

Beispiel 31: Bandgewichtsschwankungen an einem Flyervorgarn (II); Vertrauensbereich des Mittelwertes

(vgl. S. 60)

Die dort geschilderten Messungen führten

auf den Mittelwert. . . . . $\bar{x} = 0{,}365$ g/m

mit der m. qu. Abw. . . . . $s = 0{,}022$ g/m

bei einem Stichprobenumfang . . . $N = 150$.

Die relative Abweichung des Einzelwertes (Variationskoeffizient) ist somit

$$\frac{s}{\bar{x}} \cdot 100\% = 6{,}0\%.$$

Für $N = 150$ ergibt die Ablesung an den Nomogrammen B, C, D (Abschn. N) die relative Weite p des Vertrauensbereichs des Mittelwertes:

$p = 0{,}97\%$ bei der statistischen Sicherheit $S = 95\%$,

$p = 1{,}29\%$ bei der statistischen Sicherheit $S = 99\%$,

$p = 1{,}65\%$ bei der statistischen Sicherheit $S = 99{,}9\%$.

Beispiel 32: Ermittlung der Durchschnittseinzelzeit für die Arbeitsstufe „Fadenbruchbeseitigung beim Winden von 75 (24) den. Reyon". Vertrauensbereich des Mittelwertes bei logarithmischer Merkmalsskala

Im Zusammenhang mit Zeitstudien wurde wiederholt die Zeit bestimmt, die eine Arbeiterin zur Beseitigung eines Fadenbruchs an dem vorstehend genannten Material braucht. An $N = 272$ Messungen, auf $^1/_{100}$ min genau gemessen, ergaben sich die Häufigkeiten der folgenden Tabelle. Da die Auswertung auf graphischem Wege erfolgen soll, kann

Zeit in $^1/_{100}$ min	Häufig-keit f	h in %	Σh	Zeit in $^1/_{100}$ min	Häufig-keit f	h in %	Σh
7	1	0,37	0,37	Übertrag: 237			
8	0	0	0,37	29	9	3,31	90,41
9	0	0	0,37	30	2	0,73	91,14
10	0	0	0,37	31	4	1,47	92,61
11	0	0	0,37	32	7	2,57	95,18
12	8	2,94	3,31	33	1	0,37	95,55
13	3	1,10	4,41	34	1	0,37	95,92
14	10	3,68	8,09	35	1	0,37	96,29
15	15	5,51	13,60	36	2	0,73	97,02
16	14	5,14	18,74	37	0	0	97,02
17	9	3,31	22,05	38	1	0,37	97,39
18	21	7,71	29,76	39	1	0,37	97,76
19	20	7,34	37,10	40	1	0,37	98,13
20	23	8,45	45,55	41	1	0,37	98,50
21	19	6,99	52,54	42	0	0	98,50
22	23	8,45	60,99	43	0	0	98,50
23	24	8,82	69,81	44	0	0	98,50
24	16	5,89	75,70	45	1	0,37	98,87
25	10	3,68	79,38	46	0	0	98,87
26	11	4,04	83,42	47	0	0	98,87
27	6	2,21	85,63	48	2	0,73	99,60
28	4	1,47	87,10	49	1	0,37	99,97
	237				272		

mit dieser Strichliste unmittelbar weitergearbeitet werden; die Umrechnung auf eine Einteilung mit größerer Klassenbreite erübrigt sich.

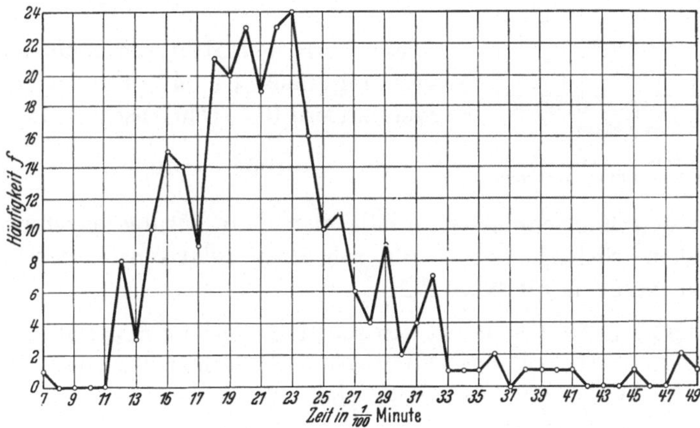

Abb. 33. Häufigkeitsbild der Zeitaufnahme über linearer Skala

Die Häufigkeiten in der Tabelle zeigen offenbar keinerlei Tendenz zu einer GAUSSschen Verteilung, siehe das Häufigkeitsbild über linearer Skala Abb. 33.

Benutzt man dagegen eine logarithmische Skala, wie sie dem Wesen der Zeitaufnahme entspricht (nicht gleiche Zeitdifferenzen, sondern gleiche Zeitverhältnisse — z. B. die doppelte Zeit oder die dreifache Zeit — sind als Merkmal maßgebend, vgl. S. 61) und geht ferner zur Darstellung der Summenlinie (Σh) über, so erkennt man an Abb. 34, daß die Punktverteilung gut einer linearen Tendenz gehorcht. An der eingezeichneten Geraden liest man wie früher (S. 55) ab:

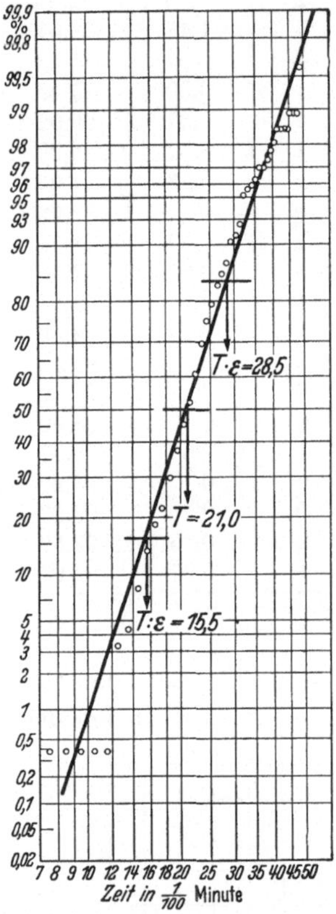

$$\left.\begin{array}{lll} \text{bei } 50 \ \ \% : \text{Mittelw.} & T = 21{,}0 \\ \text{bei } 84{,}1\% : & T \cdot \varepsilon = 28{,}5 \\ \text{bei } 15{,}9\% : & T : \varepsilon = 15{,}5 \end{array}\right\} \ {}^{1}/_{100} \ \text{min}$$

$$\varepsilon = 1{,}357$$

Um die Gl. (47) für die relative Weite des Vertrauensbereichs anzuwenden, die für eine lineare Merkmalsskala gilt, geht man von den vorstehenden Werten zu ihren Logarithmen über und erhält:

$$\begin{array}{ll} \text{Log. Mittelwert} \quad \bar{x} = \log T & = 1{,}322, \\ \bar{x} + s = \log(T \cdot \varepsilon) & = 1{,}455, \\ \bar{x} - s = \log(T : \varepsilon) & = 1{,}190. \end{array}$$

Demnach ist

$$\begin{array}{ll} \bar{x} = \log T & = 1{,}322, \\ s = \log \varepsilon & = 0{,}132_5. \end{array}$$

Diese Form gestattet die unmittelbare Auswertung nach Gl. (47) bzw. nach den Kurvenblättern B, C, D in Abschn. N. Es wird

$$\frac{s}{\bar{x}} \cdot 100\% = 10{,}0\%.$$

Abb. 34. Σh-Bild der Zeitaufnahme über logarithmischer Skala

Nach den Kurvenblättern erhält man dann für die verschiedenen statistischen Sicherheiten S die folgenden relativen Weiten p des Vertrauensbereichs für $N = 272$:

B: $p = 1{,}2\%$ bei der statistischen Sicherheit $S = 95\%$,
C: $p = 1{,}6\%$ bei der statistischen Sicherheit $S = 99\%$,
D: $p = 2{,}0\%$ bei der statistischen Sicherheit $S = 99{,}9\%$.

Für den Logarithmus der Zeit T ist also der Vertrauensbereich gleich

$$(1 \pm p) \log T,$$

für die Zeit T selbst ergibt er sich zu

$$T \cdot \operatorname{Num}(\bar{x}\,p) \ldots T : \operatorname{Num}(\bar{x}\,p).$$

Das Ergebnis der Untersuchung lautet demnach:

Die Zeit für eine Fadenbruchbeseitigung liegt zwischen

	den Vertrauens- grenzen	bei der statistischen Sicherheit
	$20{,}2 \ldots 21{,}8$ ($^1/_{100}$ min),	$S = 95\%$
	$20{,}0 \ldots 22{,}1$ ($^1/_{100}$ min),	$S = 99\%$
	$19{,}8 \ldots 22{,}3$ ($^1/_{100}$ min),	$S = 99{,}9\%$,

mit

$$T = 21{,}0 \ \ (^1/_{100} \ \text{min})$$

als (geometrischem) Mittelwert.

Beispiel 33: Analyse der Feuchtigkeitsbestimmung durch Konditionierung; Anwendung der t-Verteilung

Die Vorschriften für die Bestimmung des Feuchtigkeitsgehaltes lauten nach DIN 53 823 im Normalfall:

Zwei der gezogenen Proben werden nach Vorschrift getrocknet. Man erhält die Feuchtigkeitsgehalte x_1 und x_2 in Prozent. Ist die Differenz $|x_1 - x_2|$ kleiner als 1% Wassergehalt[1], so gilt die Prüfung als beendet und der Mittelwert

$$\bar{x} = \tfrac{1}{2} \, (x_1 + x_2)$$

Wassergehalt als maßgebend.

Ist die Differenz $|x_1 - x_2| \geqq 1\%$ Wassergehalt, so sind weitere Untersuchungen erforderlich. Auf diesen Fall, der sich ebenfalls mit dem t-Test behandeln läßt, ist hier nicht näher eingegangen.

Es liegt somit eine Stichprobe vom Umfang $N = 2$ mit der Nebenbedingung $|x_1 - x_2| < 1\%$ vor. Zu beantworten ist die Frage nach dem Vertrauensintervall, das dem Mittelwert zukommt.

Nach Gl. (46) ist die Weite dieses Intervalls gegeben durch

$$\pm t \frac{s}{\sqrt{N}} \cdot 100\%,$$

wobei der Faktor t von der statistischen Sicherheit S abhängt. Die m. qu. Abw. s vereinfacht sich für zwei Meßwerte x_1 und x_2 auf den Ausdruck

$$s = \sqrt{\frac{\sum (x_i - \bar{x})^2}{N - 1}} = \sqrt{(x_1 - \bar{x})^2 + (x_2 - \bar{x})^2} = \frac{|x_1 - x_2|}{\sqrt{2}} \, .$$

---

[1] Nach der DIN-Vorschrift bezieht sich diese Schranke von 1% auf das Ursprunggewicht. Zur Vereinfachung wird sie im folgenden auf das Trockengewicht bezogen, da dieser Unterschied für die numerischen Schlüsse größenordnungsmäßig keine Rolle spielt.

Da $|x_1 - x_2| < 1\%$ sein soll, wird also

$$s < \tfrac{1}{2}\sqrt{2}\,\%,$$

und das Vertrauensintervall ist enger als

$$\pm t\,\frac{\sqrt{2}}{2\sqrt{2}}\,\% = \pm\frac{1}{2}\,t\,\%.$$

Der Wert von t in Abhängigkeit von der statistischen Sicherheit S ist durch Gl. (45), S. 75, festgelegt, wobei hier der Freiheitsgrad $n = N - 1 = 2 - 1 = 1$ ist. Für $n = 1$ vereinfacht sich der Ausdruck (45) nach leichter Rechnung zu

$$t = \operatorname{tg}\left(\frac{\pi}{2}\cdot S\right),$$

so daß das Vertrauensintervall für den Mittelwert enger ist als

$$\pm\,\frac{1}{2}\operatorname{tg}\left(\frac{\pi}{2}\cdot S\right)\%.$$

Die folgende Tabelle gibt einige charakteristische Zahlenwerte für dieses Vertrauensintervall.

Das Vertrauensintervall für den Mittelwert ist enger als	bei der statistischen Sicherheit
0,5% Wassergehalt	$S = 50\%$
1% Wassergehalt	$S = 70,5\%$
6,35% Wassergehalt	$S = 95\%$

Der Zusammenhang zwischen diesem Maximalintervall und der statistischen Sicherheit S ist in Abb. 35 dargestellt.

Tabelle und Kurve zeigen, daß bei der üblichen Sicherheit $S = 95\%$ ein sehr breites Vertrauensintervall in Kauf genommen werden muß. Ein Weg zu seiner Verkleinerung kann darin bestehen, daß die zulässige Maximaldifferenz $|x_1 - x_2|$ verkleinert wird.

In der Tat setzt die Konditionier-Vorschrift für echte Seide diese Maximaldifferenz auf $|x_1 - x_2| < \tfrac{1}{3}\%$ Wassergehalt fest. Das Genauigkeitsintervall wird dann enger als

$$\pm\,\frac{1}{6}\operatorname{tg}\left(\frac{\pi}{2}\cdot S\right)\%,$$

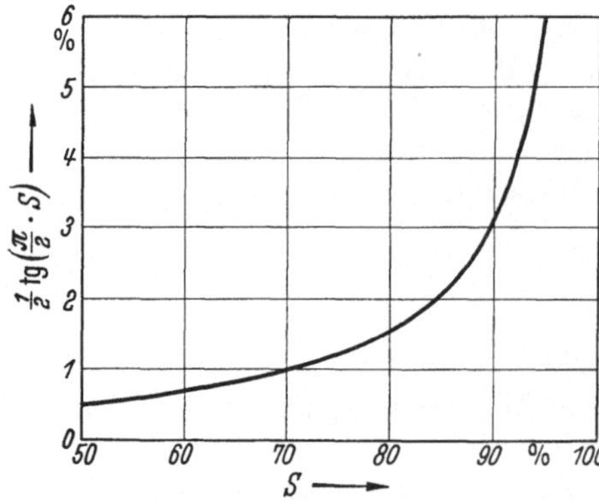

Abb. 35. Maximales Vertrauensintervall in Abhängigkeit von der statistischen Sicherheit S

d. h. alle Genauigkeitsintervalle werden auf $\tfrac{1}{3}$ ihrer Breite reduziert.

Soll allgemein das Vertrauensintervall schmaler gemacht werden, so kann entweder die Zahl N der Proben vergrößert werden, wie es die neuen BISFA-Vorschriften (Ausgabe 1950) vorsehen, oder aber die

Anweisung für die Probeentnahme modifiziert werden, so daß von vornherein ein kleinerer Wert für s erhalten wird.

Bei der vorstehenden allgemeinen Überlegung bleibt die Frage offen, ob die Weite des Vertrauensintervalls für den Mittelwert auf Schwankungen im Feuchtigkeitsgehalt des Garnes oder auf Unregelmäßigkeiten beim Trockenvorgang selbst zurückzuführen ist. Eine Entscheidung hierüber kann durch die Art der Probeentnahme und der Trocknung herbeigeführt werden.

2. Mittelwert und Sollwert

Für eine bestimmte Eigenschaft eines Materials ist ein Sollwert μ vorgeschrieben. Zur Nachprüfung wird eine Stichprobe mit N Messungen durchgeführt; der aus ihr gewonnene Mittelwert $\bar{x}$ weicht von dem Sollwert ab. Kann diese Abweichung zufällig sein? Oder darf man aus der Abweichung auf eine Unzulänglichkeit des Materials schließen?

Die Beantwortung dieser Fragen gibt die folgende, aus dem Vorangegangenen unmittelbar abzuleitende Regel:

Man bilde den Ausdruck

$$t = \frac{|\bar{x} - \mu|}{s} \sqrt{N}, \tag{48}$$

wobei

μ *den Sollwert,*

$\bar{x}$ *den Stichprobenmittelwert,*

s *die m. qu. Abw.,*

N *den Stichprobenumfang*

bedeuten. Nach Tab. III bzw. Kurvenblatt A, Abschn. N, prüft man die zu t gehörende statistische Sicherheit S für den Freiheitsgrad $n = N - 1$ und beantwortet die Frage, ob der Unterschied gesichert oder nicht gesichert ist, nach den auf S. 72/73 gegebenen Regeln.

Bei der vorstehenden Anweisung ist nicht mehr zwischen großer und kleiner Stichprobe unterschieden, da bei großem N die Vorschrift automatisch auf das Verfahren der „großen Stichprobe" führt.

Die Gl. (48) bezieht sich auf den Normalfall, bei dem die Unterschiede gegen den Sollwert μ ohne Rücksicht auf das Vorzeichen bewertet werden, so daß also zu große oder zu kleine Mittelwerte $\bar{x}$ gleichermaßen unerwünscht sind. Abb. 36, die die Häufigkeitsverteilung (t-Verteilung) der Werte

$$t = \left(\frac{\bar{x} - \mu}{s}\right) \sqrt{N}$$

zeigt, erläutert den Sachverhalt. Unter der Annahme, daß der Mittelwert $\bar{x}$ nur zufällig von dem Sollwert μ abweicht, hat die Häufigkeitskurve ihr Maximum bei $\bar{x} - \mu = 0$ oder $t = 0$. Alle t-Werte, die innerhalb des Intervalls zwischen $-t_s$ und $+t_s$ liegen, gelten bei Zugrundelegung der statistischen Sicherheit S als zufällig, und S gibt den Anteil der zwischen $-t_s$ und $+t_s$ liegenden Fläche an der Gesamtfläche an.

Sind dagegen nur nach einer Seite hin Unterschiede gegen den Sollwert μ von Belang und die Unterschiede nach der anderen Seite hin zulässig — z. B. ist bei der Lieferung eines Garnes mit vorgeschriebener Nummer im allgemeinen nur ein zu grober Ausfall, nicht aber ein zu feiner Ausfall zu beanstanden —, so ändert sich dies Bild der Abb. 36

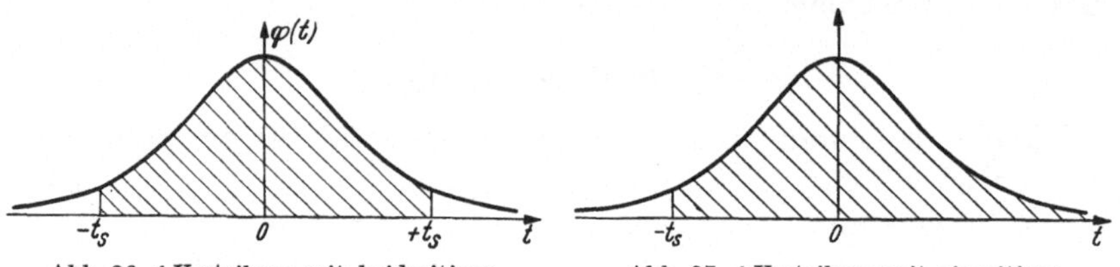

Abb. 36. t-Verteilung mit beidseitigen   Abb. 37. t-Verteilung mit einseitiger
Sicherheitsschwellen   Sicherheitsschwelle

in Abb. 37: Nur noch die Werte unterhalb $-t_s$ geben die zu beanstandenden Unterschiede. Es liegt dann eine einseitige Fragestellung vor. Die zugehörige statistische Sicherheit $\overline{S}$ ist durch den Anteil der rechts von $-t_s$ gelegenen Fläche an der Gesamtfläche gegeben. Man überzeugt sich leicht an Hand der Abb. 36 und 37, daß bei gleichem t_s-Wert zwischen S und $\overline{S}$ die Beziehung

$$\overline{S} = \tfrac{1}{2}(1 + S) \cdot 100\% \tag{49}$$

besteht. Auch bei einseitigen Fragestellungen können somit das oben erläuterte t-Verfahren, Tab. III, und die Kurvenblätter B, C, D benutzt werden, sofern zusätzlich die zugehörige statistische Sicherheit $\overline{S}$ nach der Bedingung (49) ermittelt wird. Dabei gehören zu den drei üblichen S-Werten die folgenden $\overline{S}$-Werte:

$$S = 0,95 \ = 95\% \ \ldots \ldots \ldots \overline{S} = 0,975 \ = 97,5\%$$
$$S = 0,99 \ = 99\% \ \ldots \ldots \ldots \overline{S} = 0,995 \ = 99,5\%$$
$$S = 0,999 = 99,9\% \ \ldots \ldots \ldots \overline{S} = 0,9995 = 99,95\%$$

Die folgenden Beispiele behandeln sowohl zweiseitige wie einseitige Fragestellungen.

Beispiel 34: Drehungsuntersuchung an Viscose-Reyon Nm 30; Mittelwert und Sollwert

Der statistischen Untersuchung lagen folgende Ausgangsdaten zugrunde:

Vorgeschriebener Sollwert $\ldots$ $\mu = 250$ Dreh./m
Stichprobenumfang $\ldots \ldots$ $N = 10$
Mittelwert $\ldots \ldots \ldots \ldots$ $\bar{x} = 242,2$ Dreh./m
m. qu. Abw. $\ldots \ldots \ldots \ldots$ $s = 12,4$ Dreh./m

Es sollen sowohl zu hohe als auch zu niedrige Drehungswerte vermieden werden; es handelt sich also um eine zweiseitige Fragestellung. Nach Gl. (48) wird (ohne Rücksicht auf das Vorzeichen)

$$t = \frac{7,8}{12,4}\,\sqrt{10} = 1,99\,.$$

Für $n = N - 1 = 9$ liest man in Tab. III (Abschn. N) ab

$$t = 4,78 \text{ für } S = 99,9\%\,,$$
$$t = 3,25 \text{ für } S = 99\%\,,$$
$$t = 2,26 \text{ für } S = 95\%\,.$$

Der ermittelte Wert $t = 1,99$ gehört also zu einer statistischen Sicherheit, die kleiner als 95% ist. Nach S. 72, Regel a, ist daher der Unterschied zwischen Sollwert und Mittelwert nicht gesichert. Die Spule darf nicht ohne weiteres wegen zu niedriger Drehung beanstandet werden.

Schneller als mit Hilfe der Tab. III kommt man zu dem gleichen Ergebnis an Hand des Kurvenblattes A, Abschn. N: Der Punkt mit den Koordinaten $n = 9$, $t = 1,99$ liegt unterhalb des anschraffierten Kurvenstreifens, also auf alle Fälle im „Zufälligkeitsbereich".

Beispiel 35: Nummernkontrolle an einem Kammgarn; Mittelwert und Sollwert

Die statistische Untersuchung gründete sich auf folgende Daten:

Sollwert Nm 42, Prüflänge je Cop 100 m. Meßergebnisse:

Spule   I: Nm $= 41,5/1$
Spule II: Nm $= 37,3/1$
Spule III: Nm $= 35,9/1$ Mittelwert $\bar{x} = 38,9$,
Spule IV: Nm $= 40,7/1$ m. qu. Abw. $s = 2,32$.
Spule   V: Nm $= 38,9/1$

Unzulässig ist lediglich eine zu grobe Sortierung. Es handelt sich somit um eine einseitige Fragestellung.

Nach Gl. (48), S. 85, wird zunächst

$$t = \frac{3,1}{2,32}\,\sqrt{5} = 2,99\,.$$

Das Kurvenblatt A, Abschn. N, zeigt, daß der Punkt mit den Koordinaten $n = N - 1 = 5 - 1 = 4$, $t = 2,99$ innerhalb des schraffierten Kurvenstreifens, und zwar zwischen $S = 95\%$ und $S = 99\%$ liegt. Diesen beiden S-Werten entsprechen bei der einseitigen Fragestellung die Werte $\underline{S} = 97,5\%$ und $\overline{S} = 99,5\%$. Da der gefundene Wert $t = 2,99$ sehr nahe bei $S = 95\%$ liegt, fällt das zugehörige $\overline{S}$ in die Nähe von $97,5\%$, und die Anwendung der Regel c, S. 72, läßt die Frage offen, ob die Abweichung noch zufällig ist.

Bemerkenswert ist, daß hier aus 5 Messungen, die sämtlich unter dem Sollwert liegen, doch nicht statistisch gesichert geschlossen werden darf, daß das Garn zu grob geliefert wurde. Eine Klärung dieser Frage wäre durch eine größere Zahl von Messungen zu erreichen.

Beispiel 36: Wollfeinheitsmessung (II), Einstufung in die genormten Feinheitsklassen; Mittelwert und Sollwert

Vgl. das Beispiel 25, S. 61. Nach der dort geschilderten Auswertung ergab die Messung an 400 Fasern für die Qualitätsnummer:

$$\text{Mittelwert} \ldots \ldots \overline{n} = 4,55$$
$$\text{m. qu. Abw.} \ldots \ldots s = 2,62$$

Die untersuchte Wolle war deklariert worden als zur Feinheitsklasse F 4 gehörig. Diese Klasse reicht von der Qualitätsnummer $n = 3,5$ bis $n = 4,5$. Ist man jetzt berechtigt, aus dem gewonnenen Wert $\overline{n} = 4,55$ zu schließen, daß die Wolle zu grob ist und in die nächst höhere Klasse F 5 ($n = 4,5$ bis $n = 5,5$) gehört, oder kann die kleine Abweichung von der Klassengrenze 4,5 auch zufällig sein?

Da nur die Abweichungen nach der groben Seite hin von Interesse sind, handelt es sich um eine einseitige Fragestellung (S. 86). Die Anwendung des t-Testes (S. 85) mit

$$\bar{x} = \overline{n} = 4,55, \quad \mu = 4,50, \quad s = 2,62, \quad N = 400$$

liefert

$$t = \frac{|\bar{x} - \mu|}{s} \sqrt{N} = 0,382.$$

Aus Tabelle III oder Kurvenblatt A, Abschn. N, folgt, daß die zugehörige statistische Sicherheit S weit kleiner ist als 95%. Die Umrechnung auf die statistische Sicherheit $\overline{S}$ bei der einseitigen Fragestellung nach Gl. (49), S. 86, zeigt, daß auch $\overline{S}$ noch weit unter 95% liegt. Das Ergebnis lautet also:

Die Differenz des gewonnenen Mittelwertes $\overline{n} = 4,55$ von der Klassengrenze $n = 4,50$ ist nicht gesichert. Die Wolle kann nach den vorliegenden Messungen statistisch gesichert weder der Klasse F 4 noch der Klasse F 5 zugewiesen werden. Sie gehört — solange nicht eine erhöhte Zahl von Messungen ausgeführt wird — in die Zwischenklasse F 4—5.

3. Unterschied zweier Mittelwerte

Ein Material wird einer bestimmten Behandlung unterworfen. Es ist zu untersuchen, ob eine gewisse Eigenschaft des Materials dabei eine Veränderung erfährt.

Dazu wird von dem unbehandelten Material eine Stichprobe vom Umfang N_1 und vom behandelten Material eine Stichprobe vom Umfang N_2 untersucht. Die Mittelwerte $\bar{x}_1$ und $\bar{x}_2$ der beiden Stichproben zeigen einen Unterschied. Kann dieser Unterschied als nicht gesichert angesehen werden, oder darf aus ihm auf eine Veränderung der untersuchten Eigenschaft geschlossen werden?

Die Beantwortung dieser Frage läuft darauf hinaus, zu untersuchen, ob 2 Stichproben $(N_1, \bar{x}_1, s_1)$ und $(N_2, \bar{x}_2, s_2)$ ein und derselben Grundgesamtheit angehören können. Die Untersuchung wird nach der folgenden Vorschrift durchgeführt[1]:

Man bilde die Ausdrücke

$$\left.\begin{aligned}
s_d^2 &= \frac{s_1^2\,(N_1-1) + s_2^2\,(N_2-1)}{N_1+N_2-2}, \\
t &= \frac{|\bar{x}_1-\bar{x}_2|}{s_d}\sqrt{\frac{N_1 N_2}{N_1+N_2}}.
\end{aligned}\right\} \tag{50}$$

Darin bedeuten:

	1. Stichprobe	2. Stichprobe
Mittelwert	$\bar{x}_1$	$\bar{x}_2$
m. qu. Abw.	s_1	s_2
Umfang	N_1	N_2

Nach Tab. III bzw. Kurvenblatt A, Abschn. N, prüft man die zu t gehörige statistische Sicherheit S für den Freiheitsgrad $n = N_1 + N_2 - 2$ und beantwortet die Frage, ob der Unterschied $|\bar{x}_1 - \bar{x}_2|$ gesichert oder nicht gesichert ist, nach den auf S. 72/73 gegebenen Regeln.

Diese Rechenvorschrift darf nicht völlig kritiklos angewendet werden. Folgende Gesichtspunkte müssen beachtet werden.

Der geschilderte t-Test gilt streng nur dann, wenn die Einzelwerte normal verteilt sind. Da aber auch bei einer nicht normal verteilten Grundgesamtheit der Einzelwerte die Mittelwerte aus kleinen Stichproben bereits angenähert einer Normalverteilung gehorchen (vgl. S. 47), bleibt der t-Test praktisch auch noch anwendbar, solange nicht allzugroße Abweichungen von der Normalverteilung vorliegen.

Die beiden Stichproben (N_1) und (N_2) sollen darauf geprüft werden, ob sie ein und derselben Grundgesamtheit angehören. Das bedeutet

---

[1] Vgl. das Beispiel 21, S. 50.

praktisch, daß s_1^2 und s_2^2 nur zufällige Unterschiede aufweisen dürfen, eine Frage, die sich mit dem später geschilderten F-Test nachprüfen läßt (S. 107). (Notwendigenfalls kann man den t-Test auf die geeignet transformierten Meßwerte — z. B. ihre Logarithmen — statt auf die Meßwerte selbst anwenden.)

Schließlich muß darauf geachtet werden, daß die Entnahme der Einzelwerte rein zufallsmäßig erfolgt, und ferner darauf, daß der zu erwartende Unterschied der Mittelwerte und die Streuungen in den beiden Stichproben tatsächlich nur von einem einzigen Einfluß hervorgerufen werden. In den folgenden Beispielen sind diese Bedingungen jedesmal berücksichtigt. Der Einfluß mehrerer Ursachen (z. B. Behandlungseinfluß *und* Maschineneinfluß gleichzeitig) erfordert eine Streuungsanalyse, vgl. Abschn. G.

Beispiel 37: Vergleich der Festigkeitsuntersuchungen zweier Prüfstellen; Unterschied von Mittelwerten

Um die Reißapparate zweier Prüfstellen I und II zu kontrollieren, wurde bei beiden die Kettfestigkeit ein und desselben Schwergewebes nach den Vorschriften von DIN 7752 festgestellt. Dabei waren — um die Erfüllung der vorstehend behandelten Voraussetzungen zu gewährleisten — die Probestreifen so vorbereitet worden, daß sie alle aus einem in Schußrichtung engbegrenzten Abschnitt des Versuchsgewebes stammten. Unterschiede, die ihre Ursache in verschiedenen Festigkeiten in Richtung der Gewebebreite haben könnten, waren auf diese Weise ausgeschaltet. Jede Prüfstelle erhielt 7 Streifen; da jedoch bei Prüfstelle I ein Klemmenbruch eintrat, lagen bei ihr nur sechs verwertbare Messungen vor.

Die Ergebnisse der Messungen sowie die Berechnung der Mittelwerte $\bar{x}_1$ und $\bar{x}_2$ und der Streuungen s_1^2 und s_2^2 gehen aus der folgenden Tabelle hervor (vgl. dazu S. 8). Die Anwendung der Prüfvorschrift nach Gl. (50) liefert:

$$s_d^2 = \frac{2232 + 1098}{11} = 302{,}7; \qquad s_d = 17{,}4;$$

$$t = \frac{|343 - 360|}{17{,}4} \sqrt{\frac{42}{13}} = 1{,}76.$$

Mit dem Freiheitsgrad $n = N_1 + N_2 - 2 = 6 + 7 - 2 = 11$ ergibt Tab. III oder Kurvenblatt A (Abschn. N) bereits bei $S = 95\%$ den Wert $t = 2{,}20$. Der errechnete Wert $t = 1{,}76$ ist kleiner, d. h. die ihm zukommende statistische Sicherheit liegt unter 95%. Nach der Regel a auf S. 72 muß daher der Unterschied zwischen den Ergebnissen der beiden Prüfstellen trotz seiner Größe noch als nicht gesichert angesprochen werden.

Prüfstelle I			Prüfstelle II		
Nummer der Messung	Festigkeit in kg	Quadrat der Festigkeit (kg^2)	Nummer der Messung	Festigkeit in kg	Quadrat der Festigkeit (kg^2)
1	337	113569	1	352	123904
2	358	128164	2	338	114244
3	354	125316	3	380	144400
4	358	128164	4	355	126025
5	303	91809	5	365	133225
6	348	121104	6	360	129600
			7	370	136900
$N_1 = 6$	$2058 : 6$ $= \bar{x}_1 = 343$	708126	$N_2 = 7$	$2520 : 7$ $= \bar{x}_2 = 360$	908298

$$5 s_1^2 = 708126 - \tfrac{1}{6} 2058^2 = 2232 \qquad 6 s_2^2 = 908298 - \tfrac{1}{7} 2520^2 = 1098$$

Beispiel 38: Bewertung zweier Schmälzen; Unterschied von Mittelwerten

Eine Wollpartie wurde nach dem Waschen zur Hälfte mit Schmälze A, zur Hälfte mit Schmälze B behandelt. Als Maß für die Wirksamkeit der Schmälzen wurde das Kämmlingsverhältnis des öfteren in rein zufällig ausgewählten Abständen bestimmt. Um dabei jeden unerwünschten Einfluß der Maschinen u. ä. auszuschalten, wurden Kammstühle benutzt, von denen bekannt war, daß sie bei gleichem Material auch gleiche Kämmlingsverhältnisse ergaben. Aus den gemessenen Werten, die hier nicht mehr im einzelnen angeführt sind, ergab sich folgende Aufstellung:

	Stichprobenumfang	Mittleres Kämmlingsverhältnis	m. qu. Abw.
Schmälze A . . .	$N_1 = 20$	$\bar{x}_1 = 10{,}1\%$	$s_1 = 0{,}66\%$
Schmälze B . . .	$N_2 = 30$	$\bar{x}_2 = 10{,}7\%$	$s_2 = 0{,}75\%$

Nach der Prüfvorschrift Gl. (50) wird

$$s_d^2 = 0{,}512, \qquad s_d = 0{,}716,$$

$$t = 2{,}9.$$

Die zu diesem Wert $t = 2{,}9$ gehörende statistische Sicherheit S schätzt man mit Hilfe des Kurvenblattes A, Abschn. N, ab, indem man dort den Punkt mit den Koordinaten $n = N_1 + N_2 - 2 = 48$, $t = 2{,}9$ aufsucht. Er liegt oberhalb der Kurve für $S = 99\%$ in dem nur leicht anschraffierten Gebiet. Die zu ihm gehörende Sicherheit ist also größer als 99%, ein Ergebnis, das man mit Hilfe der Tab. III, Abschn. N, leicht bestätigt. Nach Regel b auf S. 72 ist der Unterschied statistisch gesichert, d. h., die Schmälze A muß bei den untersuchten Maschinen als besser wirksam angesprochen werden.

Die beiden vorstehenden Beispiele beziehen sich auf den Normalfall, daß nämlich die Unterschiede ohne Rücksicht auf das Vorzeichen bewertet werden (zweiseitige Fragestellung). Steht dagegen von vornherein fest, daß durch den zu untersuchenden Einfluß nichtzufällige Unterschiede nur nach einer Seite hin auftreten werden — beim Bleichen z. B. sind, wenn überhaupt, nur Verringerungen, nicht Erhöhungen der Festigkeit zu erwarten —, so hat man den Fall einer einseitigen Fragestellung (vgl. S. 86), wie er in dem folgenden Beispiel vorliegt.

Beispiel 39: Festigkeitsänderung beim Färben; Unterschied von Mittelwerten

Bei einer Partie Weftgarn (36/2, reine Wolle) wurde eine Festigkeitsverringerung durch den Färbeprozeß vermutet. Um diese Vermutung durch einen Vergleichsversuch nachzuprüfen, wurde ein Strang geteilt und zur Hälfte gefärbt (Ausschaltung fremder Einflüsse). Die an der rohweißen und an der gefärbten Hälfte vorgenommenen Festigkeitsuntersuchungen ergaben folgende Werte:

	Stichprobenumfang	Mittlere Festigkeit	m. qu. Abw.
Vor dem Färben . . .	$N_1 = 50$	$\bar{x}_1 = 329\,g$	$s_1 = 43\,g$
Nach dem Färben . . .	$N_2 = 50$	$\bar{x}_2 = 310\,g$	$s_2 = 46\,g$

Die Prüfvorschrift nach Gl. (50) ergibt

$$s_d^2 = 1982\,, \quad s_d = 44,6\,; \quad t = 2,13\,.$$

Nach Kurvenblatt A oder Tab. III, Abschn. N gehört zu diesem Wert t bei dem Freiheitsgrad $n = 98$ eine statistische Sicherheit zwischen $S = 95\%$ und $S = 99\%$. Da hier eine einseitige Fragestellung vorliegt, sind diese Werte durch $\bar{S} = 97,5\%$ und $\bar{S} = 99,5\%$ zu ersetzen, vgl. Gl. (49), S. 86.

Es ist nun vielfach üblich, bei der Bewertung einseitiger Fragestellungen in den Regeln auf S. 72/73 die Werte $S = 95\%$, $S = 99\%$ und $S = 99,9\%$ durch die neuen Werte für einseitige Fragen $\bar{S} = 97,5\%$, $\bar{S} = 99,5\%$ und $\bar{S} = 99,95\%$ zu ersetzen, also die Aussagen über „gesichert" oder „nichtgesichert" mit etwas erhöhter statistischer Sicherheit zu machen. Dann führt die Regel c auf S. 72 in dieser abgeänderten Form zu dem Ergebnis: Eine Festigkeitsverringerung durch den Färbeprozeß ist zwar wahrscheinlich, aber statistisch noch nicht gesichert. Zur Klärung der Frage müßten mehr Meßwerte herangezogen werden.

Die Zahl der erforderlichen Messungen läßt sich leicht abschätzen. Für den hier vorliegenden Fall mit $N_1 = N_2 = N$ nehmen die Gl. (50)

der Prüfvorschrift die Gestalt

$$s_d^2 = \frac{1}{2}\left(s_1^2 + s_2^2\right), \qquad t = \frac{|\bar{x}_1 - \bar{x}_2|}{\sqrt{s_1^2 + s_2^2}}\,\sqrt{N}$$

an. Schreibt man sie in der Form

$$\frac{\sqrt{N}}{t} = \frac{\sqrt{s_1^2 + s_2^2}}{|\bar{x}_1 - \bar{x}_2|}$$

und läßt als Schätzwerte für $\bar{x}_1 - \bar{x}_2$, s_1^2 und s_2^2 die aus der durchgeführten Stichprobe berechneten Werte gelten, so muß N derart gewählt werden, daß $\sqrt{N} : t$ den entsprechenden Wert für die statistische Sicherheit $S = 99\%$ beim Freiheitsgrad $n = 2 \cdot (N - 1)$ überschreitet.

Im Beispiel ist

$$\sqrt{s_1^2 + s_2^2} : |\bar{x}_1 - \bar{x}_2| = 3{,}32\,.$$

Da hier $N > 50$ und damit $n > 98$ werden muß, darf man t durch seinen asymptotischen Wert 2,58 bei $S = 99\%$ ersetzen, siehe Kurvenblatt A. Aus

$$\sqrt{N} \geqq 2{,}58 \cdot 3{,}32$$

folgt

$$N \geqq 73\,.$$

Zur endgültigen Entscheidung der angeschnittenen Frage muß man also damit rechnen, *mindestens* $N = 73$ Werte sowohl für den rohweißen wie für den gefärbten Strang zu untersuchen. Mit dem vergrößerten Stichprobenumfang ist dann die t-Prüfung zu wiederholen.

Für die Anwendung des t-Testes (S. 89) war die Bedingung genannt worden, daß die Streuungen in den beiden Stichproben durch nur eine Einflußgröße bedingt sind. In einem wichtigen Sonderfall ist man an diese Bedingung nicht gebunden, dann nämlich, wenn bei gleichem Umfang beider Stichproben ($N_1 = N_2 = N$) die Meßwerte einander paarweise zugeordnet sind. Für diesen Fall gilt folgende Regel:

N Wertepaare x_i, y_i seien gemessen. Zu entscheiden ist, ob die Mittelwerte $\bar{x}$ und $\bar{y}$ einen zufälligen oder nichtzufälligen Unterschied aufweisen. Man bildet die N Differenzen $(x_i - y_i)$ und berechnet

$$s_d^2 = \frac{1}{N-1} \sum \left[(x_i - y_i) - (\bar{x} - \bar{y})\right]^2\,,$$

$$t = \frac{|\bar{x} - \bar{y}|}{s_d}\,\sqrt{N}\,. \tag{51}$$

Dieser t-Wert wird mit dem Freiheitsgrad $n = N - 1$ wie früher nach den Regeln auf S. 72/73 beurteilt.

Beispiel 40: Fettgehaltsbestimmung an Wolle
mit zwei verschiedenen Lösungsmitteln; Vergleich von Mittelwerten bei paarweiser Zuordnung der Einzelwerte

5 Wollproben mit verschiedenem Fettgehalt wurden nach gründlicher Durchmischung jeder Probe jeweils geteilt und je zur Hälfte mit den Lösungsmitteln A und B im Soxhlet extrahiert. Die Ergebnisse zeigt die nachstehende Tabelle. Die vorstehende Prüfvorschrift (51) ergibt

$$s_d^2 = \tfrac{1}{4} \cdot 0{,}368 = 0{,}092, \qquad s_d = 0{,}303,$$

$$t = \frac{0{,}42}{0{,}303} \sqrt{5} = 3{,}1.$$

Wollprobe Nr.	x_i Fettgehalt (%) bei A	y_i Fettgehalt (%) bei B	$x_i - y_i$	$(x_i - y_i) - (\bar{x} - \bar{y})$	$[(x_i - y_i) - (\bar{x} - \bar{y})]^2$
1	2,8	2,3	+0,5	+0,08	0,0064
2	0,6	0,5	+0,1	−0,32	0,1024
3	1,5	1,2	+0,3	−0,12	0,0144
4	8,3	8,0	+0,3	−0,12	0,0144
5	13,0	12,1	+0,9	+0,48	0,2304
$N = 5$			2,1 : 5 $= \bar{x} - \bar{y} = 0{,}42$	0,00	0,3680

Das Urteil über die Zufälligkeit oder Nichtzufälligkeit des Unterschiedes $\bar{x} - \bar{y}$ erfolgt nach der Lage des Punktes (n, t) in Kurvenblatt A, Abschn. N. Für $n = N - 1 = 4$, $t = 3{,}1$ liegt dieser Punkt in dem Zweifelsgebiet zwischen $S = 95\%$ und $S = 99\%$. Nach Regel c auf S. 72 besteht zwar die Vermutung, daß das Lösungsmittel A einen höheren Fettgehalt liefert als B, jedoch ist diese Vermutung noch nicht statistisch gesichert und muß durch weitere Versuche nachgeprüft werden[1].

Wendet man auf das vorstehende Beispiel unzulässigerweise den t-Test in der Form von S. 89 an, so erhält man $t = 1{,}29$ und wird durch diesen Wert zu dem falschen Schluß geführt, daß der Unterschied nicht gesichert ist. Das richtige vorstehende Verfahren dagegen arbeitet mit den Differenzen und schaltet dadurch den Einfluß der Fettgehalte selbst aus, wodurch die Beurteilung des Unterschiedes wesentlich verschärft wird.

Beispiel 41: Vergleich der Konditionierergebnisse
bei zwei Prüfstellen

Um die Übereinstimmung bei der Ermittlung der Handelsgewichte nachzuprüfen, wurden in 10 Fällen dieselben Kisten zwei verschiedenen

---

[1] Die obige Behandlung des Beispiels 40 setzt voraus, daß die mit Lösungsmittel A und B gefundenen Fettgehalte einen von der Höhe des Fettgehaltes selbst unabhängigen Unterschied ergeben. Ist dieser dagegen dem Fettgehalt proportional, so bleiben die Gl. (51) anwendbar, wenn mit Relativwerten gearbeitet wird.

Prüfstellen übersandt. Die beiden ersten Spalten der nachstehenden Tabelle zeigen die Konditionierergebnisse. Zu entscheiden ist die Frage, ob ein mehr als zufälliger Unterschied zwischen den Ergebnissen der beiden Prüfstellen besteht.

Kiste Nr.	Handelsgewicht in kg festgestellt durch		$x_i - y_i$	$(x_i - y_i) - (\bar{x} - \bar{y})$	$[(x_i - y_i) - (\bar{x} - \bar{y})]^2$
	Prüfstelle I x_i	Prüfstelle II y_i			
1	308,53	308,42	$+0{,}11$	$+0{,}35$	0,1225
2	273,20	273,60	$-0{,}40$	$-0{,}16$	0,0256
3	288,00	289,13	$-1{,}13$	$-0{,}89$	0,7921
4	293,90	294,08	$-0{,}18$	$+0{,}06$	0,0036
5	285,00	285,36	$-0{,}36$	$-0{,}12$	0,0144
6	298,50	297,63	$+0{,}87$	$+1{,}11$	1,2321
7	287,35	287,20	$+0{,}15$	$+0{,}39$	0,1521
8	307,38	308,30	$-0{,}92$	$-0{,}68$	0,4624
9	252,10	251,90	$+0{,}20$	$+0{,}44$	0,1936
10	322,50	323,24	$-0{,}74$	$-0{,}50$	0,2500
$N = 10$			$\begin{array}{c}+1{,}33\\-3{,}73\\\hline-2{,}40\end{array}$	0,00	3,2484

$$\bar{x} - \bar{y} = -2{,}40 : 10 = -0{,}24$$

Nach der Prüfvorschrift auf S. 93 erhält man

$$s_d^2 = \tfrac{1}{9} \cdot 3{,}2484 = 0{,}3609; \qquad s_d = 0{,}601,$$

$$t = \frac{0{,}24}{0{,}601} \sqrt{10} = 1{,}26\,.$$

Die Nachprüfung an Kurvenblatt A, Abschn. N, zeigt, daß der Punkt (n, t) mit $n = 10 - 1 = 9$ und $t = 1{,}26$ weit unterhalb des anschraffierten Bereiches liegt. Der durchschnittliche Unterschied zwischen den beiden Prüfstellen, der für sich allein betrachtet die Vermutung einer schärferen Austrocknung bei Prüfstelle I aufkommen lassen würde, muß somit auf Grund des t-Testes als nicht gesichert angesehen werden.

Die Anwendung des t-Testes in der auf S. 89 gegebenen Form führt formal zu einer ähnlichen, sachlich aber zu einer völlig falschen Beurteilung, da dabei die Unterschiede in den Kistengewichten mit berücksichtigt werden würden.

F. Die Prüfung von Streuungen

Gerade in der Textilindustrie ist oft die Streuung von größerer Bedeutung als der Mittelwert selbst. Liegen z. B. 2 Garne vor mit den Festigkeitswerten

$$\text{(I)} \quad \bar{x} = 181\,\text{g}, \qquad \text{(II)} \quad \bar{x} = 169\,\text{g},$$
$$s = 27\,\text{g}, \qquad\qquad\quad s = 19\,\text{g},$$

so wird man das zweite Garn wegen seiner geringeren m. qu. Abw. s, d. h. wegen seiner größeren Gleichmäßigkeit, trotz der geringeren mittleren Festigkeit dem ersten vorziehen. Ebenso kommt es in der Spinnerei auf große Gleichmäßigkeit der Bandgewichte an usw.

Es ist daher wesentlich, auch einen Streuungswert mit seinen Vertrauensgrenzen anzugeben oder den Unterschied zweier Streuungen beurteilen zu können. Diese Fragen sind in den folgenden Abschnitten behandelt.

1. Vertrauensbereich und Sollwert bei großem Stichprobenumfang

Bei großem Stichprobenumfang N ist die „Streuung s_s^2 der m. qu. Abw. s" bereits auf S. 52 zu

$$s_s^2 = \frac{s^2}{2\,N}$$

angegeben worden; dabei ist σ_s durch s_s und σ durch s ersetzt, da N genügend groß sein soll. In diesem Falle — der Begriff „genügend groß" ist später geschildert und kann etwa bei $N \geqq 200$ angesetzt werden — gilt daher im Zusammenhang mit den früheren Ausführungen (S. 73) die Regel:

Eine m. qu. Abw. s, gewonnen aus einer Stichprobe von großem Umfang N, führt für die m. qu. Abw. der Grundgesamtheit auf einen Vertrauensbereich

$$s \pm \lambda \frac{s}{\sqrt{2\,N}}, \tag{52}$$

wobei der Wert des Faktors λ durch die geforderte statistische Sicherheit nach der Normalverteilung (Tab. II, Abschn. N) bestimmt ist.

Beispiel 42: Gleichmäßigkeit der Festigkeit an einem Zellwollgarn (I)

Bei einem Zellwollgarn sind an einem Cop $N = 250$ Messungen durchgeführt. Mittelwert und m. qu. Abw. ergaben sich zu

$$\bar{x} = 241\,\text{g} \quad \text{und} \quad s = 33\,\text{g}.$$

Für eine zweiseitige 95% ige statistische Sicherheit ist nach S. 37 der Faktor $\lambda = 1{,}96$ zu benutzen. Nach Gl. (52) ist somit der Vertrauensbereich für die m. qu. Abw.

$$s \pm \lambda \frac{s}{\sqrt{2\,N}} = 33 \pm 1{,}96\,\frac{33}{\sqrt{500}} = (33 \pm 2{,}9)\,\text{g}.$$

Die zur Gleichmäßigkeitsbeurteilung wesentliche m. qu. Abw. s besitzt daher mit $S = 95\%$ Sicherheit den Vertrauensbereich 30,1 g bis 35,9 g.

In den meisten Fällen ist nur die obere Vertrauensgrenze der m. qu. Abw. von Interesse, die die größte zu erwartende Abweichung, d. h. Ungleichmäßigkeit, angibt. Es handelt sich dann also stets um eine einseitige Fragestellung (vgl. S. 86), und die folgenden Gleichungen und Kriterien sind in diesem Sinne zu verstehen. Dabei ist der Vollständigkeit halber neben der oberen Vertrauensgrenze s_o auch die untere s_u angegeben, und zwar s_o und s_u jeweils beide für sich mit der einseitigen statistischen Sicherheit $\overline{S}$.

Der Gebrauch der Gl. (52) wird handlicher, wenn man die beiden Faktoren $\varkappa_u$ und $\varkappa_o$ festlegt, mit denen die gefundene Abweichung s zu multiplizieren ist, um die untere und die obere Grenze s_u und s_o zu erhalten. Aus (52) folgt unmittelbar:

$$s_u = \varkappa_u\, s, \qquad\qquad s_o = \varkappa_o\, s,$$
$$\varkappa_u = 1 - \frac{\lambda}{\sqrt{2\,N}}, \qquad \varkappa_o = 1 + \frac{\lambda}{\sqrt{2\,N}}. \qquad (53)$$

Das Kurvenblatt E[1], Abschn. N, stellt diese Beziehungen mit $\varkappa_u$ und $\varkappa_o$ als Ordinaten dar, wobei der (große) Stichprobenumfang N von $N = 200$ bis $N = 10000$ logarithmisch als Abszisse aufgetragen ist. Den Gebrauch des Kurvenblattes E zeigt wiederum das

Beispiel 43: Gleichmäßigkeit der Festigkeit an einem Zellwollgarn (II)
(vgl. S. 96)

An Kurvenblatt E liest man über $N = 250$ für $\overline{S} = 95\%$ ab, $\varkappa_o = 1,079$ (linker Ordinatenmaßstab) und $\varkappa_u = 0,930$ (rechter Ordinatenmaßstab). Mit $s = 33$ g wird somit auf Grund von (53)

$$s_u = 30,7\ \text{g}, \qquad s_o = 35,6\ \text{g}.$$

Mit 95%iger einseitiger statistischer Sicherheit ist als obere Vertrauensgrenze der m. qu. Abw. $s_o = 35,6$ g zu erwarten, und ebenso mit 95%iger einseitiger Sicherheit als untere Grenze $s_u = 30,7$ g. Die zusammenfassende Aussage, daß der Vertrauensbereich der m. qu. Abw. zwischen 30,7 g und 35,6 g liegt, erfolgt daher mit der zweiseitigen statistischen Sicherheit $S = 90\%$. Vergleiche damit das Ergebnis auf S. 96, das für 95%ige zweiseitige statistische Sicherheit gefolgert wurde.

Beispiel 44: Gleichmäßigkeit einer Wollfeinheit (III) (vgl. S. 63)

Aus $N = 400$ Messungen ergaben sich Mittelwert und m. qu. Abw., ausgedrückt in Qualitätsnummern, zu

$$\overline{n} = 4,55 \quad \text{und} \quad s = 2,62.$$

Kurvenblatt E (Abschn. N) liefert für $N = 400$ die Werte $\varkappa_u = 0,924$ und $\varkappa_o = 1,090$ bei $\overline{S} = 99\%$. Mit dieser einseitigen statistischen Sicherheit ist daher die Abweichung s sowohl unterhalb $s_o = 1,090 \cdot 2,62 = 2,86$ als auch oberhalb $s_u = 0,924 \cdot 2,62 = 2,42$ zu erwarten.

---

[1] Die Kurven von Kurvenblatt E sind am Anfang noch nicht nach den Näherungsgleichungen (53) berechnet, sondern genauer nach Gl. (59).

Aus den vorstehenden Gedankengängen ergibt sich weiterhin unmittelbar der Vergleich einer m. qu. Abw. mit einem vorgeschriebenen Sollwert nach folgender Regel:

Vorgeschrieben sei die m. qu. Abw. σ, gemessen aus N Werten sei die m. qu. Abw. s. Man bestimmt das Verhältnis

$$\varkappa = \sigma : s. \tag{54}$$

Je nachdem $\varkappa > 1$ oder $\varkappa < 1$ ist, benutzt man die $\varkappa_o$-Kurven oder die $\varkappa_u$-Kurven auf Kurvenblatt E, Abschn. N.

$$\varkappa > 1, \quad \sigma > s. \tag{a}$$

Man prüft die Lage des Punktes $(N, \varkappa)$ zu den drei $\varkappa_o$-Kurven für $\bar{S} = 95\%$, $\bar{S} = 99\%$, $\bar{S} = 99,9\%$.

$$\varkappa < 1, \quad \sigma < s. \tag{b}$$

Man prüft die Lage des Punktes $(N, \varkappa)$ zu den drei $\varkappa_u$-Kurven für $\bar{S} = 95\%$, $\bar{S} = 99\%$, $\bar{S} = 99,9\%$.

In beiden Fällen schließt man aus der Lage des Punktes $(N, \varkappa)$ auf die zugehörige statistische Sicherheit $\bar{S}$. Die Frage, ob die m. qu. Abw. s mit ihrem Sollwert σ verträglich ist, wird dann durch sinngemäße Anwendung der Zufallsregeln auf S. 72/73 entschieden.

Beispiel 45: Gleichmäßigkeit von Bandgewichten

Bei einer bestimmten Vorgarnsorte ist auf Grund von Betriebserfahrungen für die m. qu. Abw. des Bandgewichtes ein Sollwert $\sigma = 0,025$ g/m vorgeschrieben. Aus $N = 200$ Messungen wurde die Abweichung $s = 0,0285$ g/m ermittelt. Ist sie mit dem Sollwert noch verträglich?

Die Anwendung der vorstehenden Regel liefert

$$\varkappa = \frac{\sigma}{s} = \frac{0,025}{0,0285} = 0,878.$$

Da $\varkappa < 1$ ist, liegt Fall b) vor. Die Benutzung der $\varkappa_u$-Kurven auf Kurvenblatt E, Abschn. N, zeigt, daß die zugehörige statistische Sicherheit $\bar{S}$ größer als 99% ist. Nach der Regel (b), S. 72, ist der Unterschied gegen den Sollwert $\sigma = 0,025$ nicht mehr zufällig, d. h., das Vorgarn ist ungleichmäßiger als die Norm.

2. Unterschied zweier Streuungen bei großen Stichprobenumfängen

Es ist zu untersuchen, ob der Unterschied zwischen zwei m. qu. Abw. s_1 und s_2, die aus zwei verschiedenen unabhängigen Stichproben stammen und aus N_1 bzw. N_2 Messungen gewonnen wurden, gesichert ist oder nicht.

Die Beantwortung dieser Fragestellung gibt die folgende Regel:
Man berechnet

$$s_d = \sqrt{\frac{s_1^2}{2N_1} + \frac{s_2^2}{2N_2}} \tag{55}$$

und

$$\lambda = \frac{|s_1 - s_2|}{s_d}.$$

Die Verbindung des λ-Wertes mit der statistischen Sicherheit S (bei zweiseitigen Fragestellungen) bzw. $\overline{S}$ (bei einseitigen Fragestellungen) erfolgt nach der Normalverteilung Tab. II, Abschn. N. Die Entscheidung über die Zufälligkeit geben die Regeln aus S. 72/73.

Beispiel 46: Bandgewichtsgleichmäßigkeit bei zwei verschiedenen Vorbereitungsverfahren

Aus der gleichen Partie wurden Vorgarne gleichen Bandgewichts hergestellt, einmal über den Maschinensatz A, das andere Mal über den Maschinensatz B. Eine Kontrolle der Bandgewichte ergab:

Maschinensatz	A	B
Zahl der geprüften Spulen . .	$N_1 = 200$	$N_2 = 250$
m. qu. Abw.	$s_1 = 0{,}022 \ \text{g/m}$	$s_2 = 0{,}025 \ \text{g/m}$

Nach Gl. (55) in der vorstehenden Regel wird

$$s_d = 0{,}00157 \quad \text{und} \quad \lambda = 1{,}91.$$

Da von vornherein nicht bekannt war, ob Maschinensatz A oder B gleichmäßiger arbeitet, ist die Fragestellung als zweiseitig aufzufassen. Zu dem λ-Wert 1,91 gehört dann nach Tab. II, Abschn. N, eine statistische Sicherheit S unter 95 %. Nach Regel (a), S. 72, kann die Verschiedenheit der beiden m. qu. Abw. nicht als gesichert gelten.

Beispiel 47: Vergleich zweier Garne auf Drehungsgleichmäßigkeit

Eine Partie Kunstseide (Reyon) wurde auf zwei verschiedenen Zwirnmaschinen verarbeitet. Die Maschine A war eine Neukonstruktion, bei der von vornherein zu erwarten stand, daß sie gleichmäßiger arbeite als die alte Maschine B. An einer größeren Anzahl von Spulen wurden für beide Maschinen je 300 Messungen durchgeführt. (Eine nach den später geschilderten Methoden (S. 108ff.) durchgeführte Streuungsanalyse hatte ergeben, daß die Streuung der Drehung innerhalb einer Spule mit der Streuung zwischen den Spulen hinreichend überein-

stimmt, so daß die folgende Schlußweise angewendet werden darf.)
Man hatte gefunden:

Maschine	A	B
Zahl der Messungen	$N_1 = 300$	$N_2 = 300$
m. qu. Abw.	$s_1 = 27{,}1$ Dreh./m	$s_2 = 32{,}6$ Dreh./m

Die Anwendung der Gl. (55) liefert

$$s_d = 1{,}73 \quad \text{und} \quad \lambda = 3{,}18 \,.$$

Nach Tab. II, Abschn. N, wird die zu $\lambda = 3{,}18$ gehörende zweiseitige
statistische Sicherheit $S = 99{,}85\%$ ermittelt. Da hier jedoch eine einseitige Fragestellung vorliegt — nur die Werte $s_1 < s_2$ sind von Interesse — wird weiterhin aus $S = 99{,}85\%$ mit Hilfe der Gl. (49), S. 86

$$\overline{S} = 50\% + \tfrac{1}{2} \cdot S$$

die einseitige statistische Sicherheit $\overline{S} = 99{,}9_{25}\%$ erschlossen.

Das Ergebnis der Untersuchung besagt somit, daß der Streuungs-
unterschied bei den Maschinen A und B mit mehr als $99{,}9\%$ iger Sicherheit nicht mehr zufällig ist, d. h.: Maschine A zwirnt gleichmäßiger
als Maschine B. Die hohe statistische Sicherheit, die dieser Aussage
zukommt, gibt das Recht, auf Grund der durchgeführten Untersuchung
eine Betriebsumstellung vorzunehmen; vgl. die Ausführungen auf S. 70ff.

3. Die F-Verteilung

Aus einer normalen Grundgesamtheit werden sehr oft jeweils zwei
Stichproben genommen, immer die erste vom Umfang N_1, die zweite
vom Umfang N_2. An jedem Stichprobenpaar werden die Streuungen
ermittelt, sie seien s_1^2 und s_2^2. Man bildet dann alle Verhältnisse

$$F = s_1^2 : s_2^2$$

und untersucht die Häufigkeitsverteilung dieser F-Werte. Mit Hilfe
mathematischer Überlegungen, die hier nicht näher ausgeführt sind,
ergibt sich eine Verteilungskurve mit der Gleichung

$$\varphi_{n_1,\,n_2}(F) = \frac{\left(\dfrac{n_1 + n_2 - 2}{2}\right)! \; \sqrt{n_1^{n_1} n_2^{n_2}}}{\left(\dfrac{n_1 - 2}{2}\right)! \, \left(\dfrac{n_2 - 2}{2}\right)!} \; \frac{F^{\frac{n_1 - 2}{2}}}{(n_2 + n_1 F)^{\frac{n_1 + n_2}{2}}} \,. \tag{56}$$

Darin bedeuten n_1 und n_2 die Freiheitsgrade, vgl. S. 75. (Bei der
hier vorliegenden Fragestellung ist $n_1 = N_1 - 1$ und $n_2 = N_2 - 1$.
Auch bei allen folgenden Anwendungen des F-Testes ist jeweils der
zu benutzende Zusammenhang zwischen Freiheitsgraden und Stich-
probenumfängen angegeben.)

Die Gestalt der Verteilungskurven $\varphi(F)$ kann drei verschiedene charakteristische Formen haben, je nachdem $n_1 = 1$ oder $n_1 = 2$ oder $n_1 = 3, 4, 5 \ldots \infty$ ist (Abb. 38a, b, c). Für alle $n_1 > 4$ verläuft die Anfangstangente bei $F = 0$ horizontal.

F als Verhältnis zweier Quadrate kann nur Werte zwischen 0 und $+\infty$ annehmen. An die Stelle einer spiegelbildlich symmetrischen Verteilungskurve, wie sie z. B. bei der t-Verteilung (Abb. 31, S. 75) vorlag, tritt hier gewissermaßen eine „reziproke Symmetrie". Wie früher $+t$

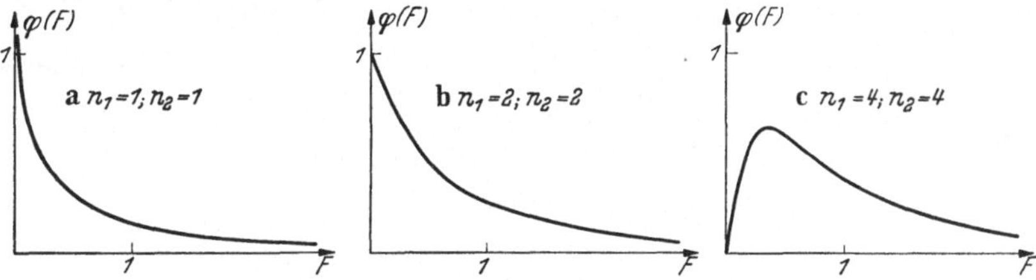

Abb. 38a—c. Die einfachsten Formen der F-Verteilung

mit $-t$, so kann hier F mit $1 : F$ und zugleich n_1 mit n_2 vertauscht werden; man erhält dann nach kurzer Rechnung in der Tat

$$\varphi_{n_1,\,n_2}(F)\,dF = -\,\varphi_{n_2,\,n_1}\left(\frac{1}{F}\right) d\left(\frac{1}{F}\right). \tag{57}$$

Stets gilt für die Gesamtfläche unter der Kurve $\varphi(F)$ die Beziehung

$$\int\limits_0^\infty \varphi(F)\,dF = 1\,.$$

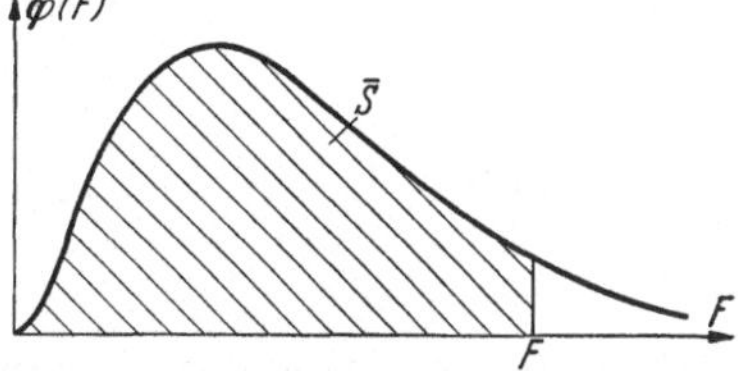

Abb. 39. F-Verteilung und statistische Sicherheit

Die Antwort auf die Frage nach der einseitigen statistischen Sicherheit $\bar{S}$ für die Aussage, daß $s_1^2 : s_2^2$ zwischen 0 und einem vorgeschriebenen Wert F liegt (Abb. 39), gibt die Gleichung

$$\bar{S} = 100\,\%\ \overline{\Phi}(F) = 100\,\%\int\limits_0^F \varphi(F)\,dF$$

$$= 100\,\%\ \frac{\left(\dfrac{n_1 + n_2 - 2}{2}\right)!\ \sqrt{n_1^{n_1}\, n_2^{n_2}}}{\left(\dfrac{n_1 - 2}{2}\right)!\ \left(\dfrac{n_2 - 2}{2}\right)!}\int\limits_0^F \frac{F^{\frac{n_1-2}{2}}\,dF}{(n_2 + n_1 F)^{\frac{n_1+n_2}{2}}}\,. \tag{58}$$

Fordert man in gleicher Weise die einseitige statistische Sicherheit $\bar{S}$ für die Aussage, daß $s_1^2 : s_2^2$ zwischen F_u und ∞ liegt (Abb. 40a), so folgt aus Gl. (57), daß

$$F_u(n_1,\,n_2) = \frac{1}{F(n_2,\,n_1)}$$

ist, d. h. daß die untere Sicherheitsgrenze $F_u(n_1, n_2)$ übereinstimmt mit dem Reziprokalwert der oberen Sicherheitsgrenze $F(n_2, n_1)$, also durch Vertauschung von F mit $1 : F$ und von n_1 mit n_2 gewonnen wird (Abb. 40 b).

Für die praktische Anwendung ist die Gl. (58) numerisch ausgewertet; die Zahlenwerte, die somit für eine einseitige statistische Sicherheit $\bar{S}$ gelten, finden sich in Tab. IV, Abschn. N. Die Werte sind wiederum für die drei festen Sicherheiten

$$\bar{S} = 95\% \qquad \bar{S} = 99\%$$
$$\text{Tab. IVa} \qquad \text{Tab. IVb}$$
$$\bar{S} = 99,9\%$$
$$\text{Tab. IVc}$$

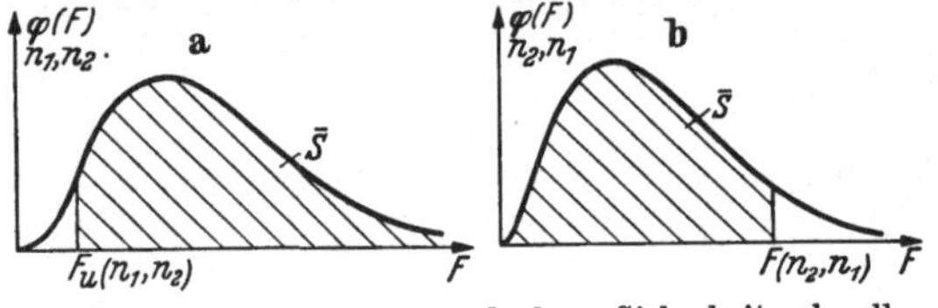

Abb. 40a u. b. Untere und obere Sicherheitsschwelle bei der F-Verteilung

gegeben, und zwar für $n_1 = 1, 2 \ldots 8, 12, 24, \infty$ und $n_2 = 1, 2 \ldots 30, 40, 60, 120, \infty$.

Falls eine Interpolation für die Zwischenwerte erforderlich ist, erfolgt sie nach folgenden Regeln:

A. Sind n_1 und n_2 beide groß ($n_1 > 24$, $n_2 > 120$), so gilt[1]

$$\text{für } \bar{S} = 95\% \rightarrow \lg F = 2 \cdot 0{,}4343 \left\{ \frac{1{,}645}{\sqrt{\dfrac{2\,n_1\,n_2}{n_1 + n_2} - 1}} - 0{,}7843\, \frac{n_2 - n_1}{n_1\,n_2} \right\},$$

$$\text{für } \bar{S} = 99\% \rightarrow \lg F = 2 \cdot 0{,}4343 \left\{ \frac{2{,}326}{\sqrt{\dfrac{2\,n_1\,n_2}{n_1 + n_2} - 1{,}4}} - 1{,}235\, \frac{n_2 - n_1}{n_1\,n_2} \right\},$$

$$\text{für } \bar{S} = 99,9\% \rightarrow \lg F = 2 \cdot 0{,}4343 \left\{ \frac{3{,}090}{\sqrt{\dfrac{2\,n_1\,n_2}{n_1 + n_2} - 2{,}1}} - 1{,}925\, \frac{n_2 - n_1}{n_1\,n_2} \right\}.$$

Bei den üblichen Genauigkeitsansprüchen kann an Stelle dieser 3 Formeln einheitlich die Beziehung

$$\lg F = 0{,}4343\, \lambda \sqrt{\frac{2\,(n_1 + n_2)}{n_1\,n_2}}$$

benutzt werden, wobei λ der Kennfaktor der Normalverteilung für die einseitige statistische Sicherheit $\bar{S}$ ist.

Für die gebräuchlichen Sicherheiten ist

$\lambda = 1{,}645$	$\lambda = 2{,}326$	$\lambda = 3{,}090$
$\bar{S} = 95\%$	$\bar{S} = 99\%$	$\bar{S} = 99,9\%$.

---

[1] Nach Fisher und Yates: Statistical Tables for Biological, Agricultural and Medical Research, S. 38/43. London 1949.

B. In allen anderen Fällen ($n_1 \leqq 24$ oder (und) $n_2 \leqq 120$) wird die Interpolation linear über $1 : n$ als Abszisse ausgeführt.

Beispiel: Gesucht wird der F-Wert für

$$n_1 = 49, \quad n_2 = 120 \quad \text{bei} \quad \overline{S} = 95\% \,.$$

Abgelesen in Tab. IVa, Abschn. N:

$$n_2 = 120, \quad n_1 = 24, \quad \frac{1}{n_1} = 0{,}0417, \quad F = 1{,}61$$

$$n_2 = 120, \quad n_1 = \infty, \quad \frac{1}{n_1} = 0{,}0000, \quad F = 1{,}25$$

$$\overline{\qquad\qquad\qquad\qquad\qquad} $$

$$0{,}0417 \quad \triangleq \quad 0{,}36$$

Gesucht:

$$n_2 = 120, \quad n_1 = 49, \quad \frac{1}{n_1} = 0{,}0204 \triangleq \frac{0{,}0204}{0{,}0417} \cdot 0{,}36 = 0{,}176,$$

Ergebnis:

$$n_2 = 120, \quad n_1 = 49, \quad F = 1{,}25 + 0{,}176 = 1{,}426$$

$$\underline{F = 1{,}43}$$

4. Vertrauensbereich und Sollwert bei kleinem Stichprobenumfang

Für eine Stichprobe von kleinem Umfang N wird wiederum die Frage gestellt, innerhalb welcher Grenzen die ermittelte m. qu. Abw. s als Schätzwert der m. qu. Abw. der Grundgesamtheit mit einer bestimmten statistischen Sicherheit Vertrauen verdient (vgl. S. 96 ff.). Die beiden gesuchten Vertrauensgrenzen seien

$$s_0 = \varkappa_0 \, s \quad \text{und} \quad s_u = \varkappa_u \, s \,.$$

Jede dieser Grenzen soll mit einer einseitigen statistischen Sicherheit $\overline{S}$ aufgestellt werden.

Man bestimmt den Wert s_0 nach einem zweifachen Gesichtspunkt. Einerseits soll er als die m. qu. Abw. der Grundgesamtheit aufgefaßt werden können, d. h. einer Stichprobe vom Umfang unendlich zugehören. Andererseits soll der aus N Messungen gewonnene Wert s mit s_0 gerade noch bei der geforderten statistischen Sicherheit $\overline{S}$ verträglich sein. (Sinngemäß entsprechend erfolgt die Bestimmung von s_u.) Die Verträglichkeit von s_0 mit s bei der Sicherheit $\overline{S}$ wird mit Hilfe des F-Testes festgelegt. Bei ihm ist aus mathematischen Gründen, die hier nicht dargelegt sind, der Quotient $s_0^2 : s^2$ an Stelle der Differenz $s_0 - s$ zugrunde gelegt. Der hierauf gegründete F-Test geht mit wachsendem Stichprobenumfang in das Prüfverfahren über, das auf S. 96 für große N geschildert ist.

Die Antwort auf die gestellte Frage gibt die folgende Regel (vgl. S. 96):

Eine m. qu. Abw. s, gewonnen aus einer Stichprobe von kleinem Umfang N, führt für die m. qu. Abw. der Grundgesamtheit auf einen

Vertrauensbereich zwischen

$$s_0 = \varkappa_o\, s \quad und \quad s_u = \varkappa_u\, s, \tag{59}$$

wobei

$$\varkappa_o^2 = \quad F(n_1 = \infty,\, n_2 = N - 1)$$

und

$$\varkappa_u^2 = 1 : F(n_1 = N - 1,\, n_2 = \infty)$$

aus Tab. IV, Abschn. N, für die geforderte statistische Sicherheit $\bar{S}$ gewonnen werden. $\bar{S}$ gilt als einseitige statistische Sicherheit für jede der Grenzen für sich.

Beispiel 48: Gleichmäßigkeit einer Griffzeit

Aus $N = 25$ Zeitmessungen, die Aufschluß über die Gleichmäßigkeit der von einer Arbeiterin bei einem bestimmten Griff benötigten Zeit geben sollten, wurde die m. qu. Abw. $s = 2{,}3$ sek ermittelt. Innerhalb welcher Grenzen verdient diese Streuungsangabe Vertrauen?

Die Anwendung der vorstehenden Regel liefert:

$$N = 25, \quad s = 2{,}3\,\text{sek}$$

$$\bar{S} = 95\,\%\quad\begin{cases}\varkappa_o^2 = 1{,}73 \quad (\text{aus Tab. IVa},\, n_1 = \infty,\, n_2 = N - 1 = 24)\\[4pt]\varkappa_u^2 = 1 : 1{,}52 \ (\text{aus Tab. IVa},\, n_1 = N - 1 = 24,\, n_2 = \infty)\end{cases}$$

$$s_0 = \varkappa_o\, s = 1{,}32 \cdot 2{,}3 = 3{,}02\,\text{sek},$$

$$s_u = \varkappa_u\, s = 2{,}3 : 1{,}23 = 1{,}87\,\text{sek}.$$

$$\bar{S} = 99\,\%\quad\begin{cases}\varkappa_o^2 = 2{,}21 \quad (\text{aus Tab. IVb},\, n_1 = \infty,\, n_2 = N - 1 = 24)\\[4pt]\varkappa_u^2 = 1 : 1{,}79 \ (\text{aus Tab. IVb},\, n_1 = N - 1 = 24,\, n_2 = \infty)\end{cases}$$

$$s_0 = \varkappa_o\, s = 1{,}49 \cdot 2{,}3 = 3{,}42\,\text{sek},$$

$$s_u = \varkappa_u\, s = 2{,}3 : 1{,}34 = 1{,}72\,\text{sek}.$$

$$\bar{S} = 99{,}9\,\%\begin{cases}\varkappa_o^2 = 2{,}97 \quad (\text{aus Tab. IVc},\, n_1 = \infty,\, n_2 = N - 1 = 24)\\[4pt]\varkappa_u^2 = 1 : 2{,}13 \ (\text{aus Tab. IVc},\, n_1 = N - 1 = 24,\, n_2 = \infty)\end{cases}$$

$$s_0 = \varkappa_o\, s = 1{,}72 \cdot 2{,}3 = 3{,}96\,\text{sek},$$

$$s_u = \varkappa_u\, s = 2{,}3 : 1{,}46 = 1{,}58\,\text{sek}.$$

Das Gesamtergebnis lautet also:

Die m. qu. Abw. der Griffzeit ist zu erwarten

$< 3{,}02$ sek mit der statistischen Sicherheit $\bar{S} = 95\,\%$,

$< 3{,}42$ sek mit der statistischen Sicherheit $\bar{S} = 99\,\%$,

$< 3{,}96$ sek mit der statistischen Sicherheit $\bar{S} = 99{,}9\,\%$;

und

$>$1,87 sek mit der statistischen Sicherheit $\overline{S} = 95\%$,

$>$1,72 sek mit der statistischen Sicherheit $\overline{S} = 99\%$,

$>$1,58 sek mit der statistischen Sicherheit $\overline{S} = 99{,}9\%$.

Werden die einseitigen Sicherheitsgrenzen zu einem Vertrauensintervall vereinigt, so ergibt sich, da $S = 2 \cdot \overline{S} - 100\%$ ist:

Die m. qu. Abw. der Griffzeit liegt zwischen

1,87 sek und 3,02 sek mit der statistischen Sicherheit $S = 90\%$,

1,72 sek und 3,42 sek mit der statistischen Sicherheit $S = 98\%$,

1,58 sek und 3,96 sek mit der statistischen Sicherheit $S = 99{,}8\%$.

Die jedesmalige Berechnung der Faktoren $\varkappa_u$ und $\varkappa_o$ wird vereinfacht durch die Benutzung der Kurvenblätter F und G, Abschn. N, die diese Faktoren graphisch darstellen (vgl. dazu die Fußn. 2 S. 76). Die Abszissenachse (logarithmisch geteilt) gibt den Stichprobenumfang N — nicht den Freiheitsgrad n — von 2 bis 200.

Das Kurvenblatt E, Abschn. N, das auf der Abszisse den Stichprobenumfang N von 200 bis 10000 trägt, ist die Fortsetzung der Kurvenblätter F und G. Die in F oben rechts eng beieinander einlaufenden $\varkappa_u$-Kurven erscheinen in E von links unten nach rechts oben laufend gleichsam unter einer Lupe vergrößert in anderen Maßstäben fortgesetzt. Das sinngemäß Entsprechende gilt für die $\varkappa_o$-Kurven des Blattes G. Bei $N = 200$ (Ende der Kurvenblätter F und G und Anfang des Kurvenblattes E) stimmen die abgelesenen Werte auf den Blättern hinreichend überein.

Die eingangs aufgeworfene Frage, wann ein Stichprobenumfang N als genügend groß und wann als klein zu bewerten ist, ist in sinngemäßer Übertragung der Überlegungen auf S. 78 durch den Vergleich der Ergebnisse zu beantworten, die man einmal nach Gl. (53), das andere Mal nach Gl. (59) erhält. Für $N = 200$ wird z. B.

	$\overline{S} = 95\%$	$\overline{S} = 99\%$	$\overline{S} = 99{,}9\%$	
$\varkappa_u =$	0,92	0,88	0,85	für große Stichprobe
$\varkappa_o =$	1,08	1,12	1,15	[Gl. (53)]
$\varkappa_u =$	0,92	0,89	0,87	für kleine Stichprobe
$\varkappa_o =$	1,09	1,13	1,18	[Gl. (59)]

Im Rahmen der üblichen Rechengenauigkeit stimmen die nach den beiden Gleichungen gewonnenen Ergebnisse überein.

Beispiel 49: Vertrauensbereich für die Festigkeitsstreuung bei einem Kammgarn

Aus $N = 30$ Messungen wurde an einem Cop die mittlere Festigkeit $\bar{x} = 168$ g und die m. qu. Abw. $s = 27,1$ g ermittelt. Mit welcher größten m. qu. Abw. muß bei 95%iger Sicherheit bei diesem Cop gerechnet werden?

An Kurvenblatt G, Abschn. N, liest man bei $N = 30$ und $\bar{S} = 95\%$ ab $\varkappa_0 = 1,28$. Demnach ist die gesuchte obere Vertrauensgrenze

$$s_0 = 1,28 \cdot 27,1 = 34,7 \text{ g } (\bar{S} = 95\%).$$

Für 99%ige Sicherheit ergibt sich in gleicher Weise

$$s_0 = 1,42 \cdot 27,1 = 38,4 \text{ g } (\bar{S} = 99\%),$$

bei 99,9%iger Sicherheit sogar

$$s_0 = 1,62 \cdot 27,1 = 43,9 \text{ g } (\bar{S} = 99,9\%).$$

Die Ablesung an den $\varkappa_u$-Kurven des Kurvenblattes F, Abschn. A, liefert die unteren Grenzen:

$$s_u = 0,824 \cdot 27,1 = 22,3 \text{ g } (\bar{S} = 95\%),$$
$$s_u = 0,764 \cdot 27,1 = 20,7 \text{ g } (\bar{S} = 99\%),$$
$$s_u = 0,703 \cdot 27,1 = 19,1 \text{ g } (\bar{S} = 99,9\%).$$

Für den Vergleich einer Streuung mit einem vorgeschriebenen Sollwert gilt wiederum die Regel nach Gl. (54), S. 98, die diesmal, da es sich um eine kleine Stichprobe handelt, an den Kurvenblättern F und G nachzuprüfen ist.

Beispiel 50: Streuung der Garnnummer

Frühere Untersuchungen hatten ergeben, daß bei einer bestimmten Garnsorte mit einer m. qu. Abw. der Garnnummer $\sigma = 1,6$ m/g (Weiflänge 100 m) zu rechnen ist. Dieser Wert ist somit als Sollwert anzusetzen. Aus einer Tagesproduktion wurde eine Stichprobe von $N = 12$ Cops genommen, von jedem Cop ein 100 m-Strang abgehaspelt und an den Strängen die Nummernstreuung zu $s^2 = 4,0$ ermittelt. Kann aus diesem Wert eine Verschlechterung der Nummerngleichmäßigkeit gegenüber der Norm gefolgert werden?

Man erhält nach der genannten Regel

$$\varkappa = \frac{\sigma}{s} = \frac{1,6}{2,0} = 0,80.$$

Der Punkt $N = 12$, $\varkappa = 0,80$ liegt in Kurvenblatt F, Abschn. N, oberhalb der $\varkappa_u$-Kurve für $\bar{S} = 95\%$. Nach der Regel a) auf S. 72 ist die Abweichung von der Norm noch als nicht gesichert anzusehen.

5. Unterschied zweier Streuungen bei kleinem Stichprobenumfang

Die Frage, ob der Unterschied zwischen 2 Streuungen s_1^2 und s_2^2, gewonnen aus zwei unabhängigen Stichproben von N_1 bzw. N_2 Werten, gesichert ist oder nicht, wird mit Hilfe des F-Testes nach folgender Regel beantwortet:

Man bezeichnet die größere der beiden Streuungen mit s_1^2 und bildet das Verhältnis

$$s_1^2 : s_2^2,$$

das demnach stets größer als Eins ist. Man vergleicht den so erhaltenen Wert mit den F-Werten in Tab. IV, Abschn. N, für die Freiheitsgrade

$$n_1 = N_1 - 1 \quad und \quad n_2 = N_2 - 1$$

und beurteilt schließlich die Frage, ob der Unterschied gesichert ist oder nicht, sinngemäß nach den Regeln auf S. 72/73.

Beispiel 51: Unterschied der Festigkeitsstreuungen bei zwei Garnproben

An 2 Cops wurden Festigkeitsmessungen durchgeführt, einmal mit 35, das andere Mal mit 16 Einzelversuchen. Als m. qu. Abw. wurden gemessen 18,7 g und 24,3 g. Ist der Unterschied der Streuungen nicht gesichert, oder besteht bei den beiden Cops ein gesicherter Unterschied in der Gleichmäßigkeit der Festigkeit?

Nach der vorstehenden Regel setzt man

$$s_1 = 24,3; \; N_1 = 16 \quad und \quad s_2 = 18,7; \; N_2 = 35.$$

Dann wird

$$s_1^2 : s_2^2 = (24,3 : 18,7)^2 = 1,69.$$

Als Freiheitsgrade hat man

$$n_1 = N_1 - 1 = 15 \quad und \quad n_2 = N_2 - 1 = 34$$

zu nehmen und den zugehörigen F-Wert mit 1,69 zu vergleichen. In Tab. IVa, Abschn. N, ($\bar{S} = 95\%$) liest man die nebenstehenden Werte ab.

	$n_1 = 12$	$n_1 = 24$
$n_2 = 30$	$F = 2,09$	$F = 1,89$
$n_2 = 40$	$F = 2,00$	$F = 1,79$

Der für $n_1 = 15$, $n_2 = 34$ zu vergleichende Wert 1,69 liegt unterhalb aller der vier vorstehenden Randwerte. Die zu $F = 1,69$ gehörende statistische Sicherheit ist daher kleiner als 95%. Der Unterschied der beiden Streuungen ist nicht gesichert.

Beispiel 52: Gewichtsschwankungen
an ein- und zweifachen Garnen (II) (vgl. S. 49)

Auf S. 51 wurden als m. qu. Abw. ermittelt

$$\frac{1}{2}\,s_z = 0,476 \quad\text{und}\quad \frac{s_e}{\sqrt{2}} = 0,412\,.$$

Daher wird der Vergleichswert

$$\left(\frac{0,476}{0,412}\right)^2 = 1,33\,.$$

Dieser Wert ist zu prüfen für die Freiheitsgrade

$$n_1 = 50 - 1 = 49$$

und

$$n_2 = 2 \cdot (50 - 1) = 98\,.$$

Für $n_1 = 49$, $n_2 = 120$ ergab sich bereits (vgl. das Interpolationsbeispiel auf S. 103) $F = 1,43$ bei $\overline{S} = 95\%$. Für $n_1 = 49$, $n_2 = 98$ ist der F-Wert daher größer als 1,43 und erst recht größer als 1,33. Die zu 1,33 gehörende statistische Sicherheit ist somit kleiner als 95%, d. h. der Unterschied zwischen den beiden Streuungen ist nicht gesichert.

G. Streuungsanalyse

1. Einfache Streuungsaufteilung

Bei den bisher behandelten Fragestellungen war — soweit es sich nicht um die Prüfung von Unterschieden oder die graphische Analyse von mehrgipfligen Häufigkeitskurven handelte — stets angenommen worden, daß die Einzelwerte einer einheitlichen Grundgesamtheit entstammen und infolgedessen auch nur Schwankungen um den gemeinsamen Mittelwert aufweisen, die mit der Streuung dieser normal verteilten Grundgesamtheit verträglich sind. Die zwischen den Einzelwerten auftretenden Unterschiede können dann auf eine gemeinsame Quelle zurückgeführt werden, die für das Zustandekommen der Abweichungen verantwortlich zu machen ist. Trifft dies zu, dann dürfen bei einer Gruppierung und Unterteilung der Einzelwerte die Mittelwerte der gebildeten Gruppen ebenfalls nur Schwankungen aufweisen, die sich mit dieser einen Quelle der Variabilität erklären lassen. Auf S. 5 wurde am Beispiel 1 diese Forderung als erstes und einfachstes, aber nicht näher präzisiertes Kriterium angeführt.

Wenn jedoch das untersuchte Material nicht in diesem Sinne homogen ist, dann werden sich bei entsprechender Gruppenbildung die Mittelwerteder Gruppen stärker voneinander unterscheiden, als auf Grund *einer* Schwankungsursache zu erwarten steht. Die Streuung der Gruppenmittel ist dann größer als der Wert, der sich dafür nach den Gegebenheiten des Zufalls aus der Streuung innerhalb der einzelnen Gruppen entnehmen läßt. Auf dieser Überlegung beruht eine sehr fruchtbare und vielfältig anwendbare Untersuchungsmethode, die Streuungsanalyse oder Streuungsaufteilung oder Streuungszerlegung (analysis of variance), die in ihren Grundzügen im folgenden behandelt ist.

Das gesamte vorliegende Untersuchungsmaterial umfasse N Einzelwerte. Innerhalb des Materials werden nach sachlogischen Gesichtspunkten k Gruppen gebildet. Wird z. B. ein Erzeugnis auf mehreren gleichartigen Maschinen hergestellt und geprüft, so unterteilt man nach den Maschinen, liegen Daten verschiedener Prüfstellen an dem gleichen Untersuchungsgut vor, so faßt man die Ergebnisse einer Prüfstelle zu einer Gruppe zusammen usw. Vorerst wird angenommen, daß in jeder der gebildeten Gruppen die gleiche Anzahl l von Einzelwerten vorliegt, dann ist die Gesamtzahl der Werte

$$N = l\,k\,.$$

In jeder Gruppe wird nun in der üblichen Weise aus den ihr angehörenden l Werten das Mittel und die Streuung berechnet. Man erhält k Mittelwerte

$$\bar{x}_1, \bar{x}_2, \bar{x}_3 \ldots \bar{x}_k$$

sowie k Streuungen

$$_1s^2, \,_2s^2, \,_3s^2 \ldots \,_ks^2\,.$$

Außerdem ergibt sich bei Zusammenfassung aller N Werte das Gesamtmittel

$$\bar{\bar{x}} = \frac{1}{k} \sum_{\mu=1}^{k} \bar{x}_\mu$$

und die Streuung

$$s^2 = \frac{1}{N-1} \sum_{i=1}^{N} (x_i - \bar{\bar{x}})^2,$$

die einen Schätzwert für die Streuung der Einzelwerte darstellt. Da er aus N Werten gegenüber einem Mittelwert gewonnen ist, liegen ihm $N - 1$ Freiheitsgrade zugrunde.

Der Grundgedanke der Streuungsanalyse besteht nun darin, diese Streuung der Einzelwerte nicht allein aus allen N Werten abzuschätzen. Vielmehr berechnet man zwei weitere Schätzwerte dieser Einzelwertstreuung, von denen einer auf der Streuung zwischen den Gruppenmitteln, der andere auf der Streuung innerhalb der einzelnen Gruppen fußt.

Bildet man zunächst für die Gruppenmittel die Summe ihrer Abweichungsquadrate vom Gesamtmittel und teilt man diese Summe in der üblichen Weise durch die um Eins verminderte Zahl der Abweichungen, d. h. durch $k - 1$, so bekommt man die Streuung der Gruppenmittel um das Gesamtmittel. Um daraus einen Schätzwert für die Streuung des Einzelwertes zu erhalten, muß das Ergebnis noch mit l, der Zahl der Werte in jeder Gruppe, multipliziert werden, da ja jeder Mittelwert $\bar{x}_\mu$ aus l Einzelwerten gewonnen ist, vgl. das Wurzelgesetz Gl. (42), S. 47. Der so gewonnene Schätzwert s_1^2 der Einzelwertstreuung bekommt demnach die Gestalt

$$s_1^2 = \frac{l}{k-1}\left\{(\bar{x}_1 - \bar{\bar{x}})^2 + (\bar{x}_2 - \bar{\bar{x}})^2 + \cdots + (\bar{x}_k - \bar{\bar{x}})^2\right\},$$

$$s_1^2 = \frac{l}{k-1}\sum_{\mu=1}^{k}(\bar{x}_\mu - \bar{\bar{x}})^2. \tag{60}$$

Für s_1^2 wurden k Werte (die k Gruppenmittel) zusammen mit einem Mittelwert (dem Gesamtmittel) benutzt, die zugehörige Zahl der Freiheitsgrade ist somit

$$n_1 = k - 1.$$

Ein weiterer Schätzwert ergibt sich als Durchschnitt aus den Streuungen innerhalb der einzelnen Gruppen zu

$$s_2^2 = \frac{1}{k}\left({}_1s^2 + {}_2s^2 + {}_3s^2 + \cdots + {}_ks^2\right),$$

$$s_2^2 = \frac{1}{k}\sum_{\mu=1}^{k}{}_\mu s^2. \tag{61}$$

Für jedes Glied dieser Summe wurden l-Einzelwerte und ein Mittelwert (das Gruppenmittel) zur Streuungsberechnung benutzt, jeder Summand besitzt somit $l - 1$ Freiheitsgrade. Daraus ergibt sich für s_2^2 die Zahl der Freiheitsgrade wegen der k Summanden zu

$$n_2 = k \cdot (l - 1) = k \cdot l - k = N - k.$$

Die Ergebnisse dieser Berechnungen werden als *Aufteilungsschema der Streuung* in der nachstehenden Form zusammengestellt, wobei zugleich noch die jeweiligen Summen der Abweichungsquadrate, die sich hier nach der allgemeinen Streuungsformel (3) als das Produkt aus Streuung und Zahl der Freiheitsgrade ergeben, mit aufgenommen sind.

	Zahl der Freiheitsgrade	Summe der Abweichungsquadrate	Streuung
zwischen den Gruppen	$n_1 = k - 1$	$A_1 = l\sum\limits_{\mu=1}^{k}(\bar{x}_\mu - \bar{\bar{x}})^2$	$s_1^2 = \dfrac{l}{k-1}\sum\limits_{\mu=1}^{k}(\bar{x}_\mu - \bar{\bar{x}})^2$
innerhalb der Gruppen	$n_2 = k(l-1)$ $= N - k$	$A_2 = (l-1)\sum\limits_{\mu=1}^{k}{}_\mu s^2$	$s_2^2 = \dfrac{1}{k}\sum\limits_{\mu=1}^{k}{}_\mu s^2$ (62)
total	$n_1 + n_2 = N - 1$	$A_1 + A_2 = \sum\limits_{i=1}^{N}(x_i - \bar{\bar{x}})^2$	$s^2 = \dfrac{1}{N-1}\sum\limits_{i=1}^{N}(x_i - \bar{\bar{x}})^2$

Als Ergebnis der durchgeführten Berechnungen ist die gesamte Summe der Abweichungsquadrate $(A_1 + A_2)$ und die Gesamtzahl der Freiheitsgrade $(N - 1)$ in zwei Komponenten aufgeteilt worden, von denen sich die eine auf die Streuung der Gruppenmittel um das Gesamtmittel, die andere auf die Streuung innerhalb der einzelnen Gruppen bezieht. Für die Freiheitsgrade ergibt sich unmittelbar, daß die Summe der beiden Komponenten n_1 und n_2 gleich der Gesamtzahl $N - 1$ ist. Das Additionsgesetz für die Abweichungsquadrate läßt sich durch eine kurze, hier übergangene Rechnung ebenfalls leicht nachprüfen.

Die Auswertung der Streuungsaufteilung nun mit dem Endziel, ein Urteil über die Einheitlichkeit des untersuchten Materials zu gewinnen, geht von den beiden gewonnenen Schätzwerten s_1^2 und s_2^2 der Einzelwertstreuung aus. Wenn das Material als homogen zu betrachten ist, sind s_1^2 und s_2^2 Schätzwerte ein und derselben Streuung, und es dürfen zwischen

$$s_1^2 = \frac{l}{k-1} \sum (\bar{x}_\mu - \bar{\bar{x}})^2 \quad \text{und} \quad s_2^2 = \frac{1}{k} \sum {}_\mu s^2,$$

[vgl. das Aufteilungsschema (62)] nur nicht gesicherte Unterschiede bestehen. Dieser Sachverhalt läßt sich als normaler Vergleich zweier Streuungswerte mit Hilfe des F-Testes (vgl. S. 107) nachprüfen. Nur wenn diese Nachprüfung ergibt, daß der Unterschied zwischen s_1^2 und s_2^2 nicht gesichert ist, kann das untersuchte Material, wie es bisher geschehen ist, als einheitlich angesehen werden. Als bester Schätzwert für die Streuung seiner Einzelwerte ist dann

$$s^2 = \frac{1}{N-1} \sum_{i=1}^{N} (x_i - \bar{\bar{x}})^2$$

anzusehen. Normalerweise wird s_1^2 bei uneinheitlichem Material größer als s_2^2 ausfallen. Mit dem F-Test ist somit $s_1^2 : s_2^2$ zu untersuchen. Ergibt sich für dieses Verhältnis ein Wert, der kleiner als Eins ist, so wird man daher aus diesem Befund im allgemeinen stets auf Einheitlichkeit schließen.

Beispiel 53: Streuungsaufteilung für den Vergleich von Prüfungen an verschiedenen Stellen

Es mögen Untersuchungsergebnisse vorliegen, die durch verschiedene Prüfstellen an einem bestimmten, gut durchmischten Untersuchungsgut erhalten worden sind. Die Art der Prüfung und des Prüfungsguts ist in diesem Zusammenhang unwesentlich und daher nicht näher präzisiert. Jede der zu dem Vergleich insgesamt herangezogenen k Prüfstellen hat l Messungen durchgeführt. Es ist damit die typische Fragestellung der einfachen Streuungsaufteilung gegeben, da zwei Quellen für das Auftreten von Schwankungen angenommen werden können. Die eine ist in den natürlichen Schwankungen des Materials und in der normalen Fehlergrenze der Untersuchung, die andere in eventuellen systematischen Abweichungen zwischen den einzelnen Prüfstellen zu suchen. Die Streuungsaufteilung gestattet nun die Entscheidung der Frage, ob die Ergebnisse der einzelnen Prüfstellen nur so viel voneinander abweichen, wie auf Grund der erstgenannten Schwankungsursachen angenommen werden kann. Trifft dies zu, dann können alle Meßwerte als einheitlich angesehen und die Arbeitsweisen der verschiedenen Prüfstellen auch als gleichwertig beurteilt werden. Ergibt sich dagegen ein gesicherter Unterschied zwischen den Streuungen für die einzelnen Prüfstellen und denen der Prüfstellen-Durchschnitte, so heißt das, daß die benutzten Prüfverfahren oder -geräte systematische Abweichungen aufweisen und nicht zu übereinstimmenden Resultaten führen.

Für das Beispiel sei angenommen, daß an $k = 4$ verschiedenen Prüfstellen je $l = 10$ Messungen, insgesamt also $N = k \cdot l = 40$ Messungen ausgeführt wurden und dabei folgende Ergebnisse erhalten worden sind:

Prüfstelle	Mittelwert	Mittlere quadratische Abweichung	Streuung
1.	$\bar{x}_1 = 151$	$_1s = 22{,}9$	$_1s^2 = 526$
2.	$\bar{x}_2 = 148$	$_2s = 24{,}1$	$_2s^2 = 583$
3.	$\bar{x}_3 = 168$	$_3s = 24{,}5$	$_3s^2 = 601$
4.	$\bar{x}_4 = 173$	$_4s = 22{,}6$	$_4s^2 = 511$
$\sum \bar{x}_\mu = 640$ $$\bar{\bar{x}} = \frac{640}{4} = 160$$			$\sum_\mu s^2 = 2221$

Nach Gl. (60) wird

$$s_1^2 = \frac{10}{3}\left\{(151 - 160)^2 + (148 - 160)^2 + (168 - 160)^2 + (173 - 160)^2\right\}$$

$$= \frac{10}{3} \, 458 = 1527$$

und nach Gl. (61)

$$s_2^2 = \frac{1}{4}\, 2221 = 555.$$

Daraus ergibt sich nach (62) als Aufteilungsschema:

	Zahl der Freiheitsgrade	Summe der Abweichungsquadrate	Streuung
zwischen den Prüfstellen	$n_1 = 4 - 1 = 3$	$A_1 = 4580$	$s_1^2 = 1527$
innerhalb der Prüfstellen	$n_2 = 4 \cdot (10 - 1) = 36$	$A_2 = 19989$	$s_2^2 = 555$
total	$n_1 + n_2 = 40 - 1 = 39$	$A_1 + A_2 = 24569$	$s^2 = 630$

Das mit dem F-Test zu prüfende Verhältnis ist demnach

$$s_1^2 : s_2^2 = \frac{1527}{555} = 2,75\,.$$

In Tab. IVa, Abschn. N, findet man für $n_1 = 3$, $n_2 = 36$ einen Wert

$$F > 2,84$$

(als Zwischenwert zwischen $n_2 = 30$ und $n_2 = 40$).

Der gefundene Wert 2,75 liegt unter dem F-Wert der Tabelle, d. h. nach Regel a, S. 72: Die Unterschiede der Mittelwerte der einzelnen Prüfstellen sind nicht gesichert. Trotz der starken Differenzen dieser 4 Mittelwerte können die Ergebnisse der Prüfstellen auf Grund der vorhandenen Untersuchungsdaten doch noch nicht als gesichert verschieden angesehen werden. Dies Resultat ist vor allem durch die große Streuung innerhalb des Materials bedingt, der gegenüber die Anzahl der durchgeführten Untersuchungen als relativ gering anzusehen ist.

Beispiel 54: Streuungsanalyse der Garnnummer eines Baumwollgarnes

An einem Baumwollgarn wurden mit je 100 m Weiflänge insgesamt $N = 75$ Nummernbestimmungen durchgeführt, und zwar je $l = 15$ Messungen an $k = 5$ verschiedenen Cops. Es liegt wiederum die typische Fragestellung der einfachen Streuungsaufteilung vor. Sie geht dahin, ob die Nummernstreuung innerhalb der einzelnen Cops von gleicher Größenordnung ist wie die zwischen den Cops.

Für jeden Cop war aus den je 15 Einzelwerten in der üblichen Weise die mittlere Nummer und die m. qu. Abw. berechnet worden. Die Ergebnisse waren:

Nummer des Cop	Mittelwert der Nummer Nm	Mittlere quadratische Abweichung	Streuung
1	$\bar{x}_1 = 18,1$	$_1s = 0,551$	$_1s^2 = 0,305$
2	$\bar{x}_2 = 19,3$	$_2s = 0,558$	$_2s^2 = 0,310$
3	$\bar{x}_3 = 18,5$	$_3s = 0,498$	$_3s^2 = 0,248$
4	$\bar{x}_4 = 19,2$	$_4s = 0,604$	$_4s^2 = 0,367$
5	$\bar{x}_5 = 18,9$	$_5s = 0,365$	$_5s^2 = 0,133$
	$\sum \bar{x}_\mu = 94,0$ $\bar{\bar{x}} = 18,8$		$\sum_\mu s^2 = 1,363$

Wie im vorangegangenen Beispiel errechnet sich nach (60)

$$s_1^2 = \frac{15}{4} \cdot (0,7^2 + 0,5^2 + 0,3^2 + 0,4^2 + 0,1^2) = 3,75$$

und nach (61)

$$s_2^2 = \frac{1}{5} \cdot 1,363 = 0,273\,.$$

Die berechneten Daten führen zu folgendem Aufteilungsschema:

	Zahl der Freiheitsgrade	Summe der Abweichungsquadrate	Streuung
zwischen den Cops	$n_1 = 5 - 1 = 4$	$A_1 = 15{,}00$	$s_1^2 = 3{,}75$
innerhalb der Cops	$n_2 = 5 \cdot (15 - 1) = 70$	$A_2 = 19{,}11$	$s_2^2 = 0{,}273$
Total	$n_1 + n_2 = 74$	$A_1 + A_2 = 34{,}11$	$s^2 = 0{,}461$

Das Verhältnis der beiden Schätzwerte für die Einzelwertstreuung ergibt sich daraus zu

$$s_1^2 : s_2^2 = \frac{3{,}75}{0{,}273} = 13{,}7 .$$

In Tab. IV b, Abschn. N, liest man für $n_1 = 4$, $n_2 = 60$ den Wert $F = 3{,}65$ ab; zu $n_1 = 4$, $n_2 = 70$ gehört somit ein F-Wert, der kleiner als 3,65 ist. Der tatsächlich ermittelte Wert 13,7 ist erheblich größer; nach Regel b, S. 72, muß geschlossen werden, daß die Streuung zwischen den Cops gesichert größer ist als die innerhalb der einzelnen Cops. Die Nummern der untersuchten Garnlängen zu je 100 m stellen somit kein einheitliches Material dar; es sind 2 Ursachen für die auftretenden Schwankungen verantwortlich zu machen: die Schwankungen innerhalb eines Cop und die merklich größeren Schwankungen von Cop zu Cop. Nicht mehr Aufgabe der Statistik kann es sein, die Ursachen der zusätzlichen Streuung zwischen den Cops zu finden, vielmehr ist es eine Angelegenheit des Technikers, zu ergründen, welche Fehlerquellen (z. B. ungleiches Vorgarn) dafür in Betracht kommen.

Allgemein gilt bei einem gesicherten Unterschied zwischen s_1^2 (zwischen den Gruppen) und s_2^2 (innerhalb der Gruppen), daß die Unterschiede zwischen den Gruppenmitteln nicht mehr aus den Zufallsschwankungen innerhalb der Gruppen erklärbar sind, sondern grundsätzlich andere Ursachen haben. Diese Ursachen sind bei den einzelnen Gruppen selbst zu suchen. Die Aufgabe der Statistik ist es, einen solchen Sachverhalt aufzuzeigen; die technischen Faktoren selbst für die zu großen Unterschiede zwischen den Gruppen aufzufinden und nach Möglichkeit abzustellen, ist eine betriebs- oder meßtechnische Frage der Herstellungs-, Verfahrens- oder Untersuchungsverbesserung. Ob nach Durchführung einer Abänderung ein Erfolg eingetreten ist, muß dann wiederum nach den Methoden der Statistik durch eine erneute Streuungsanalyse festgestellt werden.

Nicht immer liegen die Ergebnisse der Messungen in der Form vor, daß bereits für die einzelnen Gruppen Mittelwert $\bar{x}_\mu$ und Streuung $_\mu s^2$ berechnet worden sind. Man kann dann ein rechnerisch andersgeartetes Verfahren zur Durchführung der Streuungsaufteilung anwenden. Um es in allgemeiner Formulierung darstellen zu können, werden die Einzelwerte mit 2 Indizes versehen, um sie sowohl hinsichtlich der Zugehörigkeit zu einer Gruppe wie nach ihrer Nummer innerhalb einer Gruppe unterscheiden zu können. $x_{\lambda\mu}$ bedeutet dann also den λ-ten Einzelwert in der μ-ten Gruppe. Wie vorher mögen k Gruppen und l Einzelwerte in jeder Gruppe vorhanden sein. Die Gesamtzahl der Werte ist $N = k\,l$. Für jede der k Gruppen wird das Gruppenmittel aus den l Einzelwerten gebildet. Formelmäßig stellt sich das μ-te Gruppenmittel $x_{-\mu}$ (das Indexzeichen „—" soll wie stets die Mittelwertbildung andeuten) dar als

$$x_{-\mu} = \frac{1}{l} \sum_{\mu=1}^{l} x_{\lambda\mu}. \tag{63}$$

Das Gesamtmittel x_{--} ergibt sich sinngemäß aus den k Gruppenmitteln oder aus den N Einzelwerten

$$x_{--} = \frac{1}{k} \sum_{\mu=1}^{k} x_{-\mu} = \frac{1}{N} \sum_{\lambda,\,\mu} x_{\lambda\mu}. \tag{64}$$

(Das Zeichen $\sum\limits_{\lambda,\,\mu}$ bedeutet dabei, daß die Summe über alle Werte von $\lambda = 1$ bis $\lambda = l$ und $\mu = 1$ bis $\mu = k$ zu bilden ist.)

Die Einteilung der Meßwerte in die Gruppen sieht dann folgendermaßen aus:

	1. Gruppe	2. Gruppe	...	μ-te Gruppe	...	k-te Gruppe
1. Wert	x_{11}	x_{12}	...	$x_{1\mu}$	...	x_{1k}
2. Wert	x_{21}	x_{22}	...	$x_{2\mu}$	...	x_{2k}
...	...	...	...	...	...	...
λ-ter Wert	$x_{\lambda 1}$	$x_{\lambda 2}$	...	$x_{\lambda\mu}$	...	$x_{\lambda k}$
...	...	...	...	...	...	...
l-ter Wert	x_{l1}	x_{l2}	...	$x_{l\mu}$	...	x_{lk}
Gruppensumme . .	$\sum\limits_{\lambda} x_{\lambda 1}$	$\sum\limits_{\lambda} x_{\lambda 2}$	...	$\sum\limits_{\lambda} x_{\lambda\mu}$	...	$\sum\limits_{\lambda} x_{\lambda k}$
Gruppenmittel . .	x_{-1}	x_{-2}	...	$x_{-\mu}$	...	x_{-k}

Den Ausgangspunkt der Rechnung bildet die Zerlegung jeder Einzelabweichung vom Gesamtmittel in 2 Bestandteile: die Abweichung des Gruppenmittels vom Gesamtmittel und die Abweichung des Einzelwertes vom Gruppenmittel:

$$x_{\lambda\mu} - x_{--} = (x_{-\mu} - x_{--}) + (x_{\lambda\mu} - x_{-\mu}). \tag{65}$$

Eine einfache Rechnung zeigt, daß eine gleichartige Zerlegung auch für die Summe der Abweichungsquadrate gilt:

$$\sum_{\lambda,\,\mu} (x_{\lambda\mu} - x_{--})^2 = l \sum_{\mu} (x_{-\mu} - x_{--})^2 + \sum_{\lambda,\,\mu} (x_{\lambda\mu} - x_{-\mu})^2. \tag{66}$$

Diese Formel ist die rechnerische Grundlage der Streuungsaufteilung. Sie führt direkt auf das Aufteilungsschema (62), das auf S. 110 für die Summe der Abweichungsquadrate gegeben wurde.

Alte Bezeichnung	Neue Bezeichnung
$\bar{x}$	x_{--}
x_i	$x_{\lambda\mu}$
$\sum\limits_{i=1}^{N}$	$\sum\limits_{\lambda,\mu}$
$\bar{x}_\mu$	$x_{-\mu}$

Stellt man nämlich die dort benutzte Bezeichnungsweise der jetzt angewendeten gegenüber, so sieht man unmittelbar, daß die linke Seite $\sum\limits_{\lambda,\mu} (x_{\lambda\mu} - x_{--})^2$ von (66) mit $A_1 + A_2 = \sum\limits_{i=1}^{N} (x_i - \bar{\bar{x}})^2$ und der erste Ausdruck $l \sum\limits_{\mu} (x_{-\mu} - x_{--})^2$ der rechten Seite von (66) mit $A_1 = l \sum\limits_{\mu} (\bar{x}_\mu - \bar{\bar{x}})^2$ identisch ist.

Für das zweite Glied der rechten Seite von (66) ergibt sich, wenn man zunächst bei festem μ über λ summiert:

$$\sum_{\lambda=1}^{l} (x_{\lambda\mu} - x_{-\mu})^2 = (l - 1)\,_\mu s^2.$$

Die nachfolgende Summierung über alle μ von 1 bis k erweist die Identität dieses zweiten Gliedes:

$$\sum_{\lambda,\mu} (x_{\lambda\mu} - x_{-\mu})^2 \quad \text{mit} \quad A_2 = (l - 1) \sum_{\mu} {}_\mu s^2.$$

Division von A_1 bzw. A_2 durch die zugehörige Zahl der Freiheitsgrade $n_1 = k - 1$ bzw. $n_2 = k \cdot (l - 1)$ liefert wie früher die beiden Schätzwerte s_1^2 und s_2^2 der Einzelwertstreuung.

An Stelle der direkten Berechnung von s_1^2 und s_2^2 werden nun bei dem zweiten Rechengang zuerst A_1 und A_2, die Summen der Abweichungsquadrate, gewonnen, wobei die Umformung

$$\sum_{i=1}^{N} (x_i - \bar{x})^2 = \sum_{i=1}^{N} x_i^2 - \bar{x} \sum_{i=1}^{N} x_i = \sum_{i=1}^{N} x_i^2 - N \bar{x}^2 \tag{67}$$

gebraucht wird. Man erhält unter Benutzung von (62) und (67)

$$A_1 = l \sum_{\mu} (x_{-\mu} - x_{--})^2 = l \underbrace{\sum x_{-\mu}^2}_{\text{II}} - \underbrace{l\,k\,x_{--}^2}_{\text{I}}.$$

Bei festem μ wird

$$\sum_{\lambda} (x_{\lambda\mu} - x_{-\mu})^2 = \sum_{\lambda} x_{\lambda\mu}^2 - l\,x_{-\mu}^2.$$

Summiert man jetzt noch über alle μ, so folgt:

$$A_2 = \sum_{\lambda,\mu} (x_{\lambda\mu} - x_{-\mu})^2 = \underbrace{\sum_{\lambda,\mu} x_{\lambda\mu}^2}_{\text{III}} - l \underbrace{\sum_{\mu} x_{-\mu}^2}_{\text{II}}.$$

Wendet man (67) schließlich auf den Ausdruck $\sum\limits_{\lambda,\mu} (x_{\lambda\mu} - x_{--})^2$ an, so ergibt sich

$$\sum_{\lambda,\mu} (x_{\lambda\mu} - x_{--})^2 = \underbrace{\sum_{\lambda,\mu} x_{\lambda\mu}^2}_{\text{III}} - \underbrace{l\,k\,x_{--}^2}_{\text{I}}.$$

Das Aufteilungsschema der Streuung bekommt somit die Gestalt:

	Zahl der Freiheitsgrade	Summe der Abweichungsquadrate	Streuung
zwischen den Gruppen	$n_1 = k - 1$	$A_1 = (\text{II}) - (\text{I})$	$s_1^2 = \dfrac{A_1}{k - 1}$
innerhalb der Gruppen	$n_2 = k\,(l - 1)$	$A_2 = (\text{III}) - (\text{II})$	$s_2^2 = \dfrac{A_2}{k\,(l - 1)}$
Total	$n_1 + n_2 = N - 1$	$A_1 + A_2 = (\text{III}) - (\text{I})$	$s^2 = \dfrac{A_1 + A_2}{N - 1}$

wobei die drei zu berechnenden Ausdrücke

$$\begin{aligned}
(\text{I}) &= l\,k\,x_{--}^2 = N x_{--}^2 = \frac{1}{N}\left\{\sum_{\lambda,\mu} x_{\lambda\mu}\right\}^2, \\[2mm]
(\text{II}) &= l \sum_{\mu=1}^{k} x_{-\mu}^2 = \frac{1}{l} \sum_{\mu=1}^{k}\left\{\sum_{\lambda=1}^{l} x_{\lambda\mu}\right\}^2, \\[2mm]
(\text{III}) &= \sum_{\mu,\lambda} x_{\lambda\mu}^2
\end{aligned} \qquad (68)$$

unter Benutzung von Quadratzahltafel und Rechenmaschine leicht zu ermitteln sind. Darin liegt der Vorteil dieser Rechenweise.

Beispiel 55: Streuungsanalyse der Festigkeitsprüfung an einem Zellwollgarn

An einem Zellwollgarn wurden insgesamt $N = 100$ Festigkeitsbestimmungen durchgeführt, und zwar je $l = 20$ an $k = 5$ verschiedenen Cops. Die erhaltenen Meßwerte und die Durchführung der Rechnung nach (68) zeigt die folgende Übersicht[1] (S. 118).

Die Summe aller Gruppensummen ist gleich der Summe aller Werte, d. h.

$$\sum_{\lambda,\mu} x_{\lambda\mu} = 5157 + 4758 + \cdots + 4562 = 23342,$$

und man erhält

$$(\text{I}) = \frac{1}{100}\,23342^2 = 5\,448\,489{,}64.$$

---

[1] Die Berechnungen sind mit Hilfe der Rechenmaschine an den Originalwerten durchgeführt. Will man die sehr großen Zahlen, die mit dieser Stellenzahl benötigt werden, vermeiden, so kann man alle Einzelwerte von vornherein um eine feste Zahl vermindern — im Beispiel etwa um 200 oder 230 — und die Rechnung mit den verbleibenden Resten durchführen.

Nummer des Einzelwertes	1. Cop	2. Cop	3. Cop	4. Cop	5. Cop	
1	222	228	214	203	230	
2	297	272	174	200	203	
3	275	215	196	200	236	
4	260	163	281	202	227	
5	266	208	248	178	211	
6	233	289	233	158	224	
7	236	226	264	168	193	
8	227	295	266	143	292	
9	258	240	266	226	208	$\sum\limits_{\lambda,\,\mu} x_{\lambda\mu}^2$
10	258	251	265	167	242	$= 5\,593\,634$
11	205	295	236	184	209	$= (\mathrm{III})$
12	257	233	236	200	212	
13	260	236	258	171	266	
14	272	168	221	195	272	
15	280	236	193	153	303	
16	262	215	266	257	249	
17	260	229	242	233	165	
18	294	303	283	208	215	
19	269	236	286	258	190	
20	266	220	295	238	215	
Gruppensumme: $\sum\limits_{\lambda=1}^{20} x_{\lambda\mu}$	5157	4758	4923	3942	4562	Summe $= 23\,342$ $x_{--} = 233,42$
(Gruppensumme)²: $\left\{ \sum\limits_{\lambda=1}^{20} x_{\lambda\mu} \right\}^2$	26594649	22638564	24235929	15539364	20811844	

Weiter wird

$$(\mathrm{II}) = \frac{1}{20} \cdot (26\,594\,649 + 22\,638\,564 + \cdots + 20\,811\,844)$$

$$= \frac{109820350}{20} = 5\,491\,017,50.$$

Schließlich ist

$$(\mathrm{III}) = 5\,593\,634$$

die Summe der Quadrate aller 100 Einzelwerte. Sie wird zweckmäßigerweise gewonnen, indem man die Quadrate der Einzelwerte einer Quadratzahltafel (z. B. in der „Hütte") entnimmt, sie — ohne sie aufzuschreiben — in der Rechenmaschine einstellt und laufend addiert. Die Ausdrücke (I) bis (III) müssen in jedem Fall mit ausreichender Stellenzahl berechnet werden, da sich daraus A_1 und A_2 als relativ kleine

Differenzen großer Zahlen ergeben. Für A_1 und A_2 erhält man jetzt im Beispiel nach (68)

$$A_1 = \text{(II)} - \text{(I)} = 42\,527{,}86,$$
$$A_2 = \text{(III)} - \text{(II)} = 102\,616{,}50$$

und damit das Aufteilungsschema:

	Zahl der Freiheitsgrade	Summe der Abweichungsquadrate	Streuung
zwischen den Cops	$n_1 = 4$	$A_1 = 42\,527{,}86$	$s_1^2 = 10632$
innerhalb der Cops	$n_2 = 95$	$A_2 = 102\,616{,}50$	$s_2^2 = 1079$
Total	$n_1 + n_2 = 99$	$A_1 + A_2 = 145\,144{,}36$	$s^2 = 1468$

Das Verhältnis $s_1^2 : s_2^2$ hat den Wert

$$s_1^2 : s_2^2 = \frac{10632}{1079} = 9{,}86.$$

Aus Tab. IVc (Abschn. N) liest man bei $\bar{S} = 99{,}9\%$ ab:

$$n_1 = 4, \quad n_2 = 60 : F = 5{,}31,$$
$$n_1 = 4, \quad n_2 = 120 : F = 4{,}95.$$

Der zu $n_1 = 4$, $n_2 = 95$ gehörende F-Wert liegt also in der Nähe von 5, d. h. weit unterhalb des errechneten Wertes 9,86. Mit weit mehr als 99,9%iger Aussagesicherheit ist daher das Ergebnis gewonnen, daß die Festigkeit zwischen den einzelnen Cops stärker schwankt, als auf Grund der zufälligen Schwankungen bei einem einzelnen Cop zu erwarten ist. Der Grund hierfür kann z. B. zu suchen sein in Drehungsunterschieden, Streckwerkseinflüssen, Vorgarnschwankungen usw. Diese technische Ursache herauszufinden, ist nicht mehr Aufgabe der Statistik.

Bei allen bisher besprochenen einfachen Streuungsaufteilungen war vorausgesetzt worden, daß in jeder Gruppe gleichviel Messungen durchgeführt worden sind. Daneben kann aber auch der Fall eintreten, daß die Anzahl der Einzelwerte in den verschiedenen Gruppen unterschiedlich ist. Grundsätzlich läßt sich die Streuungsaufteilung dann nach genau denselben Gedankengängen vornehmen, wie sie vorstehend geschildert sind. Die benötigten Ausdrücke A_1 und A_2 sind in diesem Falle nach etwas abgeänderten Formeln zu berechnen, die im folgenden für die beiden Rechenverfahren ohne die ähnlich wie früher verlaufende Ableitung angegeben sind. Die Zahl der Freiheitsgrade bleibt unverändert $n_1 = k - 1$, $n_2 = N - k$, wenn wie immer N die Gesamtzahl der Werte und k die Zahl der Gruppen ist. Die Zahl der Einzelwerte in der μ-ten Gruppe sei l_μ, wobei $N = \sum_\mu l_\mu$ gilt.

1. Rechenverfahren:

$$A_1 = \sum_{\mu=1}^{k} l_\mu \{x_{-\mu} - x_{--}\}^2,$$

$$A_2 = \sum_{\mu=1}^{k} (l_\mu - 1)_\mu s^2 \quad \text{mit} \quad {}_\mu s^2 = \frac{1}{l_\mu - 1} \sum_{\lambda=1}^{l_\mu} (x_{\lambda\mu} - x_{-\mu})^2. \quad\quad (69)$$

2. Rechenverfahren:

$$A_1 = \text{(II)} - \text{(I)}$$

$$A_2 = \text{(III)} - \text{(II)}$$

mit

$$\text{(I)} = N\, x_{--}^2 = \frac{1}{N} \left\{ \sum_{\lambda,\mu} x_{\lambda\mu} \right\}^2,$$

$$\text{(II)} = \sum_\mu l_\mu\, x_{-\mu}^2 = \sum_\mu \frac{1}{l_\mu} \left\{ \sum_{\lambda=1}^{l_\mu} x_{\lambda\mu} \right\}^2, \quad\quad (70)$$

$$\text{(III)} = \sum_{\lambda,\mu} x_{\lambda\mu}^2.$$

Mit n_1, n_2, A_1, A_2 wird wie vorher nach (68) das Aufteilungsschema gebildet.

Beispiel 56: Festigkeitsbestimmung an einem Seidengarn (XII), Streuungsanalyse der Bruchlast in Gramm (vgl. S. 5)

Die auf S. 5 für dieses Beispiel angeführten $N = 120$ Meßwerte beziehen sich auf die Untersuchung von $k = 5$ Ballen, und zwar wurden an dem

$$\begin{aligned}
&\text{1. Ballen: } l_1 = 30 \text{ Messungen,} \\
&\text{2. Ballen: } l_2 = 30 \text{ Messungen,} \\
&\text{3. Ballen: } l_3 = 20 \text{ Messungen,} \\
&\text{4. Ballen: } l_4 = 20 \text{ Messungen,} \\
&\text{5. Ballen: } l_5 = 20 \text{ Messungen,}
\end{aligned}$$

vorgenommen.

Der Rechnungsgang für die Streuungsanalyse ergibt sich nach den beiden Rechenverfahren (69) und (70) wie folgt (Tabelle S. 121).

Das Gesamtmittel x_{--} berechnet sich als die Summe aller Gruppensummen geteilt durch 120 zu $9671 : 120 = 80{,}59$.

1. Rechenverfahren nach Gleichungen (69)

$$A_1 = (117{,}6 + 365{,}4 + \cdots + 239{,}4) = 741{,}3,$$

$$A_2 = (7395 + 4144 + \cdots + 2504) = 17699,$$

wobei z. B. $(l_3 - 1) \cdot {}_3 s^2$ sich aus den Werten des dritten Ballens berechnet als

$$(84 - 80{,}35)^2 + (80 - 80{,}35)^2 + (76 - 80{,}35)^2 + \cdots$$
$$+ (71 - 80{,}35)^2 + (81 - 80{,}35)^2.$$

Nummer des Einzel-wertes im Ballen	Nummer des Ballens					
	1.	2.	3.	4.	5.	
1	83	76	84	84	71	
2	92	84	80	84	65	
3	94	82	76	69	102	
4	67	88	78	80	103	
5	64	89	65	75	103	
6	103	83	67	91	84	
7	105	72	84	78	80	
8	106	70	71	91	70	
9	56	82	81	73	94	
10	61	54	87	71	90	
11	63	54	86	60	90	
12	78	53	83	71	81	
13	73	81	92	61	84	
14	68	82	89	97	86	$\sum\limits_{\lambda,\,\mu} x_{\lambda\mu}^2$
15	97	76	94	95	74	$= 797\,845$
16	94	88	81	97	70	$= \text{(III)}$
17	99	96	82	89	92	
18	73	94	75	81	78	
19	73	88	71	81	90	
20	71	93	81	65	74	
21	81	87				
22	92	68				
23	95	71				
24	108	67				
25	99	68				
26	103	64				
27	76	63				
28	71	76				
29	68	78				
30	64	86				
l_μ	30	30	20	20	20	
Gruppensumme $\sum\limits_{\lambda} x_{\lambda\mu}$	2477	2313	1607	1593	1681	Summe $= 9671$
Gruppenmittel $x_{-\mu}$	82,57	77,10	80,35	79,65	84,05	$x_{--} = 80,59$
$x_{-\mu} - x_{--}$	$+1,98$	$-3,49$	$-0,24$	$-0,94$	$+3,46$	
$(x_{-\mu} - x_{--})^2$	3,9204	12,1801	0,0576	0,8836	11,9716	
$l_\mu(x_{-\mu} - x_{--})^2$	117,6	365,4	1,2	17,7	239,4	
$(l_\mu - 1)\,_\mu s^2$	7395	4144	1152	2504	2504	
(Gruppensumme)^2 $\left\{\sum\limits_{\lambda=1}^{l_\mu} x_{\lambda\mu}\right\}^2$	6135529	5349963	2582449	2537649	2825761	

2. Rechenverfahren nach Gleichungen (70)

$$\text{(I)} = \frac{1}{120} \cdot 9671^2 = 779\,402{,}0,$$

$$\text{(II)} = \frac{6\,135\,529}{30} + \frac{5\,349\,963}{30} + \frac{2\,582\,449}{20} + \frac{2\,537\,649}{20} + \frac{2\,825\,761}{20}$$
$$= 780\,142{,}65,$$

$$\text{(III)} = \sum_{\lambda,\mu} x_{\lambda\mu}^2 = 797\,845 \text{ als Summe der Quadrate aller Einzelwerte.}$$

Damit erhält man weiter

$$A_1 = 740{,}65,$$
$$A_2 = 17\,702{,}35.$$

Die große Genauigkeit dieser Werte kommt automatisch durch die Benutzung der Rechenmaschine zustande. Die bei dem ersten Rechenverfahren hiergegen auftretenden Unterschiede sind praktisch völlig belanglos.

Die Zahl der Freiheitsgrade berechnet sich zu

$$n_1 = 5 - 1 = 4 \quad \text{und}$$
$$n_2 = 120 - 5 = 115,$$

so daß das Aufteilungsschema folgendes Aussehen bekommt:

	Zahl der Freiheitsgrade	Summe der Abweichungsquadrate	Streuung
zwischen den Ballen	$n_1 = 4$	$A_1 = 741$	$s_1^2 = 185{,}2$
innerhalb der Ballen	$n_2 = 115$	$A_2 = 17\,702$	$s_2^2 = 154{,}0$
Total	$n_1 + n_2 = 119$	$A_1 + A_2 = 18\,443$	$s^2 = 155{,}0$

Das Verhältnis

$$s_1^2 : s_2^2 = 185{,}2 : 154{,}0 = 1{,}20$$

ist mit dem F-Test (Tab. IV, Abschn. N) nachzuprüfen. Die Tab. IV a liefert für $n_1 = 4$, $n_2 = 115$ einen noch größeren Wert als den ablesbaren Wert $F = 2{,}45$ für $n_1 = 4$, $n_2 = 120$, der aber seinerseits bereits den errechneten Verhältniswert 1,20 deutlich übertrifft. Nach der Regel a, S. 72, ist daher der Unterschied zwischen der Streuung s_1^2 (zwischen den Ballen) und der Streuung s_2^2 (innerhalb der Ballen) nicht gesichert, und das Gesamtmaterial darf als homogen angesehen werden. Von diesem Ergebnis wurde bei der Behandlung des Beispiels 1 auf S. 5 bereits Gebrauch gemacht.

Führt man die Streuungsanalyse für die Einteilung nach Zehner- und Zwölfergruppen durch (vgl. S. 5), so führt die entsprechende Rechnung auf das gleiche Ergebnis, daß das Material homogen ist.

Das totale Streuungsquadrat wurde hier bei der Streuungsanalyse zu $s^2 = 155,0$ ermittelt, während sich früher (S. 11) $s^2 = 155,54$ ergab. Dieser Unterschied ist durch die Ungenauigkeiten bedingt, die mit der Klasseneinteilung (S. 9) verbunden sind. Für die statistischen Schlüsse spielt dieser Unterschied keine Rolle.

Die im vorangegangenen beschriebene Streuungszerlegung, aus der das Aufteilungsschema (68) hervorgeht, stellt ein rein formales Rechenverfahren dar. Infolgedessen kann ein solches Aufteilungsschema immer gewonnen werden, und die dazu erforderlichen Rechnungen lassen sich nach einem der angegebenen Verfahren stets durchführen. Dagegen kann der anschließende Vergleich der beiden gewonnenen Schätzwerte s_1^2 und s_2^2 der Einzelwertstreuung mit Hilfe des F-Testes nur erfolgen, wenn gewisse Voraussetzungen erfüllt sind: Die Einzelwerte jeder Gruppe müssen Zufallsproben darstellen, und die Grundgesamtheiten, aus denen sie stammen, sollen annähernd normal verteilt sein. Darüber hinaus ist zu fordern, daß die einzelnen Streuungen innerhalb der Gruppen, d. h. die Werte $_1s^2$, $_2s^2$, ... untereinander nur solche Unterschiede aufweisen, daß sie alle als Schätzwerte einer einzigen GAUSSschen Streuung aufgefaßt werden können. Das bedeutet, daß die Unterschiede zwischen den Gruppen nicht durch gesicherte Unterschiede zwischen den Streuungen innerhalb dieser Gruppen hervorgerufen sein, sondern mit den Gruppenmitteln zusammenhängen sollen. Auf die Nachprüfung dieser Forderung, welche mit dem BARTLETT-Test[1] erfolgen kann, ist hier nicht näher eingegangen, da der Vergleich der Werte s_1^2 und s_2^2 auch dann noch zu brauchbaren Ergebnissen führt, wenn die Werte $_1s^2$, $_2s^2$, ... bereits deutliche Abweichungen von der geforderten Einheitlichkeit aufweisen. Bei größeren Diskrepanzen, welche die Anwendbarkeit des F-Testes zweifelhaft werden lassen, kann man ihn trotzdem oft noch verwenden und zu gut fundierten Aussagen gelangen, wenn man die Streuungsaufteilung nicht direkt an den Originalwerten vornimmt, sondern diese zuvor einer Transformation unterwirft. Man arbeitet dann z. B. mit den Logarithmen oder den Wurzeln der Einzelwerte.

Die hier für die einfache Streuungszerlegung kurz dargelegten grundsätzlichen Voraussetzungen sind sinngemäß auch auf die mehrfache Streuungsanalyse zu übertragen.

2. Die Streuungs-Längen-Kurve der Garn-Ungleichmäßigkeit

Die auf S. 115 mit Gl. (66) gegebene Aufspaltung der Summe der Abweichungsquadrate hat im Zusammenhang mit der Bewertung und Analyse der Gleichmäßigkeit eines Garnes eine sehr wichtige Anwendung gefunden, deren Grundzüge hier kurz aufgezeigt werden sollen. Das

---

[1] Vgl. z. B. U. GRAF und H.-J. HENNING: Der statistische Vergleich von Streuungen bei textilen Untersuchungen. Textil-Praxis Bd. 7 (1952) S. 815.

Ergebnis ist die Gewinnung der sogenannten „Streuungs-Längen-Kurve" (variance-length-curve), mit deren Hilfe die Garn-Ungleichmäßigkeit wesentlich besser und erschöpfender beschrieben werden kann als durch die Angabe einer Ungleichmäßigkeitszahl od. dgl.

Um die Streuungs-Längen-Kurve aufzustellen, entnimmt man zunächst aus der zu bewertenden Garnmenge, die je nach der vorliegenden Fragestellung ein einzelner Cop, ein Abzug einer oder mehrerer Maschinenseiten oder auch eine ganze Partie sein kann, willkürlich eine Reihe von Garnstücken, und zwar alle mit der gleichen Länge L. An allen diesen Garnstücken wird Mittelwert und Streuung der zu bewertenden Eigenschaft — also z. B. der Dicke, des Gewichts pro Längeneinheit, der Nummer, der Drehung usw. — ermittelt. Das kann so geschehen, daß an jedem Stück der Länge L eine größere Anzahl von Einzelmessungen ausgeführt und aus den erhaltenen Einzelwerten in der

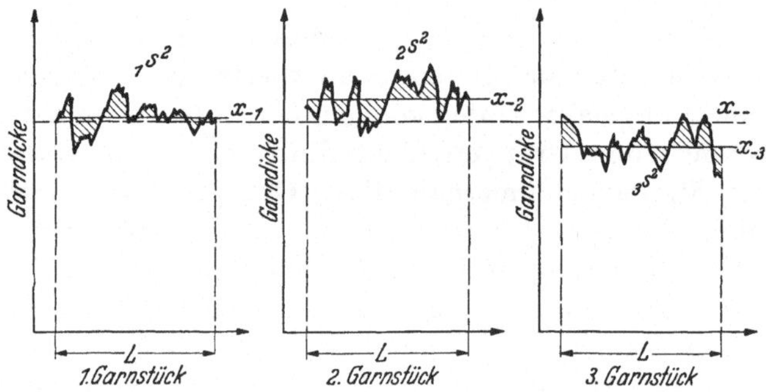

Abb. 41. Garndickenkurven dreier Garnabschnitte der Prüflänge L

üblichen Weise Mittelwert und Streuung für jedes Garnstück gesondert berechnet wird. Statt dessen kann jedoch auch für jedes Garnstück durch ein automatisch registrierendes Gerät eine Kurve aufgezeichnet und aus dieser z. B. durch Planimetrieren oder nach dem graphischen Verfahren von S. 56 das Zahlenmaterial für die Mittelwerte und Streuungen der einzelnen Garnstücke gefunden werden. In Abb. 41 sind schematisch für 3 Garnstücke diese Kurven zur Veranschaulichung des Sachverhaltes angedeutet. Man erhält für den ersten Garnabschnitt der Länge L das Mittel x_{-1} und die Streuung ${}_1s^2$, für den zweiten x_{-2} und ${}_2s^2$ usw. bis x_{-k} und ${}_ks^2$, wenn insgesamt k Abschnitte geprüft wurden.

Zur weiteren Auswertung müssen außerdem der Gesamtmittelwert x_{--} aller Garnabschnitte der Länge L und die auf dieses Gesamtmittel bezogene Gesamtstreuung s^2 herangezogen werden. Zur Ermittlung von s^2 benötigt man die Summe der Abweichungsquadrate gegenüber x_{--}. Für diese gilt nach (66)

$$\sum_{\lambda,\mu} (x_{\lambda\mu} - x_{--})^2 = l \sum_{\mu} (x_{-\mu} - x_{--})^2 + \sum_{\lambda,\mu} (x_{\lambda\mu} - x_{-\mu})^2$$

oder nach S. 116

$$\sum_{\lambda,\,\mu} (x_{\lambda\mu} - x_{--})^2 = l \sum_{\mu} (x_{-\mu} - x_{--})^2 + (l-1) \sum_{\mu} {}_\mu s^2 .$$

Wird diese Gleichung durch N dividiert, so ergibt sich, wenn die Anzahl l der Einzelwerte für jedes Garnstück nicht zu klein ist und daher $l-1$ durch l und dann auch $N-1$ durch N ersetzt werden darf:

$$s^2 = \frac{1}{k} \sum_{\mu=1}^{k} (x_{-\mu} - x_{--})^2 + \frac{1}{k} \sum_{\mu=1}^{k} {}_\mu s^2 . \tag{71}$$

Man hat so 2 Komponenten für die Gesamtstreuung erhalten:

$$\frac{1}{k} \sum_{\mu} (x_{-\mu} - x_{--})^2$$

stellt die Streuung dar, welche die Mittelwerte der k Garnabschnitte von der Länge L um das Gesamtmittel aufweisen (bei genügend großem k kann $k-1$ durch k ersetzt werden).

$$\frac{1}{k} \sum_{\mu} {}_\mu s^2$$

ist die durchschnittliche Streuung für ein Garnstück der Länge L.

Da die Garn-Ungleichmäßigkeit im allgemeinen auf den Mittelwert bezogen wird, geht man von (71) zu den Variationskoeffizienten (vgl. S. 8) über. Mit

$$\frac{s}{x_{--}} 100\,\% = V_T ,$$

$$\frac{1}{x_{--}} \sqrt{\left\{ \frac{1}{k} \sum_{\mu} (x_{-\mu} - x_{--})^2 \right\}} \, 100\,\% = V_z(L) ,$$

$$\frac{1}{x_{--}} \sqrt{\left(\frac{1}{k} \sum_{\mu} {}_\mu s^2 \right)} \, 100\,\% = V_i(L)$$

erhält man

$$V_T^2 = V_z^2(L) + V_i^2(L) . \tag{72}$$

Wird die Ungleichmäßigkeit einer Garneigenschaft durch das Quadrat der Variationskoeffizienten beziffert, dann besagt (72), daß die gesamte Ungleichmäßigkeit V_T^2 sich additiv aus der durchschnittlichen Ungleichmäßigkeit $V_i^2(L)$ eines Garnstückes von der Länge L und der Ungleichmäßigkeit $V_z^2(L)$ zwischen Garnabschnitten der Länge L zusammensetzt.

Ihre anschauliche Deutung finden die beiden Komponenten darin, daß $V_i^2(L)$ die Schwankungen z. B. der Garnnummer auf kürzere Längen, d. h. die „Stelligkeit", erfaßt, die sich im Ausfall des Fertigerzeugnisses durch ein mehr oder minder unruhiges Warenbild äußert, während $V_z^2(L)$ ein Maß für die Schwankungen auf größeren Längen, z. B. die „Nummernschwankungen", abgibt, die bei stärkerer Ausprägung zu Schußbanden Anlaß geben.

Zur Streuungs-Längen-Kurve gelangt man, wenn man nunmehr die Werte von $V_i^2(L)$ und $V_z^2(L)$ für verschiedene Werte von L ermittelt und in Abhängigkeit von L aufträgt. Da die Schwankungen auf einem kurzen Garnstück noch nicht voll ausgeprägt sind, wird $V_i^2(L)$ bei kleinem L niedrig liegen und mit wachsendem L zunächst rasch, dann langsam ansteigen. Die Nummernschwankungen [allgemein die Werte von $V_z^2(L)$] sind dagegen groß, wenn man jeweils nur eine kurze Weiflänge (kleines L) nimmt; je größere Garnlängen abgeweift werden, desto weniger streuen die Nummern, d. h. um so kleiner wird $V_z^2(L)$. Die Gesamtstreuung V_T^2 schließlich ist unabhängig von der Prüflänge L. Das ist für die praktische Ermittlung der Streuungs-Längen-Kurve wesentlich. Es genügt, für *eine* Prüflänge L die Werte von $V_i^2(L)$ und $V_z^2(L)$ zu messen und aus ihrer Summe V_T^2 zu bilden. Für die anderen Prüflängen L genügt dann die Bestimmung von z. B. $V_z^2(L)$ allein, da

$$V_i^2(L) = V_T^2 - V_z^2(L)$$

mit bekanntem V_T^2 aus $V_z^2(L)$ sofort angebbar ist. Die näheren Einzelheiten der praktischen Gewinnung der Streuungs-Längen-Kurven müssen hier unberücksichtigt bleiben[1].

In Abb. 42 sind nach TOWNSEND[1] für das Gewicht pro Längeneinheit als bewertete Garneigenschaft die Streuungs-Längen-Kurven dreier Kammgarne A, B, C wiedergegeben, und zwar für die Variationskoeffizienten selbst, nicht für ihre Quadrate. Ausgezogen ist der Verlauf des Variationskoeffizienten $V_i(L)$ in Abhängigkeit von L (logarithmischer Abszissenmaßstab). Gestrichelt sind die Kurven für den Variationskoeffizienten $V_z(L)$. Garn A kann nach dem Ausfall der daraus hergestellten Ware als normal bezeichnet werden. Seine $V_i(L)$-Kurve

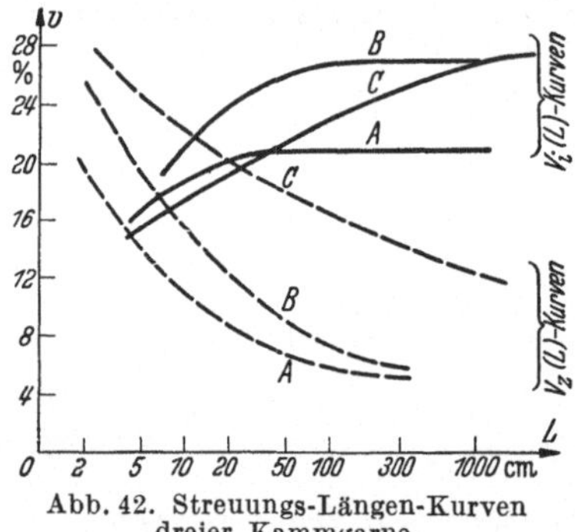

Abb. 42. Streuungs-Längen-Kurven dreier Kammgarne

steigt rasch zu einem asymptotischen Wert an, und die zugehörige $V_z(L)$-Kurve fällt entsprechend rasch ab. Garn B ist mit zu hohem Verzug gesponnen; es zeigt höhere Werte für $V_i(L)$ und $V_z(L)$ sowie langsamere Annäherung an die Grenzwerte bei beiden Kurven. Die daraus gefertigte Ware war wegen zu unruhigen, stelligen Ausfalls nicht

---

[1] Vgl. dazu die Übersicht von M. W. TOWNSEND: The Assessment of Yarn Quality. J. Text. Inst., Manchr. Bd. 40 (1949) S. P566. Einige Hinweise finden sich auch in der Gebrauchsanleitung des bekannten Uster-Garngleichmäßigkeitsprüfgerätes. Wegen weiterer Angaben wird z. B. verwiesen auf: Handbuch der Werkstoffprüfung, Bd. 5: Die Prüfung der Textilien. Berlin/Göttingen/Heidelberg: Springer 1960.

vollwertig. Garn C schließlich ist mit zu geringer Zahl von Doublierungen in der Vorbereitung gefertigt. Das äußert sich darin, daß die $V_i(L)$- und $V_z(L)$-Werte auch bei $L = 10$ m Prüflänge noch nicht annähernd konstant geworden sind. Das Garn besitzt starke Nummernschwankungen und dementsprechend die daraus gearbeitete Ware ein bandiges Aussehen.

Hervorzuheben ist an diesen Kurven noch besonders, daß sie sich zum Teil schneiden bzw. weitgehend einander nähern. Garn B und C zeigen bei $L = 10$ m z. B. keine Unterschiede in den V_i-Werten, Garn A und C fallen in ihren V_i-Werten bei $L = 40$ cm zusammen. Das bedeutet, daß es nicht möglich ist, die Ungleichmäßigkeit eines Garnes durch die Angabe einer einzigen Zahl in genügendem Maße zu beschreiben. Dazu gehört vielmehr für genaue Vergleiche die Festlegung der Streuungs-Längen-Kurve. Für einfachere Vergleiche sollten zumindest 2 Punkte der Kurve ermittelt werden. Keineswegs genügt aber die Bestimmung von V_T allein, da daraus keine Rückschlüsse auf Art und Herkunft der Ungleichmäßigkeit gezogen werden können.

3. Vertrauensgrenzen, Stichprobenumfang und Zahl der Gruppen bei inhomogenem Material

Führt die einfache Streuungsaufteilung zu dem Ergebnis, daß das untersuchte Material nicht einheitlich und somit die Streuung zwischen den Gruppen *nicht* mehr verträglich mit der Streuung innerhalb der Gruppen ist[1], dann bleibt es nach wie vor die Aufgabe der Statistik, einen Bereich anzugeben, innerhalb dessen der gefundene Mittelwert x_{--} (bzw. $\bar{\bar{x}}$ in der Schreibweise von S. 109ff.) als Schätzwert des Mittels des gesamten Materials Vertrauen verdient.

Dabei sind 2 Fälle zu unterscheiden:

a) Man beschränkt sich auf die untersuchten k Gruppen und fragt nach dem Vertrauensbereich, innerhalb dessen der Mittelwert dieser Gesamtheit bei einer mehrfachen Untersuchung des aus den k Gruppen stammenden Materials mit einer bestimmten statistischen Sicherheit zu erwarten ist. In diesem Falle ist das Streuungsquadrat innerhalb der Gruppen zugrunde zu legen, und der mittlere Fehler von x_{--} ist (vgl. S. 51)

$$s''_{x_{--}} = \frac{s_2}{\sqrt{N}}. \tag{73}$$

b) Von wesentlich größerer praktischer Bedeutung ist der zweite Fall. Man betrachtet die untersuchten k Gruppen als eine Stichprobe aus der Mannigfaltigkeit aller denkbaren Gruppen der gleichen Art und

---

[1] Wegen der Beschreibung uneinheitlichen Materials wird auch auf DIN 53804 „Prüfung von Textilien, Auswertung der Meßergebnisse" hingewiesen (Beuth-Vertrieb 1953).

fragt nach dem Vertrauensbereich des Mittelwertes, wenn bei der Wiederholung des Versuches das Material aus anderen Gruppen genommen werden darf. In diesem Fall ist als mittlerer Fehler von x_{--} der Ausdruck

$$s'_{x--} = \frac{s_1}{\sqrt{N}} \tag{74}$$

anzusetzen.

Diese allgemeinen Überlegungen werden anschaulich, wenn man sie auf das S. 118 behandelte Beispiel der Festigkeitsbestimmung anwendet.

Beispiel 57: Festigkeitsprüfung an einem Zellwollgarn (II), Vertrauensbereich des Gesamtmittels bei inhomogenem Material

Auf S. 118 und 119 war berechnet worden:

Gesamtmittel $x_{--} = 233{,}42$.
Streuungsquadrat zwischen den Gruppen: $s_1^2 = 10632$.
Streuungsquadrat innerhalb der Gruppen: $s_2^2 = 1079$.
Totales Streuungsquadrat: $s^2 = 1468$.

Fall a) Die Frage läuft darauf hinaus, mit welchem Vertrauensbereich für den Mittelwert gerechnet werden muß, wenn wiederholt *dieselben 5 Cops* mit insgesamt 100 Messungen (20 je Cop) untersucht werden.

Dieser Vertrauensbereich ist durch

$$\pm \lambda\, s''_{x--} = \pm \lambda\, \frac{s_2}{\sqrt{N}} = \pm \lambda \sqrt{\frac{1079}{100}} = \pm \lambda\, 3{,}28$$

gegeben, wobei λ wie üblich der Faktor der statistischen Sicherheit ist[1].

Fall b) Nimmt man dagegen die 100 Messungen (je 20 pro Cop) wiederholt *an beliebigen 5 Cops*, die willkürlich aus der Gesamtheit der Cops herausgesucht werden, vor, so wird der Vertrauensbereich

$$\pm \lambda\, s'_{x--} = \pm \lambda\, \frac{s_1}{\sqrt{N}} = \pm \lambda \sqrt{\frac{10632}{100}} = \pm \lambda\, 10{,}3 .$$

Würde man dagegen, wie es früher bei homogenem Material geschehen ist, ohne Streuungsanalyse vorgehen und nur das totale Streuungsquadrat $s^2 = 1468$ in Einsatz bringen, so erhielte man — unter der stillschweigenden, hier aber falschen Voraussetzung, daß das Gesamtmaterial homogen ist — als Vertrauensbereich des Mittelwertes

$$\pm \lambda\, s_{\overline{x}} = \pm \lambda\, s_{x--} = \pm \lambda\, \frac{s}{\sqrt{N}} = \pm \lambda \sqrt{\frac{1468}{100}} = \pm \lambda\, 3{,}83 .$$

---

[1] Hier und im folgenden wird vorausgesetzt, daß s_1^2 und s_2^2 und damit auch s_g^2 (vgl. S. 130) hinreichend genau bekannt sind, sonst tritt an die Stelle des λ-Faktors der t-Faktor (vgl. S. 74ff.) mit $(N-k)$ Freiheitsgraden im Fall a bzw. $(k-1)$ Freiheitsgraden im Fall b.

Der Vergleich dieses Wertes mit den Werten unter a und b zeigt, daß der Vertrauensbereich bei a mit der alten Berechnungsweise größenordnungsmäßig übereinstimmt, während der Wert unter b rund das Dreifache beträgt. Der Wert b ist der hier bei inhomogenem Material praktisch maßgebende und anzuwendende, und der Größenvergleich zeigt, wie bei solchem inhomogenem Material der Vertrauensbereich des Mittelwertes sehr viel weiter wird als bei homogenem Material. Allein diese Feststellung ist praktisch sehr bedeutungsvoll und rechtfertigt den rechnerischen Aufwand der Streuungsanalyse.

Einen Überblick über die Vertrauensbereiche des (abgerundeten) Mittelwertes $x_{--} = 233$ bei den verschiedenen statistischen Sicherheiten gibt die folgende Zusammenstellung:

	Vertrauensbereich für		
	$S = 95\%$ $\lambda = 1{,}96$	$S = 99\%$ $\lambda = 2{,}58$	$S = 99{,}9\%$ $\lambda = 3{,}29$
Bei Untersuchung beliebiger 5 Cops	213 bis 253	206 bis 260	199 bis 267
Bei Untersuchung der gleichen 5 Cops	227 bis 239	225 bis 242	222 bis 244
Ohne Streuungsanalyse	226 bis 241	223 bis 243	220 bis 246

Eine weitere Fragestellung, die für die Praxis von wesentlicher Bedeutung ist, besteht darin, ob man bei inhomogenem Material viele Gruppen mit verhältnismäßig wenigen Messungen in jeder von ihnen oder wenig Gruppen und dafür verhältnismäßig viele Messungen an jeder von ihnen auswählen soll, um mit einer möglichst geringen Gesamtzahl von Messungen ein vorgeschriebenes Vertrauensintervall für das gesuchte Gesamtmittel zu erreichen[1]. Bei der Festigkeitsbestimmung an Garn z. B. läuft diese Fragestellung darauf hinaus, ob es besser ist, nur wenig Cops mit viel Einzeldaten je Cop oder viele Cops mit wenig Messungen am einzelnen Cop auszuführen. Die Forderung geht somit dahin, $s_{x_{--}}^{\prime\,2}$ mit möglichst geringer Gesamtzahl $N = k\,l$ an Werten auf einen bestimmten vorgeschriebenen Wert zu bringen.

Zur Lösung dieser Aufgabe, die hier auf den Fall, daß die Zahl der Messungen in jeder Gruppe gleich groß ist, beschränkt bleiben möge, muß bei der vorausgesetzten Inhomogenität des Versuchsmaterials berücksichtigt werden, daß die Streuung $s_{x_{--}}^{\prime\,2}$ des Gesamtmittels von 2 Faktoren herrührt. Der eine stellt den Anteil dar, der *allein* von der Streuung innerhalb der Gruppen verursacht wird. Der Einzelwert hat den Schätzwert s_2^2 für seine Streuung innerhalb einer Gruppe, und da das Gesamtmittel x_{--} aus $N = k\,l$ Einzelwerten gewonnen wird, erhält man als Beitrag der Einzelwertstreuung innerhalb der Gruppen zur Streuung

---

[1] Vgl. hierzu z. B. auch U. GRAF und H.-J. HENNING: Statistische Auswertung (Vertrauensgrenzen, Stichprobenumfang und Auswahl der Meßwerte bei inhomogenem Material). Melliand Textilber. Bd. 34 (1953) S. 37.

des Gesamtmittels den Betrag (vgl. S. 47)

$$s_2^2 : (k\,l) = s_2^2 : N.$$

Bezeichnet man mit s_g^2 die Streuung *allein* zwischen den Gruppenmitteln — man erhält sie, wenn man sich in jeder Gruppe unendlich viele Messungen ausgeführt und damit den Einfluß der Streuung innerhalb der Gruppen auf die Gruppenmittel ausgeschaltet denkt —, so findet man als Beitrag dieses Faktors zur Streuung des Gesamtmittels den Betrag

$$\frac{s_g^2}{k}$$

(das Gesamtmittel ist aus k Gruppenmitteln gewonnen, vgl. dazu S. 47).

Die Streuungen innerhalb und zwischen den Gruppen sind unabhängig voneinander, infolgedessen kann man nach S. 43, Gl. (38), in der wegen der Unabhängigkeit $r_{xy} = 0$ zu setzen ist, für die Streuung $s_{x--}'^2$ des Gesamtmittels beide Anteile additiv zusammensetzen und erhält

$$s_{x--}'^2 = \frac{s_g^2}{k} + \frac{s_2^2}{k\,l} = \frac{s_g^2}{k} + \frac{s_2^2}{N} = \frac{s_g^2\,l}{N} + \frac{s_2^2}{N}, \tag{75}$$

woraus sich mit (74) für die alleinige Streuung s_g^2 der Gruppenmittel als Schätzwert ergibt:

$$s_g^2 = \frac{s_1^2 - s_2^2}{l}. \tag{76}$$

Läßt man nun k und $N = k\,l$ verschiedene Werte annehmen, so behalten die Schätzungen s_g^2 und s_2^2 bei nicht zu kleinem k und l annähernd feste Werte. Die Aufgabe, mit möglichst kleinem N ein bestimmtes $s_x'^2$ zu erreichen, kann daher an Hand der Beziehung (75) gelöst werden. Trägt man nämlich N in Abhängigkeit von $l = N/k$ graphisch auf, wobei wie früher für N und l nur ganzzahlige Werte sinnvoll sind, so erhält man aus (75) eine gerade Linie (Abb. 43):

$$N = \frac{s_g^2}{s_{x--}'^2}\,l + \frac{s_2^2}{s_{x--}'^2}. \tag{77}$$

Division dieser Gleichung durch l führt mit $N = k\,l$ auf die Beziehung

$$k = \frac{s_g^2}{s_{x--}'^2} + \frac{1}{l}\,\frac{s_2^2}{s_{x--}'^2}. \tag{78}$$

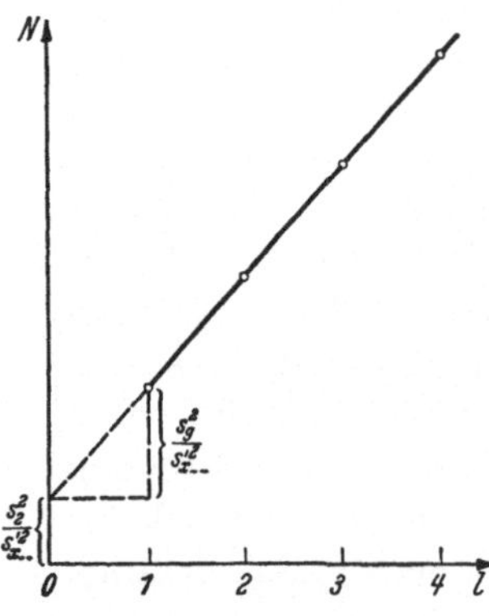

Abb. 43. Gesamtzahl der Werte und Zahl der Werte in jeder Gruppe

Aus (77) und (78) schließt man:

Zur Erzielung eines vorgeschriebenen Vertrauensbereiches des Gesamtmittels kommt man bei inhomogenem Material mit einer um so geringeren

Gesamtzahl N von Werten aus, je kleiner l ist. Es soll daher die Zahl $k = N/l$ der Gruppen groß und die Zahl l der Messungen in jeder von ihnen klein gehalten werden. Selbst für unendlich viele Messungen in jeder Gruppe $(l \rightarrow \infty)$ muß noch $k = s_g^2 : (s_{x--}'^2)$ sein, d. h. mit weniger als $s_g^2 : (s_{x--}'^2)$ Gruppen kann man die gestellte Bedingung nicht erfüllen.

Beispiel 58: Festigkeitsmessung an einem Zellwollgarn (III), Zahl der zu prüfenden Cops und Gesamtzahl der Messungen bei vorgeschriebenem Vertrauensintervall der mittleren Festigkeit und inhomogenem Material
(vgl. S. 117)

Die Ergebnisse der Streuungsanalyse waren für das auf S. 117 behandelte Beispiel einer Festigkeitsprüfung an einem Zellwollgarn:

$$\left.\begin{array}{l} s_1^2 = 10\,632 \\ s_2^2 = 1\,079 \end{array}\right\} \quad \text{für} \quad N = 100, \quad k = 5, \quad l = 20.$$

Nach (76) ist daher der Schätzwert für die Streuung der mittleren Copsfestigkeiten

$$s_g^2 = \frac{10\,632 - 1079}{20} = 478$$

und (75) lautet:

$$s_{x--}'^2 = \frac{478}{k} + \frac{1079}{N}.$$

Zu dem Mittelwert $x_{--} = 233,4$ werde ein Vertrauensintervall von $\pm 5\%$ bei $S = 95\%$ statistischer Sicherheit gefordert. $S = 95\%$ bedeutet $\lambda = 1,96$ (vgl. die Fußn. auf S. 128), also gilt

$$\lambda s_{x--}' = 1,96\, s_{x--}' = \frac{5}{100}\, x_{--} = \frac{5}{100}\, 233,4,$$

$$s_{x--}' = 5,95; \quad s_{x--}'^2 = 35,4.$$

Nach (77) und (78) ist

$$N = 13,5 \cdot l + 30,5,$$

$$k = 13,5 + \frac{1}{l}\, 30,5.$$

Um überhaupt das geforderte 5%ige Vertrauensintervall des Gesamtmittels bei 95%iger Sicherheit zu gewinnen, müssen mindestens

$$k = (13,5) = 14 \text{ Cops}$$

untersucht werden. Man erfüllt die gestellte Forderung im übrigen mit

je	l	Messungen an	k	Cops und der Gesamtzahl	$N = k\,l$
	20		15		300
	10		17		170
	5		20		100

Diese Zahlen zeigen deutlich, wie man mit steigender Zahl k der untersuchten Cops die Gesamtzahl N der erforderlichen Messungen herabdrücken kann. Das Beispiel ist besonders prägnant, da hier s_1^2 rund das Zehnfache von s_2^2 ist.

Vom praktischen Standpunkt aus wird man einen Mittelweg suchen zwischen der unbequemen Forderung, möglichst viele Cops zu entnehmen, und dem Vorzug, mit einer geringeren Gesamtzahl von Messungen auszukommen. Kennt man die Unkosten, die mit der Durchführung eines Reißversuches bzw. mit der Probeentnahme eines einzelnen Cops verbunden sind, so kann man aus dem Verhältnis dieser beiden Unkostenanteile einen optimalen Wert für die Zahl k der zu prüfenden Garnkörper errechnen. Die Erläuterung der Einzelheiten soll hier übergangen und deswegen auf ein von GOSSENS[1] durchgeführtes Beispiel, das ähnlich gelagert ist, verwiesen werden.

Im Zusammenhang mit der bei inhomogenem Material erforderlichen Anzahl k der zu untersuchenden Gruppen verdient aus praktischen Erwägungen heraus noch der Sonderfall Beachtung, daß die insgesamt zur Verfügung stehende Menge der Gruppeneinheiten auch nicht angenähert als unendlich groß angesehen werden darf. Das trifft z. B. zu, wenn eine Sendung aus einigen Ballen, Kisten od. ä. besteht und ein Ballen bzw. eine Kiste eine Gruppe und s_g^2 somit die Streuung der Kisten- oder Ballenmittel darstellt. Dann wird man, um für das Gesamtmittel eine bestimmte Genauigkeitsforderung erfüllen zu können, offenbar mit einem geringeren Wert von k auskommen, als wenn sehr viele (bisher wurden praktisch immer unendlich viele angenommen) Gruppeneinheiten vorliegen. Handelt es sich um insgesamt M Gruppen, und ist wie stets k die Anzahl der daraus geprüften Gruppen mit je l Werten pro Gruppe, so lautet die Formel für die Streuung des Gesamtmittels jetzt

$$s'^2_{x--} = \frac{s_2^2}{k\,l} + \frac{M-k}{M-1}\,\frac{s_g^2}{k}. \tag{79}$$

Sie unterscheidet sich von der entsprechenden Gl. (75), S. 130, nur durch das Glied $\dfrac{M-k}{M-1}$, und man erkennt unmittelbar, daß (79) für M gegen ∞ in (75) übergeht. Für den anderen Grenzfall, daß nämlich alle Gruppen, die vorhanden sind, untersucht werden ($M = k$), geht (79) über in

$$s'^2_{x--} = \frac{s_2^2}{k\,l} = \frac{s_2^2}{N} = s''^2_{x--},$$

und man hat, wie es sein muß, das Ergebnis der auf S. 127 als Fall a) behandelten Fragestellung vorliegen.

---

[1] GOSSENS, L.: Estimation de l'erreur commise sur la force moyenne des fils. Rayonne, 1950, Nr. 10.

Die Forderung, daß $s_{x--}^{\prime\,2}$ einen bestimmten, vorgegebenen Wert annehmen soll, führt jetzt für die erforderliche Zahl der Gruppen auf den Ausdruck

$$k = \frac{M\,l\,s_g^2 + (M-1)\,s_2^2}{l\,(M-1)\,s_{x--}^{\prime\,2} + l\,s_g^2} \cdot \tag{80}$$

Mit ausreichender Genauigkeit kann man darin noch $M-1$ durch M ersetzen und erhält

$$k = \frac{M\,(l\,s_g^2 + s_2^2)}{M\,l\,s_{x--}^{\prime\,2} + l\,s_g^2} \cdot \tag{81}$$

Beispiel 59: Prüfung von Wollballen auf den Gehalt an gewaschener Wolle; Anzahl der zu untersuchenden Ballen

(USA-Norm: ASTM-Designation D 1060–49 T)

Nach der zitierten amerikanischen Norm geht man so vor, daß aus dem zu prüfenden Los eine Anzahl von Ballen (k) ausgewählt wird. Bei jedem der gezogenen Rohwollballen gewinnt man durch eine Anzahl von Bohrungen mehrere (l) Proben, an denen nach ASTM-Designation D 584–47 der Gehalt an gewaschener Wolle in Prozent bestimmt wird. Auf Grund umfangreicher Prüfungen ist bekannt, mit welcher Streuung s_2^2 innerhalb eines Ballens und mit welcher Streuung s_g^2 zwischen den Ballendurchschnitten bei den verschiedenen Wollprovenienzen und -sorten zu rechnen ist. Sie sind in einer Tabelle in der USA-

Geforderte Weite des Vertrauensbereiches: $\pm 0,5\%$ *bei einer statistischen Sicherheit von* $S = 95\%$

$s_2(\sigma_w)$	$s_g(\sigma_b)$	Anzahl der Bohrungen je Ballen $l(k)$	Anzahl der Ballen je Los $M(N)$				
			10	25	75	150	250
			Anzahl der zu prüfenden Ballen $k(n)$				
1,0	1,0	1	*	20	27	29	30
		2	10	15	20	22	23
2,0	1,5	1	*	*	68	81	88
		2	*	*	46	55	60
		4	*	22	36	42	46
		6	10	20	32	38	41
2,0	5,0	1	*	*	74	127	179
		2	*	*	69	118	167
		4	*	25	66	114	160
		6	10	25	65	112	158
3,0	5,0	1	*	*	*	149	210
		2	*	*	75	129	182
		4	*	*	69	119	168
4,5	2,0	2	*	*	*	*	180
		4	*	*	*	102	116
		8	*	*	57	74	84

* bedeutet: Bei der gewählten Zahl der Bohrungen je Ballen läßt sich die für die Weite des Vertrauensbereichs gestellte Forderung überhaupt nicht erfüllen.

Norm D 1060–49 T als Richtwerte zusammengestellt. Weiteren Tabellen kann entnommen werden, wieviel Ballen (k) und wieviel Bohrungen (l) je Ballen geprüft werden müssen, wenn der durchschnittliche Wollgehalt des Loses bei einer Sicherheit von 95% mit einer Weite des Vertrauensbereiches von $\pm 0,5\%$ absolut (Tab. II der USA-Norm) bzw. $\pm 1,0\%$ (Tab. III der USA-Norm) gewonnen werden soll. Die Ablesungen sind abhängig von der Gesamtzahl M der Ballen, s_2^2 und s_g^2. Auf S. 133 ist ein Auszug der Tab. II der USA-Norm (0,5% Weite des Vertrauensbereiches) wiedergegeben, wobei hinter den hier benutzten Formelzeichen in Klammern die in der amerikanischen Norm verwendeten aufgeführt sind.

Die Benutzung der vorstehenden Tabelle ergibt sich wie folgt: Liegt z. B. eine klettige Chile-Wolle vor, dann entnimmt man dafür aus der hier nicht gebrachten Tab. I der USA-Norm die Richtwerte $s_2 = 3,0$ und $s_g = 5,0$. Soll mit $l = 4$ Bohrungen je Ballen gearbeitet werden und besteht das Los aus insgesamt $M = 75$ Ballen, so müssen zur Erzielung einer Weite des Vertrauensbereiches von $\pm 0,5\%$ Wollgehalt bei $S = 95\%$ statistischer Sicherheit insgesamt $k = 69$ Ballen untersucht werden. Dieser Wert für k errechnet sich nach Gl. (81) folgendermaßen:

Die Vertrauensbereich-Forderung von $\pm 0,5\%$ bei $S = 95\%$ ($\lambda = 1,96$) bedingt, daß

$$\lambda s'_{x--} = 0,5, \quad \text{d. h.} \quad s'_{x--} = \frac{0,5}{1,96} = 0,255$$

werden muß. Damit ergibt sich unter Benutzung von (81)

$$k = \frac{75\,(4 \cdot 5^2 + 3^2)}{4 \cdot 75 \cdot 0,255^2 + 4 \cdot 5^2} \approx 69\,.$$

4. Das t-Verfahren als Sonderfall der Streuungsanalyse

Der Fall, daß nur zwei Gruppen vorliegen ($k = 2$), ist bereits früher mit Hilfe des t-Testes behandelt worden, vgl. S. 89. In der Tat geht das vorstehend geschilderte Verfahren der einfachen Streuungsanalyse für $k = 2$ in das t-Verfahren zur Prüfung des Unterschiedes zweier Mittelwerte über. Führt man das auf S. 120 dargelegte erste Rechenverfahren für $k = 2$ durch und benutzt man dabei die Umbenennungen

$$l_1 = N_1; \quad l_2 = N_2; \quad \bar{x}_1 = x_{-1}; \quad \bar{x}_2 = x_{-2}; \quad \bar{x} = x_{--},$$

so wird

$$A_1 = N_1 \cdot (\bar{x}_1 - \bar{x})^2 + N_2 \cdot (\bar{x}_2 - \bar{x})^2.$$

Berücksichtigt man, daß

$$\bar{x} = \frac{N_1 x_1 + N_2 \bar{x}_2}{N_1 + N_2}$$

ist, so findet man nach kurzer Rechnung

$$A_1 = (\bar{x}_1 - \bar{x}_2)^2 \frac{N_1 N_2}{N_1 + N_2}\,.$$

Für A_2 ergibt sich

$$A_2 = (N_1 - 1) \cdot {}_1s^2 + (N_2 - 1) \cdot {}_2s^2.$$

Die Freiheitsgrade werden

$$n_1 = k - 1 = 1 \quad \text{und} \quad n_2 = N - k = N_1 + N_2 - 2,$$

so daß man als Streuungsschätzwerte erhält

$$s_1^2 = A_1 = (\bar{x}_1 - \bar{x}_2)^2 \frac{N_1 N_2}{N_1 + N_2},$$

$$s_2^2 = \frac{A_2}{N_1 + N_2 - 2} = \frac{(N - 1)\,{}_1s^2 + (N_2 - 1)\,{}_2s^2}{N_1 + N_2 - 2}.$$

Der Vergleich mit der Vorschrift auf S. 89, Gl. (50), führt jetzt unmittelbar zu dem Ergebnis, daß das dort eingeführte s_d^2 mit s_2^2 und daß das zu prüfende Verhältnis

$$\frac{s_1^2}{s_2^2} = \frac{(\bar{x}_1 - \bar{x}_2)^2}{s_d^2} \; \frac{N_1 N_2}{N_1 + N_2}$$

mit dem dort bestimmten Wert t^2 identisch sind.

Die einfache Streuungsanalyse nach dem F-Test, angewandt auf den Grenzfall von nur zwei Gruppen mit den Umfängen N_1 und N_2, erweist sich somit als identisch mit dem t-Test zur Prüfung des Unterschiedes zweier Mittelwerte, sofern man $F = t^2$ setzt. Die Spalte $n_1 = 1$ der F-Tabelle (Tab. IV, a bis c, Abschn. N) enthält daher die Quadrate der Zahlenwerte, die man in der t-Tabelle (Tab. III, Abschn. N) findet. (Beispiel: $n = 10$, $S = 99{,}9\%$, $t = 4{,}59$, $t^2 = 21{,}04 = F$).

In der Tat geht auch der auf S. 101 gegebene Ausdruck (58) der F-Verteilung für $n_1 = k - 1 = 1$, $n_2 = n$ über in $\left[\text{es ist } (-\tfrac{1}{2})! = \sqrt{\pi}\right]$:

$$\bar{S} = 100\% \; \frac{\left(\dfrac{n-1}{2}\right)!}{\sqrt{n\pi}\left(\dfrac{n-2}{2}\right)!} \int\limits_0^F \frac{dF}{\sqrt{F}\left(1 + \dfrac{F}{n}\right)^{\frac{n+1}{2}}}.$$

Setzt man $F = t^2$, dann ist $dF = 2t\,dt$, und man erhält

$$\bar{S} = 100\% \; \frac{\left(\dfrac{n-1}{2}\right)!}{\sqrt{n\pi}\left(\dfrac{n-2}{2}\right)!} \int\limits_0^t \frac{2\,dt}{\left(1 + \dfrac{t^2}{n}\right)^{\frac{n+1}{2}}}.$$

Dieser Ausdruck ist identisch mit dem Ausdruck (45)

$$S = 200\% \; \frac{\left(\dfrac{n-1}{2}\right)!}{\sqrt{n\pi}\left(\dfrac{n-2}{2}\right)!} \int\limits_0^t \frac{dt}{\left(1 + \dfrac{t^2}{n}\right)^{\frac{n+1}{2}}}.$$

der t-Verteilung.

Ebenso wie die Prüfung von Mittelwertunterschieden mit Hilfe der t-Verteilung bereits früher viele Anwendungen gefunden hat, ist das Anwendungsfeld der Streuungsanalyse, die den t-Test als Sonderfall enthält, sehr groß. Von den praktischen Problemen, die mit der einfachen Streuungsanalyse behandelt werden können, seien hier noch als Beispiele angeführt:

1. Maschinen mit mehreren Köpfen (Arbeitsstellen). Streuung auf jedem Kopf, Streuung zwischen den Köpfen (Spinnmaschinen, Vorbereitungsmaschinen, Spulmaschinen).

2. Streuung auf einer Maschine, Streuung zwischen den Maschinen, z. B. Webstühle, Kammstühle.

3. Streuung auf *einer* Maschine innerhalb des Arbeitstages, zwischen verschiedenen Arbeitstagen.

4. Streuungen über die Länge und die Breite eines Stückes.

Schließlich ist noch zu erwähnen, daß bei größerem Versuchsmaterial die Streuungsanalyse auf dasselbe hinausläuft wie die später geschilderte Kontrollkarte (Abschn. M), bei der laufend die Mittelwerte einer bestimmten Zahl von Einzelwerten (Gruppenmittel!) in eine Karte eingezeichnet und auf die Zufälligkeit ihrer Abweichungen geprüft werden.

5. Zweifache Streuungsaufteilung

Lassen sich die Meßwerte, wenn sie zunächst nach einem bestimmten Ordnungsprinzip in Gruppen unterteilt worden sind, innerhalb der so erhaltenen Gruppen noch nach einem weiteren Gesichtspunkt ordnen, so gelangt man zur zweifachen Streuungszerlegung. Für sie sieht das Schema der Einzelwerte in seiner grundlegenden Form mit einer Anordnung in Spaltengruppen und Zeilengruppen folgendermaßen aus:

Zeilen-gruppe Nr.	Spaltengruppe Nr.						Zeilen-summe	Zeilen-mittel
	1	2	...	μ	...	k		
1	x_{11}	x_{12}	...	$x_{1\mu}$	...	x_{1k}	$\sum\limits_{\mu} x_{1\mu}$	x_{1-}
2	x_{21}	x_{22}	...	$x_{2\mu}$	...	x_{2k}	$\sum\limits_{\mu} x_{2\mu}$	x_{2-}
...	...	...	...	...	...	...	...	...
λ	$x_{\lambda 1}$	$x_{\lambda 2}$	...	$x_{\lambda\mu}$	...	$x_{\lambda k}$	$\sum\limits_{\mu} x_{\lambda\mu}$	$x_{\lambda-}$
...	...	...	...	...	...	...	...	...
l	x_{l1}	x_{l2}	...	$x_{l\mu}$	...	x_{lk}	$\sum\limits_{\mu} x_{l\mu}$	x_{l-}
Spalten-summe	$\sum\limits_{\lambda} x_{\lambda 1}$	$\sum\limits_{\lambda} x_{\lambda 2}$	...	$\sum\limits_{\lambda} x_{\lambda\mu}$	...	$\sum\limits_{\lambda} x_{\lambda k}$		
Spalten-mittel	x_{-1}	x_{-2}	...	$x_{-\mu}$	...	x_{-k}		

Man erhält bei k Spalten und l Zeilen (Gesamtzahl der Werte $N = l\,k$) somit k Spaltenmittel $x_{-1}, x_{-2}, \ldots, x_{-k}$ und l Zeilenmittel $x_{1-}, x_{2-}, \ldots, x_{l-}$, und für das Gesamtmittel gilt

$$x_{--} = \frac{1}{N} \sum_{\lambda,\mu} x_{\lambda\mu} = \frac{1}{k} \sum_{\mu} x_{-\mu} = \frac{1}{l} \sum_{\lambda} x_{\lambda-}. \tag{82}$$

In sinngemäßer Erweiterung der einfachen Streuungsaufteilung (vgl. dazu S. 115ff.) zerlegt man jetzt jede Abweichung eines Einzelwertes vom Gesamtmittel in drei Bestandteile

$$(x_{\lambda\mu} - x_{--}) = (x_{-\mu} - x_{--}) + (x_{\lambda-} - x_{--}) + d_{\lambda\mu}$$

mit

$$d_{\lambda\mu} = (x_{\lambda\mu} - x_{--}) - (x_{-\mu} - x_{--}) - (x_{\lambda-} - x_{--}),$$

$$d_{\lambda\mu} = x_{\lambda\mu} + x_{--} - x_{-\mu} - x_{\lambda-}. \tag{83}$$

Wie bei der einfachen Streuungszerlegung läßt sich zeigen, daß die vorgenommene Zerlegung auch für die Summen der Abweichungsquadrate Gültigkeit hat:

$$\sum_{\lambda,\mu} (x_{\lambda\mu} - x_{--})^2 = l \sum_{\mu} (x_{-\mu} - x_{--})^2 + k \sum_{\lambda} (x_{\lambda-} - x_{--})^2 + \sum_{\lambda,\mu} d_{\lambda\mu}^2. \tag{84}$$

Die linke Seite von (84) stellt die Summe der Gesamtabweichungsquadrate dar. Zu ihr gehören $N - 1$ Freiheitsgrade, und sie ergibt in der üblichen Weise die totale Streuung

$$s^2 = \frac{1}{N - 1} \sum_{\lambda,\mu} (x_{\lambda\mu} - x_{--})^2.$$

Der erste Ausdruck der rechten Seite von (84) liefert die Summe der Abweichungsquadrate für die Spaltenmittel gegenüber dem Gesamtmittel in der Form

$$_kA_1 = l \sum_{\mu} (x_{-\mu} - x_{--})^2.$$

Jedes Spaltenmittel berücksichtigt jede Zeile in gleicher Weise, so daß bei dieser Summe der Abweichungsquadrate der Zeileneinfluß ausgeschaltet ist. Mit k Spaltenmitteln sind $k - 1$ Freiheitsgrade verknüpft, man erhält infolgedessen als ersten Schätzwert der Einzelwertstreuung

$$_ks_1^2 = \frac{_kA_1}{k - 1}.$$

In ähnlicher Weise ist

$$_lA_1 = k \sum_{\lambda} (x_{\lambda-} - x_{--})^2$$

die Summe der Abweichungsquadrate für die Zeilenmittel gegenüber dem Gesamtmittel mit $l - 1$ Freiheitsgraden und dem zweiten Schätzwert der Einzelwertstreuung

$$_ls_1^2 = \frac{_lA_1}{l - 1}.$$

Die Summe der Quadrate der verbleibenden Restabweichungen

$$A_2 = \sum_{\lambda,\mu} d_{\lambda\mu}^2$$

ergibt schließlich als dritten Schätzwert der Einzelwertstreuung den
Ausdruck

$$s_2^2 = \frac{1}{N - k - l + 1} \sum_{\lambda,\mu} d_{\lambda\mu}^2 \,,$$

da die Zahl der Freiheitsgrade dafür $(N - 1) - (k - 1) - (l - 1)$ beträgt. s_2^2 ist um so größer, je mehr sich in den einzelnen Spalten die
Differenzen zwischen Werten aus verschiedenen Zeilen unterscheiden,
d. h. wenn ein Einfluß der Spalten auf die Unterschiede der Zeilenwerte
vorhanden ist und umgekehrt. Der aus den Restabweichungen $d_{\lambda\mu}$ gewonnene Schätzwert s_2^2 der Einzelwertstreuung wird daher sinngemäß
oft auch als Wechselwirkung zwischen den Spalten und Zeilen (inter-
action) bezeichnet.

Die oben durchgeführte Zerlegung der Streuung in drei Komponenten, nämlich

> zwischen den Spaltengruppen,
> zwischen den Zeilengruppen,
> verbleibender Rest zwischen Zeilen und Spalten,

liefert wie früher ein Aufteilungsschema (85) der Streuung, das jetzt
nachstehende Gestalt aufweist: (85)

	Zahl der Freiheitsgrade	Summe der Abweichungsquadrate	Streuung
zwischen den Spaltengruppen	$k - 1$	$_kA_1 = l \sum\limits_{\mu} (x_{-\mu} - x_{--})^2$	$_ks_1^2 = \dfrac{_kA_1}{k - 1}$
zwischen den Zeilengruppen	$l - 1$	$_lA_1 = k \sum\limits_{\lambda} (x_{\lambda-} - x_{--})^2$	$_ls_1^2 = \dfrac{_lA_1}{l - 1}$
Rest zwischen Spalten u. Zeilen	$N - k - l + 1$	$A_2 = \sum\limits_{\lambda,\mu} d_{\lambda\mu}^2$	$s_2^2 = \dfrac{A_2}{N - k - l + 1}$
Total	$N - 1$	$A = {_kA_1} + {_lA_1} + A_2$ $= \sum\limits_{\lambda,\mu} (x_{\lambda\mu} - x_{--})^2$	$s^2 = \dfrac{A}{N - 1}$

Die praktische Durchführung der Rechnung kann nach diesem
Schema erfolgen, wobei es genügt, die Ausdrücke $_kA_1$, $_lA_1$ und A zu
berechnen, aus denen sich A_2 als Differenz zwischen A und $({_kA_1} + {_lA_1})$
ergibt:

$$A_2 = A - {_kA_1} - {_lA_1}. \tag{86}$$

Bei Zuhilfenahme von Quadratzahltafel und Rechenmaschine kann
in gleicher Weise wie bei der einfachen Streuungsanalyse ein zweites

Rechenverfahren benutzt werden. Die Berechnung der erforderlichen Ausdrücke (I) bis (IV) sowie die Bildung von $_kA_1$, $_lA_1$, A_2 und A ergeben sich aus den nachstehenden Formeln:

$$(\mathrm{I}) = l\,k\,x^2_{--} = N\,x^2_{--} = \frac{1}{N}\left\{\sum_{\lambda,\mu} x_{\lambda\mu}\right\}^2$$

$$(\mathrm{II}) = l\sum_{\mu} x^2_{-\mu} = \frac{1}{l}\sum_{\mu}\left\{\sum_{\lambda} x_{\lambda\mu}\right\}^2$$

$$(\mathrm{III}) = k\sum_{\lambda} x^2_{\lambda-} = \frac{1}{k}\sum_{\lambda}\left\{\sum_{\mu} x_{\lambda\mu}\right\}^2$$

$$(\mathrm{IV}) = \sum_{\lambda,\mu} x^2_{\lambda\mu}$$

$$_kA_1 = (\mathrm{II}) - (\mathrm{I})$$

$$_lA_1 = (\mathrm{III}) - (\mathrm{I})$$

$$A_2 = (\mathrm{I}) + (\mathrm{IV}) - (\mathrm{II}) - (\mathrm{III})$$

$$A = (\mathrm{IV}) - (\mathrm{I})$$

$$(87)$$

Ebenfalls wie bei der einfachen Streuungsanalyse erfolgt nach der rein rechnerischen Gewinnung des Aufteilungsschemas die eigentliche Prüfung mit Hilfe des F-Testes, und zwar prüft man die Verhältnisse

$$_ks_1^2 : s_2^2 \quad \text{(für die Spaltengruppen)} \quad \text{und}$$

$$_ls_1^2 : s_2^2 \quad \text{(für die Zeilengruppen)}.$$

Je nach dem Ausfall dieser Prüfung kann man auf Homogenität des gesamten Materials oder auf Inhomogenität hinsichtlich der Spaltengruppen bzw. der Zeilengruppen oder beider schließen.

Beispiel 60: Einheitlichkeit einer Stofflieferung hinsichtlich der Scheuertüchtigkeit. Zweifache Streuungszerlegung

Eine Stofflieferung bestehe aus 4 Stücken. Aus jedem Stück werden 3 Proben entnommen, und zwar vom Anfang, aus der Mitte und vom Ende. Diese Proben werden auf Scheuertüchtigkeit untersucht (Merkmal: Berstfestigkeitsverlust in Prozent). Das Ergebnis hat die nachstehende Form, die dem Sachverhalt der zweifachen Streuungsaufteilung entspricht:

	1. Stück	2. Stück	3. Stück	4. Stück	Zeilenmittel
Anfang . .	10,1	8,9	8,1	10,1	$x_{1-} = 9{,}95$
Mitte . . .	9,8	10,0	9,5	10,7	$x_{2-} = 10{,}0$
Ende . . .	11,0	9,3	9,7	9,8	$x_{3-} = 9{,}3$
Spaltenmittel	$x_{-1} = 10{,}3$	$x_{-2} = 9{,}4$	$x_{-3} = 9{,}1$	$x_{-4} = 10{,}2$	$x_{--} = 9{,}75$

Es ist dabei $l = 3$, $k = 4$ und $N = 3 \cdot 4 = 12$.

Die Berechnung der Ausdrücke $_kA_1$, $_lA_1$ und A nach dem Schema (85) ergibt:

	Zahl der Freiheitsgrade	Summe der Abweichungsquadrate	Streuung
zwischen den Stücken	3	$_kA_1 = 3{,}15$	$_ks_1^2 = 1{,}05$
zwischen Anfang, Mitte, Ende der Stücke	2	$_lA_1 = 1{,}22$	$_ls_1^2 = 0{,}61$
Rest zwischen den Stücken und Anfang, Mitte, Ende der Stücke	6	$A_2 = 6{,}49 - (3{,}15 + 1{,}22)$ $= 2{,}12$	$s_2^2 = 0{,}353$
Total	11	$A = 6{,}49$	$s^2 = 0{,}59$

Das Verhältnis $_ks_1^2 : s_2^2 = 1{,}05 : 0{,}353 = 2{,}98$ ist zu vergleichen mit dem F-Wert für $n_1 = 3$, $n_2 = 6$ bei $\overline{S} = 95\%$. Dieser Wert ist (Tab. IVa, Abschn. N)

$$F = 4{,}76.$$

Er ist größer als $2{,}98$, d. h. nach Regel a, S. 72, sind die *Unterschiede zwischen den Stücken nicht gesichert*. Weiterhin wird verglichen

$$_ls_1^2 : s_2^2 = 0{,}61 : 0{,}353 = 1{,}73$$

mit dem F-Wert für $n_1 = 2$, $n_2 = 6$ bei $\overline{S} = 95\%$. Er ist (Tab. IVa, Abschn. N) $F = 5{,}14$. Da $5{,}14$ größer als $1{,}73$ folgt: *Die Unterschiede zwischen Anfang, Mitte und Ende der Stücke sind nicht gesichert*.

Trotz des deutlichen Unterschiedes z. B. zwischen dem ersten und dritten Stück (10,3 und 9,1) ist die ganze Lieferung hinsichtlich der Scheuertüchtigkeit nicht gesichert als uneinheitlich zu bewerten.

Beispiel 61: Kämmergebnisse auf verschiedenen Maschinen zu verschiedenen Tagen; zweifache Streuungszerlegung

Bei einer Wollpartie wurde an 8 Maschinen für 7 Tage das Kämmlingsverhältnis bestimmt (Merkmal: Kämmlingsverhältnis in Prozent). Die Ergebnisse waren:

Maschine Nr.	Tag Nr.							Zeilensumme
	1	2	3	4	5	6	7	
I	9,2	8,5	9,4	8,1	8,3	9,4	9,0	61,9
II	9,0	9,3	10,1	10,1	10,0	9,5	10,0	68,0
III	8,9	8,1	8,1	8,3	10,1	9,3	9,4	62,2
IV	10,4	10,4	11,2	10,8	9,7	9,9	10,3	72,7
V	10,1	9,0	10,4	10,2	10,2	9,5	9,4	68,8
VI	8,8	9,3	9,3	9,5	9,3	9,7	8,9	64,8
VII	10,3	10,2	11,0	11,1	9,9	10,0	10,2	72,7
VIII	9,4	10,3	10,0	9,4	10,4	10,2	9,3	69,0
Spaltensumme	76,1	75,1	79,5	77,5	77,9	77,5	76,5	540,1 = Gesamtsumme

Es ist

$$k = 7, \quad l = 8, \quad N = k \cdot l = 56.$$

Das Zahlenmaterial ist bei diesem Beispiel schon so groß, daß mit Vorteil die Rechenmaschine benutzt werden kann. Nach (87) erhält man z. B.

$$(I) = \frac{1}{56} \cdot (540{,}1)^2 = 5209{,}0716,$$

da $\sum_{\lambda,\mu} x_{\lambda\mu} = 540{,}1$ ist.

$$(II) = \frac{1}{8} \cdot (76{,}1^2 + 75{,}1^2 + \cdots + 76{,}5^2) = 5210{,}57875$$

und damit

$$_k A_1 = (II) - (I) = 1{,}50705 \approx 1{,}51.$$

Insgesamt ergibt sich:

	Zahl der Freiheitsgrade	Summe der Abweichungsquadrate	Streuung
zwischen den Tagen	6	$_k A_1 = 1{,}51$	$_k s_1^2 = 0{,}25$
zwischen den Maschinen	7	$_l A_1 = 17{,}86$	$_l s_2^2 = 2{,}55$
Rest zwischen Tagen und Maschinen	42	$A_2 = 30{,}78 - (1{,}51 + 17{,}86)$ $= 11{,}41$	$s_2^2 = 0{,}27$
Total	55	$A = 30{,}78$	$s^2 = 0{,}56$

Die Anwendung des F-Testes liefert:

a) *Zwischen den Tagen.*

$$_k s_1^2 : s_2^2 = 0{,}25 : 0{,}27 < 1.$$

Nach den auf S. 111 gegebenen Richtlinien sind demnach die Unterschiede zwischen den Tagen als nicht gesichert zu beurteilen. Daraus kann man schließen, daß die äußeren Betriebsbedingungen (Klima usw.) in genügendem Maße konstant gehalten wurden.

b) *Zwischen den Maschinen.*

Da die Streuung $_k s_1^2$ zwischen den Tagen als verträglich mit der Reststreuung s_2^2 anzusehen ist, kann man die zu beiden gehörenden Freiheitsgrade und Summen der Abweichungsquadrate zusammenfassen und daraus einen neuen Schätzwert der Reststreuung gewinnen. Man erhält

$$n_2' = 6 + 42 = 48; \quad A_2' = {}_k A_1 + A_2 = 12{,}92$$

und

$$s_2'^2 = \frac{12{,}92}{48} = 0{,}27.$$

Auf diese Weise wird die Zahl der Freiheitsgrade für die Reststreuung und damit die Schärfe der Abschätzung bei der anschließenden Anwendung des F-Testes gesteigert. Dieser ergibt nunmehr

$$s_1^2 : s_2'^{\,2} = 2{,}55 : 0{,}27 = 9{,}44\,.$$

Dieser Wert ist zu vergleichen mit dem F-Wert für $n_1 = 7$, $n_2 = 48$. In der Tab. IV, Abschn. N, findet man für $\overline{S} = 99{,}9\%$ (Tab. IVc)

$$n_1 = 6,\ n_2 = 40, \qquad n_1 = 8,\ n_2 = 40,$$
$$F = 4{,}73, \qquad\qquad F = 4{,}21,$$
$$n_1 = 6,\ n_2 = 60, \qquad n_1 = 8,\ n_2 = 60,$$
$$F = 4{,}37, \qquad\qquad F = 3{,}87\,.$$

Der gefundene Wert 9,44 liegt merklich außerhalb dieses Bereiches, d. h. ein systematischer Unterschied zwischen den Maschinen ist statistisch mit weit mehr als 99,9%iger Sicherheit festgestellt. Eine technische, nicht mehr statistische Aufgabe ist es, diesen Unterschied zu untersuchen, zu begründen und abzustellen. Eine erneute Versuchsserie mit Streuungsanalyse wird dann zeigen, ob die durchgeführten technischen Maßnahmen wirksam gewesen sind.

Eine besonders aufschlußreiche Anwendung kann die zweifache Streuungsanalyse in der Streichgarnspinnerei bei der Untersuchung von Vorgarnnummernschwankungen auf der Spinnkrempel finden. Die Unterteilung erfolgt nach den einzelnen Vorgarnfäden und den Vorgarnwickeln. Ein ausgeführtes Beispiel findet sich bei A. BREARLEY und D. R. Cox: An Outline of Statistical Methods for Use in the Textile Industry. Wool Industries Research Association, Leeds 1949.

6. Mehrfache Streuungsaufteilung; zusammengesetzte Formen der Streuungszerlegung

Bei der einfachen Streuungsanalyse waren die Meßwerte nach *einem* Gesichtspunkt angeordnet, und zwar in Spaltengruppen. Bei der zweifachen Analyse waren die Meßwerte nach *zwei* Gesichtspunkten aufgeteilt, nämlich nach Spalten- und Zeilengruppen. Dieses Verfahren läßt sich weiterführen, indem man die Meßwerte nach *drei* Gesichtspunkten aufteilt. Will man zu der Grundform der dreifachen Streuungszerlegung gelangen, dann ist die Verwendung eines ganz bestimmten Versuchsschemas erforderlich, das als „Lateinisches Quadrat" bezeichnet wird[1]. Es entsteht aus dem Gesichtspunkt heraus, daß durch die Mittelbildung für einen der drei zu prüfenden Faktoren die beiden jeweils übrigbleibenden Einflüsse unwirksam werden sollen. Das wird auf die Weise erreicht, daß die Zahl der Vertreter für jeden Faktor gleich

---

[1] Ein Übergang zu noch mehr Einflüssen ist möglich, spielt praktisch wegen der auftretenden Komplikationen keine große Rolle und wird daher hier nicht weiter besprochen.

groß ist. Beträgt diese Zahl z. B. 3, dann erhält das Schema der Meßwerte die nebenstehende Gestalt.

	I	II	III
1	$x_{11}(b)$	$x_{12}(c)$	$x_{13}(a)$
2	$x_{21}(a)$	$x_{22}(b)$	$x_{23}(c)$
3	$x_{31}(c)$	$x_{32}(a)$	$x_{33}(b)$

Die Gruppierung nach dem ersten Einfluß ist durch die Ziffern I, II, III gekennzeichnet, die nach dem zweiten durch die Ziffern 1, 2, 3 und die nach dem dritten schließlich durch die Buchstaben a, b, c. Bei dem Mittelwert

$$\bar{x}_3 = \frac{x_{31} + x_{32} + x_{33}}{3}$$

der dritten Zeile z. B. geht jeder Buchstabe und jede römische Ziffer einmal ein, d. h. die drei Zeilenmittel $\bar{x}_1$, $\bar{x}_2$, $\bar{x}_3$ spiegeln den alleinigen Zeileneinfluß wider. Bildet man die Mittelwerte $\bar{x}_a$, $\bar{x}_b$, $\bar{x}_c$ für den dritten Faktor, z. B.

$$\bar{x}_c = \frac{x_{12} + x_{23} + x_{31}}{3},$$

so erfassen diese Mittelwerte analog nur den Einfluß des dritten Faktors.

In sinngemäßer Erweiterung der zweifachen Streuungszerlegung berechnet man jetzt für die drei Gruppierungsgesichtspunkte die drei Summen der Abweichungsquadrate $_1A_1$, $_2A_1$, $_3A_1$ gegenüber dem Gesamtmittel x_{--}, die Summe der Abweichungsquadrate für die Einzelwerte in der Form $A = \sum_{\lambda,\mu} (x_{\lambda\mu} - x_{--})^2$ und aus der Differenz die Summe A_2 der restlichen Abweichungsquadrate.

Für das obige Meßwerteschema wird z. B.

$$_1A_1 = 3 \left\{ (\bar{x}_I - x_{--})^2 + (\bar{x}_{II} - x_{--})^2 + (\bar{x}_{III} - x_{--})^2 \right\},$$
$$_2A_1 = 3 \left\{ (\bar{x}_1 - x_{--})^2 + (\bar{x}_2 - x_{--})^2 + (\bar{x}_3 - x_{--})^2 \right\},$$
$$_3A_1 = 3 \left\{ (\bar{x}_a - x_{--})^2 + (\bar{x}_b - x_{--})^2 + (\bar{x}_c - x_{--})^2 \right\},$$

und das übliche Schema der Streuungsaufteilung erhält die folgende Gestalt:

	Zahl der Freiheitsgrade	Summe der Abweichungsquadrate	Streuung
zwischen I, II, III	2	$_1A_1$	$_1s_1^2 = \dfrac{_1A_1}{2}$
zwischen 1, 2, 3	2	$_2A_1$	$_2s_1^2 = \dfrac{_2A_1}{2}$
zwischen a, b, c	2	$_3A_1$	$_3s_1^2 = \dfrac{_3A_1}{2}$
Rest	2	A_2	$s_2^2 = \dfrac{A_2}{2}$
Total	8	A	$s^2 = \dfrac{A}{8}$

In diesem Schema errechnet sich A_2 durch Differenzbildung als

$$A_2 = A - {}_1A_1 - {}_2A_1 - {}_3A_1.$$

${}_1s_1^2$, ${}_2s_1^2$ und ${}_3s_1^2$ werden gegen s_2^2 in der üblichen Weise mit dem F-Test geprüft.

Zahlenmaterial in Form eines Lateinischen Quadrates findet sich z. B. bei MAIN und TIPPETT[1] für einen Webversuch (4 Spalten und 4 Zeilen). Das gemessene Merkmal stellt dabei die Häufigkeit der Kettfadenbrüche dar. Untersucht wurden vier verschieden behandelte Ketten, die zu vier verschiedenen Zeiten auf 4 Webstühlen verwebt wurden. Die Abweichungsquadratsummen errechnen sich ohne Schwierigkeit an Hand des für 3 Zeilen und Spalten dargelegten Schemas, so daß sich die Angabe der einzelnen Werte und die Durchführung der Zahlenrechnung hier erübrigen. Die abgeschlossene Streuungsanalyse gibt dann Aufschluß über die Auswirkung der 3 Faktoren

> Behandlungsart der Ketten (I bis IV),
> Zeitpunkt der Verarbeitung (1 bis 4),
> verwendeter Webstuhl (a bis d).

Praktisch gibt es eine große Zahl von Gruppierungsgesichtspunkten; es seien in diesem Zusammenhang angeführt:

1. nach den Behandlungs- bzw. Herstellungs- bzw. Prüfverfahren,
2. nach den Arbeitsstellen auf einer Maschine (z. B. mehrere gleichartige Köpfe auf einer Maschine oder deren rechte, mittlere, linke Seite),
3. nach Maschinen (z. B. mehrere gleichartige Maschinen in einem Saal),
4. nach dem Ort der Behandlung, Herstellung oder Prüfung,
5. nach der Person, die die Herstellung oder Prüfung durchführt,
6. nach der Zeit (Tagesstunde, Tag, Jahreszeit) usw.

Mit den bisher besprochenen Grundformen der ein-, zwei- und dreifachen Streuungsaufteilung sind die Möglichkeiten dieses vielseitigen statistischen Untersuchungsverfahrens noch nicht erschöpft. Zu einer zweifachen Aufteilung z. B. kann man auch in der Weise gelangen, daß die Resultate einer einfachen Streuungszerlegung nach einem neuen Gesichtspunkt weiter zerlegt werden. Es liegt dann eine zusammengesetzte Streuungszerlegung vor. Eine Fragestellung, die ein solches Vorgehen erforderlich macht, kann z. B. sein:

Ein Vorgarn wird auf 3 Flyern hergestellt. Von jedem Flyer werden 5 Vorgarnspulen entnommen und an jeder Spule Nummernbestimmungen mit bestimmter Meßlänge durchgeführt. Beträgt die Zahl der Messungen je Spule 10, dann lautet das Anordnungsschema:

---

[1] J. Text. Inst., Manchr. Bd. 32 (1941) S. T 209.

Nummer der Bestimmung	1. Flyer Spule					2. Flyer Spule					3. Flyer Spule				
	1	2	3	4	5	1	2	3	4	5	1	2	3	4	5
1	.	.	.	.	.	.	.	.	.	.	.	.	.	.	.
2	.	.	.	.	.	.	.	.	.	.	.	.	.	.	.
.	.	.	.	.	.	.	.	.	.	.	.	.	.	.	.
.	.	.	.	.	.	.	.	.	.	.	.	.	.	.	.
10	.	.	.	.	.	.	.	.	.	.	.	.	.	.	.

Man behandelt die Daten zunächst als einfache Streuungszerlegung zwischen allen Spulen (14 Freiheitsgrade) und innerhalb der Spulen (135 Freiheitsgrade), und zerlegt dann die Spulenmittelwerte nochmals in Form einer einfachen Analyse zwischen den Flyern (2 Freiheitsgrade) und zwischen den Spulen eines Flyers ($3 \times 4 = 12$ Freiheitsgrade).

In entsprechender Weise kommt man häufig zu einer zusammengesetzten dreifachen Aufteilung, indem eine einfache und eine zweifache Zerlegung miteinander kombiniert werden. Hierin gehören Fragestellungen der folgenden Art:

a) Ein Gewebe wird nach drei verschiedenen Verfahren A, B, C knitterecht ausgerüstet. Jede Ausrüstung erfährt an zwei verschiedenen Prüfstellen eine Bewertung durch je 5 Messungen des Knitterwinkels. Dann ergibt sich als Gedankenschema der Aufteilung:

Nummer der Messung	Ausrüstung A Prüfstelle		Ausrüstung B Prüfstelle		Ausrüstung C Prüfstelle	
	1	2	1	2	1	2
1	.	.	.	.	.	.
.	.	.	.	.	.	.
5	.	.	.	.	.	.

Die Streuungsanalyse läßt erkennen, ob sich die Ausrüstungsverfahren verschieden auswirken, ob zwischen den Prüfstellen systematische Unterschiede bestehen und wie groß die Reststreuung zwischen Ausrüstungen und Prüfstellen ist.

b) An einer Maschinenseite wird eine Änderung der Bedienungsvorrichtung durchgeführt. Die alte und die neue Vorrichtung sollen bewertet werden, und zwar wird die Überprüfung mit 5 Arbeitern a, b, c, d, e vorgenommen. Das gedankliche Aufteilungsschema lautet daher (gemessen wird die Griffzeit):

Nummer der Messung	Vorrichtung A Arbeiter					Vorrichtung B Arbeiter				
	a	b	c	d	e	a	b	c	d	e
.	.	.	.	.	.	.	.	.	.	.
.	.	.	.	.	.	.	.	.	.	.

An Hand der Streuungsanalyse kann man untersuchen, ob die neue Vorrichtung besser ist als die alte und ob die verschiedenen Arbeiter in gleicher Weise darauf ansprechen.

c) Zwei auf verschiedene Weise erzeugte Vorgarne A und B aus der gleichen Partie werden auf 3 Maschinen versponnen, und zwar so, daß jede Maschine zur Hälfte mit Vorgarn A und zu anderen Hälfte mit Vorgarn B versehen wird. Die erhaltenen Garne werden z. B. auf Festigkeit geprüft. Das Gedankenschema dieser Aufteilung lautet also:

Nummer der Messung	Vorgarn A Maschine			Vorgarn B Maschine		
	1	2	3	1	2	3
1	.	.	.	.	.	.
.	.	.	.	.	.	.

Das Verfahren einer solchen zusammengesetzten Streuungsanalyse sei an dem zuletzt genannten Fall c etwas näher erläutert:

Beispiel 62: Zusammengesetzte Streuungsanalyse einer Festigkeitsprüfung

Nach dem im vorangegangenen unter Fall c geschilderten Schema der Versuchsanordnung werden insgesamt 6 Garne (2 Vorgarnarten $\times$ 3 Maschinen) geprüft. Je Garn mögen 100 Einzelwerte vorliegen, die nach den auf S. 130 getroffenen Feststellungen von möglichst viel Cops stammen sollen. Für jedes Garn errechnet man zunächst gesondert mittlere Festigkeit und mittlere quadratische Abweichung der Festigkeitswerte. Unter Verzicht auf die Wiedergabe dieser Einzelwerte selbst erhält man die Ergebnisse in der Form:

	Vorgarn A Maschine			Vorgarn B Maschine			
	1	2	3	1	2	3	
Mittelwert $\bar{x}$. . . .	109	114	110	120	109	119	Summe: 681
Streuung s^2	19^2	21^2	18^2	22^2	17^2	15^2	

Hierauf wendet man die einfache Streuungsaufteilung ohne Berücksichtigung der Vorgarnarten an und erhält mit

$$k = 6, \quad l = 100, \quad N = k\,l = 600 \quad \text{und} \quad \bar{\bar{x}} = \frac{681}{6} = 113,5$$

nach (60) und (61) (vgl. S. 110):

$$s_1^2 = \frac{100}{5}\,(4{,}5^2 + 0{,}5^2 + \cdots + 5{,}5^2) = 20 \cdot 125{,}5,$$

$$s_2^2 = \frac{1}{6}\,(19^2 + 21^2 + \cdots + 15^2) = \frac{1}{6} \cdot 2124 = 354.$$

Die Tabelle dieser einfachen Streuungsaufteilung bekommt dann die Gestalt [vgl. (62)]:

	Zahl der Freiheitsgrade	Summe der Abweichungsquadrate	Streuung
zwischen den Gruppen	5	12550	2510
innerhalb der Gruppen	594	210276	354
Total	599	222826	372

Die Aufteilung nach den Gruppen ist hier nun noch nicht ausreichend, da in diesen Gruppen 2 Einflüsse maßgebend sind, nämlich die Maschine und die Vorgarnart. Man setzt die Aufteilung der Streuung daher fort unter Benutzung der nachstehenden Tabelle, die nunmehr nur noch die gefundenen Mittelwerte enthält:

	Vorgarn A	*Vorgarn B*	Zeilenmittel
1. Maschine	109	120	114,5
2. Maschine	114	109	111,5
3. Maschine	110	119	114,5
Spaltenmittel	111	116	$\bar{\bar{x}} = 113,5$

Diese Gruppierung der Mittelwerte wird nach dem Verfahren der zweifachen Streuungsanalyse (jetzt mit $k = 2$, $l = 3$, $N = 6$) aufgeteilt (vgl. S. 136ff.), wobei aber zu beachten ist: Jeder Grundwert dieser Tabelle ist bereits das Mittel aus 100 Einzelwerten, d. h. jedes Abweichungsquadrat muß noch mit dem Faktor 100 versehen werden (vgl. S. 110).

Die neue Aufteilungstabelle hat daher folgendes Aussehen:

	Zahl der Freiheitsgrade	Summe der Abweichungsquadrate	Streuung
zwischen den Vorgarnen	1	$3 \cdot 100 \cdot 12,5 = 3750$	3750
zwischen den Maschinen	2	$2 \cdot 100 \cdot 6 \;\;\;= 1200$	600
Rest zwischen Maschinen und Vorgarnen	2	7600	3800
Total	5	12550	2510

Fügt man jetzt die beiden vorstehenden Aufteilungstabellen ineinander, indem man gleichsam die Zeile zwischen den Gruppen der ersten Tafel, die ja alle Zahlen der Zeile „Total" in der zweiten Tafel enthält, durch die Aufteilung der zweiten Tafel ersetzt, so hat man als Ergebnis die fertige mehrfache Aufteilung:

10*

	Zahl der Freiheitsgrade	Summe der Abweichungsquadrate	Streuung
zwischen den Vorgarnen	1	3750	3750
zwischen den Maschinen	2	1200	600
Rest zwischen Maschinen und Vorgarnen	2	7600	3800
innerhalb der Gruppen	594	210276	354
Total	599	222826	372

Auf Grund dieses Ergebnisses können folgende Fragen beantwortet werden:

Ist der Unterschied zwischen den beiden Vorgarnarten gesichert

a) sofern nur die untersuchten 3 Maschinen betrachtet werden,

b) sofern man die untersuchten 3 Maschinen als eine Zufallsauswahl aus einer großen Anzahl gleichartiger Maschinen auffaßt?

Antwort zu a):

Zu vergleichen ist das Verhältnis

$$3750 : 354 = 10,6$$

mit dem F-Wert für $n_1 = 1$, $n_2 = 594$ bei $\bar{S} = 99\%$. Dieser Wert ist (Tab. IVb, Abschn. N) $F = 6,6$. Da er kleiner ist als 10,6, kann mit mehr als 99%iger Sicherheit das Herstellungsverfahren B für die untersuchten 3 Maschinen als besser angesehen werden.

Antwort zu b):

Zu betrachten ist das Verhältnis

$$3750 : 3800 < 1.$$

Der Unterschied ist zufällig (vgl. S. 111).

Die an den drei untersuchten Maschinen bestätigte Verbesserung darf also nicht verallgemeinert werden. Es muß vielmehr festgestellt werden, woran es liegt, daß sich die zweite Vorgarn-Herstellungsart bei den verschiedenen Maschinen verschieden auswirkt[1]. Mit diesem Hinweis hat die Statistik das ihre getan, die folgende Untersuchung selbst ist eine technische Aufgabe (Unterschiede im Klima oder ähnliche in der Unterteilung noch nicht erfaßte Einflüsse).

Über die geschilderten Formen der zusammengesetzten Streuungsanalyse hinaus kann man durch Berücksichtigung weiterer Faktoren zu immer stärker verzweigten Aufteilungen gelangen. Diese werden dann

---

[1] Der Rest, d. h. die Wechselwirkung zwischen Maschinen und Vorgarnen ist gesichert, da das Verhältnis der zugehörigen Streuungen $= 3800 : 354 = 10,7$ größer als der F-Wert für $n_1 = 2$ und $n_2 = 594$ bei $\bar{S} = 99\%$ ist.

aber auch in der Handhabung und vor allem in der Auswertung erheblich komplizierter, so daß hier nur noch zwei charakteristische Beispiele
angedeutet werden sollen.

RUDNICK[1] behandelt ausführlich die Streuungsaufteilung für Baum-
wollvorgarn. Als Merkmal diente das Bandgewicht, und die untersuchten Einflüsse waren

1. die Lage des Vorgarns auf der Spule. Von jeder geprüften Spule
wurde je eine Probe aus ihrem Inneren, der Mitte und von den äußeren
Schichten entnommen und daran das Bandgewicht ermittelt.

2. die Spindeln. Die Spulen wurden für jeden Tag von denselben
4 Spindeln, die vor Beginn des Versuches rein zufallsmäßig für die
Untersuchung ausgewählt worden waren, entnommen.

3. die Tage. An vier aufeinanderfolgenden Produktionstagen erfolgte die Probenahme.

Das Schema der Meßwerte hat somit die Form:

Tag	Spindel	Lage		
		außen	Mitte	innen
Mittwoch	1.	.	.	.
	2.	.	.	.
	3.	.	.	.
	4.	.	.	.
—	—	.	.	.
—	—	.	.	.
Montag	1.	.	.	.
	2.	.	.	.
	3.	.	.	.
	4.	.	.	.

Mittelt man hierin über die Tage, so bleibt ein normales zweifaches
Aufteilungsschema für die Faktoren Lage und Spindeln übrig. Ins-
gesamt erhält man drei derartige zweifache Aufteilungen, die zur Ge-
winnung der gesamten Streuungsanalyse zusammengefaßt werden.
Wegen der Einzelheiten der damit in den Grundzügen klargelegten
Analyse wird auf die Originalarbeit verwiesen.

Für eine sehr weitgehende Streuungszerlegung sei schließlich noch
folgendes Beispiel angeführt[2]:

Es wird die mittlere Faserlänge zur Bewertung der Krempelwirkung
nach dem Einzelfaser-Meßverfahren an Proben gemessen, die von einer

---

[1] RUDNICK, E. S.: Statistical Quality Control at Work in a Cotton Mill.
Text. Res. J. Bd. 20 (1950) S. 727.

[2] DANIELS, H. E.: J. Text. Inst. Bd. 33 (1942) S. T 137. Dort findet sich die
ausführliche Untersuchung.

Wollkrempel stammen. Die Aufteilung wird nach folgenden Gesichtspunkten durchgeführt:

α) nach den Stellen der Probeentnahme:

1. Querrichtung der Maschine (rechts, Mitte, links).
2. Arbeitsstelle der Maschine (1. Hechelwalze (divider), 2. Hechelwalze, 1. Arbeiterwalze, 2. Arbeiterwalze, hinter dem Hacker).

Die Messung der Faserlänge selbst geschieht derart, daß aus den einzelnen Mustern, die von den verschiedenen Stellen der Krempel stammen, nach einem vorgeschriebenen Verfahren je 50 Einzelfasern zur Messung entnommen und diese darauf auf ihre Länge vermessen werden. Daran beteiligen sich zwei Prüfer A und B, so daß sich folgende weiteren Gesichtspunkte für die Unterteilung ergeben:

β) nach der Person des Prüfers:

1. bei der Entnahme der Fasern,
2. bei der Vermessung der Fasern.

Das Anordnungsschema der Meßwerte für diese weitgehende zusammengesetzte Aufteilung lautet daher:

Walze \ Lage	Vermessender \ Probeentnehmer	rechts		Mitte		links	
		A	B	A	B	A	B
1. Hechelwalze	A	.	.	.	.	.	.
	B	.	.	.	.	.	.
2. Hechelwalze	A	.	.	.	.	.	.
	B	.	.	.	.	.	.
1. Arbeiterwalze	A	.	.	.	.	.	.
	B	.	.	.	.	.	.
2. Arbeiterwalze	A	.	.	.	.	.	.
	B	.	.	5,53	.	.	.
Krempelflor hinter dem Hacker	A	.	.	.	.	.	.
	B	.	.	.	.	.	.

Jeder in diesem Schema durch einen Punkt angedeutete Wert stellt das Mittel aus 50 Einzelfaser-Längenmessungen dar. So bedeutet z. B. der eingetragene Wert 5,53, daß aus dem Material, das aus der Mitte der zweiten Arbeiterwalze entnommen wurde, von dem Prüfer A die Probe von 50 Fasern gezogen und von Prüfer B vermessen wurde. Der sich hierbei ergebende Mittelwert war 5,53 cm für die mittlere Faserlänge.

Die durchgeführte Streuungsanalyse gibt Aufschluß darüber, ob gesicherte Unterschiede in den gemessenen Faserlängen bestehen, und zwar hinsichtlich der Walzen, der Querrichtung auf jeder Walze, der Person des Probenehmers und der Person des Messenden.

H. Theoretische und beobachtete Verteilung (χ^2-Test)

Bei der statistischen Auswertung von Untersuchungsergebnissen wird vielfach angenommen, daß ihre Häufigkeitsverteilung einem theoretischen Vorbild (z. B. der Binomialverteilung oder der GAUSSschen Normalverteilung) gehorcht. Um diese Voraussetzung nachzuprüfen, bedarf man eines Verfahrens, das die Feststellung gestattet, ob die Gesamtheit der Unterschiede zwischen der beobachteten Verteilung und der theoretischen Verteilung noch als zufällig angesehen werden darf. Diese Prüfung leistet der sogenannte χ^2-Test, der nachstehend erläutert ist.

Es sei $f(m)$ die beobachtete und $h(m)$ die theoretische absolute Häufigkeit in der Klasse mit der Nummer m ($m = 1, 2, 3, \ldots k$). Man bildet den Ausdruck

$$\chi^2 = \sum_{m=1}^{k} \frac{(f(m) - h(m))^2}{h(m)} . \tag{88}$$

Unter der Voraussetzung, daß die theoretische absolute Häufigkeit $h(m)$ in jeder der k Klassen groß genug ist — für die praktische Anwendung ist $h(m) \geqq 5$ zu fordern, was sich notwendigenfalls durch Zusammenfassung mehrerer Klassen erreichen läßt —, kann man durch mathematische Überlegungen, die hier nicht ausgeführt sind, zeigen, daß χ^2 einer Verteilung der Form

$$\varphi(\chi^2) = \frac{1}{\sqrt{2^n}\left(\dfrac{n-2}{2}\right)!} (\chi^2)^{\frac{n-2}{2}} e^{-\frac{\chi^2}{2}} \tag{89}$$

gehorcht. Dabei bedeutet n wiederum den Freiheitsgrad, der sich aus der Zahl k der Klassen ergibt, wenn von ihr die Zahl der zur Berechnung der theoretischen Verteilung verwendeten Kennziffern abgezogen wird. Bei den folgenden typischen Beispielen ist der Freiheitsgrad jeweils angegeben.

Wie früher ergibt die Integration die statistische Sicherheit $\overline{S}$ nach der Beziehung

$$\overline{S} = 100\% \int_0^{\chi^2} \varphi(\chi^2)\, d\chi^2 = 100\% \ \overline{\Phi}(\chi^2) . \tag{90}$$

Die nach (90) berechneten Zahlenwerte χ^2 sind für die 3 Sicherheiten $\overline{S} = 95\%$, $\overline{S} = 99\%$, $\overline{S} = 99,9\%$ in Tab. V, Abschn. N, zusammengestellt. Einen schnellen Überblick gibt das Kurvenblatt H, Abschn. N, das diese Zahlenwerte χ^2 für die Freiheitsgrade n von $n = 1$ bis $n = 16$ mit $\overline{S} = 50\%$, $\overline{S} = 90\%$, $\overline{S} = 95\%$, $\overline{S} = 98\%$, $\overline{S} = 99\%$, $\overline{S} = 99,9\%$ als Parameter darstellt.

Die Beantwortung der eingangs gestellten Frage erfolgt nach Tab. V oder Kurvenblatt H. Der berechnete Wert χ^2 wird mit dem abgelesenen Wert verglichen und der Vergleich nach den Regeln auf S. 72/73 bewertet.

Beispiel 63: Betriebskontrolle von Maschinensätzen (II)

(vgl. Beispiel 11, S. 27)

Das vorstehend erläuterte Verfahren wird an der Häufigkeitstafel auf S. 28 durchgeführt. Dabei werden gemäß der Forderung, daß $h(m) \geqq 5$ sein muß, die ersten 5 Klassen dieser Tafel in eine einzige zusammengefaßt:

Klassen-nummer m	Anzahl der in Betrieb befindlichen Maschinen	Absolute beob-achtete Häufigkeit $f(m)$	Absolute theore-tische Häufigkeit $h(m)$	$\dfrac{(f(m) - h(m))^2}{h(m)}$
1	0 bis 4	20	21,5	0,105
2	5	63	56,3	0,796
3	6	106	112,6	0,387
4	7	126	128,8	0,061
5	8	69	64,4	0,329
		384	383,6 ≈ 384	1,678

Der in der letzten Spalte gemäß Gl. (88) berechnete Wert von χ^2 ist also $\chi^2 = 1,678$.

Das Beobachtungsmaterial ist dabei in $k = 5$ Klassen zusammengefaßt. Für die Berechnung der theoretischen Häufigkeit $h(m)$ aus der binomischen Verteilung (s. S. 28) wurden 2 Kennziffern benutzt, nämlich der Mittelwert und die Anzahl der Beobachtungen. Als Freiheitsgrad bleibt daher $n = k - 2 = 5 - 2 = 3$.

Die Ablesung an Kurvenblatt H, Abschn. N, zeigt, daß der berechnete Wert $\chi^2 = 1,678$ weit unterhalb des bei $n = 3$ und $\overline{S} = 95\%$ abzulesenden Wertes $\chi^2 = 7,8$ liegt. Unterschiede zwischen der theoretischen und der beobachteten Verteilung sind daher nicht gesichert.

Beispiel 64: Festigkeitsbestimmung an einem Seidengarn (XIII), Prüfung der Häufigkeitsverteilung
(vgl. Beispiel 13, S. 35)

Die Durchführung der auf S. 36 geschilderten Rechnung für alle Klassen (die erste und die letzte Klasse sind bis Unendlich zu erstrecken) führt auf folgendes Ergebnis:

Klassengrenzen	Beobachtete absolute Häufigkeit $f(m)$		Theoretische absolute Häufigkeit $h(m)$		$\dfrac{(f(m)-h(m))^2}{h(m)}$	Neue Klassennummer m
unter 55	3	} 4,5	2,4	} 5,9	0,33	1
55/60	1,5		3,5			
60/65	9		6,7		0,79	2
65/70	11		11,0		0,00	3
70/75	18,5		15,5		0,58	4
75/80	11,5		18,5		2,65	5
80/85	23,5		18,8		1,18	6
85/90	12,5		16,4		0,93	7
90/95	14,5		12,2		0,43	8
95/100	7		7,7		0,06	9
100/105	5,5	} 8,0	4,2	} 7,3	0,07	10
über 105	2,5		3,1			
	120		120		$\chi^2 = 7{,}02$	

Nach der Zusammenfassung der alten beiden ersten und beiden letzten Klassen zu je einer — um die vorgeschriebene theoretische Mindestbesetzung von $h(m) = 5$ zu überschreiten — bleiben 10 neue Klassen. Der Freiheitsgrad ist hier $n = k - 3 = 10 - 3 = 7$, da zur Berechnung der $h(m)$ drei Kennzahlen, nämlich Mittelwert und Streuung der GAUSSschen Verteilung sowie die Anzahl der Werte, benutzt wurden.

Für $n = 7$ wird an Kurvenblatt H, Abschn. N, bei $\overline{S} = 95\%$ der Wert 14,1 abgelesen. Der berechnete Wert $\chi^2 = 7{,}02$ ist weit kleiner, d. h. die Unterschiede zwischen theoretischer und beobachteter Verteilung sind nicht gesichert.

Die χ^2-Verteilung als Grenzfall der F-Verteilung

Setzt man in Gl. (58), S. 101, im Grenzübergang

$$n_1 = n, \quad n_2 = \infty, \quad F = \chi^2 : n,$$

so liefert eine hier nicht dargestellte Rechnung die Beziehung

$$\overline{S}_F = 100\% \; \overline{\Phi}(F) = 100\% \int_0^F \varphi(F)\, dF = 100\% \int_0^{\chi^2} \varphi(\chi^2)\, d\chi^2$$

$$= 100\% \; \overline{\Phi}(\chi^2) = \overline{S}_{\chi^2}.$$

Die χ^2-Verteilung erscheint so als Grenzfall der F-Verteilung für $n_1 = n$, $n_2 = \infty$, $F = \chi^2 : n$.

Man kann sich überzeugen, daß mit dieser Vorschrift die Zeile $n_2 = \infty$ der Tabellen IVa, b, c mit der zugehörigen Spalte der Tab. V (Abschn. N) übereinstimmt. (Zum Beispiel $\overline{S} = 95\%$, $n_1 = n = 8$, $n_2 = \infty$ ergibt $F = 1{,}94$ in Tab. IVa. In Tab. V liest man bei $\overline{S} = 95\%$ für $n = 8$ ab $\chi^2 = 15{,}51$, und es ist

$$\chi^2 : n = 15{,}51 : 8 = 1{,}94 = F\,^1.$$

I. Stichproben und Mutungsgrenzen bei alternativen Fragestellungen

1. Der direkte Schluß

Ein hier vorliegendes grundsätzliches Problem ist durch das folgende Beispiel gegeben:

Ein Garn wird aus Wolle und Zellwolle im Mischungsverhältnis 70 (Wolle) : 30 (Zellwolle) hergestellt. Innerhalb welcher Grenzen kann in einem beliebigen Garnquerschnitt das Verhältnis der Wollfasern zu den Zellwollfasern bei rein zufälliger Faseranordnung schwanken?

Das Verhältnis 70 (Wolle) : 30 (Zellwolle) $= a : b$ bezieht sich auf Gewichte. Der Zusammenhang des Gewichtsverhältnisses mit dem Faseranzahl-Verhältnis wurde bereits auf S. 24 dargelegt. Bei der hier vorzunehmenden Untersuchung eines Querschnittes muß beachtet werden, daß die Faserlänge eine zusätzliche Rolle spielt; je länger eine Faser ist, um so größer ist die Wahrscheinlichkeit ihres Auftretens in einem beliebigen Querschnitt des betrachteten Garnes. Ist u das Verhältnis der Faseranzahlen (Wolle : Zellwolle) im Querschnitt, v dasjenige in der Fasermasse, so muß

$$u : v = l_a : l_b$$

sein, wobei l_a bzw. l_b die mittlere Faserlänge der Wolle bzw. der Zellwolle bedeutet. Im Zusammenhang mit der Gleichung auf S. 24 ist daher das Verhältnis der Faseranzahlen im Querschnitt:

$$u = \frac{a}{b}\,\frac{Nm_a}{Nm_b}.$$

Nm_a bzw. Nm_b sind die mittleren metrischen Feinheitsnummern der Wolle bzw. Zellwolle. Die durchschnittliche Gesamtzahl der Fasern im Garnquerschnitt sei N. Dann sind somit im Mittel:

$$P = \frac{a\,Nm_a}{a\,Nm_a + b\,Nm_b} \cdot 100\% \text{ Wollfasern}$$

und

$$(100 - P) = \frac{b\,Nm_b}{a\,Nm_a + b\,Nm_b} \cdot 100\% \text{ Zellwollfasern}$$

im Querschnitt vorhanden.

---

[1] Dieser Grenzfall des F-Testes für $n_2 = \infty$ wurde bereits benutzt bei der Festlegung der unteren Vertrauensgrenze $\varkappa_u$ einer m. qu. Abw. s, vgl. S. 104.

Bei irgendeinem untersuchten Querschnitt können aber auch zufällig weniger oder mehr als dieser Anteil P an Wollfasern auftreten, und es bleibt die Frage, innerhalb welcher Grenzen diese Werte bei einwandfreier Durchmischung von Wolle und Zellwolle schwanken können[1].

Im Gegensatz zu den vorstehenden Abschnitten, in denen das Merkmal x stetig veränderlich war (geometrische Verteilung), handelt es sich hier um eine alternative Fragestellung, bei der das Merkmal nur zwei Möglichkeiten hat: Jede einzelne der N Fasern des Querschnitts kann entweder Wolle oder Zellwolle sein.

Grundsätzlich liegt folgendes Problem vor: In der Grundgesamtheit (Gesamtheit aller Querschnitte) ist der Anteil P der Elemente mit einem bestimmten Merkmal (z. B. Wollfaser) bekannt. Es wird eine Stichprobe vom Umfang N (ein Querschnitt mit N als Zahl der Fasern in diesem einen Garnquerschnitt) gezogen. Innerhalb welcher Grenzen P_u und P_o liegt in ihr die Häufigkeit der Elemente mit dem betreffenden Merkmal bei einer vorgeschriebenen statistischen Sicherheit S?

Diese Schlußweise, bei der von der Grundgesamtheit auf die Stichprobe geschlossen wird, heißt der *direkte Schluß*.

Die Antwort auf die gestellte Frage soll hier lediglich unter der Voraussetzung gegeben werden, daß der Umfang der Grundgesamtheit sehr groß (theoretisch unendlich groß) ist gegenüber dem Umfang der Stichprobe. Weiterhin wird nur der Fall behandelt[2], daß sich das Staffelbild, das einer Binomialverteilung der Ordnung N mit dem Mittelwert $P \cdot N$ zukommt, mit ausreichender Genauigkeit durch eine GAUSSsche Glockenkurve ersetzen läßt. Um dafür ein leicht nachprüfbares Kriterium zu gewinnen, wird die Forderung erhoben, daß bei dem Ersatz der von 0 bis N reichenden Binomialverteilung durch die von $-\infty$ bis $+\infty$ reichende Glockenkurve diejenigen Flächenzipfel unter der Glockenkurve, die jenseits 0 bzw. N, d. h. außerhalb des Bereiches der Binomialverteilung liegen, gegenüber der Gesamtfläche vernachlässigbar klein sind. Abb. 44 veranschaulicht diesen Gedankengang.

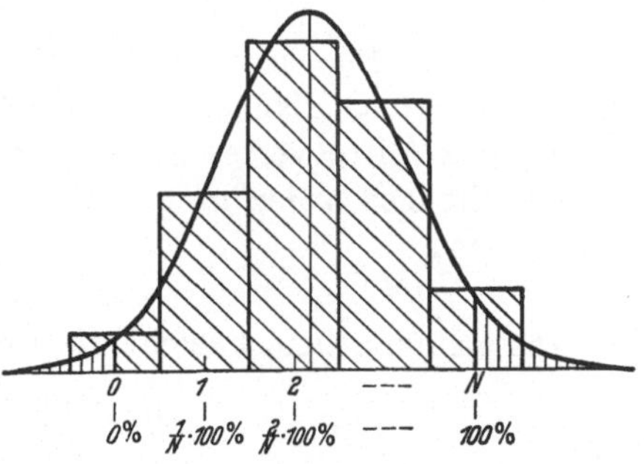

Abb. 44. Ersatz der Binomialverteilung durch die Glockenkurve

---

[1] Bei einer Anfärbung nur einer Faserart oder verschiedener Anfärbung bzw. ungleicher Farbtiefe der beiden Faserarten machen sich solche Schwankungen durch einen unruhigen Melangecharakter bemerkbar und es tritt die gleiche Fragestellung auf.

[2] Siehe für die allgemeine graphische Auswertung S. KOLLER: Graphische Tafeln zur Beurteilung statistischer Zahlen. Darmstadt: Steinkopff 1953.

Die m. qu. Abw. einer Binomialverteilung ist nach Gl. (28), S. 24

$$\sigma = \sqrt{n\,p\,q},$$

wobei in dem vorliegenden Fall

$$n = N, \quad p = P, \quad q = (1 - P).$$

zu setzen ist, so daß man als m. qu. Abw. der absoluten Häufigkeiten

$$\sigma = \sqrt{N \cdot P \cdot (1 - P)}$$

erhält. Die m. qu. Abw. der relativen Häufigkeiten ist daher

$$\sigma = \sqrt{\frac{P(1 - P)}{N}}.$$

Abb. 45 zeigt diese Binomialverteilung am Beispiel $N = 6$, $P = 0{,}40$ $= 40\%$ und zugleich die Ersatzglockenkurve mit der gleichen Streuung

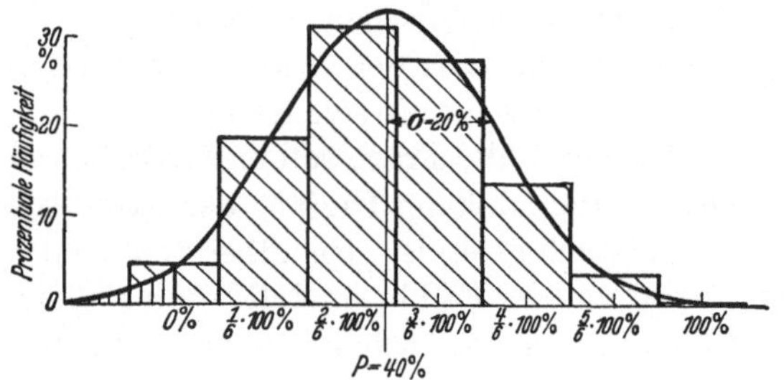

Abb. 45. Binomialverteilung ($N = 6$) und Ersatz-Glockenkurve

$\sigma = 20\%$ und $P = 40\%$ als Mittelwert. Damit der jenseits des Nullpunktes liegende Flächenzipfel genügend klein wird, muß die Entfernung des Mittelwertes P vom Nullpunkt größer als ein genügend hohes Vielfaches c der m. qu. Abw. σ sein. Es muß daher die Forderung gelten:

$$c\,\sigma \leqq P.$$

Die Ausrechnung liefert leicht die Bedingung

$$P \geqq \frac{100\,c^2}{c^2 + N}\,\% .$$

Der entsprechende Gedankengang für den jenseits 100% liegenden Flächenzipfel ergibt die Bedingung

$$P \leqq \frac{100\,N}{c^2 + N}\,\% .$$

Als Zahlenwert kann $c^2 = 12$, $c = 3{,}464 \approx 3{,}5$ gesetzt werden, wobei dann nach Tab. II, Abschn. N, mit $c = \lambda = 3{,}5$ weniger als $\frac{1}{2}\big(1 - \varPhi(\lambda)\big)\,100\% = 0{,}027\%$ der Gesamtfläche unter der Glockenkurve vernachlässigt wird. Die Nachprüfung dieses Kriteriums wird erleichtert durch die Benutzung des Kurvenblattes J, Abschn. N, das die beiden Grenzkurven nach den vorstehenden Beziehungen über der Abszisse N zeigt. Die genannten Bedingungen sind dann erfüllt, wenn der Punkt (N, P) in den schraffierten Flächenbereich fällt.

An der Gaussschen Glockenkurve werden nun die Grenzen P_u und P_o gemäß der statistischen Sicherheit S so bestimmt, daß der zwischen ihnen liegende Flächenanteil der Gesamtfläche gleich S wird. Der analytische Ausdruck dieser Forderung führt auf die Gleichungen

$$P_u = \left(P - \frac{1}{2N} - \lambda \sqrt{\frac{P(1-P)}{N}} \right) \cdot 100\% \,,$$
$$P_o = \left(P + \frac{1}{2N} + \lambda \sqrt{\frac{P(1-P)}{N}} \right) \cdot 100\% \,,$$
(91)

wobei λ der Kennfaktor der statistischen Sicherheit S ist.

Beispiel 65: Schwankungen im Mischungsverhältnis bei einem Mischgarn aus 30% Zellwolle und 70% Wolle

Besitzt in dem eingangs genannten Beispiel das Garn durchschnittlich 50 Fasern im Querschnitt, so erhält man bei gleicher Woll- und Zellwollfeinheit ($Nm_a = Nm_b$) $P = a = 70\%$ und infolgedessen mit $P = 0{,}70 = 70\%$, $N = 50$, $S = 95\%$, $\lambda = 1{,}96$ (s. Tab. II, Abschn. N) die Werte $\quad P_u = 56{,}3\%$ und $\quad P_o = 83{,}7\%$.

Am Kurvenblatt J überzeugt man sich leicht, daß der Punkt $N = 50$, $P = 70\%$ in den schraffierten Bereich fällt, die Voraussetzung für die Benutzung der Gl. (91) also erfüllt ist. Die Zusammensetzung einer Garnstelle kann somit rein zufällig zwischen 56,3% Wolle, 43,7% Zellwolle einerseits und 83,7% Wolle, 16,3% Zellwolle andererseits schwanken, wobei dieser Aussage eine statistische Sicherheit von 95% zukommt.

2. Der indirekte Schluß

Das hier vorliegende grundsätzliche Problem ist durch folgendes typische Beispiel gekennzeichnet:

Aus einer Garnlieferung größeren Umfanges wird eine Stichprobe von N Garnkörpern (z. B. Spulen) entnommen und geprüft. Von den N Spulen sind Z Spulen fehlerhaft, also $P_N = \dfrac{Z}{N} \cdot 100\%$ der Stichprobe werden beanstandet. Welcher Anteil (P in %) der Gesamtheit muß als fehlerhaft erwartet werden?

Es wird sich darum handeln, für P wieder eine untere und eine obere Grenze anzugeben, innerhalb deren der zu beanstandende Prozentsatz zu erwarten ist. Diese Grenzen ihrerseits hängen u. a. von der statistischen Sicherheit S ab, mit der die Aussage gefordert wird.

Bei dem genannten Beispiel soll von der Stichprobe mit der relativen Häufigkeit P_N des Ereignisses zurückgeschlossen werden auf die relative Häufigkeit P des Ereignisses in der Gesamtheit. Diese Schlußweise wird als *indirekter Schluß* bezeichnet; er tritt in der technischen Praxis weit häufiger auf als der vorstehend skizzierte direkte Schluß.

Um die beiden Grenzen P_o und P_u zu bestimmen, sucht man als untere Grenze ein P_u derart, daß die zu diesem P_u als Mittelwert gehörende Binomialverteilung der Ordnung N bis zu der Marke P_N einen Flächeninhalt aufweist, der entsprechend der geforderten statistischen Sicherheit S den Anteil $\bar{S} = \frac{1}{2}(1 + S) \cdot 100\%$ der Gesamtfläche ausmacht. Der analytische Ausdruck dieser Forderung heißt:

$$\sum_{i=P_N \cdot N}^{N} \binom{N}{i} P_u^i (1 - P_u)^{N-i} = 1 - \bar{S}, \tag{92}$$

Sinngemäß ist entsprechend die obere Grenze P_o durch die Forderung:

$$\sum_{i=0}^{P_N \cdot N} \binom{N}{i} P_o^i (1 - P_o)^{N-i} = 1 - \bar{S} \tag{93}$$

festgelegt.

Die geometrische Deutung dieser Gleichungen zeigt Abb. 46a, b, die die beiden Binomialverteilungen mit den Mittelwerten P_u und P_o über der Skala der absoluten Ereigniszahlen darstellt. Die anschraffierten Flächenteile sind durch die linken Seiten der Gl. (92) und (93) gegeben.

Die allgemeine Auswertung dieser Gl. (92) und (93) erfolgt mit Hilfe des mathematischen Satzes, daß sich die Binomialsummen der linken Seiten in (92, 93) durch die Integralwerte der F-Verteilung ausdrücken lassen. Dieser hier nicht bewiesene Satz besagt, daß sich das Integral der F-Verteilung als Summe der ersten $\frac{1}{2} n_1$ Glieder darstellen läßt, die bei der Binomialentwicklung von

$$(p + q)^{\frac{1}{2}(n_1 + n_2 - 2)}$$

entstehen, sofern

$$\frac{p}{q} = \frac{n_1}{n_2} F$$

gesetzt wird. Auf Grund dieses Satzes erhält man für die linke Seite von (92):

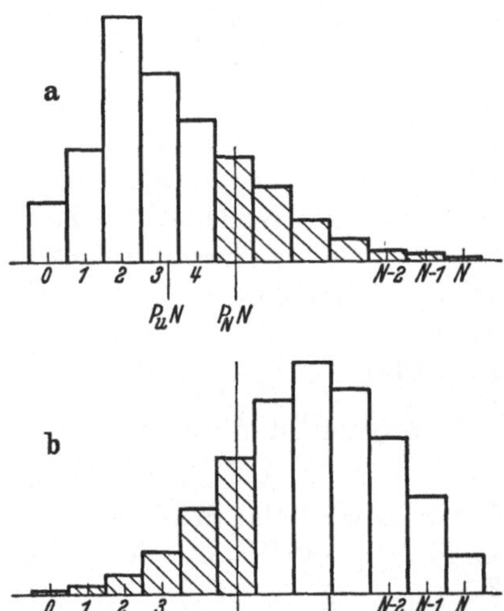

Abb. 46. a) Festlegung der unteren Grenze für die zu erwartende Häufigkeit; b) Festlegung der oberen Grenze für die zu erwartende Häufigkeit

$$\sum_{i=P_N \cdot N}^{N} \binom{N}{i} P_u^i (1 - P_u)^{N-i} = \int_{F}^{\infty} \varphi_{n_1, n_2}(F)\, dF,$$

wobei

$$n_1 = 2\,(N - Z + 1),$$
$$n_2 = 2\,Z$$

zu setzen ist und

$$Z = P_N\,N$$

die Zahl der „Treffer" (absolute Häufigkeit des Ereignisses) bedeutet. Die gesuchte untere Grenze P_u wird dann:

$$P_u = \frac{100\,Z}{Z + (N - Z + 1)\,F}\ \% .$$

Nach dem gleichen Gedankengang erhält man für die linke Seite von (93):

$$\sum_{i=0}^{P_N \cdot N} \binom{N}{i} P_o^i\,(1 - P_o)^{N-i} = \int\limits_F^\infty \varphi_{n_1, n_2}\,(F)\,dF,$$

wobei wieder

$$Z = P_N\,N\ \ .$$

ist, jetzt aber

$$n_1 = 2\,(Z + 1),$$
$$n_2 = 2\,(N - Z)$$

gesetzt werden muß. Die gesuchte obere Grenze P_o wird dann:

$$P_o = \frac{100\,(Z + 1)\,F}{N - Z + (Z + 1)\,F}\ \% .$$

Für die praktische Bestimmung der beiden Grenzen P_u und P_o gilt daher die Regel:

Ist das gefragte Ereignis Z-mal unter N Beobachtungen aufgetreten, d. h. mit dem Anteil $P_N = \dfrac{Z}{N} = \dfrac{Z}{N} \cdot 100\%$ beobachtet worden, so sind die Vertrauensgrenzen P_u und P_o dieses Anteils folgendermaßen zu bestimmen:

a) mit
$$n_1 = 2\,(N - Z + 1)$$
$$n_2 = 2\,Z$$

sucht man in der F-Tabelle (Tab. IVa, b, c, Abschn. N) zu der geforderten statistischen Sicherheit $\overline{S}$ den F-Wert und errechnet mit seiner Hilfe die untere Vertrauensgrenze

$$P_u = \frac{100\,Z}{Z + (N - Z + 1)\,F}\ \% \, ;$$

b) mit
$$n_1 = 2\,(Z + 1)$$
$$n_2 = 2\,(N - Z)$$

sucht man in der F-Tabelle (Tab. IVa, b, c, Abschn. N) zu der geforderten statistischen Sicherheit $\overline{S}$ den F-Wert und errechnet mit seiner Hilfe die obere Vertrauensgrenze

$$P_o = \frac{100\,(Z + 1)\,F}{N - Z + (Z + 1)\,F}\ \% \, .$$

Charakteristisch für die so festgelegten Vertrauensgrenzen P_u und P_o ist es, daß sie keineswegs gleich weit von dem ermittelten Wert P_N entfernt liegen. Nur für $P_N = 50\%$ trifft das zu, in allen anderen Fällen liegen der 50%-Wert und die Mitte von P_u und P_o auf derselben Seite von P_N.

Beispiel 66: Garnkontrolle A

Aus einer Garnlieferung werden 4 Spulen gezogen. Eine davon ist fehlerhaft. Lassen sich aus diesem Befund schon brauchbare statistische Schlüsse ziehen?

Es ist $\qquad N = 4, \quad Z = 1, \quad P_N = \tfrac{1}{4} = 25\%$.

Nach den vorangegangenen Regeln berechnet man

a) $\qquad n_1 = 8, \quad n_2 = 2, \quad F = 19{,}37 \quad$ für $\quad \overline{S} = 95\%$,

also

$$P_u = \frac{100}{1 + 4 \cdot 19{,}37}\% = 1{,}3\%.$$

b) $\qquad n_1 = 4, \quad n_2 = 6, \quad F = 4{,}53 \quad$ für $\quad \overline{S} = 95\%$,

also

$$P_o = \frac{100 \cdot 2 \cdot 4{,}53}{3 + 2 \cdot 4{,}53}\% = 75\%.$$

Mit je 95%iger statistischer Sicherheit lassen sich also zwischen 1,3% und 75% fehlerhafte Spulen in der Lieferung erwarten, eine Aussage, die nicht mehr als brauchbar angesehen werden kann. Der Stichprobenumfang $N = 4$ ist zu gering, um daraus tragende statistische Schlüsse ziehen zu können. Das Auftreten einer fehlerhaften unter 4 Spulen wird vielmehr Veranlassung sein, eine größere Stichprobe zu untersuchen (vgl. das folgende Beispiel).

Beispiel 67: Garnkontrolle B

An einer Stichprobe von 100 Spulen aus einer Garnlieferung wird festgestellt, daß 15 Spulen fehlerhaft sind. Innerhalb welcher Grenzen kann bei je 95%iger Sicherheit der fehlerhafte Anteil der Gesamtlieferung liegen?

Nach der Prüfregel S. 159 hat man zu bilden:

a) $\qquad n_1 = 2(100 - 15 + 1) = 172$

$\qquad n_2 = 2 \cdot 15 = 30$.

Der zugehörige F-Wert kann für $\overline{S} = 95\%$ in Tab. IVa, Abschn. N, nicht unmittelbar abgelesen werden. Wendet man das auf S. 103

geschilderte Interpolationsverfahren an, so erhält man:

$$n_2 = 30 \quad n_1 = 24 \quad F = 1,887$$
$$n_2 = 30 \quad n_1 = \infty \quad F = 1,662$$
$$n_2 = 30 \quad n_1 = 172 \quad F = 1,622 + \frac{24}{172} \cdot 0,265 = 1,659$$
$$P_u = \frac{100 \cdot 15}{15 + 86 \cdot 1,659} \% = 9,5 \% .$$

b)
$$n_1 = 2(15 + 1) = 32$$
$$n_2 = 2(100 - 15) = 170 .$$

Die Anwendung der unter A auf S. 102 gegebenen Regel führt für $\overline{S} = 95\%$, d. h. $\lambda = 1,645$ auf

$$\log F = 0,4343 \cdot 1,645 \sqrt{\frac{2(32 + 170)}{32 \cdot 170}} = 0,194_5 ,$$
$$F = 1,57 ,$$
$$P_o = \frac{100 \cdot 16 \cdot 1,57}{85 + 16 \cdot 1,57} \% = 22,8 \% .$$

Mit je 95% iger Sicherheit lassen sich somit zwischen

$$9,5\% \quad \text{und} \quad 22,8\%$$

fehlerhafte Spulen in der Lieferung erwarten.

Beispiel 68: Bestimmung des Reifegrades von Baumwolle (I)

In einer Stichprobe vom Umfang $N = 400$ wurde unter dem Mikroskop festgestellt, daß 83 Fasern als unreif und 317 als reif einzuordnen waren. Der Anteil der unreifen Fasern betrug demnach $P_N = 0,208 = 20,8\%$.

Darf die Baumwolle danach mit ausreichender statistischer Sicherheit in eine der nebenstehenden Klassen eingestuft werden, die auf amerikanischen Erfahrungen basieren?

Klasse	Anteil der vollausgereiften Fasern in Prozent
Völlig reif	über 84
Reif	77 bis 84
Mittelreif	68 bis 76
Unreif	60 bis 76
Völlig unreif	unter 60

Die Anwendung der Interpolationsformel, S. 102, liefert mit der Prüfregel, S. 159:

a)
$$n_1 = 636 \quad n_2 = 166 \quad F = 1,222$$
$$P_u = \frac{83 \cdot 100}{83 + 318 \cdot 1,222} \% = 17,6 \% ,$$

b)
$$n_1 = 168 \quad n_2 = 634 \quad F = 1,223$$
$$P_o = \frac{100 \cdot 84 \cdot 1,223}{317 + 84 \cdot 1,223} \% = 24,4 \% .$$

Mit einer statistischen Sicherheit von je 95% liegt der Anteil der reifen Fasern zwischen 75,6% und 82,4%. Der Vergleich mit der vorstehenden Klasseneinteilung zeigt somit, daß die Baumwolle auf Grund der untersuchten Stichprobe nicht mit ausreichender Sicherheit ($\overline{S} = 95\%$) zur Klasse „reif" gerechnet werden darf, obgleich man allein nach dem Anteil $(1 - P_N)\,100\% = 79,2\%$ der reifen Fasern in der Stichprobe geneigt wäre, diese Einordnung vorzunehmen. Zur sicheren Entscheidung müßten noch mehr Fasern ausgezählt werden.

Beispiel 69: Anteil der kurzen Fasern im Kammzug (I)

An einer Probe von 500 Fasern aus einem Kammzug wurde festgestellt, daß 87 Fasern eine Länge unter 40 mm hatten. Mit welchem Prozentsatz dieser kurzen Fasern im gesamten Kammzug hat man zu rechnen?

Wird die Probe gewichtsmäßig untersucht, so kann man in bekannter Weise den anzahlmäßigen Anteil der kurzen Fasern aus ihren Gewichtsprozenten errechnen. Den Stichprobenumfang N ermittelt man dann aus dem Probengewicht a (in Gramm), der mittleren Faserlänge $\bar{l}$ (in Meter!) und der mittleren Faserfeinheitsnummer Nm mit Hilfe der Beziehung

$$N = \frac{a\,Nm}{\bar{l}}\,.$$

Für jede untersuchte Faser liegt eine Alternative vor: sie ist kürzer als 40 mm oder nicht. Damit ist die Anwendbarkeit der Prüfregel S. 159 gegeben, und man erhält mit $Z = 87$, $P_N = 100\,\frac{87}{500}\,\% = 17,4\%$, $N = 500$, $\overline{S} = 95\%$:

$$P_u = 14,7\% \quad \text{und} \quad P_o = 20,6\%\,.$$

Mit je 95%iger Sicherheit läßt sich somit der anzahlmäßige Anteil der kurzen Fasern zwischen 14,7% und 20,6% angeben.

In gleicher Weise lassen sich die folgenden Fragen behandeln:

Überlange Fasern in einer Zellwolle.

Grobe Fasern in einer Wolle.

Garnstellen unter einer vorgeschriebenen Festigkeitsgrenze.

Anteil von Zellwolle in einer Mischung unbekannten Mischungsverhältnisses.

Anteil geschädigter Fasern.

Bei großem N und nicht zu kleinem P_N kann für die Grenzen P_o und P_u die einfache Beziehung

$$\left.\begin{array}{c} P_o \\ P_u \end{array}\right\} = \left(P_N \pm \lambda\,\sqrt{\frac{P_N\,(1 - P_N)}{N}}\right) \cdot 100\% \tag{94}$$

benutzt werden. Sie ist stets dann anwendbar, wenn P_u und P_o dem auf S. 155/156 geschilderten Kriterium, nachzuprüfen an Kurvenblatt J, Abschn. N, genügen. Dabei ist λ der Kennfaktor der Normalverteilung (Tab. II, Abschn. N). In diesem Falle erübrigt sich die rechnerisch manchmal umständlichere Anwendung der F-Werte.

Beispiel 70: Reifegrad einer Baumwolle (II)
(vgl. S. 161)

Mit $P_N = 20{,}8\%$, $N = 400$, $\overline{S} = 95\%$, d. h. $\lambda = 1{,}645$, liefert Gl. (94):
$$P_u = 17{,}4\% \quad \text{und} \quad P_o = 24{,}1\%\,.$$

Der Vergleich dieser Werte mit dem Ergebnis auf S. 161 zeigt die Gleichwertigkeit beider Verfahren, so daß der einfacheren, hier benutzten Gleichung der Vorzug zu geben ist. Das geforderte Kriterium an Kurvenblatt J ist dabei erfüllt.

Beispiel 71: Anteil der kurzen Fasern im Kammzug (II)
(vgl. S. 162)

Mit $P_N = 17{,}4\%$, $N = 500$, $\overline{S} = 95\%$, d. h. $\lambda = 1{,}645$, erhält man nach Gl. (94):
$$P_u = 14{,}6\% \quad \text{und} \quad P_o = 20{,}2\%\,.$$

Das geforderte Kriterium an Kurvenblatt J ist erfüllt, und der geringe Unterschied mit den auf S. 162 in anderer Weise berechneten Werten zeigt in diesem Falle die Überlegenheit der Gl. (94) im Hinblick auf die Einfachheit der Rechnung.

Besondere Erwähnung verdient schließlich noch der Fall, daß sich unter den gezogenen N Stücken kein fehlerhaftes befindet, daß also $P_N = 0$ ist. Dann ist die untere Grenze P_u ebenfalls Null, und es bleibt allein die Frage nach der oberen Grenze P_o. Die Gl. (93) wandelt sich in diesem Falle zu folgender Form ab, da von der Binomialsumme nur noch das erste Glied stehenbleibt:
$$(1 - P_o)^N = 1 - \overline{S}\,. \tag{95}$$

Im umgekehrten Fall, wenn nämlich alle gezogenen Stücke der Stichprobe fehlerhaft sind und somit $P_N = 100\%$ ist, ist auch $P_o = 100\%$ und sinngemäß nach Gl. (92)
$$P_u^N = 1 - \overline{S}\,. \tag{96}$$

P_u und P_o liegen dabei symmetrisch zur 50%-Marke, so daß man stets mit Gl. (95) auskommt. Für große N läßt sie sich noch vereinfachen und auf die Näherungsform

$$P_o \approx -\frac{1}{N}\ln(1-\overline{S})$$

bringen, die für $\overline{S} = 95\% = 0{,}95$ die Gestalt

$$P_o \approx \frac{300}{N}\,\% \tag{97}$$

annimmt. Für $N \geq 50$ ist der Fehler, den man beim Ersatz der Gl. (95) mit $\overline{S} = 95\%$ durch Gl. (97) begeht, bereits kleiner als $0{,}2\%$, wobei (97) stets den größeren Wert liefert.

Zu gleichen Ergebnissen kommt man, wenn man in der Prüfregel b) auf S. 159 $Z = 0$ setzt. Dann wird

$$n_1 = 2, \quad n_2 = 2N$$

und

$$P_o = \frac{100\,F}{N+F}\,\%. \tag{98}$$

Da in diesem Sonderfall ($n_1 = 2$, $n_2 = 2N$) nach Gl. (58)

$$F = N\,\frac{1 - \sqrt[N]{1-\overline{S}}}{\sqrt[N]{1-\overline{S}}}$$

wird, ist die Gleichwertigkeit der Gl. (98) mit (95) evident.

Ist im besonderen noch $N = 1$, d. h. hat man nur ein Stück gezogen und als fehlerfrei erkannt ($Z = 0$), so wird

$$F = \frac{\overline{S}}{1-\overline{S}} \quad \text{und} \quad P_o = \overline{S} \cdot 100\% = \overline{S}.$$

Es tritt also hier als obere Grenze die statistische Sicherheit $\overline{S}$ auf, was nichts anderes bedeutet als eine neue Veranschaulichung der statistischen Sicherheit.

Bei großem N (etwa ab $N = 50$) kann für 95%ige Sicherheit $\overline{S}$ der Wert $F \approx 3$ gesetzt werden (vgl. Tab. IVa, Abschn. N). Dann geht (98) in der Tat über in (97).

Beispiel 72: Garnkontrolle C

a) Unter 100 Spulen ist kein fehlerhaftes Stück. Nach Gl. (97) sind mit 95%iger statistischer Sicherheit zwischen

$$0\% \quad \text{und} \quad 3\%$$

fehlerhafte Spulen in der Lieferung zu erwarten.

b) Unter 5 Spulen ist kein fehlerhaftes Stück. Nach Gl. (95) sind mit 95%iger Sicherheit zwischen

$$0\% \quad \text{und} \quad 45{,}1\%$$

fehlerhafte Spulen in der Lieferung zu erwarten.

Voraussetzung für die Anwendbarkeit der Gl. (95) und (97) ist stets, daß das Auftreten fehlerhafter Stücke überhaupt möglich ist. Beispiel: Unter 100 untersuchten Spulen einer Garnlieferung wurde keine aus purem Golde gefunden: $P_N = 0\%$. Wie groß ist ...?!

3. Unterschied zweier Häufigkeiten

Die hier anzustellende Überlegung, die dem entsprechenden Gedankengang bei Meßreihen (vgl. Abschn. E 3, S. 89 ff.) analog verläuft, ist durch folgendes Beispiel gekennzeichnet:

Beispiel 73: Unterschied im Mercerisationsgrad

An einem mercerisierten Garn wurden nach dem Färben Ungleichmäßigkeiten im Farbton festgestellt. Die mikroskopische Auszählung an einer hellen und an einer dunklen Garnstelle ergab einmal $Z_1 = 167$ gut mercerisierte Fasern unter $N_1 = 253$ Fasern an der hellen und das andere Mal $Z_2 = 182$ gut mercerisierte Fasern unter $N_2 = 236$ Fasern an der dunklen Stelle. Darf aus dem Unterschied der Häufigkeiten statistisch gesichert geschlossen werden, daß der unterschiedliche Farbausfall auf eine Ungleichmäßigkeit der Mercerisierung zurückzuführen ist?

Die Beantwortung solcher Fragestellungen erfolgt allgemein nach folgender Vorschrift:

Aus den beiden relativen Häufigkeiten

$$P_1 = \frac{Z_1}{N_1} = \frac{Z_1}{N_1} \cdot 100\% \quad \text{und} \quad P_2 = \frac{Z_2}{N_2} = \frac{Z_2}{N_2} \cdot 100\%$$

der genommenen Stichproben bildet man die relative Häufigkeit

$$P = \frac{Z_1 + Z_2}{N_1 + N_2} = \frac{N_1 P_1 + N_2 P_2}{N_1 + N_2},$$

die der Zusammenfassung beider Stichproben zu einer einzigen mit dem Umfang $N_1 + N_2$ und der absoluten Häufigkeit $Z_1 + Z_2$ zukommt. Danach berechnet man

und

$$\sigma_D = \sqrt{P(1 - P)\frac{N_1 + N_2}{N_1 N_2}}$$

$$\lambda = \frac{|P_1 - P_2|}{\sigma_D}. \tag{99}$$

Die Zuordnung des Kennfaktors λ zur statistischen Sicherheit erfolgt nach der Normalverteilung (Tab. II, Abschn. N), sofern P_1 und P_2 dem auf S. 156 geschilderten Kriterium genügen, d. h. auf Punkte innerhalb des schraffierten Bereiches im Kurvenblatt J, Abschn. N, führen. Die Bewertung des Ergebnisses erfolgt nach den Regeln auf S. 72/73.

Das Problem bei kleinem N_1 bzw. N_2, so daß dasKriterium an Kurvenblatt J nicht zutrifft, ist hier nicht behandelt; vgl. dazu die Fußn. 2, S. 155.

Die Durchführung des vorstehend genannten Beispiels ergibt:

$$P_1 = 0{,}66 = 66\%\,, \quad P_2 = 0{,}771 = 77{,}1\%\,, \quad P = 0{,}714 = 71{,}4\%\,,$$

$$\sigma_D = 0{,}0409 = 4{,}09\%\,, \quad \lambda = 2{,}72\,.$$

Da das Kriterium an Kurvenblatt J (Abschn. N) für die Punkte (N_1, P_1) und (N_2, P_2) erfüllt ist, gehört zu $\lambda = 2{,}72$ nach Tab. II, Abschn. N, die statistische Sicherheit $S = 99{,}3\%$.

Nach der Regel b) auf S. 72 ist der Unterschied $|P_1 - P_2|$ daher statistisch gesichert; der Grund für den unterschiedlichen Farbausfall kann in ungleicher Mercerisierung gesucht werden.

Es sei noch erwähnt, daß für die Gl. (99) vielfach auch die gleichwertige Schreibweise

$$\lambda = \sqrt{\frac{(Z_1 N_2 - N_2 N_1)^2 (N_1 + N_2)}{(Z_1 + Z_2) N_1 N_2 (N_1 + N_2 - Z_1 - Z_2)}} \tag{100}$$

benutzt wird.

K. Die Poisson-Verteilung

1. Mittelwert und Streuung

Aus der binomischen Verteilung

$$\varphi(m) = \binom{n}{m} p^m q^{n-m}; \quad m = 0, 1, \ldots n \tag{24}$$

(vgl. S. 29 ff.) wurde für den Grenzfall $n \to \infty$ die GAUSSsche Normalverteilung gewonnen. Dabei ging zugleich mit $n \to \infty$ die Stufenbreite des binomialen Staffelbildes $c \to 0$, so daß eine stetige Kurve (Glockenkurve) entstand. Die Voraussetzung für diesen Grenzübergang war, daß p einen endlichen Wert aufweist.

Strebt dagegen zugleich mit $n \to \infty$ der Wert $p \to 0$, d. h. betrachten wir ein sehr seltenes Ereignis, das überhaupt nur bei einer großen Zahl von Beobachtungen mit merklicher Häufigkeit in Erscheinung tritt, so führt die Doppelbedingung

$$n \to \infty, \quad p \to 0$$

auf eine zweite Grenzverteilung der binomischen Verteilung, die als POISSONsche Verteilung seltener Ereignisse bezeichnet wird.

Dabei soll das Wachsen von n und das Abnehmen von p so erfolgen, daß das Produkt $np = a$ konstant bleibt. Da für die Binomialverteilung nach Gl. (27) und (28) (vgl. S. 24)

$$\mu = p\,n \quad \text{und} \quad \sigma^2 = n\,p\,q = n\,p(1 - p)$$

gilt, werden bei diesem Grenzübergang Mittelwert und Streuung

$$\mu = a \quad \text{und} \quad \sigma^2 = a\,.$$

Bei einer POISSON-Verteilung sind daher Mittelwert und Streuung stets gleich groß:

$$\mu = \sigma^2. \qquad (101)$$

Die mathematische Durchführung des Grenzüberganges selbst, die hier nicht geschildert ist, führt Gl. (24) in die Gestalt

$$\varphi(m) = \frac{\mu^m e^{-\mu}}{m!} \qquad (102)$$

über. Sie zeigt, daß die POISSON-Verteilung allein durch den Mittelwert μ bestimmt ist und daß man nach (102) die relative Häufigkeit $\varphi(m)$ in der m-ten Klasse ($m = 0, 1, 2, 3, \ldots$) berechnen kann.

Diese Berechnung erfolgt zweckmäßigerweise mit Hilfe der leicht zu beweisenden Rekursionsformel

$$\varphi(m+1) = \frac{\mu}{m+1}\,\varphi(m), \qquad (103)$$

wobei

$$\varphi(0) = e^{-\mu} \qquad (104)$$

ist. Ausgehend von $m = 0$ kann man nach (103) schrittweise alle Klassenhäufigkeiten bestimmen. Abb. 47a bis f zeigt das Ergebnis für

$$\mu = 0,1;\ 0,5;\ 1;\ 2,5;\ 5;\ 10.$$

Man erkennt, daß mit wachsendem μ die Asymmetrie der Verteilung schnell abnimmt. Ihre Form nähert sich mehr und mehr der einer

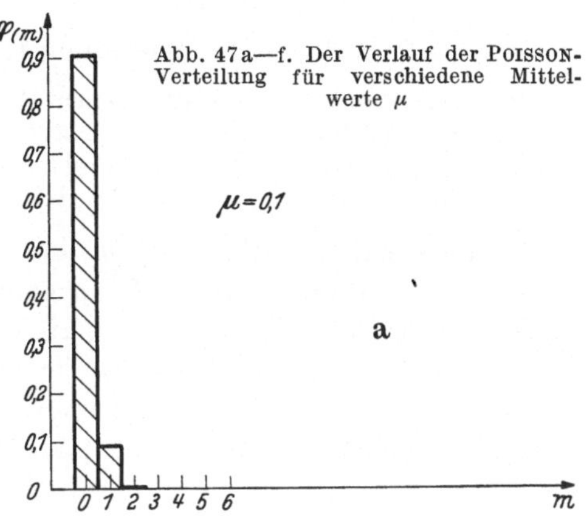
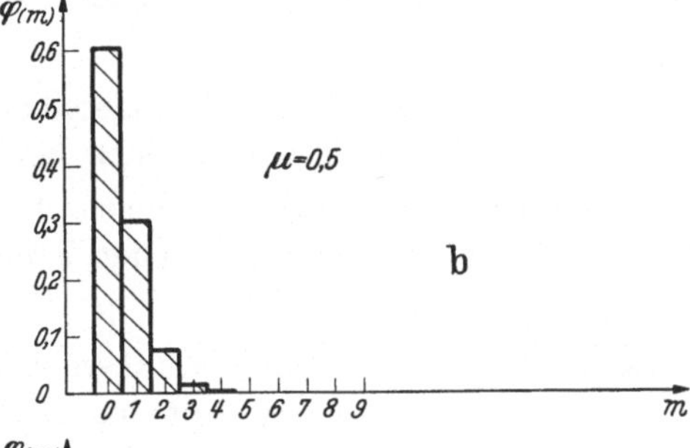
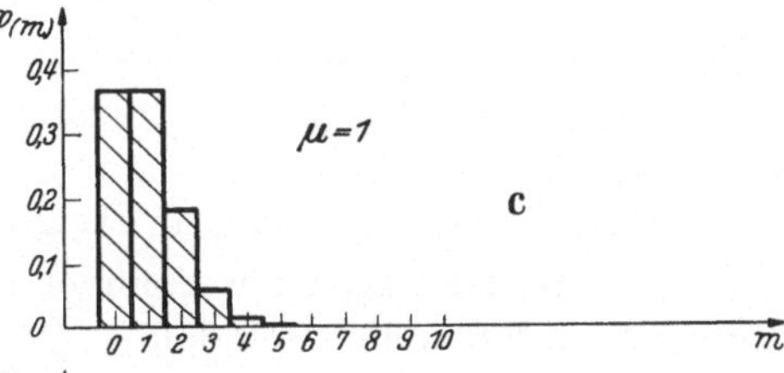
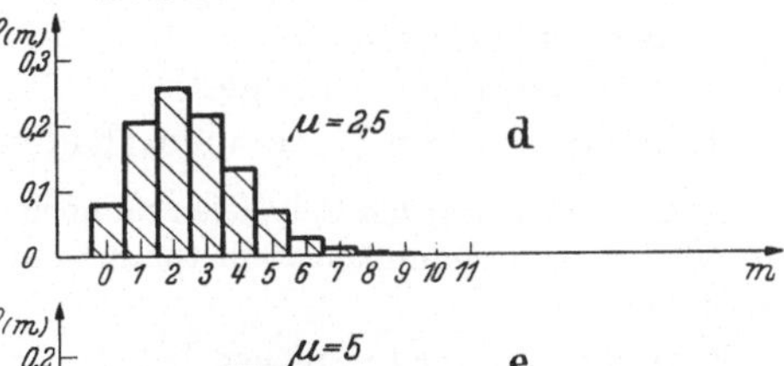
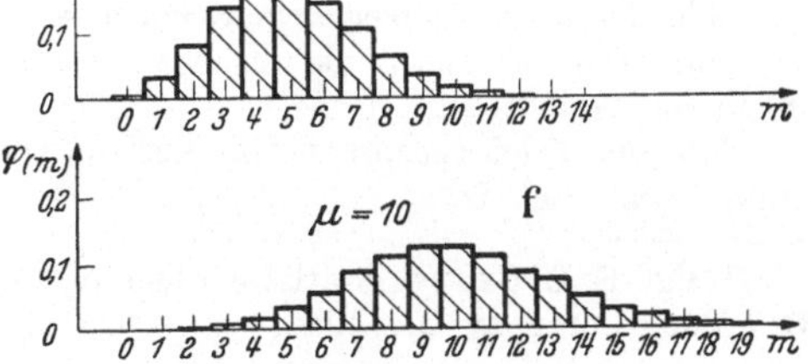

Abb. 47a—f. Der Verlauf der POISSON-Verteilung für verschiedene Mittelwerte μ

Normalverteilung. Auch diese Normalverteilung ist aber nicht willkürlich, sondern durch die Beziehung (101) gebunden.

Bei dieser Ähnlichkeit zwischen einer Poisson-Verteilung für großes μ und
einer Normalverteilung ist jedoch zu beachten, daß das Bild einer Poisson-Verteilung stets ein unstetiges Stufenbild mit ganzzahligen Argumentwerten ist, das
Bild der Normalverteilung dagegen die stetige Glockenkurve.

Die maximale Häufigkeit $\varphi(m)$ ergibt sich für diejenige Klasse m,
in der der Mittelwert μ liegt. Ist μ ganzzahlig, so haben diese Klasse
und die vorhergehende die gleiche Häufigkeit.

Bei der Deutung der Poisson-Verteilung und ihrer Bilder gilt die
Vorstellung, daß zur Erfassung eines seltenen Ereignisses eine sehr
große (theoretisch unendlich große) Zahl von Beobachtungen notwendig
ist. Führt man eine solche sehr umfangreiche Beobachtungsreihe sehr
oft aus, so erhält man auf Grund der Poisson-Verteilung folgendes
Ergebnis:

$\varphi(0) \cdot 100\%$ der Beobachtungsreihen zeigen das keinmalige Auftreten des seltenen Ereignisses,

$\varphi(1) \cdot 100\%$ der Beobachtungsreihen zeigen das einmalige Auftreten des seltenen Ereignisses,

. . . .

$\varphi(m) \cdot 100\%$ der Beobachtungsreihen zeigen das m-malige Auftreten des seltenen Ereignisses.

Im Durchschnitt, der aus allen angestellten Beobachtungsreihen ermittelt wird, tritt das seltene Ereignis μ-mal bei einer Beobachtungsreihe ein.

Beispiele für solche seltenen Ereignisse sind:

1. Fadenbrüche an einer Spindel (oder mehreren unter gleichen
Bedingungen laufenden Spindeln),

2. Kettfadenbrüche,

3. Noppen in Kammzügen,

4. Auftreten von Maschinenschäden usw.

Außer diesen textilen Beispielen sei noch eine Reihe von Ereignissen erwähnt,
die mit großer Genauigkeit dem theoretischen Ansatz einer Poisson-Verteilung
gehorchen[1]:

Zahl der jährlichen tödlichen Unfälle durch Hufschlag in einer Armee,

Zahl der täglich abgegebenen Gegenstände auf einem Fundbüro,

Zahl der jährlichen Wolkenbrüche (Niederschlagsmenge über 12 mm in 10 min)
in einem Landstrich,

Zahl der Telefongespräche im Verlauf von jeweils 5 Minuten aus den Zellen
eines Großbahnhofs.

---

[1] Vgl. E. L. Grant: Statistical Quality Control. New York/London: McGraw-
Hill Book Company Inc. 1946.

2. Der χ^2-Test für die Poisson-Verteilung

Die Nachprüfung, ob das Auftreten solcher Erscheinungen tatsächlich der theoretischen Verteilung seltener Ereignisse nach Poisson gehorcht, läßt sich mit Hilfe des χ^2-Testes (S. 151ff.) durchführen.

Beispiel 74: Fadenbruchzählungen an Ringspindeln; Übereinstimmung mit der Poisson-Verteilung

Auf einer Ringspinnmaschine mit $N = 400$ Spindeln wurde eine Partie 10 Stunden lang durch Fadenbruchzählungen kontrolliert.

Bei jeder Spindel kann ein Fadenbruch etwa bei jedem Umlauf des Läufers auftreten. In den 10 Beobachtungsstunden macht der Läufer etwa 3 Millionen Umläufe, und unter dieser sehr großen Zahl von Umläufen tritt nur einige Male ein Fadenbruch (seltenes Ereignis) auf. Jede Spindel repräsentiert daher eine sehr umfangsreiche Beobachtungsreihe. Mit 400 Spindeln hat man 400 solche Beobachtungsreihen zur Verfügung, deren Ergebnis nachstehende Aufstellung zeigt.

Zahl m der Fadenbrüche	Zahl $f(m)$ der Spindeln, die m Brüche aufweisen	Gesamtzahl $m\,f(m)$ der Brüche
0	84	0
1	130	130
2	93	186
3	56	168
4	20	80
5	8	40
6	8	48
7	1	7
	400	659

An der Gesamtzahl von 400 Spindeln traten insgesamt 659 Fadenbrüche auf. Als Mittelwert $\bar{x}$ erhält man daher

$$\bar{x} = \frac{659}{400} = 1{,}65$$

(Fadenbrüche pro Spindel in 10 Stunden) und kann nach (104) und (103) die theoretischen Häufigkeiten $400\,\varphi(m)$ ausrechnen, die einer Poisson-Verteilung mit dem Mittelwert $\mu = 1{,}65$ zukommen. Die Nachprüfung, ob die beobachteten Häufigkeiten in ihrer Gesamtheit mit den so berechneten theoretischen Häufigkeiten verträglich sind, leistet der χ^2-Test (vgl. S. 151). Das Ergebnis dieser Rechnung lautet:

m	$f(m)$	$\varphi(m)$	$400\,\varphi(m)$	$\dfrac{[f(m) - 400\,\varphi(m)]^2}{400\,\varphi(m)}$
0	84	0,192	76,8	0,675
1	130	0,317	126,9	0,076
2	93	0,262	104,8	1,330
3	56	0,144	57,6	0,044
4	20	$0,059_4$	23,8	0,607
5	8	$0,019_6$	7,8 ⎫	
6	8	$0,005_{39}$	2,2 ⎬ 10,5	4,020
7	1	$0,001_{27}$	0,5 ⎭	
	400	$1,000_{66}$	400,4 ≈ 400	$\chi^2 = 6,752$

Die Zahlen in der Spalte $\varphi(m)$ entstehen folgendermaßen:

$$\varphi(0) = e^{-1,65} \qquad = 0,192,$$

$$\varphi(1) = \frac{1,65}{1}\, 0,192 = 0,317,$$

$$\varphi(2) = \frac{1,65}{2}\, 0,317 = 0,262,$$

. . . .

Die Klassen 5, 6 und 7 werden in eine einzige zusammengefaßt, da die theoretische Häufigkeit in jeder Klasse größer als 5 sein muß, vgl. S. 151.

Die Vergleichswerte für den errechneten Wert $\chi^2 = 6,752$ finden sich in Tab. V oder auf Kurvenblatt H, Abschn. N. Dabei ist der Freiheitsgrad n gleich der Zahl der benutzten Klassen (6), vermindert um 2, da zur Berechnung der POISSON-Verteilung zwei Kennzahlen (Mittelwert $\mu = 1,65$ und Gesamtzahl $N = 400$) benutzt wurden. Mit $n = 6 - 2 = 4$ findet man für $\overline{S} = 95\%$ in Tab. V den Wert $\chi^2 = 9,49$. Der errechnete Wert 6,752 ist kleiner, d. h. die beobachtete Fadenbruchverteilung kann innerhalb des Rahmens rein zufälliger Abweichungen als mit einer POISSON-Verteilung verträglich angesehen werden.

Beispiel 75: Zweite Fadenbruchzählung an Ringspindeln; Nicht-Übereinstimmung mit einer Poisson-Verteilung

Die nachstehende Tabelle, deren Bezeichnungen sich an das vorangegangene Beispiel anschließen, zeigt das Ergebnis einer über 8 Stunden erstreckten Zählung an 200 Spindeln.

Da der errechnete χ^2-Wert 34,49 den Tabellenwert $\chi^2 = 16,27$, der für die sehr hohe statistische Sicherheit $\overline{S} = 99,9\%$ gilt, noch bei weitem übertrifft, sind die Unterschiede zwischen der beobachteten und der theoretischen Häufigkeit nicht mehr zufällig, sondern systematisch. Aus dem Rechenschema ersieht man, daß offenbar einige Spindeln mit

m	$f(m)$	$mf(m)$	$\varphi(m)$	$200\,\varphi(m)$	$\dfrac{[f(m) - 200\,\varphi(m)]^2}{200\,\varphi(m)}$
0	77	0	0,2725	54,5	9,29
1	62	62	0,3540	70,8	1,09
2	29	58	0,2300	46,0	6,29
3	12	36	0,0996	19,9	3,14
4	9	36	0,0324	6,5	
5	6	30	0,0084$_3$	1,7	
6	2	12	0,0018$_3$	0,4	
7	0	0	0,0003$_4$	0,1	14,68
8	2	16	0,0000$_5$	—	
9	0	0	—	—	
10	1	10	—	—	
	200	260	0,9991$_5$	199,9	$\chi^2 = 34{,}49$

$$\bar{x} = 260 : 200 \qquad \approx 1 \qquad \approx 200$$
$$\bar{x} = 1{,}3$$

Tab. V, Abschn. N: $\quad n = 5 - 2 = 3, \quad \bar{S} = 99{,}9\%, \quad \chi^2 = 16{,}27$

zu hoher Fadenbruchzahl vorkommen. Durch technische — nicht mehr statistische — Untersuchungen bleibt die Ursache dafür zu klären (schlechte Vorgarnspulen, Fehler im Streckwerk oder am Ring o. ä.).

Bei diesen Beispielen repräsentiert jede Spindel eine Versuchsreihe für das seltene Ereignis „Fadenbruch", d. h. jede Spindel mußte für sich beobachtet werden. Wollte man diesen Gedankengang auf Kettfäden übertragen, so hieße das, jeden Kettfaden zu kennzeichnen und zu beobachten, was sehr umständlich wäre. Der nachstehend ausgeführte Gedankengang umgeht diese Schwierigkeit.

Mehrere Stücke werden aus der gleichen Kette unter gleichen Bedingungen gewebt. Für jedes Stück wird die Gesamtzahl der aufgetretenen Kettfadenbrüche notiert. Die sich so ergebenden Anzahlen der Kettfadenbrüche seien der Reihe nach:

Stück Nr.	1	2	3	4	. . .	k
Zahl der Kettfadenbrüche	x_1	x_2	x_3	x_4	. . .	x_k

Der Durchschnitt der aufgetretenen Kettfadenbrüche ist demnach

$$\bar{x} = \frac{1}{k} \sum_{i=1}^{k} x_i \,.$$

Wenn es zutrifft, daß die Zahl der Kettfadenbrüche einer Poisson-Verteilung gehorcht, müßte nach (101) zwischen der Streuung s^2 und dem Mittelwert $\bar{x}$ die Beziehung

$$s^2 = \frac{1}{k-1} \sum_{i=1}^{k} (x_i - \bar{x})^2 = \bar{x}$$

bestehen. Um diese Beziehung und damit die Annahme einer Poisson-Verteilung nachzuprüfen, vergleicht man die berechnete Streuung s^2, die aus k Werten stammt, mit der theoretischen Streuung $\bar{x}$, die man sich aus unendlich vielen Werten entstanden denken muß[1]. Die Nachprüfung erfolgt mit dem F-Test, das heißt man bildet das Verhältnis $s^2 : \bar{x}$ und vergleicht es mit dem Wert von F für $n_1 = k - 1$ und $n_2 = \infty$.

Beispiel 76: Häufigkeit von Kettfadenbrüchen; Vergleich mit der Poisson-Verteilung bei Vorliegen von Summenwerten

Als Beobachtungswerte an 16 Stücken aus derselben Kette ergaben sich[2]:

Stücknummer i	1	2	3	4	5	6	7	8	9	10	11	12	13	14	15	16
Zahl x_i der Kettfadenbrüche	14	17	10	5	8	7	12	11	13	10	9	10	13	19	9	21

Aus diesen Zahlen errechnet man

$$\bar{x} = 11{,}75 \quad \text{und} \quad s^2 = 18{,}72,$$

$$s^2 : \bar{x} = 1{,}59.$$

Aus Tab. IVa, $\bar{S} = 95\%$, ermittelt man nach dem vorgeschriebenen Verfahren (vgl. oben) mit $n_1 = k - 1 = 15$ und $n_2 = \infty$ den Wert[3]

$$F = 1{,}66.$$

Da $1{,}66 > 1{,}59$, ist nach Regel a, S. 72, zu folgern, daß die Streuung s^2 und der Mittelwert $\bar{x}$ noch nicht mehr als zufällig voneinander abweichen. In diesem Sinne ist die gefundene Verteilung der Kettfadenbrüche mit einer Poisson-Verteilung verträglich.

Die vorstehende Behandlungsweise läßt sich auch auf den Fall erweitern, daß die einzelnen Beobachtungen nicht alle gleiches Gewicht haben, d. h. zum Beispiel, daß sich die beobachteten Bruchzahlen auf verschiedene Beobachtungsdauern beziehen.

---

[1] Das bedeutet, daß k relativ groß sein muß. Wenn $k = 2$ ist, also nur zwei Werte miteinander verglichen werden sollen, ist diese Voraussetzung nicht mehr zutreffend. In diesem Falle muß das auf S. 177ff. geschilderte Verfahren angewendet werden.

[2] Die Zahlen sind entnommen aus E. Bradburg u. H. Hacking: Experimental Technique for Mill Investigation of sizing and weaving. J. Text. Inst. Vol. 40 (1949) S. P 532.

[3] Für den Grenzfall $n_2 = \infty$ stimmt die F-Verteilung überein mit der χ^2-Verteilung für $F = \chi^2 : n_1$, vgl. S. 153. Zur Nachprüfung läßt sich daher auch unter Umgehung der Interpolationsformeln das Kurvenblatt H benutzen. Dort liest man für $n = n_1 = k - 1 = 15$ ab $\chi^2 = 25{,}0$, und in der Tat ist $\chi^2 : n = 25{,}0 : 15 = 1{,}67 \approx F = 1{,}66$.

Zum Verständnis der Überlegungen seien 2 Beobachtungsreihen bei Fadenbruchzählungen einander gegenübergestellt. Die erste bezieht sich auf h Spindelstunden, die zweite auf rh Spindelstunden.

<table>
<tr><td colspan="2" align="center">Beobachtungen
für h Spindelstunden</td><td colspan="2" align="center">Beobachtungen
für rh Spindelstunden</td></tr>
<tr><td align="center">Nummer der
Zählung</td><td align="center">Fadenbruch-
zahl</td><td align="center">Nummer der
Zählung</td><td align="center">Fadenbruch-
zahl</td></tr>
<tr><td align="center">1</td><td align="center">x_1</td><td align="center">1</td><td align="center">x_1'</td></tr>
<tr><td align="center">2</td><td align="center">x_2</td><td align="center">2</td><td align="center">x_2'</td></tr>
<tr><td align="center">.</td><td align="center">.</td><td align="center">.</td><td align="center">.</td></tr>
<tr><td align="center">.</td><td align="center">.</td><td align="center">.</td><td align="center">.</td></tr>
<tr><td align="center">k</td><td align="center">x_k</td><td align="center">k</td><td align="center">x_k'</td></tr>
<tr><td colspan="2" align="center">Mittelwert $\bar{x}$</td><td colspan="2" align="center">Mittelwert $\bar{x}'$</td></tr>
</table>

Da die beiden Beobachtungsdauern im Verhältnis $1:r$ stehen, muß für die Mittelwerte gelten

$$\bar{x}' = r\,\bar{x}.$$

Nach dem Gesetz der Poisson-Verteilung gilt

$$s^2 = \bar{x} \quad \text{und} \quad s'^2 = \bar{x}',$$

also

$$s'^2 = r\,s^2.$$

Jeder Beobachtungswert x_i bzw. x_i' weicht von dem Mittelwert $\bar{x}$ bzw. $\bar{x}'$ etwas ab. Ist z. B. diese Abweichung für den 1. Wert x_1 bzw. x_1' gleich $\varDelta_1$ bzw. $\varDelta_1'$, so gilt

$$x_1 = \bar{x} + \varDelta_1 \quad \text{bzw.} \quad x_1' = \bar{x}' + \varDelta_1'.$$

Aus

$$s^2 = \frac{1}{k-1}\sum \varDelta^2 \quad \text{bzw.} \quad s'^2 = \frac{1}{k-1}\sum \varDelta'^2$$

und

$$s'^2 = r\,s^2$$

folgt

$$\sum \varDelta'^2 = r \sum \varDelta^2.$$

Als Erwartungswert für jede einzelne Abweichung setzt man an

$$\varDelta_1'^2 = r\,\varDelta_1^2 \quad \text{usw.,}$$

also

$$\varDelta_1' = \sqrt{r}\,\varDelta_1.$$

Während somit die Mittelwerte im Verhältnis $\bar{x}':\bar{x} = r$ stehen, ist das Verhältnis der Erwartungswerte für die Abweichungen von den Mittelwerten $\varDelta':\varDelta = \sqrt{r}$. Auf diesem Zusammenhang beruht das folgende Rechenverfahren.

Es seien k Beobachtungen durchgeführt[1]. Bei der i-ten Beobachtung, die sich auf h_i Spindelstunden bezieht, seien x_i Brüche gezählt. Aus allen Beobachtungen ergibt sich der

Mittelwert $\bar{x} = \sum x_i : \sum h_i$ (Fadenbrüche pro Spindelstunde).

---

[1] Vgl. Fußn. 1, S. 172.

Bei h_i Spindelstunden sind somit im Mittel $h_i\,\bar{x}$ Brüche zu erwarten. Die Abweichung des tatsächlich bei der i-ten Beobachtung gefundenen Wertes von diesem Mittelwert ist

$$\Delta_i' = x_i - h_i\,\bar{x}\,.$$

Für *eine* Spindelstunde ist somit eine Abweichung

$$\Delta_i = \frac{1}{\sqrt{h_i}}\,\Delta_i' = \frac{1}{\sqrt{h_i}}\,(x_i - h_i\,\bar{x})$$

anzusetzen. Die Streuung (bezogen auf eine Spindelstunde) wird dann

$$s^2 = \frac{\sum \Delta_i^2}{k-1} = \frac{1}{k-1}\sum_{i=1}^{k}\frac{(x_i - h_i\,\bar{x})^2}{h_i}\,,$$

und das Verhältnis $s^2 : \bar{x}$ ist mit dem zugehörigen F-Wert ($n_1 = k - 1$, $n_2 = \infty$) zu vergleichen.

Beispiel 77: Fadenbruchzählungen bei verschiedenen Beobachtungsdauern; Vergleich mit der Poisson-Verteilung

Die Beobachtungsergebnisse und die Auswertung nach den vorstehenden Gleichungen zeigt die folgende Tabelle.

Nr. der Beobachtung i	Zahl der Spindelstunden h_i	Zahl der Fadenbrüche x_i	$h_i\,\bar{x}$	$\dfrac{(x_i - h_i\,\bar{x})^2}{h_i}$
1	200	21	10,30	0,5725
2	200	9	10,30	0,0085
3	200	8	10,30	0,0265
4	200	11	10,30	0,0025
5	350	10	18,02	0,1837
6	400	23	20,60	0,0144
7	400	7	20,60	0,4624
8	400	32	20,60	0,3249
	2350	121		1,5954

$$\bar{x} = 121 : 2350 = 0{,}05149; \quad s^2 = \tfrac{1}{7}\cdot 1{,}5954 = 0{,}2279,$$
$$s^2 : \bar{x} = 4{,}43\,.$$

Als Vergleichswert wird F für $S = 99{,}9\%$ aus Tab. IVc (Abschn. N) genommen. Bei $n_1 = 7$, $n_2 = \infty$ liegt dieser Wert unter 3,74 — das ist der Wert bei $n_1 = 6$ —, so daß, da $4{,}43 > 3{,}74$, ein systematischer Unterschied zwischen den vorliegenden Beobachtungen und einer Poisson-Verteilung mit sehr hoher Sicherheit nachgewiesen ist. In der Praxis ergäbe sich daraus als nächstes die Forderung, die technische Ursache dieser Abweichung aufzufinden und abzustellen.

3. Vertrauensgrenzen

a) Vertrauensgrenzen bei großen Ereigniszahlen. Die Beobachtung werde so lange durchgeführt, bis das seltene Ereignis mindestens 20 mal aufgetreten ist ($x \geqq 20$). Dann nämlich kann die zugrunde liegende

Poisson-Verteilung bereits durch eine Normalverteilung approximiert (vgl. S. 167) und zur Festlegung des Vertrauensbereiches die Beziehung

$$x \pm \lambda\, s$$

benutzt werden (vgl. S. 37). Da hier $s^2 = x$ ist, erhält man als Vertrauensbereich

$$x \pm \lambda \sqrt{x}. \tag{105}$$

Die Verbindung zwischen λ und der statistischen Sicherheit S ist durch die Normalverteilung (Tab. II, Abschn. N) gegeben.

Beispiel 78: Noppenzählung; Vertrauensbereich bei großen Ereigniszahlen

An einem Kammzugstück von $h = 10$ g Gewicht wurden $x = 22$ Noppen gezählt. Innerhalb welches Bereiches ist die Noppenzahl des gesamten Kammzuges pro 10 g mit 95% iger Sicherheit zu erwarten, vorausgesetzt, daß die Noppenhäufigkeit einer Poisson-Verteilung gehorcht?

$$x = 22, \quad x \pm \lambda \sqrt{x} = 22 \pm 1{,}96 \cdot 4{,}7 = 22 \pm 9{,}2.$$

An dem Kammzug sind pro 10 g Gewicht zwischen 13 und 31 Noppen zu erwarten ($S = 95\%$).

Rechnet man auf 1 g als Einheit um, so erhält man als Noppenzahl x' pro g

$$x' = \frac{x}{h} \quad \text{mit dem Vertrauensbereich} \quad \frac{1}{h}(x \pm \lambda \sqrt{x}), \tag{106}$$

also

$$x' = 2{,}2 \pm 0{,}9.$$

Es sind somit zwischen 1,3 und 3,1 Noppen pro g zu erwarten.

Ist umgekehrt ein bestimmter Vertrauensbereich vorgeschrieben, so dient Gl. (106) zur Bestimmung der erforderlichen Beobachtungszahl des seltenen Ereignisses. Soll z. B. die Zahl der Noppen pro g auf $\pm 0{,}5$ Noppe genau mit 95% iger Sicherheit festgelegt werden, so muß

$$\lambda \frac{\sqrt{x'}}{\sqrt{h}} = \frac{1}{2}$$

werden. Mit $x' = 2{,}2$, $\lambda = 1{,}96$ wird $h = 33{,}8$ g. Man muß daher zur Erfüllung der gestellten Forderung rund 34 g Kammzug auszählen.

b) Vertrauensgrenzen bei kleinen Ereigniszahlen. Ist das seltene Ereignis weniger als etwa 20mal beobachtet, so ist eine Approximation der Poisson-Verteilung durch eine Normalverteilung nicht mehr zulässig, und man muß daher auf Summenbildungen entsprechend dem in Gl. (92, 93) durchgeführten Gedankengang zurückgreifen. Die beiden

Vertrauensgrenzen x_u und x_o für die Ereignishäufigkeit und die jeweils einseitige statistische Sicherheit S sind dann definiert durch

$$\sum_{m=x}^{\infty} \frac{x_u^m\, e^{-x_u}}{m!} = 1 - \overline{S},$$

$$\sum_{m=0}^{x} \frac{x_o^m\, e^{-x_o}}{m!} = 1 - \overline{S}. \tag{107}$$

Ebenso, wie sich die in (92, 93) auftretenden Teilsummen durch Integrale der F-Verteilung ausdrücken ließen (vgl. S. 158 ff.), können hier die Teilsummen in (107) als Integrale der χ^2-Verteilung dargestellt werden. Dieser (hier nicht bewiesene) Satz besagt:

$$\sum_{m=x}^{\infty} \frac{x_u^m\, e^{-x_u}}{m!} = 1 - \overline{S} = 1 - \int_{\chi^2}^{\infty} \varphi_n(\chi^2)\, d\chi^2$$

$$\text{mit} \quad x_u = \frac{\chi^2}{2},$$

wobei die Ablesung von χ^2 für den Freiheitsgrad $n = 2x$ und die statistische Sicherheit $(1 - \overline{S}) \cdot 100\%$ durchzuführen ist, und

$$\sum_{m=0}^{x} \frac{x_o^m\, e^{-x_o}}{m!} = 1 - \overline{S} = \int_{\chi^2}^{\infty} \varphi_n(\chi^2)\, d\chi^2$$

$$\text{mit} \quad x_o = \frac{\chi^2}{2},$$

wobei die Ablesung von χ^2 für den Freiheitsgrad $n = 2(x+1)$ und die statistische Sicherheit $\overline{S}$ vorzunehmen ist.

Während die Ablesung für x_o in den χ^2-Tabellen V (Abschn. N) für die üblichen Sicherheiten $\overline{S} = 95\%$, 99% und $99,9\%$ unmittelbar erfolgen kann, würde man für die Bestimmung von x_u diese Tabellen auch für die Sicherheiten $\overline{S} = 5\%$, 1% und $0,1\%$ benötigen. Man kann sie jedoch entbehren, da sich auf Grund der Beziehung

$$\underset{\text{für } (1-\overline{S})\cdot 100\%}{\chi^2_{n=2x}} = \underset{\substack{n_1=\infty \\ n_2=2x \\ \text{für } \overline{S}\cdot 100\%}}{\frac{2x}{F}}$$

die gesuchte Vertrauensgrenze x_u als

$$x_u = x : \underset{\substack{n_1=\infty \\ n_2=2x}}{F}$$

$$\text{bei der Sicherheit } \overline{S}$$

mit Hilfe der F-Tab. IV a, b, c (Abschn. N) gewinnen läßt.

Für die Vertrauensgrenzen x_u und x_o, die einem x-mal beobachteten seltenen Ereignis zukommen, gilt daher folgende Bestimmungsregel:

$$x_u = x : F,$$

wobei F für die Freiheitsgrade

$$n_1 = \infty, \quad n_2 = 2x$$

in Tab. IVa, b, c für die geforderte einseitige Sicherheit $\overline{S}$ abzulesen ist,

$$x_0 = \frac{\chi^2}{2},$$

wobei χ^2 für den Freiheitsgrad

$$n = 2(x+1)$$

in Tab. V (Abschn. N) für die geforderte einseitige Sicherheit $\overline{S}$ abzulesen ist.

Beispiel 79: Noppenzählung an einem Wollgarn; Vertrauensbereich bei kleinen Ereigniszahlen

Bei einem Kammgarn wurden auf eine Länge von 10000 m 12 große Noppen gezählt. Bei welchen Anzahlen muß man die Vertrauensgrenzen mit $S = 90\%$ Sicherheit bei gleichartigen Zählungen über 10000 m erwarten?

Da eine Aussage mit $S = 90\%$ Sicherheit gefordert wird, muß die einseitige Sicherheit für x_u wie x_o je $\overline{S} = 95\%$ betragen. Nach der vorstehenden Regel bestimmt man mit

$$x = 12 \ldots F = 1{,}73$$

Ablesung in Tab. IVa, Abschn. N, für $n_1 = \infty$, $n_2 = 24$, $S = 95\%$;

$$x_u = 12 : 1{,}73 \approx 7{,}0;$$

$$\chi^2 = 38{,}88$$

Ablesung in Tab. V, Abschn. N, für $n = 26$, $\overline{S} = 95\%$;

$$x_o = 38{,}88 : 2 \approx 19{,}5\,.$$

Mit $S = 90\%$ statistischer Sicherheit muß mit Noppenzahlen zwischen 7 und 19,5 auf 10000 m Garn gerechnet werden.

4. Die Prüfung von Unterschieden

Die hier vorliegende Fragestellung zeigt das folgende Beispiel.

Beispiel 80: Fadenbruchzählungen; Prüfung des Unterschiedes bei großen Ereigniszahlen

Von einer Partie wurde Vorgarn nach zwei verschiedenen Verfahren hergestellt und auf den gleichen Maschinen versponnen. Beim ersten Vorgarn wurden $x_1 = 53$ Fadenbrüche, beim zweiten $x_2 = 38$ Fadenbrüche während einer bestimmten Zeit gezählt. Darf man aus dem Unterschied $x_1 - x_2$ schließen, daß die zweite Vorgarnart besser als die erste ist?

Da die Fadenbruchzahlen x_1 und x_2 groß sind, stellen sie auf Grund von Gl. (101) genügend genaue Schätzwerte von s_1^2 und s_2^2 dar. Sie

müssen zudem als unabhängig voneinander angesehen werden, so daß
man für die Streuung s_d^2 der Differenz $x_1 - x_2$ nach (38) ansetzen kann

$$s_d^2 = x_1 + x_2 = 91; \quad s_d = 9{,}54\,.$$

Dann hat man den Ausdruck:

$$\frac{x_1 - x_2}{s_d} = \frac{15}{9{,}54} = 1{,}57$$

zu vergleichen mit den λ-Werten der Normalverteilung (Tab. II,
Abschn. N). Die Beurteilung, ob der Unterschied gesichert ist oder nicht,
erfolgt nach den Regeln auf S. 72/73. Im vorliegenden Beispiel ist
$1{,}57 < 1{,}96$ ($\lambda = 1{,}96$ für $S = 95\%$), d. h. der Unterschied ist noch
nicht gesichert.

Erstrecken sich Fadenbruchzählungen (oder Zählungen anderer
seltener Ereignisse, die der POISSON-Verteilung gehorchen) über verschiedene Zeitdauern, so wird das folgende, hier ohne theoretische Begründung angeführte Prüfverfahren benutzt[1]:

Von vornherein darf erwartet werden, daß die zweite Fadenbruchzahl x_2 die höhere ist. Die Fragestellung ist also einseitig.

Nummer der Zählung	Zeitdauer der Zählung	Zahl der Fadenbrüche
1	h_1	x_1
2	h_2	x_2

Man bildet das Verhältnis

$$\left(\frac{2x_2 + 1}{h_2}\right) : \left(\frac{2x_1 + 1}{h_1}\right)$$

und vergleicht es mit den F-Werten (Tab. IV, Abschn. N) für die Freiheitsgrade

$$n_1 = 2x_1 + 1 \quad \text{und} \quad n_2 = 2x_2 + 1\,.$$

Die Beurteilung der Zufälligkeit des Unterschiedes erfolgt wie früher
(vgl. S. 107).

Beispiel 81: Vergleich von Fadenbruchzählungen über verschiedene Zeitdauern

1. Zählung   *2. Zählung*

Spindelstunden . . $h_1 = 80$ Spindelstunden . . $h_2 = 100$

Fadenbrüche . . . $x_1 = 8$ Fadenbrüche . . . $h_2 = 18$

$$\left(\frac{2x_2 + 1}{h_2}\right) : \left(\frac{2x_1 + 1}{h_1}\right) = 1{,}74\,.$$

---

[1] Vgl. A. BREARLEY and D. R. COX: An Outline of Statistical Methods for
Use in the Textile Industry. Leeds 1949.

Nach Tab. IVa (Abschn. N) liegt der zugehörige F-Wert ($n_1 = 17$, $n_2 = 37$) für $\bar{S} = 95\%$ noch über 1,74. Trotz des großen Unterschiedes der Fadenbruchzahlen darf das erste Verfahren *noch nicht gesichert* als besser angesprochen werden.

5. Theoretische Grenze der Garnungleichmäßigkeit

Abgesehen von den besprochenen Anwendungsmöglichkeiten der POISSON-Verteilung bei der Zählung von Fadenbrüchen, Noppen usw. hat diese Verteilung auch eine grundlegende Bedeutung bei der Untersuchung der Gleichmäßigkeit von Garnen, Vorgarnen, Lunten und Bändern bekommen. Das Ziel jeder Spinnerei besteht darin, ein Garn möglichst hoher Gleichmäßigkeit zu produzieren. Ein absolut gleichmäßiges Gespinst ist nur zu erhalten, wenn in jedem Garnquerschnitt die gleiche Anzahl von Fasern angetroffen wird. Das bedeutet, daß immer dort, wo im Gespinst eine Faser endet, unmittelbar dahinter der Anfang einer neuen liegen muß. Eine solche ideale Anordnung der Fasern zu einem ganz gleichmäßigen Garn läßt sich durch keines der gebräuchlichen Spinnverfahren verwirklichen. Alle Spinnprozesse gehen davon aus, daß die Fasern zunächst irgendwie durchmischt werden. Das bedeutet, daß für jede Faser die gleiche Wahrscheinlichkeit besteht, an einer bestimmten Stelle der Fasermasse angetroffen zu werden, oder anders ausgedrückt, daß eine bestimmte Einzelfaser gleich wahrscheinlich in einem beliebigen Volumenelement auftreten kann. Die Fasern sind rein zufällig angeordnet. Wird aus dem so durchmischten Fasergut ein Band gebildet, so bleibt bestenfalls die zufällige Faserverteilung erhalten. Denkt man sich daher das Band in sehr viele kleine Abschnitte zerlegt, dann kann eine einzelne Faser wegen der Zufälligkeit der Durchmischung mit der gleichen Wahrscheinlichkeit p auf einen dieser Abschnitte entfallen. Da sehr viele Abschnitte vorhanden sind, ist diese Wahrscheinlichkeit p sehr klein, zugleich ist aber die Gesamtzahl N der Fasern in der Fasermasse sehr groß. Damit ist für die Anzahl x der Fasern, die in einen beliebigen Abschnitt des Bandes zu liegen kommen, die Anwendbarkeit der POISSON-Verteilung in dem Sinne gegeben, daß im Durchschnitt eine mittlere Zahl $\bar{x}$ von Fasern im Querschnitt vorhanden ist, und in den verschiedenen Querschnitten die Faserzahl x Schwankungen unterworfen ist mit einer Streuung $s_x^2 = \bar{x}$ (vgl. S. 166).

Im weiteren Verlauf der Spinnprozesse wird das Band durch Doublieren und Verziehen auf die gewünschte Endfeinheit des Garnes gebracht. Bei allen diesen Prozessen bleibt aber günstigenfalls die am Ausgang vorhandene zufällige Anordnung der Fasern erhalten, es ist z. B. ganz zufällig, wann eine Faser in die Einzugswalzen eines Streckwerks gelangt. Alle Spinnprozesse im weitesten Sinne beeinflussen nur den gegenseitigen Abstand der einzelnen Faserenden, lassen aber sonst ihre Zufallsanordnung unberührt. Daraus folgt, daß diese auch im fertigen Garn und den Zwischenfabrikaten wiederkehren muß. Es ist infolgedessen unmöglich, mit den vorhandenen Maschinensätzen der Spinnerei ein Garn zu erzeugen, das an allen Stellen stets die gleiche Faseranzahl im Querschnitt aufweist. Vielmehr ergibt sich, daß die Zahl x der Fasern im Garnquerschnitt zufälligen, der Poisson-Verteilung gehorchenden Schwankungen unterworfen ist. Liegen im Mittel $\bar{x}$ Fasern im Gespinstquerschnitt, so wird die Streuung

$$s_x^2 = \bar{x}\,.$$

Diese Streuung bedingt Schwankungen der Garndicke bzw. der Garnnummer, so daß jedes auf Maschinen hergestellte Gespinst zwangsläufig mit einer gewissen Ungleichmäßigkeit behaftet sein muß. Eine Verstärkung der Schwankungen tritt noch dadurch ein, daß die Fasern selbst nicht gleichmäßig sind, sondern ihre Querschnittsfläche von Faser zu Faser Änderungen aufweist.

Aus den vorangegangenen Überlegungen läßt sich nun die zu erwartende Ungleichmäßigkeit für ein Garn oder auch ein Band errechnen. Beträgt das Gewicht der Einzelfaser pro Zentimeter im Mittel a g/cm, dann ist das durchschnittliche Garngewicht pro cm $= \bar{x}\,a$, da im Mittel $\bar{x}$ Fasern im Garnquerschnitt liegen. Die Streuung s_T^2 des Garngewichtes pro Längeneinheit (reziproke Nummer) setzt sich nach dem Vorangegangenen aus zwei Faktoren zusammen. Der erste rührt von der Schwankung der Faserzahl im Garnquerschnitt her und liefert mit $s_x^2 = \bar{x}$ nach Gl. (37) den Beitrag $a^2\,\bar{x}$. Der zweite ergibt sich aus der Streuung s_f^2 des Gewichts der Einzelfasern pro Längeneinheit und nimmt bei $\bar{x}$ Fasern im Garnquerschnitt den Wert $\bar{x}\,s_f^2$ an [vgl. Gl. (39)], in der $s_x = s_y = s_z = \ldots = s_f$ und $r_{xy} = r_{xz} = r_{yz} = \ldots$ wegen der Unabhängigkeit der einzelnen Fasern gleich 0 zu setzen ist.

Man erhält, da die beiden Faktoren sich gegenseitig nicht beeinflussen, mit Gl. (38):

$$s_T^2 = a^2\,\bar{x} + \bar{x}\,s_f^2\,; \quad s_T = \sqrt{a^2\,\bar{x} + \bar{x}\,s_f^2}\,.$$

Für den Variationskoeffizienten V_T des Garngewichts pro Längeneinheit als Maß der Garnungleichmäßigkeit ergibt sich daraus

$$V_T = \frac{s_T}{a\,\bar{x}}\,100\% = \frac{100}{\sqrt{\bar{x}}}\,\sqrt{1 + \frac{s_f^2}{a^2}}\,\%\,.$$

Bezeichnet V_f den Variationskoeffizienten des Fasergewichts pro Längeneinheit, dann ist

$$V_f = \frac{s_f}{a} = \frac{s_f}{a} \cdot 100\%$$

und

$$V_T = \frac{100}{\sqrt{\bar{x}}}\,\sqrt{1 + V_f^2}\,\%\,.$$

Benutzt man anstatt des Variationskoeffizienten des Fasergewichts den Variationskoeffizienten des Faserdurchmessers, so gilt mit genügender Näherung $V = 2V_d$.

Für die zu erwartende Ungleichmäßigkeit, ausgedrückt durch den Variationskoeffizienten V_T des Garngewichts pro Längeneinheit, erhält man somit als ,,Grenzungleichmäßigkeit'' den Wert

$$V_T = \frac{100}{\sqrt{\bar{x}}} \sqrt{1 + 4\,V_d^2}\;\% .\qquad(108)$$

Dabei bezieht sich V_T auf die gesamte Ungleichmäßigkeit im Sinne von Gl. (72) auf S. 125[1].

Der Variationskoeffizient der Faserfeinheit liegt meist in der Größenordnung von $25\% = 0{,}25$. Mit diesem Wert für V_d geht (108) in die einfache Formel

$$V_T = \frac{112}{\sqrt{\bar{x}}}\;\%\qquad(109)$$

über. Mit hinreichender Genauigkeit kann zudem eine Normalverteilung angenommen werden, so daß statt V_T auch die Ungleichmäßigkeit U_T nach Sommer (vgl. S. 14) benutzt werden kann:

$$U_T = \frac{1}{1{,}25}\,V_T = \frac{90}{\sqrt{\bar{x}}}\;\% .\qquad(110)$$

Das Ergebnis dieser Betrachtungen ist, daß auf Grund der Zufalls-schwankungen mit einer Garnungleichmäßigkeit gerechnet werden muß, die um so größer ist, je weniger Fasern im Garnquerschnitt durchschnittlich vorhanden sind, d. h. je feiner ausgesponnen wird, und zwar ist die Ungleichmäßigkeit der Wurzel aus der Faserzahl umgekehrt proportional.

Für ein Garn der Nm 30 aus Fasern mit einer mittleren Feinheitsnummer 1500, d. h. einer mittleren Faserzahl $\bar{x} = 1500 : 30 = 50$ im Gespinstquerschnitt erhält man somit nach (109) und (110)

$$V_T = 15{,}8\%\quad\text{und}\quad U_T = 12{,}7\% .$$

Hervorzuheben ist, daß die durch (108) bestimmte Ungleichmäßigkeit als eine günstigste untere Grenze angesehen werden muß. Jede Abweichung von der Zufallsverteilung, die durch nicht ganz einwandfreies Arbeiten der Maschinen (z. B. durch unzureichende Führung der Fasern im Streckwerk, Einfluß der Faserlänge) bewirkt wird, muß sich in einem weiteren Ansteigen der Garnungleichmäßigkeit äußern. Praktisch wird somit die Ungleichmäßigkeit der Garne stets größer gefunden werden als der nach (108) berechnete Wert, so daß angesetzt werden kann

$$V_P^2 = V_T^2 + V_z^2,\qquad(111)$$

---

[1] Gl. (108) gilt somit für die an sehr kurzen Garnstücken ermittelte Garn-ungleichmäßigkeit, nicht aber z. B. ohne weiteres für die bei 50 cm Einspannlänge bestimmte Ungleichmäßigkeit der Festigkeit. Mißt man statt des Garngewichts pro Längeneinheit die Garndicke, so ist wegen des Wurzelzusammenhanges beider Merkmale nur der halbe Wert von V_T in Ansatz zu bringen.

wenn V_P der tatsächlich gefundene Variationskoeffizient und V_z das durch die Unzulänglichkeiten der maschinellen Verarbeitung bedingte Zusatzglied ist.

Der Gl. (111) kommt eine erhebliche praktische Bedeutung zu. Sie gibt eine klare Richtlinie für alle Verbesserungen in der Spinnerei und ihren Vorbereitungsprozessen. Verbesserungen können sich nur dahin auswirken, das Glied V_z möglichst herabzusetzen und sind aus diesem Blickwinkel her zu beurteilen, der Anteil V_T dagegen läßt sich als rein zufallsbedingt bei dem heutigen Maschinenpark durch keine Maßnahme beeinflussen.

Findet man z. B. für das oben betrachtete Garn der Nm 30 aus Fasern mit der Feinheitsnummer 1500 eine tatsächliche Ungleichmäßigkeit von $V_P = 17,0\%$, so muß dies Ergebnis bereits als recht günstig bezeichnet werden, denn seine Ungleichmäßigkeit, ausgedrückt durch V_P^2, wird bereits zu

$$\frac{V_T^2}{V_P^2} \cdot 100\% = \frac{15{,}8^2}{17{,}0^2} \cdot 100\% = 86{,}5\%$$

durch die Zufallsschwankungen, die unvermeidbar sind, bedingt.

An englischen Kammgarnen ist von der *Wool Industries Research Association*, Leeds, ein Vergleich der tatsächlichen mit der theoretischen Garnungleichmäßigkeit mit folgenden Ergebnissen durchgeführt worden[1]:

Wollqualität	ausgesponnene Garnnummer	Zahl $\bar{x}$ der Fasern im Garnquerschnitt	V_T in %	V_P in %
80′ s	62	34,6	18,4	19,6
	24	88,8	11,5	13,8
70′ s	57	28,9	20,4	22,9
	25	66,9	13,4	14,7
64′ s	47	33,9	19,1	23,3
	24	64,6	14,1	15,3
56′ s	36	26,4	22,2	26,9
	24	40,0	18,1	23,3
50′ s	31	29,1	21,1	26,1
	24	37,9	18,5	21,7
46′ s	24	25,0	22,8	26,4

Die Zahlen zeigen, daß in allen Fällen die theoretischen Grenzwerte der Ungleichmäßigkeit bereits recht weitgehend erreicht worden sind,

---

[1] Wool Research 1918—1948, Vol. 6, Drawing and Spinning, Lund Humphries. London and Bradford 1949. Vgl. auch U. Graf u. H.-J. Henning: Der Index der Garnungleichmäßigkeit und seine Ermittlung nach dem Wiegeverfahren. Z. f. d. ges. Textilindustrie Jg. 54 (1952) S. 193.

sehr wesentliche Verbesserungen also nicht mehr erwartet werden können. In keinem Fall ergibt sich eine Abweichung von der Theorie in dem Sinne, daß die gemessene Ungleichmäßigkeit V_P kleiner als der Grenzwert V_T gefunden wurde.

Das Verhältnis des Variationskoeffizienten V_P zur Grenzungleichmäßigkeit V_T

$$K = \frac{V_P}{V_T} = \frac{V_P \sqrt{\bar{x}}}{\sqrt{1 + V_f^2}} = \frac{V_P \sqrt{Nm_{\text{Faser}}}}{\sqrt{Nm_{\text{Garn}}} \sqrt{1 + V_f^2}} \tag{112}$$

(Nm_{Faser}, Nm_{Garn} = mittlere Feinheitsnummer der Fasern bzw. des Garnes) wird als „Index der Ungleichmäßigkeit" bezeichnet. Da die Ermittlung von V_f, der Streuung der Faserfeinheit, u. U. etwas umständlich und der Einfluß des Gliedes $\sqrt{1 + V_f^2}$ im Nenner von Gl. (112) auf den Wert von K nicht allzu erheblich ist, wird häufig auch nur das Verhältnis

$$K' = V_P \sqrt{\frac{Nm_{\text{Faser}}}{Nm_{\text{Garn}}}}$$

als Index der Ungleichmäßigkeit bezeichnet. K (oder statt dessen auch K') stellt eine Maßzahl für die Garnungleichmäßigkeit dar, die unabhängig von der Garnnummer (bzw. bei Bändern von derem Bandgewicht) ist. Sie gestattet somit den Vergleich der Gleichmäßigkeit von Bändern, Vorgarnen und Garnen und leistet daher ähnliche Dienste wie die Reißlänge für die Festigkeits- bzw. der Drehungskoeffizient für die Drehungsbeurteilung. TEMMERMAN und HERMANNE[1] geben z. B. für die Baumwollspinnerei folgende Werte für K' an:

Maschine	Peru-Baumwolle			Swina-Zellwolle, 3 den 40 mm		
	Nm	V_P in %	K'	Nm	V_P in %	K'
Karde	0,27	4,8	6,20	0,22	5,3	6,10
Strecke	0,34	8,5	9,70	0,34	6,0	5,60
Grobflyer	2,03	10,6	5,00	1,35	8,5	4,00
Feinflyer	5,91	11,4	3,10	3,47	8,0	2,40
Ringspinnmaschine.	50,8	25,2	2,36	23,7	17,7	1,99

Wie stets nimmt im Verlauf der Spinnprozesse die Ungleichmäßigkeit mit feiner werdender Nummer zu, der Index der Ungleichmäßigkeit K' wird dagegen fast durchweg von Passage zu Passage günstiger und erreicht seinen niedrigsten Wert beim Garn. Die Annäherung an die theoretischen Grenzwerte ist bei den hier untersuchten Garnen allerdings nicht so weitgehend wie bei den weiter oben angeführten englischen Kammgarnen.

---

[1] TEMMERMAN, R., u. L. HERMANNE: J. Text. Inst., Manchr. Bd. 41 (1950) S. T 411.

L. Grundbegriffe der Korrelationstheorie

1. Der Korrelationskoeffizient

Bei allen bisher behandelten Fragestellungen war nur eine einzige Veränderliche (Merkmal) im Spiel, und die Betrachtungen, die in der Ermittlung, Verteilung und Auswertung der statistischen Kennzahlen „Durchschnitt" und „m. qu. Abw." mündeten, bezogen sich stets auf dieses einzige Merkmal x. Eine grundsätzliche Erweiterung aller durchgeführten Gedankengänge ist zu erwarten, wenn man sie auf Gesamtheiten ausdehnt, die von zwei oder mehr veränderlichen Merkmalen abhängen. Von diesem sehr ausgedehnten Gebiet der mathematischen Statistik, das in seinem Gesamtumfang als Korrelationstheorie bezeichnet wird, werden im folgenden die einfachsten Gesetzmäßigkeiten behandelt, wobei wir uns auf den Fall zweier Merkmale beschränken.

Die Eigenart der Überlegungen wird am besten durch ein Beispiel gekennzeichnet.

Beispiel 82: Drehung und Einzwirnung an einem Reyon-Krepp (I); Berechnung des Korrelationskoeffizienten

Ermittelt man bei einem hochgedrehten Reyon-Faden mehrmals auf einem Drehungszähler die Anzahl x der Drehungen pro m und zugleich die Einzwirnung y, so wird man — zumindest im Bereiche eines kleinen, hier in Betracht gezogenen Drehungsintervalles — erwarten, daß einem höheren Drehungswert auch eine höhere Einzwirnung zukommt und zwischen x und y eine lineare Beziehung der Form

$$y = a + c\,x \tag{113}$$

besteht. Da nun Drehungen, die mit einer kurzen Prüflänge von z. B. 25 cm ermittelt werden, mit Zufallsschwankungen behaftet sind, und ebenso die zugehörigen Einzwirnungswerte solche zufälligen Unterschiede aufweisen, fragt es sich, ob diese Zufallsschwankungen noch dem in (113) geforderten linearen Zusammenhang gehorchen. Wenn sie völlig unabhängig voneinander erfolgen, dann wird sich ein Zusammenhangsgesetz aus den beiden Meßreihen x und y in der folgenden Tabelle nicht wieder auffinden lassen. Prägt dagegen die Bindung (113) auch den Zufallsschwankungen mehr oder weniger deutlich ihren Einfluß auf, so gehorchen die gemessenen Wertepaare von x und y mehr oder weniger stark einer linearen Tendenz, deren Grenzfall die wirklich exakte Erfüllung der Gl. (113) wäre.

Die „Strammheit" des Zusammenhanges (Korrelation) zwischen x und y wird durch den *Korrelationskoeffizienten*

$$r_{xy} = \frac{\sum\limits_{i=1}^{N} (x_i - \bar{x})(y_i - \bar{y})}{\sqrt{\sum\limits_{i=1}^{N} (x_i - \bar{x})^2 \sum\limits_{i=1}^{N} y_i - \bar{y})^2}} \tag{114}$$

gemessen, wobei $\bar{x}$ und $\bar{y}$ die Durchschnittswerte der Meßreihen x_i und y_i sind. Der Wert des Korrelationskoeffizienten ist unabhängig von den für x und y benutzten Maßeinheiten und liegt stets zwischen -1 und $+1$. Ist $r_{xy} = 0$, so ist überhaupt kein Zusammenhang zwischen den Meßreihen x und y erkennbar. Wird dagegen $r_{xy} = \pm 1$, so ist der lineare Zusammenhang ganz exakt erfüllt, und zwar in der gleichsinnigen Form $y = a + cx$, wenn $r_{xy} = +1$, und in der ungleichsinnigen Form $y = a - cx$, wenn $r_{xy} = -1$ ist.

Die Berechnung des Korrelationskoeffizienten nach (114) geht aus der folgenden Tabelle hervor. Für die Berechnung der 3 Summen in (114) benutzt man zweckmäßig die Beziehungen

$$\sum_{i=1}^{N} (x_i - \bar{x})^2 = \sum_{i=1}^{N} (x_i - \bar{x}')^2 - \frac{1}{N}\left\{\sum_{i=1}^{N} (x_i - \bar{x}')\right\}^2,$$

$$\sum_{i=1}^{N} (y_i - \bar{y})^2 = \sum_{i=1}^{N} (y_i - \bar{y}')^2 - \frac{1}{N}\left\{\sum_{i=1}^{N} (y_i - \bar{y}')\right\}^2,$$

$$\sum_{i=1}^{N} (x_i - \bar{x})(y_i - \bar{y})$$
$$= \sum_{i=1}^{N} (x_i - \bar{x}')(y_i - \bar{y}') - \frac{1}{N} \sum_{i=1}^{N} (x_i - \bar{x}') \sum_{i=1}^{N} (y_i - \bar{y}'),$$

wobei $\bar{x}'$ und $\bar{y}'$ glatte Zahlen als angenäherte Mittel sind.

Nr. der Messung	x_i Drehung pro 50 cm	y_i Einzwirnung in mm pro 25 cm Einspannlänge	$x_i - \bar{x}'$	$y_i - \bar{y}'$	$(x_i - \bar{x}')^2$	$(y_i - \bar{y}')^2$	$(x_i - \bar{x}')(y_i - \bar{y}')$
1	1094	30,5	-36	$-1,5$	1296	2,25	$+54,0$
2	1118	32,2	-12	$+0,2$	144	0,04	$-\ 2,4$
3	1129	32,5	$-\ 1$	$+0,5$	1	0,25	$-\ 0,5$
4	1144	32,6	$+14$	$+0,6$	196	0,36	$+\ 8,4$
5	1130	32,7	0	$+0,7$	0	0,49	0,0
6	1095	31,8	-35	$-0,2$	1225	0,04	$+\ 7,0$
7	1144	33,7	$+14$	$+1,7$	196	2,89	$+23,8$
8	1156	33,2	$+26$	$+1,2$	676	1,44	$+31,2$
9	1146	34,0	$+16$	$+2,0$	256	4,00	$+32,0$
10	1111	32,2	-19	$+0,2$	361	0,04	$-\ 3,8$
	$\bar{x}' = 1130$	$\bar{y}' = 32,0$	-33	$+5,4$	4351	11,80	149,7

$$\bar{x}' = 1130, \qquad \bar{x} = 1130 - 3{,}3 = 1126{,}7,$$
$$\bar{y}' = 32{,}0, \qquad \bar{y} = 32{,}0 + 0{,}54 = 32{,}54,$$

$$\sum (x_i - \bar{x})^2 = 4351 - \frac{1}{10} \cdot 33^2 = 4242 \, ,$$

$$\sum (y_i - \bar{y})^2 = 11{,}80 - \frac{1}{10} \cdot 5{,}4^2 = 8{,}88 \, ,$$

$$\sum (x_i - \bar{x})(y_i - \bar{y}) = +149{,}7 - \frac{1}{10} \cdot (-33)(+5{,}4) = 167{,}5 \, ,$$

$$r = \frac{167{,}5}{\sqrt{4242 \cdot 8{,}88}} = 0{,}86 \, .$$

Der untersuchten Korrelation zwischen Drehung und Einzwirnung kommt daher ein Korrelationskoeffizient $r = 0{,}86$ zu. Einen anschaulichen Eindruck von der Straffheit dieser Korrelation erhält man, wenn man die Wertepaare (x_i, y_i) als Punkte in einem $x\,y$-Achsenkreuz aufträgt (Abb. 48).

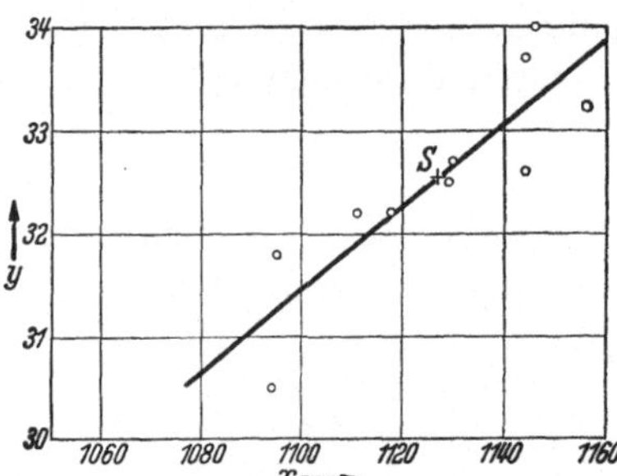

Abb. 48. Korrelationsbild für Drehung — Einzwirnung; $N = 10$

Durch die Punkte läßt sich eine „beste" Gerade legen, deren Anstieg $\operatorname{tg} \varphi$ sich aus der Gleichung

$$\operatorname{tg} 2\varphi = \frac{2 \sum (x_i - \bar{x})(y_i - \bar{y})}{\sum (x_i - \bar{x})^2 - \sum (y_i - \bar{y})^2}$$

ermitteln läßt. Die Gerade läuft durch den Schwerpunkt $S(\bar{x}, \bar{y})$ der Punktwolke (x_i, y_i).

Von den 3 Summen, die in (114) auftreten, waren die im Nenner stehenden mit der Form $\sum (x_i - \bar{x})^2$ bereits bei der Berechnung der Streuung aufgetreten, vgl. S. 7. Bezeichnet man daher in leichtverständlicher Schreibweise

$$\sum_{i=1}^{N} (x_i - \bar{x})^2 = (N-1)\, s_x^2 \, ,$$

$$\sum_{i=1}^{N} (y_i - \bar{y})^2 = (N-1)\, s_y^2 \, ,$$

$$\sum_{i=1}^{N} (x_i - \bar{x})(y_i - \bar{y}) = (N-1)\, s_{xy} \, ,$$

so schreibt sich der Korrelationskoeffizient in der Form

$$r_{xy} = \frac{s_{xy}}{s_x \, s_y} \, . \tag{115}$$

Beispiel 83: Knitterwinkel und Scheuertüchtigkeit von Zellwollgeweben (I); Berechnung des Korrelationskoeffizienten

An einer Reihe von knitterecht ausgerüsteten Zellwollgeweben war zur Bewertung des erzielten Effektes der Knitterwinkel nach der üblichen *FaChemFa*-Methode ermittelt worden. Gleichzeitig erfolgte auf einem Rundscheuergerät eine Überprüfung der Scheuertüchtigkeit

dieser Gewebe, wobei die Zahl der Scheuertouren bis zum Auftreten
der ersten sichtbaren Verletzung ermittelt wurde. Die nachstehende
Tabelle gibt die Ergebnisse für die Scheuerzahlen und die Knitterwinkel
der Kettrichtung wieder.

Gewebe Nr.	Knitterwinkel der Kette in Grad, x_i	Zahl der Scheuertouren, y_i
I	124	576
II	143	223
III	125	405
IV	146	300
V	138	480
VI	127	448
VII	125	469

Die Berechnung des Korrelationskoeffizienten läßt sich in genau
der gleichen Weise durchführen, wie es im vorangegangenen Beispiel
geschehen ist. Das leicht zu gewinnende Resultat geht dahin, daß die
Strammheit des Zusammenhanges zwischen Knitterwinkel und Scheuertüchtigkeit durch den Wert

$$r_{xy} = -0{,}75$$

des Korrelationskoeffizienten gemessen wird. Der negative Wert von r_{xy}
bringt zum Ausdruck, daß die Scheuertüchtigkeit und der Knitterwinkel
gegenläufig zueinander in Beziehung stehen. Vgl. S. 185.

Beispiel 84: Bandgewicht von Krempelband (I); Zusammenhang zwischen dem Spulendurchschnitt und dem Wert am Ende der Spule

F. Monfort[1] hat untersucht, wieweit bei Krempelbandspulen das
Durchschnittsbandgewicht der ganzen Spule mit dem am Ende der
Spule vorhandenen Bandgewicht parallel läuft. Seine Messungen erstreckten sich auf 49 Spulen, die alle mit gleicher Gesamtbandlänge
gefertigt wurden. Durch Abwiegen der ganzen Spulen erhielt er somit
direkt das durchschnittliche Bandgewicht. Das am Ende der Spule
wurde in der üblichen Weise durch Abmessen und Wiegen eines Abschnittes von 1 m Länge gefunden. Die von ihm gefundenen Werte —
nach dem Spulengewicht geordnet — zeigt die nachstehende Tabelle,
wobei anstatt des durchschnittlichen Bandgewichtes lediglich die Abweichung des Spulengewichtes vom geforderten Sollwert angegeben ist.
Auf die Berechnung des Korrelationskoeffizienten hat dies keinen
Einfluß.

---

[1] Monfort, F.: Quelques applications de statistique élémentaire en peignage
et en filature de laine. Bond voor Materialenkennis (Bijzondere Uitgave). King
Vezels en Cellulose. Statistische Dagen voor de Textielindustrie op 2 en 3 Februari
1949 te 's-Gravenhage.

Merkmal x_i: Abweichung des Gesamtspulengewichtes vom Sollwert in g,

Merkmal y_i: Bandgewicht am Ende der Spule in g/m.

x_i	y_i	x_i	y_i	x_i	y_i
+250	69,5	+100	69,0	— 25	68,5
+250	70,0	+100	70,0	— 75	68,0
+200	64,5	+100	70,5	—100	63,5
+200	70,5	+ 75	63,0	—100	65,0
+175	65,0	+ 75	64,0	—100	69,0
+175	69,0	+ 75	69,0	—125	66,0
+175	71,0	+ 75	71,0	—125	68,5
+150	63,5	+ 50	68,0	—150	68,0
+150	68,5	+ 50	68,5	—175	63,5
+150	70,0	+ 25	67,0	—175	69,5
+125	68,0	+ 25	68,0	—200	65,5
+100	65,0	+ 25	69,5	—200	66,5
+100	67,0	0	68,5	—225	65,5
+100	68,0	0	69,0	—225	69,5
+100	68,5	— 25	67,5	—250	62,5
+100	68,5	— 25	67,5	—250	64,5
				—250	69,5

Die Berechnung des Korrelationskoeffizienten verläuft in gleicher Weise wie bei dem Beispiel 82, S. 184 ff., und führt auf das Ergebnis

$$r_{xy} = +0,31.$$

Auf S. 195 wird gezeigt werden, daß es fraglich ist, ob aus diesem Ergebnis überhaupt auf einen gesicherten Zusammenhang zwischen durchschnittlichem Bandgewicht und dem Bandgewicht des Spulenendes geschlossen werden darf. Auf jeden Fall ist wegen des niedrigen Absolutwertes des Korrelationskoeffizienten dieser Zusammenhang aber nur als sehr locker anzusehen.

Üblicherweise wird das Bandgewicht am Spulenende überprüft. Die durchgeführte Korrelationsbetrachtung führt zu dem praktisch bedeutungsvollen Resultat, daß ein solches Vorgehen wenig zweckmäßig ist, da man auf diese Weise nicht zu einer wirksamen Kontrolle des durchschnittlichen Bandgewichtes gelangt, auf das es allein ankommt. Es ist vielmehr richtiger, Spulen bestimmter Bandlänge anzufertigen und deren Gewichte zu überwachen.

2. Das Rechenschema bei Klasseneinteilung

Bei größerem Beobachtungsumfang wird die Rechnung mit den Einzelwerten sehr langwierig. Wie früher bei der Streuungsberechnung geht man zu einer Klasseneinteilung für die beiden Variablen über.

Dazu führt man die Bezeichnungen für Klassennummer, Häufigkeit und Klassenbreite nach dem folgenden Schema ein:

	Klassen-nummer	Häufigkeit	Klassenbreite
Variable x	n	f_n	c_x
Variable y	m	f_m	c_y

Die Streuungen s_x^2 und s_y^2 sowie die Verbundstreuung (Covarianz) s_{xy} sind dann durch folgende Ausdrücke gegeben:

$$\left.\begin{aligned}
(N-1)\,s_x^2 &= \left[\sum_n n^2 f_n - \frac{1}{N}\left(\sum_n n\,f_n\right)^2\right] c_x^2, \\[2mm]
(N-1)\,s_y^2 &= \left[\sum_m m^2 f_m - \frac{1}{N}\left(\sum_m m\,f_m\right)^2\right] c_y^2, \\[2mm]
(N-1)\,s_{xy} &= \left[\sum_n \sum_m n\,m\,f_{nm} - \frac{1}{N}\sum_n n\,f_n \sum_m m\,f_m\right] c_x\,c_y.
\end{aligned}\right\} \quad (116)$$

Dabei bedeutet f_{nm} die Häufigkeit, mit der das Wertepaar x, y in die Klassen n, m fällt, und es ist

$$f_n = \sum_m f_{nm}; \quad f_m = \sum_n f_{nm}; \quad N = \sum_n \sum_m f_{nm}.$$

Der praktische Gebrauch dieser Formeln und die zweckmäßige Gestaltung des Rechenschemas sind an dem folgenden Beispiel erläutert.

Durch die Klasseneinteilung ist eine Ungenauigkeit des Resultates bedingt, die um so stärker auftritt, je breiter die Klassen sind. Man muß daher — trotz der damit verbundenen Steigerung der Rechenarbeit — die Anzahl der Klassen relativ groß wählen. Mit der Verbreiterung der Klassen nimmt der Korrelationskoeffizient ab. Auch die Wahl der Klassengrenzen hat einen Einfluß auf die Genauigkeit; auf diese Zusammenhänge ist hier nicht näher eingegangen.

Beispiel 85: Drehung und Einzwirnung an einem Reyon-Krepp; Berechnung des Korrelationskoeffizienten bei Klasseneinteilung

In gleicher Weise wie in Beispiel 82, S. 184, wurden $N = 50$ Wertepaare für Drehung und Einzwirnung bestimmt. Die folgende Tabelle gibt die Originalwerte, wobei x die Drehung pro 50 cm und y die Einzwirnung in mm pro 25 cm Einspannlänge bedeutet.

x	y	x	y	x	y	x	y	x	y
1094	30,5	1153	33,8	1103	30,2	1155	33,4	1140	33,0
1118	32,2	1137	33,0	1153	33,2	1113	32,8	1136	33,8
1129	32,5	1123	32,2	1129	34,0	1118	31,3	1138	31,7
1144	32,6	1123	31,0	1137	31,7	1140	32,5	1092	32,1
1130	32,7	1149	33,9	1137	31,8	1125	31,0	1120	33,2
1095	31,8	1134	33,1	1141	31,3	1138	31,2	1155	32,1
1144	33,7	1117	30,8	1144	33,2	1116	31,5	1147	33,3
1156	33,2	1157	33,3	1150	33,5	1147	33,3	1119	31,0
1146	34,0	1128	30,8	1097	32,1	1121	32,3	1146	32,8
1111	32,2	1139	31,9	1133	33,2	1117	31,7	1110	30,0

Aus dieser Urtabelle wird eine Verteilungstafel gewonnen (S. 191). Horizontal ist das Merkmal x dargestellt, und zwar in einer Aufteilung von 14 Klassen mit der Klassenbreite $c_x = 5$ Drehungen pro 50 cm. Eine in der Mitte gelegene Klasse erhält die Klassennummer $n = 0$. Von ihr aus werden nach rechts positiv, nach links negativ die Klassennummern n erteilt. Sinngemäß entsprechend erfolgt vertikal eine Darstellung des Merkmals y mit einer Aufteilung in 10 Klassen der Breite $c_y = 0{,}5$ mm Einzwirnung pro 25 cm Einspannlänge. Wie vorher werden diese Klassen durch die Nummern $m = -5$ bis $m = +4$ gekennzeichnet, wobei $m = 0$ ungefähr in die Mitte gelegt ist. Insgesamt entsteht so ein Schema mit $14 \times 10 = 140$ Feldern. In dieses Schema werden wie bei einer Strichliste die Originalwertepaare übertragen. In jedem Feld mit den Nummern n und m steht dann die Häufigkeit f_{nm}. Fällt ein Wertepaar genau auf eine Grenzlinie, so wird es je zur Hälfte den beiden angrenzenden Feldern zugeteilt. Fällt ein Wertepaar zugleich auf zwei Grenzlinien, d. h. auf einen Gitterpunkt des Felderschemas, so kommt jedem der vier angrenzenden Felder ein Viertel zu. Auf diese Weise sind die Bruchzahlen für f_{nm} in der Verteilungstafel entstanden. In ihr erhält man durch Summierung in den Spalten die Werte f_n und durch Summierung in den Zeilen die Werte f_m. Die Summe aller f_n ergibt ebenso wie die Summe aller f_m (Rechenkontrolle!) den Gesamtumfang N.

Die weitere Auswertung erfolgt in einer Rechentafel, deren Rechtecksschema mit dem der Verteilungstafel übereinstimmt (S. 192). In die einzelnen Felder mit den Koordinaten n, m werden die leicht zu berechnenden Größen $n\, m\, f_{nm}$ unter Beachtung des Vorzeichens eingetragen. Am unteren und am linken Rande der Rechentafel stehen zunächst wieder die Klassennummern n und m, darauf die Summen über die Spalten bzw. über die Zeilen. Beide Zahlenkolonnen ergeben summiert den gleichen Wert (Rechenkontrolle!) $\sum_{n} \sum_{m} n\, m\, f_{nm}$. In dem Beispiel ist

$$\sum_{n} \sum_{m} n\, m\, f_{nm} = 220{,}25 \, .$$

Am rechten und am oberen Rand der Rechentafel sind zunächst die Produkte $m\, f_m$ (rechts) und $n\, f_n$ (oben) eingetragen; diese Produkte werden aus der vorangegangenen Verteilungstafel entnommen, indem man dort jeweils die Zahlen m und f_m in den beiden Randspalten links bzw. die Zahlen n und f_n in den beiden Randspalten unten multipliziert und in die Rechentafel überträgt. Die äußeren Randkolonnen rechts und oben in der Rechentafel ergeben sich dann schließlich durch Multiplikation der benachbart stehenden Werte $m\, f_m$ bzw. $n\, f_n$ mit den Klassennummern m bzw. n, die aus den inneren Randkolonnen unten bzw. links zu ersehen sind. So erhält man in den äußeren Randkolonnen rechts bzw. oben die Werte der Größen $m^2 f_m$ bzw. $n^2 f_n$.

Verteilungstafel

y-Skala (Klassengrenzen, oben nach unten): 34,5 — 34 — 33,5 — 33 — 32,5 — 32 — 31,5 — 31 — 30,5 — 30 — 29,5

x-Skala (Klassengrenzen, links nach rechts): 1090 — 95 — 1100 — 5 — 10 — 15 — 20 — 25 — 30 — 35 — 40 — 45 — 50 — 55 — 60

f_m	m	-7	-6	-5	-4	-3	-2	-1	0	$+1$	$+2$	$+3$	$+4$	$+5$	$+6$	n
1	+4								0,5				0,5			
5,5	+3								0,5		1	1	1,75	1,25		
11,5	+2						0,5	0,5		2	0,75	1,25	2,25	1,75	2,5	
6	+1					1		1	0,5	1	1,5	1				
8	0	1	1			1	1	2	0,5		0,25	0,25		0,5	0,5	
6,5	−1	0,5	0,5				1,5				4					
5	−2						2	0,75	0,25		1	1				
4	−3	0,5					1,5	0,75	1,25							
2	−4	0,5		1	0,25	0,25										
0,5	−5				0,25	0,25										
50		2,5	1,5	1	0,5	2,5	6,5	4,0	4,0	2,5	8,0	5,0	5,5	3,5	3,0	f_n

Rechentafel

	m	-7	-6	-5	-4	-3	-2	-1	0	$+1$	$+2$	$+3$	$+4$	$+5$	$+6$	$m f_m$	$m^2 f_m$
	625,0	122,5	54	25	8	22,5	26	4	0	2,5	32	45	88	87,5	108		$n^2 f_n$ / $m^2 f_m$
	$+33$	$-17,5$	-9	-5	-2	$-7,5$	-13	-4	0	2,5	16	15	22	17,5	18	$n f_n$ / $m f_m$	
8	$+4$	—	—	—	—	—	—	—	0	—	—	—	8	—	—	4	16
54,75	$+3$	—	—	—	—	—	—	—	0	—	6	9	21	18,75	—	16,5	49,5
77,0	$+2$	—	—	—	—	—	-2	-1	0	4	3	7,5	18	17,5	30	23	46
8	$+1$	—	—	—	—	-3	—	—	0	0,5	2	4,5	4	—	—	6	6
0	0	0	0	0	0	0	0	0	0	0	0	0	0	0	0	0	0
1,5	-1	3,5	3	—	—	—	3	—	0	—	-8	—	—	—	—	$-6,5$	6,5
$-0,5$	-2	—	—	—	—	—	8	1,5	0	—	-4	-6	—	—	—	-10	20
21,75	-3	10,5	—	—	—	—	9	2,25	0	—	—	—	—	—	—	-12	36
41	-4	14	—	20	4	3	—	—	0	—	—	—	—	—	—	-8	32
8,75	-5	—	—	—	5	3,75	—	—	0	—	—	—	—	—	—	$-2,5$	12,5
220,25	m/n	-7	-6	-5	-4	-3	-2	-1	0	$+1$	$+2$	$+3$	$+4$	$+5$	$+6$	$+10,5$	224,5
		28	3	20	9	3,75	18	2,75	0	4,5	-1	15	51	36,25	30		

Die in den Gl. (116) auftretenden Summenausdrücke lassen sich jetzt unmittelbar aus der Rechentafel bilden:

$$\sum_m m\,f_m \; = +10,5 \qquad \text{Summe der inneren Randspalte rechts,}$$

$$\sum_n n\,f_n \; = +33 \qquad \text{Summe der inneren Randspalte oben,}$$

$$\sum_m m^2\,f_m = 224,5 \qquad \text{Summe der äußeren Randspalte rechts,}$$

$$\sum_n n^2\,f_n = 625,0 \qquad \text{Summe der äußeren Randspalte oben,}$$

$$\sum_n \sum_m n\,m\,f_{nm} = 220,25 \qquad \text{Summe der äußeren Randspalte unten und}$$
zugleich (Rechenkontrolle!) Summe der äußeren Randspalte links.

Für die Errechnung des Korrelationskoeffizienten r_{xy} nach Gl. (115) werden nur die eckigen Klammern der Gleichungsgruppe (116) benötigt, da sich die anderen Größen ($N-1$, c_x, c_y) herausheben. Für die drei eckigen Klammern erhält man aus den vorstehenden Zahlenwerten in leichtverständlicher Schreibweise

$$[n^2] = 625 \quad - \frac{1}{50} \cdot 33^2 \quad = 603,2\,,$$

$$[m^2] = 224,5 \quad - \frac{1}{50} \cdot 10,5^2 \quad = 222,3\,,$$

$$[n\,m] = 220,25 - \frac{1}{50} \cdot 10,5 \cdot 33 = 213,32\,.$$

Der Korrelationskoeffizient r_{xy} selbst wird dann schließlich nach (115)

$$r_{xy} = \frac{213,32}{\sqrt{603,2 \cdot 222,3}} = 0,58\,.$$

Der genaue Wert für r_{xy}, den man ohne Klasseneinteilung nach dem Verfahren des Beispiels 82, S. 184ff., erhält, beträgt $r_{xy} = 0,60$. Beide Werte stimmen hinreichend überein, ein Zeichen dafür, daß die Klasseneinteilung eng genug gewählt worden ist. Wie schon erwähnt, führt eine Klasseneinteilung im allgemeinen zu einer Verringerung des Korrelationskoeffizienten.

3. Zufälligkeitskriterien

Bisher wurden die Rechenverfahren zur Bestimmung eines Korrelationskoeffizienten nach den Gl. (114) und (115) geschildert. Bei der Beurteilung der Strammheit einer Korrelation, für die der Korrelationskoeffizient das Zahlenmaß ist, muß jedoch beachtet werden, daß auch die Anzahl N der Wertepaare eine Rolle spielt, die der Rechnung zugrunde liegt. Die Mindestzahl für N ist 3.

Wenn in Wahrheit überhaupt keine Korrelation besteht, so können N aus der unendlichen Grundgesamtheit herausgegriffene Wertepaare auch noch rein zufällig scheinbar eine Korrelation zeigen, und zwar um so eher, je kleiner N ist. Es ist daher ein Kriterium dafür erforderlich, ob ein aus N Wertepaaren errechneter Korrelationskoeffizient r_{xy} nicht gesichert von Null abweicht oder tatsächlich eine vorhandene Korrelation mit ausreichender statistischer Sicherheit anzeigt.

Dieses Kriterium, das hier ohne seine mathematische Beweisführung mitgeteilt wird, lautet:

Zur Entscheidung, ob ein aus N Wertepaaren berechneter Korrelationskoeffizient r_{xy} wirklich eine bestehende Korrelation anzeigt oder nicht gesichert von Null abweicht, bildet man

$$t = \frac{r_{xy}}{\sqrt{1 - r_{xy}^2}} \sqrt{N - 2} \tag{117}$$

und beurteilt diesen t-Wert mit dem Freiheitsgrad

$$n = N - 2$$

nach Tab. III bzw. Kurvenblatt A, Abschn. N. Die Korrelation gilt als bestehend, wenn die t zukommende statistische Sicherheit größer ist als die geforderte Sicherheit (vgl. die Regeln S. 72/73).

Beispiel 86: Drehung und Einzwirnung an einem Reyon-Krepp (II); Existenzprüfung für die Korrelation

Vgl. S. 184 ff. Aus $N = 10$ Wertepaaren war $r_{xy} = 0,86$ berechnet worden. Zur Nachprüfung bildet man nach (117)

$$t = \frac{0,86}{\sqrt{1 - 0,86^2}} \sqrt{8} = 4,77 \,.$$

In Tab. III, Abschn. N, liest man die folgenden t-Werte für

$$n = N - 2 = 8 \text{ ab:}$$
$$t = 2,31 \quad \text{für} \quad S = 95\%,$$
$$t = 3,35 \quad \text{für} \quad S = 99\%,$$
$$t = 5,04 \quad \text{für} \quad S = 99,9\%.$$

Mit mehr als 99 % iger Sicherheit kann daher auf das wirkliche Bestehen einer Korrelation geschlossen werden (4,77 > 3,35). Bei der Forderung einer 99,9 % igen Sicherheit allerdings reicht das aus 10 Wertepaaren erhaltene Ergebnis noch nicht aus, um das Bestehen der Korrelation zu sichern, und es müßten noch mehr Wertepaare herangezogen werden.

Beispiel 87: Knitterwinkel und Scheuertüchtigkeit (II); Existenzprüfung für die Korrelation

Vgl. S. 186/187. Mit $N = 7$ Wertepaaren war $r_{xy} = -0,75$ gefunden worden. Nach (117) errechnet sich

$$t = \frac{0,75}{\sqrt{1 - 0,75^2}} \sqrt{5} = 2,54$$

(das Vorzeichen spielt keine Rolle).

Aus Tab. III, Abschn. N, liest man für den Freiheitsgrad $n = 5$ ab:

$$t = 2{,}57 \quad \text{für} \quad S = 95\%.$$

Dieser Wert deckt sich nahezu mit dem nach (117) errechneten. Ein gesicherter Zusammenhang zwischen Knitterwinkel und Scheuertüchtigkeit ist somit wahrscheinlich, jedoch müssen weitere Messungen zur endgültigen Klarstellung vorgenommen werden.

Beispiel 88: Bandgewicht von Krempelband (II); Existenzprüfung für den Zusammenhang zwischen dem Spulendurchschnitt und dem Wert am Spulenende

In ähnlicher Weise wie vorher erhält man mit $r_{xy} = 0{,}31$ (vgl. S. 184) und $N = 49$ aus (117) den Wert

$$t = 2{,}24.$$

Nach Tab. III, Abschn. N, ist er zu vergleichen mit

$$t = 2{,}01 \quad \text{für} \quad S = 95\% \quad \text{und}$$
$$t = 2{,}68 \quad \text{für} \quad S = 99\%.$$

Auch hier ergibt sich, daß die Existenz der Korrelation nicht voll ausreichend gesichert ist.

Die an den drei Beispielen geschilderte Existenzprüfung sollte *stets* vorgenommen werden, wenn ein Korrelationskoeffizient r aus relativ wenig Wertepaaren errechnet worden ist. Andernfalls bringt man der so „festgestellten" Korrelation ein Vertrauen entgegen, das sie keineswegs zu verdienen braucht und das evtl. zu Fehlschlüssen führen kann. Das Kurvenblatt K, Abschn. N, zeigt die Beziehung (117) in graphischer Darstellung und gestattet die Existenzprüfung ohne jede Rechnung. Bei einem aus N Wertepaaren ermittelten Korrelationskoeffizienten r wird der Punkt (N, r) im Kurvenblatt K aufgesucht. Liegt dieser Punkt unterhalb der Kurve $S = 95\%$, so ist die Korrelation nicht gesichert, liegt er oberhalb der Kurve $S = 99{,}9\%$, so ist die Korrelation mit mehr als $99{,}9\%$iger Sicherheit festgestellt, liegt er im Zwischengebiet, so wird er nach den Regeln auf S. 72/73 beurteilt. Für $N = 10$, $r = 0{,}86$ (vgl. Beispiel 86, S. 194) bestätigt man an Kurvenblatt K ohne Rechnung das auf S. 194 gewonnene Resultat. Für $N > 25$ sind alle Korrelationskoeffizienten $r > 0{,}5$ mit mehr als 99% gesichert.

Weiterhin tritt oft die Frage auf, ob der Unterschied zwischen zwei Korrelationskoeffizienten r_1 und r_2, die aus N_1 bzw. N_2 Wertepaaren berechnet wurden, nur ein Zufallsunterschied sein kann oder wirklich verschiedene Strammheiten der Korrelation bedeutet. Das Kriterium hierfür wird wiederum ohne die mathematische Beweisführung genannt:

Zur Prüfung des Unterschiedes zweier Korrelationskoeffizienten r_1 und r_2 aus N_1 bzw. N_2 Wertepaaren bildet man den Ausdruck

$$\lambda = 1{,}1513 \sqrt{\frac{(N_1-3)\,(N_2-3)}{N_1+N_2-6}}\, \lg \frac{(1+r_1)\,(1-r_2)}{(1-r_1)\,(1+r_2)} \tag{118}$$

und beurteilt den errechneten λ-Wert hinsichtlich der geforderten statistischen Sicherheit nach der Normalverteilung Tab. II, Abschn. N.

Beispiel 89: Drehung und Einzwirnung an einem Reyon-Krepp (III); Unterschied zweier Korrelationskoeffizienten

Vgl. S. 184 ff. und S. 189 ff. Aus einer Vorprobe von $N_1 = 10$ Messungen war der Korrelationskoeffizient $r_1 = 0{,}86$ ermittelt worden. Die ausführliche Meßreihe von $N_2 = 50$ Messungen lieferte den Korrelationskoeffizienten $r_2 = 0{,}58$. Ist dieser Unterschied noch als Zufallsschwankung erklärbar?

Nach der vorstehenden Regel bildet man

$$\lambda = 1{,}1513 \sqrt{\frac{7 \cdot 47}{54}}\, \lg \frac{1{,}86 \cdot 0{,}42}{0{,}14 \cdot 1{,}58} = 1{,}56.$$

Nach Tab. II, Abschn. N, kommt diesem λ-Wert die statistische Sicherheit $S = 88{,}1\%$ zu. Sie liegt weit innerhalb aller Sicherheitsschwellen 95%, 99%, 99,9%, so daß der Unterschied der beiden Korrelationskoeffizienten 0,86 und 0,58 trotz seiner Größe als nicht gesichert angesprochen werden muß.

4. Die Regressionskoeffizienten

Bei der praktischen Auswertung einer Korrelation, deren gesichertes Bestehen nach den vorstehenden Methoden erwiesen ist, tritt folgende wichtige und grundsätzliche Frage auf:

Welchen Wert des Merkmals y hat man auf Grund der Korrelation für einen gegebenen Wert des Merkmals x zu erwarten?

Für einen korrelativen Punkthaufen von N Punkten mit den Koordinaten (x_i, y_i), $i = 1, 2, 3, \ldots, N$ wird diejenige Gerade

$$Y = a + b_x\, x$$

bestimmt, für die die Ordinatenabweichungen $Y_i - y_i$ dem „Prinzip der kleinsten Quadrate" genügen. Dieses Prinzip, das die ganze Fehlerrechnung beherrscht, besagt, daß die Summe der Abweichungsquadrate

$$\sum_{i=1}^{N} (Y_i - y_i)^2$$

ein Minimum werden soll. Aus dieser Forderung leitet man nach den mathematischen Regeln folgende Aussagen ab:

1. Die Gerade läuft durch den Schwerpunkt $(\bar{x}, \bar{y})$ des Punkthaufens.

2. Sie hat die Gleichung [vgl. Gl. (115), S. 186]

$$\frac{Y - \bar{y}}{x - \bar{x}} = \frac{s_{xy}}{s_x^2} = b_x.$$

Die Gerade heißt die (erste) Regressionsgerade, ihr Anstieg

$$b_x = \frac{s_{xy}}{s_x^2} = \frac{\sum\limits_{i=1}^{N} (x_i - \bar{x})(y_i - \bar{y})}{\sum\limits_{i=1}^{N} (x_i - \bar{x})^2} \tag{119}$$

der (erste) Regressionskoeffizient. Er betrifft die Abhängigkeit von y in bezug auf x.

Vertauscht man x mit y, d. h. fragt man nach demjenigen Werte x, den man auf Grund der Korrelation zu einem gegebenen y-Wert erwarten muß, so liefert die sinngemäß gleiche Überlegung die (zweite) Regressionsgerade

$$\frac{X - \bar{x}}{y - \bar{y}} = \frac{s_{xy}}{s_y^2} = b_y$$

mit dem (zweiten) Regressionskoeffizienten

$$b_y = \frac{s_{xy}}{s_y^2} = \frac{\sum\limits_{i=1}^{N} (x_i - \bar{x})(y_i - \bar{y})}{\sum\limits_{i=1}^{N} (y_i - \bar{y})^2}. \tag{120}$$

Er betrifft die Abhängigkeit von x in bezug auf y.

Die beiden Regressionsgeraden fallen nur dann zusammen, wenn

$$s_{xy}^2 = s_x^2 \, s_y^2$$

ist, d. h. wenn der Korrelationskoeffizient r_{xy} [vgl. Gl. (115), S. 186] den Wert ± 1 annimmt. In diesem Falle ist die Korrelation zum Grenzfall des exakt mathematischen Zusammenhanges geworden.

In allen anderen Fällen sind die beiden Regressionsgeraden verschieden und bilden eine „Regressionsschere" im Schwerpunkt des Punkthaufens. Abb. 49

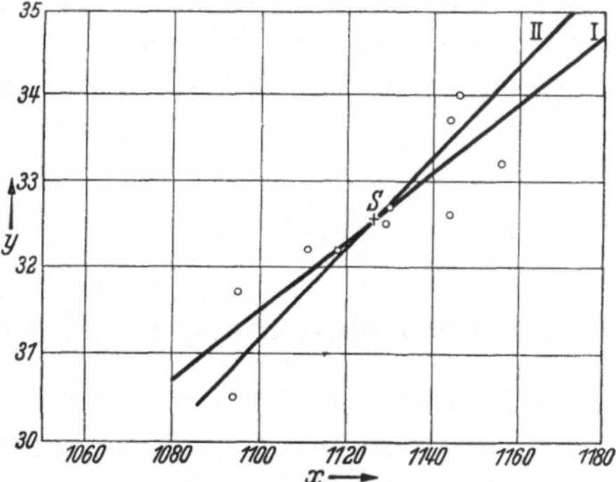

Abb. 49. Schere der beiden Regressionsgeraden I und II für Drehung — Einzwirnung

zeigt die beiden Regressionsgeraden für das auf S. 184 ff. behandelte Beispiel. Die Regressionskoeffizienten haben nach den auf S. 186

berechneten Werten

$$\sum_{i=1}^{10} (x_i - \bar{x})^2 = 9\,s_x^2 = 4242,$$

$$\sum_{i=1}^{10} (y_i - \bar{y})^2 = 9\,s_y^2 = 8,88,$$

$$\sum_{i=1}^{10} (x_i - \bar{x})\,(y_i - \bar{y}) = 9\,s_{xy} = 167,5$$

die Größe

$$b_x = \frac{167,5}{4242} = 0,0395,$$

$$b_y = \frac{167,5}{8,88} = 18,85.$$

Allgemein gilt zwischen den beiden Regressionskoeffizienten b_x und b_y und dem Korrelationskoeffizienten r_{xy} die Bindung

$$r_{xy}^2 = b_x\,b_y. \tag{121}$$

Der Winkel der Regressionsschere ist Null für $r = \pm 1$. Nimmt der Absolutwert von r ab, so öffnet sich die Schere, bis sie schließlich mit $r = 0$ den Öffnungswinkel 90° erreicht. Der Öffnungswinkel in seinem optischen Eindruck kann aber deswegen nicht als Maß für die Strammheit der Korrelation dienen, weil er nicht — wie der Korrelationskoeffizient r — unabhängig von den Maßstäben auf der x- und y-Achse ist.

Neben dem Korrelationskoeffizienten r_{xy} wird manchmal das Bestimmtheitsmaß

$$B = r_{xy}^2 = \frac{\sum (Y_i - \bar{y})^2}{\sum (y_i - \bar{y})^2} \tag{122}$$

gebraucht. Es hat gegenüber r_{xy} den Vorzug einer unmittelbar anschaulichen Deutung, denn es stellt das Verhältnis dar, in dem die Streuung der Punkte auf der Regressionsgeraden zu der Gesamtstreuung der Werte y_i steht. Für Beispiel 82, S. 184 ff., wird

$$B = 0,86^2 = 0,74,$$

d. h., 74% der gesamten Streuung sind durch die Regression bedingt.

Beispiel 90: Drehung und Einzwirnung; Regressionsgeraden

a) Welcher Wert Y der Einzwirnung ist für den Drehungswert $x = 1150$ Drehungen pro 50 cm zu erwarten?
Nach S. 185 und 197/198 ist

$$Y = \bar{y} + b_x\,(x - \bar{x}),$$

$$Y = 32,54 + 0,0395 \cdot (1150 - 1126,7),$$

$$Y = 33,46 \text{ mm Einzwirnung pro 25 cm Einspannlänge.}$$

b) Welcher Wert X der Drehung ist für die Einzwirnung $y = 31,2$ mm pro 25 cm Einspannlänge zu erwarten?

Nach S. 185 und 197/198 ist

$$X = \bar{x} + b_y(y - \bar{y}),$$
$$X = 1126,7 + 18,85 \cdot (31,2 - 32,54),$$
$$X = 1101,4 \text{ Drehungen pro 50 cm.}$$

Bei der Benutzung der Regressionsgeraden muß man beachten, daß zwei verschiedene Fragestellungen vorliegen, wenn man einerseits von x auf y (erste Regression) und andererseits von y auf x (zweite Regression) schließt. Im ersten Falle ist x eine fest gedachte Größe und das errechnete Y der zu erwartende Durchschnittswert aller zugehörigen y, im zweiten Falle ist es umgekehrt. Ermittelt man zu einem festen x das zugehörige Y und danach zu diesem $Y = y$ als fester Größe umgekehrt das zugehörige X, so sind wegen des korrelativen und nicht mehr exakten Zusammenhanges zwischen x und y diese Größen x und X nicht gleich.

Die Begriffe und Verfahren der Korrelationsrechnung, die vorstehend in ihren Anfängen an wenigen Beispielen erläutert wurden, lassen sich mit großem Nutzen in vielen anderen Fällen zur Klarstellung des Zusammenhanges zwischen zwei textilen Merkmalen anwenden. Als Beispiele seien nur genannt:

Faserlänge	Faserfeinheit
Feuchtigkeitsgehalt . . .	Zahl der Fadenbrüche
Festigkeit	Dehnung
Scheuertüchtigkeit . . .	Tragfähigkeit
Fasereigenschaften . . .	Garneigenschaften

Die in diesem Abschnitt behandelten Grundlagen der Korrelationsrechnung beschränken sich allein auf 2 Merkmale und einen linearen Zusammenhang. Die weiterführende, hier nicht mehr dargestellte Theorie liefert zunächst Kriterien dafür, ob ein Zusammenhang als linear angesprochen werden darf, und entwickelt weiterhin die Begriffe und Formeln für nichtlineare Zusammenhänge sowie für die Erweiterung auf mehrere Merkmale (nichtlineare Korrelationen, multiple Korrelationsmaße).

5. Rangkorrelation

Nicht immer können die Ergebnisse textiler Untersuchungen oder Bewertungen in ziffernmäßiger Form gewonnen werden; vielmehr läßt sich oft nur angeben, daß ein sehr gutes, gutes, genügendes, mangelhaftes oder ungenügendes Resultat erzielt worden ist, oder daß eine Ware A hinsichtlich einer bestimmten Eigenschaft besser ist als ein Vergleichsprodukt B, wobei aber ein zahlenmäßiger, quantitativer Ausdruck für den Unterschied zwischen A und B fehlt. Bei mehr als 2 Prüfobjekten führt eine derartige „halbquantitative" Begutachtung zu einer Einstufung der Prüfobjekte, die mit A, B, C, D, E, F, ... bezeichnet sein mögen, in eine Rangfolge, z. B. C, D, F, B, ..., in der das am günstigsten beurteilte Stück C am Anfang steht, D das zweitbeste repräsentiert usw. Als Beispiele für solche Untersuchungen, bei denen man häufig nicht mehr als eine Rangeinstufung geben kann, seien genannt:

Angabe der Echtheitsstufe für den Echtheitsgrad einer Färbung (Licht-, Schweiß-, Wasch-, Reibechtheit usw.),

Beurteilung der Gleichmäßigkeit von Garnen, etwa an Hand von Strickstücken oder gegenüber Vergleichsstandards (Seriplanprüfung bei Seide mit den internationalen Seidenstandards oder bei Baumwolle mit den amerikanischen Standards nach ASTM-Designation D 180—49T),

Bewertung des Verhaltens beim praktischen Gebrauch (Tragversuche),

Vergleich von Geweben nach Griff, Weichheit usw.

Ähnlich wie im vorangegangenen zwei Reihen quantitativer Meßwerte auf einen eventuellen Zusammenhang hin untersucht worden sind, läßt sich die gleiche Frage auch für Rangeinstufungen stellen. Die zu vergleichenden beiden Rangfolgen können z. B. zu verschiedenen Zeiten oder durch verschiedene Personen oder nach unterschiedlichen Verfahren an denselben Objekten gewonnen worden sein. Der zuerst behandelte Fall betraf die Maßkorrelation, im zweiten Falle handelt es sich um die sogenannte Rangkorrelation, deren Aufgabe es ist, die Strammheit des Zusammenhanges zweier Rangfolgen durch einen Zahlenwert zu charakterisieren. Zur Gewinnung einer solchen Kennzahl, die als Rangkorrelationskoeffizient bezeichnet wird, führt man für die bewerteten Objekte Rangziffern u_i und v_i ein. Steht z. B. A an erster Stelle in der ersten und an dritter Stelle in der zweiten Rangfolge, so werden A die beiden Rangziffern $u_1 = 1$, $v_1 = 3$ zugeordnet. Bei insgesamt N Prüfobjekten ergeben sich die beiden Rangfolgen dann in der Form:

Prüfling	A	B	C	. . . .	. . .
1. Rangziffer	u_1	u_2	u_3	. . . .	u_N
2. Rangziffer	v_1	v_2	v_3	. . . .	v_N

Die Rangziffern u_i und v_i nehmen alle ganzzahligen Werte von 1 bis N an, es gelten somit die Beziehungen

$$\left. \begin{aligned} \sum_{i=1}^{N} u_i &= \sum_{i=1}^{N} v_i = \tfrac{1}{2} N (N+1) \quad \text{und} \\ \sum_{i=1}^{N} u_i^2 &= \sum_{i=1}^{N} v_i^2 = \tfrac{1}{6} N (N+1)(2N+1). \end{aligned} \right\} \tag{123}$$

Zum Rangkorrelationskoeffizienten ϱ gelangt man nun in der Weise, daß in der Gl. (114) des Maßkorrelationskoeffizienten r_{xy} formal $x_i = u_i$ und $y_i = v_i$ gesetzt wird. Eine kurze Zwischenrechnung liefert dann unter Benutzung von (114), (123) und (67):

$$\bar{u} = \bar{v} = \tfrac{1}{2}(N+1) \quad \text{und}$$

$$\varrho = \frac{\sum\limits_{i=1}^{N}(u_i - \bar{u})(v_i - \bar{v})}{\sqrt{\sum\limits_{i=1}^{N}(u_i - \bar{u})^2 \sum\limits_{i=1}^{N}(v_i - \bar{v})^2}} = \frac{12\sum\limits_{i=1}^{N} u_i v_i}{N(N^2 - 1)} - 3\,\frac{N+1}{N-1}.$$

Dieser Ausdruck läßt sich vereinfachen zu

$$\varrho = 1 - 6\,\frac{\sum\limits_{i=1}^{N}(u_i - v_i)^2}{N(N^2 - 1)}. \tag{124}$$

ϱ wird als SPEARMANscher Rangkorrelationskoeffizient[1] bezeichnet und kann wie der Maßkorrelationskoeffizient r_{xy} alle Werte zwischen -1 und $+1$ annehmen. Man überzeugt sich leicht, daß volle Übereinstimmung auf $\varrho = +1$ führt. Sind die beiden Rangfolgen genau gegenläufig ($u = 1, 2, 3, \ldots, N-1, N$ und $v = N, N-1, \ldots, 2, 1$), dann ist $u_i + v_i = N + 1$ und man erhält

$$\sum_{i=1}^{N}(u_i - v_i)^2 = \tfrac{1}{3}N(N^2 - 1)$$

und damit $\varrho = -1$. Absolutwerte von ϱ in der Nähe von Null schließlich deuten auf das Fehlen eines ausgesprochenen Zusammenhanges hin. Der SPEARMANsche Rangkorrelationskoeffizient wurde ursprünglich vor allem in der Psychologie benutzt, er kann aber auch bei der Behandlung von textilen Aufgaben vielfach von Nutzen sein, zumal er den Vorteil hat, sich in einfacher Weise berechnen zu lassen.

Beispiel 91: Vergleich der Griffbeurteilung von Geweben durch zwei Prüfer. Rangkorrelation nach Spearman

Sieben verschieden behandelte Gewebe wurden 2 Personen zur Begutachtung ihres Griffes vorgelegt. Beide brachten auf Grund der subjektiven Griffbeurteilung die 7 Versuchsstücke in eine Rangfolge. Die Ergebnisse waren

	am besten					am schlechtesten	
Prüfer I	B	C	A	D	E	G	F
Prüfer II	C	B	A	G	D	E	F

<hr>

[1] SPEARMAN, C.: The Proof and Measurement of Association between Two Things. Amer. J. Psychol. Bd. 15 (1904) S. 79. Hingewiesen sei auch auf die Gegenüberstellung von Maß- und Rangkorrelation bei P. FLASKÄMPER: Allgemeine Statistik (Grundriß der Statistik, Teil I). Hamburg: Verlag R. Meiner 1949. Vgl. außerdem U. GRAF u. H.-J. HENNING: Der Vergleich von Werturteilen mit Hilfe des Rangkorrelationskoeffizienten. Melliand Textilber. Bd. 32 (1951) S. 850.

Offenbar besteht zwischen beiden Beurteilungen eine deutliche Parallelität, für deren Ausmaß der Rangkorrelationskoeffizient die zahlenmäßige Charakterisierung liefert. Die Zuordnung der Rangziffern u_i, v_i zu den beiden Rangfolgen und die Berechnung von $\sum (u_i - v_i)^2$ ergibt sich aus nachstehender Aufstellung:

Gewebe	Rangziffer Prüfer A u_i	Rangziffer Prüfer B v_i	$u_i - v_i$	$(u_i - v_i)^2$
A	3	3	0	0
B	1	2	−1	1
C	2	1	1	1
D	4	5	−1	1
E	5	6	−1	1
F	7	7	0	0
G	6	4	2	4

Die Summation der letzten Spalte führt auf $\sum (u_i - v_i)^2 = 8$, woraus man mit Gl. (124) für den Rangkorrelationskoeffizienten den Wert

$$\varrho = 1 - 6 \cdot \frac{8}{7\,(49 - 1)} = 0{,}86$$

findet. Dieser Wert, der nach der später geschilderten Existenzprüfung mit mehr als $\bar{S} = 95\%$ statistischer Sicherheit von Null verschieden ist, kennzeichnet das Ausmaß der Korrelation zwischen den Beurteilungen der beiden Prüfer A und B in quantitativer Weise.

Beispiel 92: Vergleich einer psychotechnischen Eignungsprüfung mit der praktischen Bewährung. Rangkorrelation nach Spearman

Acht Lehrlinge waren bei ihrer Einstellung einer psychotechnischen Eignungsprüfung und nach Beendigung der Lehre einer Abschlußprüfung unterzogen worden. Bei der Eignungsprüfung wurde mit 5 Noten (I bis V), bei der Abschlußprüfung mit 6 Bewertungsstufen (I bis VI) gearbeitet. Die erteilten Zensuren geben die Spalten (2) und (3) der nachstehenden Tabelle wieder. Da die Zahl N der Lehrlinge ($N = 8$) größer ist als die Zahl der Rangstufen (5 bzw. 6), erhalten zum Teil mehrere Prüflinge dieselbe Note. Diesem Umstand muß bei der Festlegung der Rangziffern Rechnung getragen werden. So bekamen z. B. die Lehrlinge B, D und F bei der Abschlußprüfung alle die Note III. Hätten sie unterschiedliche Noten erhalten, so müßten ihnen die Rangziffern 3, 4 und 5 zugeteilt werden. Da sie als gleich beurteilt worden sind, ordnet man allen dreien die gleiche mittlere Rangziffer $\frac{3 + 4 + 5}{3} = 4$ zu. Auf diese Weise sind die Rangziffern der Spalten

(4) und (5) der Tabelle entstanden; ihre Summen sind auch in diesem Fall gleich

$$\tfrac{1}{2} N(N + 1) = 36 \text{ (Rechenkontrolle!)}.$$

Lehrling	Note Eignungsprüfung	Note Abschlußprüfung	Rangziffer Eignungsprüfung u_i	Rangziffer Abschlußprüfung v_i	$u_i - v_i$	$(u_i - v_i)^2$
(1)	(2)	(3)	(4)	(5)	(6)	(7)
A	II	I	2,5	1	1,5	2,25
B	I	III	1	4	-3	9,00
C	IV	V	6,5	7,5	-1	1,00
D	III	III	4,5	4	0,5	0,25
E	III	II	4,5	2	2,5	6,25
F	II	III	2,5	4	$-1,5$	2,25
G	IV	IV	6,5	6	0,5	0,25
H	V	V	8	7,5	0,5	0,25
Summe			36,0	36,0		21,50

Mit $\sum (u_i - v_i)^2 = 21,5$ erhält man dann nach Gl. (124)

$$\varrho = 0,74,$$

und es läßt sich auf Grund der am Ende des Abschnittes angegebenen Existenzprüfung aussagen, daß dieser Wert von ϱ mit mehr als $\overline{S} = 95\%$ Sicherheit nicht nur zufällig von Null abweicht. Damit ist der Zusammenhang zwischen der Eignungs- und der Abschlußprüfung zahlenmäßig festgelegt. Wollte man ihn noch schärfer erfassen, so könnte man z. B. innerhalb der Aufnahmeprüfung die Noten in den einzelnen Fächern gesondert untersuchen und diejenigen Disziplinen herausfinden, die besonders hohe Rangkorrelationskoeffizienten mit der Abschlußprüfung ergeben. Durch eine derartige Auswahl ist man in der Lage, die geeignetsten Aufnahmebedingungen in Übereinstimmung mit der praktischen Bewährung festzustellen[1].

Die Anwendung des Rangkorrelationskoeffizienten ist auch dann angezeigt, wenn die zur Bewertung stehenden Prüfobjekte einmal quantitativ und zweitens lediglich in Form einer Rangfolge bewertet worden sind. Ein derartiger Fall ist in dem folgenden Beispiel aufgezeigt.

---

[1] Die im Beispiel 92 gezeigte Behandlung einer Rangkorrelation mit übereinstimmenden Rangziffern ist nur anwendbar, wenn Anzahl und Ausmaß der Übereinstimmungen nicht allzu groß sind. Praktisch ist diese Forderung, wie auch im Beispiel 92, meist erfüllt. Wegen der strengeren Durchführung der Berechnung von ϱ bei sehr vielen Übereinstimmungen wird daher hier nur auf die Literatur verwiesen, vor allem auf M. G. Kendall: Rank Correlation Methods. London: Charles Griffin & Comp. Ltd. 1948. Dort ist auch der seltener vorkommende Sonderfall, daß die eine der beiden Rangordnungen bekannt ist, während bei der zweiten übereinstimmende Rangziffern gefunden wurden, näher erörtert.

Beispiel 93: Vergleich von Labor- und Tragversuchen[1].
Rangkorrelation nach Spearman

Mit dem Ziel, aus technologischen Laboratoriumsprüfungen eine kombinierte Maßzahl für das Verhalten von Geweben beim praktischen Gebrauch zu gewinnen, wurden an 7 Stoffen gleichartiger Konstruktion aber verschiedener Zusammensetzung Tragversuche und folgende technologische Untersuchungen durchgeführt:

a) Rundscheuerprüfung (Zahl der Scheuertouren bis zur Lochbildung),

b) Biegescheuerung in Kettrichtung } Zahl der Scheuerungen bis
c) Biegescheuerung in Schußrichtung } zum Bruch,

d) Prüfung der Weiterreißfestigkeit (Mittel aus Kette und Schuß).

Die Auswertung der Tragversuche ergibt lediglich eine Rangfolge für die 7 Gewebe A bis G. Die gefundenen Rangziffern sind in der letzten Spalte der nachstehenden Tabelle angegeben. Bei den technologischen Prüfungen erhält man quantitative Maßzahlen, die — in Prozent des jeweiligen Gesamtmittels aller 7 Stoffe ausgedrückt — in den Spalten (2), (3), (4) und (5) der Tabelle stehen. Nach der Höhe dieser Prozentziffern werden für jede geprüfte Eigenschaft Rangziffern erteilt, sie sind in der Werteübersicht in Klammern beigefügt.

Gewebe	Technologische Prüfungen, Ergebnisse in Prozenten des Mittels (Rangziffern in Klammern)				Tragversuch Rangziffer
	Rundscheuerung (a)	Biegescheuerung		Weiterreißfestigkeit (d)	
		Kette (b)	Schuß (c)		
(1)	(2)	(3)	(4)	(5)	(6)
A	120 (1)	72 (7)	115 (2)	89 (4)	6
B	86 (6)	85 (4)	78 (6)	75 (6)	5
C	92 (5)	78 (6)	91 (5)	68 (7)	7
D	80 (7)	82 (5)	102 (4)	87 (5)	4
E	107 (3)	91 (3)	67 (7)	125 (2)	3
F	101 (4)	138 (2)	111 (3)	119 (3)	2
G	114 (2)	154 (1)	136 (1)	137 (1)	1

Für jede der Laborprüfungen (a) bis (d) ist gegenüber dem Tragversuch der Rangkorrelationskoeffizient berechnet. Die Durchführung der Rechnung erfolgt wie in den vorangegangenen Beispielen nach Gl. (124) und führt auf die leicht nachprüfbaren Werte:

$\varrho_a = 0{,}21$ (Rundscheuerung — Tragversuch),

$\varrho_b = 0{,}96$ (Biegescheuerung Kette — Tragversuch),

$\varrho_c = 0{,}32$ (Biegescheuerung Schuß — Tragversuch),

$\varrho_d = 0{,}86$ (Festigkeit beim Weiterreißen — Tragversuch).

---

[1] Ausführlich behandelt ist das Verfahren dieses Beispiels bei R. G. STOLL: An Improved Multipurpose Abrasion Tester and its Application for the Evaluation of the Wear Resistance of Textiles. Text. Res. J. Vol. 19 (1949) S. 394—415.

Die Biegescheuerung Kette und die Weiterreißfestigkeit zeigen gegenüber dcm Tragversuch eine hohe Korrelation, die zugehörigen Korrelationskoeffizienten sind nach den später angeführten Kriterien mit mehr als $\overline{S} = 99\%$ bzw. $\overline{S} = 95\%$ statistischer Sicherheit von Null verschieden. Demgegenüber fallen Rundscheuerung und Biegescheuerung Schuß kaum ins Gewicht. Eine einfache kombinierte Bewertungszahl wird man also dadurch erhalten, daß man allein die beiden erstgenannten Prüfarten benutzt. Sie können z. B. derart zusammengefaßt werden, daß die höchstkorrelierende Biegescheuerung Kette mit 60% und die ihr etwas nachstehende Weiterreißfestigkeit mit 40% in Rechnung gestellt werden. Dieses Verfahren liefert z. B. für das Gewebe A als kombinierte Labor-Maßzahl den Wert

$$0{,}60 \cdot 72 + 0{,}40 \cdot 89 = 78{,}8\% \,.$$

Aus den kombinierten Bewertungszahlen ergibt sich dann eine neue Rangfolge der 7 Gewebe, die nachstehende Tabelle aufzeigt.

Diese Rangfolge nach den kombinierten Meßziffern stimmt mit der des Tragversuchs überein, d. h. der Rangkorrelationskoeffizient wird gleich Eins. Für die untersuchte Gewebeart ergibt sich somit eine vorzügliche Übereinstimmung mit dem Tragversuch durch Benutzung der Kombination 60% Biegescheuerung Kette und 40% Weiterreißfestigkeit. (Bei anders gelagertem Zahlenmaterial und besonders bei einer größeren Anzahl von Prüflingen wird sich der Höchstwert $\varrho = 1$ nicht immer erreichen lassen, und die Auffindung der geeignetsten Kombination ein gewisses Fingerspitzengefühl erfordern, vgl. die Fußnote S. 204).

Gewebe	Kombinierte Bewertung	
	%	Rangziffer
A	78,8	6
B	81,0	5
C	74,0	7
D	84,0	4
E	104,6	3
F	130,4	2
G	147,2	1

An Stelle des SPEARMANschen Rangkorrelationskoeffizienten ϱ wird vielfach auch der KENDALLsche Rangkorrelationskoeffizient τ benutzt, der ebenfalls in einfachster Weise berechnet werden kann. Man geht dabei folgendermaßen vor: Die N Prüfobjekte werden an Hand der ersten Beurteilung nach der Rangziffer geordnet, so daß $u_1 = 1$, $u_2 = 2 \ldots u_N = N$ ist. Daneben setzt man die Rangziffern der zweiten Einstufung $v_1, v_2, \ldots, v_N$. Beginnend mit $v_1 = 1$ wird ausgezählt, wieviel Rangziffern vor und wieviel hinter 1 stehen. Es seien davor l_1 und dahinter r_1. Weiter zählt man aus, wieviel Ziffern bei Vernachlässigung der 1 vor (l_2) und hinter (r_2) der 2 stehen. Allgemein ergeben sich l_i

und r_i als die Anzahlen der Rangziffern in der zweiten Folge vor bzw.
hinter der Rangziffer i bei Außerachtlassung aller Ziffern, die kleiner
als i sind. Der KENDALLsche Rangkorrelationskoeffizient[1] berechnet
sich dann als

$$\tau = 2 \frac{\sum\limits_{i=1}^{N} (r_i - l_i)}{N\,(N-1)}. \tag{125}$$

Man überzeugt sich leicht, daß volle Übereinstimmung der beiden
Rangfolgen auf $\tau = +1$, genaue Gegenläufigkeit auf $\tau = -1$ und
geringe Parallelität auf kleine Absolutwerte für τ führen, die Beurteilung somit die gleiche ist wie bei dem SPEARMANschen Rangkorrelationskoeffizienten. Volle Übereinstimmung in den Zahlenwerten beider
Koeffizienten besteht jedoch nicht.

Beispiel 94: Vergleichende Beurteilung der Weichheit von Geweben durch Messungen und Beurteilung von Hand[2]. Kendallscher Rangkorrelationskoeffizient

Zehn verschiedene Gewebe (A bis K) wurden durch rein subjektive
Beurteilung nach ihrer Weichheit geordnet, und nach 2 Verfahren
(Schieferflexometer, Drapeometer) wurde ihre Steifigkeit gemessen. Aus
den Meßwerten leitet man wie im Beispiel 93, S. 204, Rangziffern ab.
Die Ergebnisse sind in der folgenden Tabelle dargestellt. Dabei ist
große Weichheit des Gewebes durch einen kleinen Meßwert gekennzeichnet. Die zugehörige Rangziffer ist wiederum in Klammern beigefügt.

Gewebe	Flexometermeßwert (und Rangziffer)[.]	Drapeometermeßwert (und Rangziffer)	Subjektive Beurteilung, Rangziffer
C	0,60 (1)	10,48 (7)	1
K	0,95 (4)	10,32 (6)	2
E	0,80 (2)	10,09 (2)	3
G	0,85 (3)	10,12 (3)	4
J	1,20 (5)	10,22 (4)	5
B	1,75 (8)	11,06 (9)	6
H	1,25 (6)	9,84 (1)	7
A	2,40 (10)	11,19 (10)	8
D	1,35 (7)	10,28 (5)	9
F	1,85 (9)	10,93 (8)	10

---

[1] Wegen der Berechnung von τ bei Vorhandensein übereinstimmender Rangziffern wird auf das Werk von KENDALL verwiesen, vgl. S. 203, Fußn. 1.

[2] Dieses Beispiel ist ausführlich behandelt bei N. J. ABBOTT: The Measurement of Stiffness in Textile Fabrics. Text. Res. J. Vol. 21 (1951) S. 435; dort finden
sich auch weitere Angaben über die Meßmethoden.

Für die Korrelation Flexometer — subjektive Beurteilung findet man der Reihe nach

$$
\begin{array}{ll}
l_1 = 0 & r_1 = 9 \\
l_2 = 1 & r_2 = 7 \\
l_3 = 1 & r_3 = 6 \\
l_4 = 0 & r_4 = 6 \\
l_5 = 0 & r_5 = 5 \\
l_6 = 1 & r_6 = 3 \\
l_7 = 2 & r_7 = 1 \\
l_8 = 0 & r_8 = 2 \\
l_9 = 1 & r_9 = 0 \\
\hline
\sum l_i = 6 & \sum r_i = 39
\end{array}
$$

(Es stehen z. B. von den Rangziffern der Flexometermessungen, die größer als drei sind, eine vor der 3 und sechs hinter ihr.)

Mit (125) wird

$$
\tau = \frac{2 \cdot 33}{10 \cdot 9} = +0{,}73 \text{ (Flexometer — subjektive Beurteilung)}.
$$

In derselben Weise erhält man für die Drapeometerwerte

$$
\tau = \frac{2 \cdot 7}{10 \cdot 9} = +0{,}16 \text{ (Drapeometer — subjektive Beurteilung)}.
$$

Die Flexometermessungen stimmen somit entsprechend dem Wert $\tau = 0{,}73$, der nach der unten geschilderten Existenzprüfung gesichert von Null verschieden ist, leidlich mit der subjektiven Einstufung überein, während die Drapeometerergebnisse nur eine sehr geringe, statistisch nicht gesicherte Korrelation mit dieser Einstufung aufweisen. Auf diese Art lassen sich die verschiedensten Verfahren zur Messung der Weichheit quantitativ miteinander vergleichen und die geeignetsten Meßmethoden aussuchen (vgl. Fußn. 2, S. 206).

Häufig tritt der Fall ein, daß dieselben Prüfobjekte gleichzeitig von mehreren Beobachtern in eine Rangfolge eingestuft werden. Die einzelnen Beobachter werden in ihren Urteilen nicht vollständig übereinstimmen, und es erhebt sich die Frage nach einer Bewertungszahl für den Grad der Übereinstimmung. Diese Aufgabe erfüllt der KENDALLsche Übereinstimmungskoeffizient W. Zu seiner Berechnung bildet man für jedes der N Prüfobjekte die Summe der ihm zugeordneten Rangziffern, die mit $\xi_1, \xi_2, \ldots, \xi_N$ bezeichnet werden. Jede dieser Summen ξ_i enthält K Summanden, wenn K Beobachter die Beurteilung durchgeführt haben. Mit dem Durchschnittswert aller Summen ξ_i:

$$
\bar{\xi} = \tfrac{1}{2}(N + 1)K
$$

erhält man den Übereinstimmungskoeffizienten nach der Formel

$$
W = \frac{12 \sum\limits_{i=1}^{N} (\xi_i - \bar{\xi})^2}{K^2 N (N^2 - 1)}. \tag{126}
$$

Besteht zwischen den Beobachtern keinerlei Übereinstimmung, so werden die ξ_i-Werte alle gleich oder nahezu gleich groß ausfallen (jedes Prüfobjekt bekommt hohe und niedrige Rangziffern), d. h. W wird gleich Null bzw. sehr klein. Stimmen die Urteile dagegen vollkommen überein (jedes Prüfobjekt bekommt von jedem Beobachter die gleiche Rangziffer), dann nehmen die Summen ξ_i die Werte $\xi_i = K i$ an. Man rechnet leicht nach, daß dann

$$\sum_{i=1}^{N} (\xi_i - \bar{\xi})^2 = \frac{K^2 N (N^2 - 1)}{12}$$

und damit $W = 1$ wird.

Schlechte Übereinstimmung ist daher durch kleine Werte von W, volle Übereinstimmung durch $W = 1$ charakterisiert.

Beispiel 95: Strickstückbeurteilung der visuellen Garngleichmäßigkeit[1]. Übereinstimmungskoeffizient

$N = 12$ Versuchspartien Kammgarn (I bis XII) sollten auf ihre visuelle Gleichmäßigkeit hin überprüft werden. Dazu wurde von jedem Garn ein Strickstück gefertigt. Die Abschätzung der erhaltenen 12 Strickstücke nach der Gleichmäßigkeit erfolgte durch $K = 12$ Beobachter (1 bis 12). Das schlechteste Strickstück bekam jeweils die Rangziffer 1 (einen Punkt), das beste die Rangziffer 12 (12 Punkte). Nachstehend sind die Ergebnisse zusammengestellt.

Beob-achter	Garn											
	I	II	III	IV	V	VI	VII	VIII	IX	X	XI	XII
1	12	11	10	3	4	1	7	2	5	6	8	9
2	11	12	10	2	3	1	9	4	5	7	6	8
3	11	12	8	1	3	2	6	5	4	7	10	9
4	12	8	9	3	2	1	4	5	6	7	10	11
5	10	12	11	2	3	1	7	4	5	6	8	9
6	12	11	9	2	4	1	7	6	3	5	8	10
7	9	10	11	2	6	3	7	1	4	5	12	8
8	12	11	9	2	3	1	7	5	4	6	8	10
9	12	8	11	2	3	1	6	5	7	4	10	9
10	12	11	7	4	2	1	5	6	3	8	10	9
11	10	12	9	1	8	3	11	7	6	5	4	2
12	12	9	8	3	2	1	7	4	6	10	5	11
ξ_i	135	127	112	27	43	17	83	54	58	76	99	105

Nach der Tabelle hat z. B. der fünfte Beobachter das Garn VI als schlechtestes, das Garn X an die sechste Stelle eingestuft. Die letzte

---

[1] Die Zahlen sind entnommen aus Wool Research 1918—1948 Vol. 6, Drawing and Spinning. Lund Humphries, London and Bradford 1949, S. 132.

Zeile der Tabelle enthält die Summen ξ_i der Rangziffern jeden Garnes.
Man erhält $\bar{\xi} = \frac{1}{2} \cdot 13 \cdot 12 = 78$ und

$$\sum_{i=1}^{N} (\xi_i - \bar{\xi})^2 = (135 - 78)^2 + (127 - 78)^2 + \cdots + (105 - 78)^2 = 16\,528.$$

Damit findet man nach (126) für W den Wert

$$W = \frac{12 \cdot 16\,528}{12^2 \cdot 12 \cdot (144 - 1)} = 0{,}80.$$

Der Übereinstimmungskoeffizient liegt somit relativ nahe bei Eins und ist nach der später geschilderten Existenzprüfung mit weit mehr als $\bar{S} = 99{,}9\%$ statistischer Sicherheit von Null verschieden, so daß die Übereinstimmung als gut beurteilt werden kann und die sich im Durchschnitt aus allen 12 Einstufungen ergebende Rangordnung (am besten) I, II, III, XII, XI, VII, X, IX, VIII, V, IV, VI (am schlechtesten) weitere, tragende Schlüsse zuläßt.

Wie bei der Maßkorrelation kann auch bei der Rangkorrelation und dem Übereinstimmungskoeffizienten die Frage der Existenzprüfung gestellt werden. Ihre Beantwortung ergibt sich aus den im folgenden kurz dargelegten Prüfregeln[1].

SPEARMANscher Rangkorrelationskoeffizient ϱ

Es sind drei Fälle zu unterscheiden.

1. $N < 9$.

ϱ ist mit der statistischen Sicherheit $\bar{S}$ mehr als zufällig von Null verschieden wenn für den nach S. 201 berechneten Ausdruck $\sum\limits_{i=1}^{N} (u_i - v_i)^2$ gilt:

$$\sum_{i=1}^{N} (u_i - v_i)^2 \begin{cases} \leqq A_1 & \text{für} \quad \varrho > 0 \\ \geqq A_2 & \text{für} \quad \varrho < 0. \end{cases}$$

A_1 und A_2 sind in Abhängigkeit von N und der Sicherheit aus nachstehender Tabelle zu entnehmen:

Grenzwerte A_1 und A_2

$N =$	4		5		6		7		8	
$\bar{S} =$	A_1	A_2	A_1	A_2	A_1	A_2	A_1	A_2	A_1	A_2
95%	0	20	2	38	6	64	16	96	30	138
99%	—	—	0	40	2	68	6	106	14	154

2. $9 \leqq N < 20$.

Es wird die Prüfgröße

$$\varrho\,\frac{\sqrt{N - 2}}{1 - \varrho^2}$$

berechnet und mit den t-Grenzwerten der Tabelle III, Abschn. N, für den Freiheitsgrad $n = N - 2$ verglichen.

---

[1] Diese Regeln gelten, falls übereinstimmende Rangziffern auftreten, z. T. nur noch angenähert. Wegen der exakten Prüfung solcher Fälle wird auf das Werk von KENDALL verwiesen (vgl. Fußn. 1, S. 203).

3. $N \geqq 20$.

Die Prüfgröße

$$\varrho \cdot \sqrt{N-1}$$

ist mit den λ-Werten der Normalverteilung aus Tab. II, Abschn. N, zu vergleichen.

Im Beispiel 91, S. 201, war mit $N = 7$ der Wert $\sum (u_i - v_i)^2 = 8$ ermittelt worden; die Ablesung an der Tabelle der A_1- und A_2-Grenzwerte zeigt, daß der zugehörige Wert von ϱ mit einer Sicherheit $\bar{S}$ zwischen 95% und 99% von Null verschieden ist.

Wird in einem anderen Fall mit $N = 12$ der Wert $\varrho = 0,45$ gefunden, dann wird die Prüfgröße

$$\varrho \, \frac{\sqrt{N-2}}{1-\varrho^2} = 0{,}45 \, \frac{\sqrt{10}}{1-0{,}45^2} = 1{,}78.$$

In Tab. III, Abschn. N, wird mit $n = 10$ für $S = 95\%$ der Grenzwert 2,23 abgelesen, so daß der erhaltene Rangkorrelationskoeffizient mit weniger als $S = 95\%$ Sicherheit von Null abweicht und damit die Existenz einer Korrelation als nicht ausreichend erwiesen angesehen werden muß.

Kendallscher Rangkorrelationskoeffizient τ

Für die Existenzprüfung sind zwei Fälle zu unterscheiden.

1. $N \leqq 10$.

Der Absolutwert $|\tau|$ kann bei der Sicherheit $\bar{S}$ als nicht mehr zufällig von Null verschieden betrachtet werden, wenn die nach S. 206 berechnete Größe

$$\left| \sum_{i=1}^{N} (r_i - l_i) \right| \geqq A$$

ist. Die Werte von A sind in der folgenden Tabelle festgelegt.

Grenzwerte A

$\bar{S} =$ \ $N =$	4	5	6	7	8	9	10
95%	6	8	11	13	16	18	21
99%	—	10	13	17	20	24	27

2. $N > 10$.

Die Prüfgröße

$$\frac{\left| \sum\limits_{i=1}^{N} (r_i - l_i) \right| - 1}{\sqrt{\dfrac{1}{18} N (N-1)(2N+5)}}$$

ist mit den λ-Werten der Normalverteilung in Tab. II, Abschn. N, zu vergleichen.

Für Beispiel 94, S. 206, war bei der ersten Rangkorrelation (Flexometer — subjektive Beurteilung) gefunden worden:

$$\tau = 0{,}73; \quad \sum (r_i - l_i) = 33; \quad N = 10.$$

Die Tabelle der Grenzwerte A zeigt, daß der Wert $\tau = 0,73$ mit mehr als $\bar{S} = 99\%$ Sicherheit von Null verschieden ist.

Erhält man bei $N = 15$ den Wert $\tau = -0,38$, dann wird nach Gl. (125)

$$\sum (r_i - l_i) = -\frac{0,38}{2} \cdot 15 \cdot 14 = -40 \quad \text{und die Prüfgröße}$$

$$\frac{|-40| - 1}{\sqrt{\dfrac{1}{18} \cdot 15 \cdot 14 \cdot 35}} = 1,93 \; .$$

Zu $\lambda = 1,93$ gehört nach Tab. II, Abschn. N, die statistische Sicherheit $S \approx 94,6\%$, so daß der gefundene Wert $\tau = -0,38$ als knapp gesichert zu bezeichnen ist.

Übereinstimmungskoeffizient W

Bei der Existenzprüfung für den Übereinstimmungskoeffizienten ist ebenfalls eine Unterteilung erforderlich, die sich jetzt auf N und K bezieht. Es gilt:

1. $N = 3$, $K = 3$ bis 10; $N = 4$, $K = 3$ bis 6; $N = 5$, $K = 3$.

W weicht bei der Sicherheit $\bar{S}$ mehr als zufällig von Null ab, wenn der nach S. 207 berechnete Wert

ist.
$$\sum_{i=1}^{N} (\xi_i - \bar{\xi})^2 \geqq B$$

Tabelle der Grenzwerte B

$K =$	$N =$ 3		4		5	
$\bar{S} =$	95%	99%	95%	99%	95%	99%
3	18	—	36	42	63	75
4	25	31	51	63		
5	28	42	63	82		
6	39	52	75	100		
7	43	61				
8	50	72				
9	56	78				
10	61	91				

2. Alle übrigen Fälle.

Man berechnet die Prüfgröße

$$\frac{(K - 1)\,W}{1 - W}$$

und vergleicht sie mit den F-Werten der Tab. IVa, b, c, Abschn. N, wobei

$$n_1 = N - 1 - \frac{2}{K}$$

und

$$n_2 = (K - 1)\,n_1$$

zu wählen sind.

Für $N > 7$ vereinfacht sich der Test dahin, daß als Prüfgröße

$$K\,(N - 1)\,W$$

berechnet wird. Sie ist mit den χ^2-Werten für $n = N - 1$ aus Tab. V, Abschn. N, zu vergleichen.

Im Beispiel 95, S. 208, war $K = 12$, $N = 12$ und $W = 0,80$. Die Prüfgröße wird $K(N - 1)\,W = 12 \cdot 11 \cdot 0,8 = 106$. Sie ist noch weit größer als der in Tab. V, Abschn. N, für $\bar{S} = 99,9\%$ mit $n = 11$ abgelesene Wert $\chi^2 = 31,3$, die Verschiedenheit des gefundenen Übereinstimmungskoeffizienten $W = 0,8$ von Null ist also sehr stark gesichert.

Zur Prüfung des Unterschiedes zweier KENDALLscher Rangkorrelationskoeffizienten τ_1 und τ_2, die durch die Einstufung von N_1 bzw. N_2 Objekten erhalten sind, wird der Ausdruck

$$\frac{|\tau_1 - \tau_2|}{\sqrt{\dfrac{2}{N_1}(1 - \tau_1^2) + \dfrac{2}{N_2}(1 - \tau_2^2)}}$$

berechnet und, falls N_1 und N_2 nicht zu klein sind, mit den λ-Werten der Tab. II, Abschn. N, verglichen. Diese Prüfung gibt eine vorsichtige und zugleich auch relativ unempfindliche Bewertung des Unterschiedes. Eine schärfere Beurteilung ist nur mit erheblichem Rechenaufwand möglich, wegen deren Handhabung wird auf die angeführte Literatur verwiesen.

M. Statistische Verfahren bei der Fabrikationskontrolle

Der Schwerpunkt aller bisher geschilderten Gedankengänge lag auf der statistischen Untersuchung und Auswertung eines in sich abgeschlossenen Beobachtungsmaterials, mochte es sich um kleine oder große Stichproben, um den Vergleich mehrerer Meßreihen oder ähnliches handeln. Abschließend sollen hier nun diejenigen Verfahren kurz beschrieben werden, die sich auf eine laufende Produktionsüberwachung im engeren Sinne beziehen, also auf eine mit statistischen Methoden vorgenommene Überprüfung der Produktion während der Herstellung selbst. Auf diese Weise kann man den Herstellungsprozeß direkt überwachen und in dem Fall, wo das hergestellte Produkt in seinem geprüften Merkmale (z. B. Garnnummer, Festigkeit, Drehung usw.) von dem Sollwert zu stark abzuweichen beginnt oder in seiner zufallsbedingten Streuung um diesen Sollwert unzulässig hohe Werte anzunehmen droht, sofort in den Herstellungsprozeß eingreifen. Ein eventueller Ausschuß kann so nicht erst *nach* seiner Produktion festgestellt und ausgemerzt, sondern gleichsam in statu nascendi erfaßt und behoben werden, und in dieser Möglichkeit, die vom produktionstechnischen und wirtschaftlichen Standpunkt aus ja außerordentlich wesentlich ist, liegt der Wert der im folgenden geschilderten Verfahren, die gerade in jüngster Zeit mehr und mehr an Bedeutung gewonnen haben.

1. Die Kontrollkarte für Einzelwerte

Die Grundform der Kontrollkarte, mit der die laufende Qualitätsüberwachung erfolgt, ist bereits auf S. 38 ff. beschrieben worden[1]. Bei den beiden dort aufgeführten Beispielen, die eine Garnnummernkontrolle (zweiseitige Fragestellung) und eine Schrumpfungskontrolle (ein-

---

[1] Für den Gebrauch von Kontrollkarten sei hier noch ergänzend die nachstehende, aus dem amerikanischen Schrifttum stammende Regel angeführt:

Der Verdacht einer mehr als zufälligen Abweichung liegt auch dann nahe, wenn einer der folgenden Fälle eintritt:

a) 7 aufeinanderfolgende Meßpunkte der Kontrollkarte liegen auf derselben Seite der Mittellinie. b) Von 11 aufeinanderfolgenden Meßpunkten der Kontroll-

seitige Fragestellung) betreffen, ist vorausgesetzt, daß nicht nur der Mittelwert oder Sollwert μ bekannt oder gegeben ist, sondern daß auch die m. qu. Abw. σ der Grundgesamtheit vorliegt, sei es aus einer genügend umfangreichen Vorprobe, so daß die aus ihr ermittelte Stichprobenstreuung s^2 gleich der Streuung σ^2 gesetzt werden darf, sei es durch Lieferbedingungen selbst.

Weiterhin ist bei den Beispielen auf S. 38ff. vorausgesetzt, daß die Häufigkeit des untersuchten Merkmals (Garnnummer bzw. Schrumpfungsprozente) einer GAUSSschen Normalverteilung gehorcht. Nur dann nämlich treffen die Schlußfolgerungen zu, die die eingezeichneten Kontrollgrenzen bzw. Warngrenzen in den Abständen 3σ bzw. 2σ mit den statistischen Sicherheiten $S_K = 99{,}73\%$ (Überschreitungswahrscheinlichkeit $0{,}0027$) bzw. $S_W = 95{,}44\%$ (Überschreitungswahrscheinlichkeit $0{,}0456$) bei der zweiseitigen Fragestellung und $\overline{S}_K = (50 + \tfrac{1}{2} \cdot 99{,}73)\% = 99{,}865\%$ (Überschreitungswahrscheinlichkeit $0{,}00135$) bzw. $\overline{S}_W = (50 + \tfrac{1}{2} \cdot 95{,}44)\% = 97{,}72\%$ (Überschreitungswahrscheinlichkeit $0{,}0228$) verbinden. Will man anstatt der 3σ-Grenze (Kontrollgrenze) und der 2σ-Grenze (Warngrenze) die Grenzlinien für die glatten Werte $S_K = 99\%$ bzw. $S_W = 95\%$ (zweiseitige Fragestellung) oder $\overline{S}_K = 99\%$ bzw. $\overline{S}_W = 95\%$ (einseitige Fragestellung) benutzen, so hat man nach den Zahlenwerten der Normalverteilung (Tab. II, Abschn. N) diese Grenzlinien von der Sollwertlinie μ in den Abständen $\pm 2{,}58\sigma$ (Kontrollgrenzen) bzw. $\pm 1{,}96\sigma$ (Warngrenzen) bei der zweiseitigen Fragestellung und $2{,}33\sigma$ (Kontrollgrenze) bzw. $1{,}64\sigma$ (Warngrenze) bei der einseitigen Fragestellung einzuzeichnen.

Zusammengefaßt gilt daher für die Anlage solcher einfachen Kontrollkarten für Einzelwerte, deren Häufigkeit der Normalverteilung gehorcht, folgende Übersicht:

(I a) *Normale Häufigkeitsverteilung.*
Zweiseitige Fragestellung.
(μ und σ bekannt)

Innerhalb der Grenzlinien in den Abständen	$\pm 2\sigma$ (Warngrenzen) $\pm 3\sigma$ (Kontrollgrenzen)	von der Sollwertlinie μ liegen	95,44% 99,73%	aller Meßwerte	Statistische Sicherheit	Überschreitungswahrscheinlichkeit
					$S_W = 95{,}44\%$	0,0456
					$S_K = 99{,}73\%$	0,0027

karte liegen mindestens 10 auf derselben Seite der Mittellinie. c) Von 14 aufeinanderfolgenden Meßpunkten der Kontrollkarte liegen mindestens 12 auf derselben Seite der Mittellinie. d) Von 17 aufeinanderfolgenden Meßpunkten der Kontrollkarte liegen mindestens 14 auf derselben Seite der Mittellinie. e) Von 20 aufeinanderfolgenden Meßpunkten der Kontrollkarte liegen mindestens 16 auf derselben Seite der Mittellinie.

(IIa) *Normale Häufigkeitsverteilung.*
Einseitige Fragestellung.
(μ und σ bekannt)

Diesseits der Grenzlinien in den Abständen	$2\,\sigma$ (Warngrenze) $3\,\sigma$ (Kontrollgrenze)	von der Sollwertlinie μ liegen	97,72% 99,86$_5$%	aller Meßwerte	Statistische Sicherheit	Überschreitungswahrscheinlichkeit
					$\overline{S}_W = 97{,}72\%$	0,0228
					$\overline{S}_K = 99{,}86_5\%$	0,00135

(Ib) *Normale Häufigkeitsverteilung.*
Zweiseitige Fragestellung.
(μ und σ bekannt)

Innerhalb der Grenzlinien in den Abständen	$\pm1{,}96\,\sigma$ (Warngrenzen) $\pm2{,}58\,\sigma$ (Kontrollgrenzen)	von der Sollwertlinie μ liegen	95% 99%	aller Meßwerte	Statistische Sicherheit	Überschreitungswahrscheinlichkeit
					$S_W = 95\%$	0,05
					$S_K = 99\%$	0,01

[(IIb) *Normale Häufigkeitsverteilung.*
Einseitige Fragestellung.
(μ und σ bekannt)

Diesseits der Grenzlinien in den Abständen	$1{,}64\,\sigma$ (Warngrenze) $2{,}33\,\sigma$ (Kontrollgrenze)	von der Sollwertlinie μ liegen	95% 99%	aller Meßwerte	Statistische Sicherheit	Überschreitungswahrscheinlichkeit
					$\overline{S}_W = 95\%$	0,05
					$\overline{S}_K = 99\%$	0,01

Aber auch dann, wenn sich die GAUSSsche Normalverteilung nicht
aus vorangegangenen Untersuchungen als gültig erwiesen hat, ja sogar
dann, wenn überhaupt nichts über die Häufigkeitsverteilung des zu
kontrollierenden Merkmals bekannt ist, behalten diese einfachen Kontrollkarten für die Einzelwerte noch ihre Brauchbarkeit. Ohne alle Voraussetzungen über die Art der Häufigkeitsverteilung kann man sich
nämlich auf die Prozentwerte der statistischen Sicherheit berufen, die
aus der TSCHEBYSCHEFFschen Ungleichung folgen und auf S. 38 genannt sind. Nach ihnen gilt:

(IIIa) *Beliebige Häufigkeitsverteilung.*
(μ und σ bekannt)

Innerhalb der Grenzlinien in den Abständen	$\pm2\,\sigma$ $\pm3\,\sigma$ $\pm5\,\sigma$	von der Sollwertlinie μ liegen mehr als	75% 88,9 $\approx$ 90% 96%	aller Meßwerte	Statistische Sicherheit	Überschreitungswahrscheinlichkeit
					$S > 75\%$	$< 0{,}25$
					$S > 90\%$	$< 0{,}1$
					$S > 96\%$	$< 0{,}04$

Diese naturgemäß niedrigen Sicherheiten erhöhen sich schon dann, wenn man nur weiß, daß die Verteilungskurve der Häufigkeiten den CAMP-MEIDELL-Bedingungen genügt, d. h. nur ein Maximum in der Nähe des arithmetischen Mittels hat und nach beiden Seiten monoton abfällt. Die auf S. 38 genannten Werte liefern dann:

(IIIb) *Häufigkeitsverteilung nach Camp-Meidell.*
(μ und σ bekannt)

Inner-halb der Grenz-linien in den Ab-ständen	$\pm 2\,\sigma$ $\pm 3\,\sigma$ $\pm 5\,\sigma$	von der Sollwert-linie μ liegen mehr als	$88{,}9 \approx 90\%$ $95{,}1 \approx 95\%$ $98{,}2 \approx 98\%$	aller Meß-werte	Statistische Sicherheit	Über-schreitungs-wahrschein-lichkeit
					$S > 90\%$	$< 0{,}1$
					$S > 95\%$	$< 0{,}05$
					$S > 98\%$	$< 0{,}02$

In der amerikanischen Literatur wird auf die Warngrenzen überhaupt verzichtet, und die Kontrollgrenzen werden ein für allemal im Abstand $3\,\sigma$ eingezeichnet, unbe-kümmert darum, was für eine Häufigkeitsvertei-lung zugrunde liegt. Je nach ihrer Art sind also mit solchen $3\,\sigma$-Grenzen verschiedene statistische Sicherheiten verbunden, und ohne Rücksicht dar-auf ist entsprechend ihrer praktischen Bewährung die $3\,\sigma$-Grenze ein für allemal als „Grenze der Zufälligkeit" eingeführt.

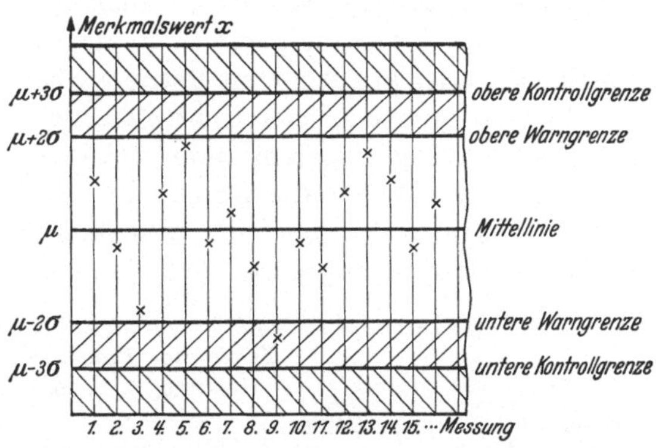

Abb. 50. Typ der Kontrollkarte für Einzelwerte

Abb. 50 zeigt den Typ der einfachen Kontrollkarte für Einzelwerte mit den $3\,\sigma$-Linien als Kontrollgrenzen und den $2\,\sigma$-Linien als Warn-grenzen.

2. Die Kontrollkarten für Mittelwert und Streuung

Es empfiehlt sich meist, nicht die Einzelwerte des zu untersuchenden Merkmals selbst durch eine Kontrollkarte zu überwachen, sondern eine solche Kontrolle für die Mittelwerte aus N (meist unmittelbar aufein-anderfolgenden) Beobachtungen durchzuführen. Solche Mittelwerte $\bar{x}$ aus Stichproben vom Umfange N gehorchen nämlich auch dann mit guter Annäherung einer Normalverteilung, wenn die Häufigkeitskurve der Einzelwerte selbst nicht zu sehr von der Normalverteilung abweicht, und die Schlüsse bezüglich der statistischen Sicherheit, die sich auf die Normalverteilung gründen, sind daher für die Mittelwerte $\bar{x}$ auch bei einer nicht mehr normal verteilten Grundgesamtheit der Einzelwerte mit ausreichender Genauigkeit gültig. Auf S. 46 ff. ist dieser Sachverhalt, der in dem zentralen Grenzwertsatz der mathematischen Statistik zum Ausdruck kommt, im einzelnen dargelegt.

Ist σ^2 die Streuung der Grundgesamtheit, so kommt der Verteilung der Mittelwerte $\bar{x}$ aus Stichproben vom Umfange N die Streuung

$$\sigma_{\bar{x}}^2 = \frac{\sigma^2}{N}$$

zu (vgl. S. 47). Die Grenzlinien auf solchen Kontrollkarten für die Mittelwerte $\bar{x}$ sind daher in den Abständen

$$\lambda\,\frac{\sigma}{\sqrt{N}}$$

einzuzeichnen, wobei λ der Faktor der statistischen Sicherheit ist, der sich an Hand der Normalverteilung aus Tab. II (Abschn. N) ergibt. Dabei ist zunächst wiederum anzunehmen, daß der Sollwert μ und die Streuung σ^2 der Grundgesamtheit aus genügend umfangreichen Vorversuchen oder aus früheren Betriebserfahrungen bekannt sind.

Für die Anlage solcher Kontrollkarten für die Gruppenmittel $\bar{x}$ aus N Beobachtungen gelten dann folgende Übersichten, je nachdem man als Grenzlinien die 3σ-Grenze (Kontrollgrenze) und 2σ-Grenze (Warngrenze) wählt, oder die Grenzlinien der statistischen Sicherheit $S_K = 99\%$ (Kontrollgrenze) und $S_W = 95\%$ (Warngrenze) bevorzugt.

(IV) *Kontrollkarte für Gruppenmittel $\bar{x}$ aus N Beobachtungen.*
Zweiseitige Fragestellung.
(μ und σ bekannt)

Innerhalb der Grenzlinien in den Abständen			aller Mittelwerte $\bar{x}$	Statistische Sicherheit	Überschreitungswahrscheinlichkeit
$\pm 2\,\sigma\,\dfrac{1}{\sqrt{N}}$ (Warngrenzen)	von der Sollwertlinie μ liegen	95,44 %		$S_W = 95{,}44\%$	0,0456
$\pm 3\,\sigma\,\dfrac{1}{\sqrt{N}}$ (Kontrollgrenzen)		99,73 %		$S_K = 99{,}73\%$	0,0027

(V) *Kontrollkarte für Gruppenmittel $\bar{x}$ aus N Beobachtungen.*
Zweiseitige Fragestellung.
(μ und σ bekannt)

Innerhalb der Grenzlinien in den Abständen			aller Mittelwerte $\bar{x}$	Statistische Sicherheit	Überschreitungswahrscheinlichkeit
$\pm 1{,}96\,\sigma\,\dfrac{1}{\sqrt{N}}$ (Warngrenzen)	von der Sollwertlinie μ liegen	95 %		$S_W = 95\%$	0,05
$\pm 2{,}58\,\sigma\,\dfrac{1}{\sqrt{N}}$ (Kontrollgrenzen)		99 %		$S_K = 99\%$	0,01

Für einseitige Fragestellungen sind hier und im folgenden die Übersichten nicht mehr angeführt; sie ergeben sich jeweils durch sinngemäße Übertragungen der Übersichten (Ib) bis (IIb) im vorigen Abschnitt.

Der Gedankengang, welcher der fortlaufenden Kontrolle der Gruppenmittel aus Stichproben vom Umfang N zugrunde liegt, ist genau der gleiche, wie er bei der Streuungsanalyse dargelegt wurde. Es handelt sich um die Untersuchung, ob die Schwankungen der Gruppenmittel $\bar{x}$, die in der $\bar{x}$-Kontrollkarte eingefangen sind, als verträglich mit der Streuung innerhalb der Gruppen angesehen werden dürfen. Die beschriebene $\bar{x}$-Karte bildet daher eine Art graphische Streuungsanalyse, die fortlaufend geführt wird.

Mit den vorstehend geschilderten Kontrollkarten werden nur die Mittelwerte aus laufend genommenen Stichproben vom Umfang N überwacht, und es ist durchaus der Fall denkbar, daß zwar alle diese Mittelwerte $\bar{x}$ innerhalb der Kontrollinien liegen und somit nur zufällige Schwankungen aufweisen, die in der Ungleichmäßigkeit des Materials oder des Herstellungsverfahrens bedingt sind, daß aber bei einer oder mehreren Stichproben die N Einzelwerte, aus denen der Mittelwert $\bar{x}$ errechnet wurde, viel zu stark um diesen Mittelwert streuen. Es muß also als Ergänzung der $\bar{x}$-Karte eine laufende Kontrolle der m. qu. Abw. s jeder Stichprobe vom Umfang N erfolgen. Neben der $\bar{x}$-Karte ist somit eine Parallelkarte für die m. qu. Abw. s der Stichprobe anzulegen. Deren Handhabung ist im folgenden aufgezeigt, wobei eine annähernd normal verteilte Grundgesamtheit angenommen wird.

Für jede Stichprobe wird die m. qu. Abw.

$$s = \sqrt{\frac{\sum (x_i - \bar{x})^2}{N - 1}}$$

bestimmt und als Kreuz in die s-Karte eingetragen. Bei solchen Karten ergeben sich die oberen und unteren Kontrollgrenzen bzw. Warngrenzen s^o und s^u gemäß der geforderten statistischen Sicherheit $\bar{S}\%$ nach den Beziehungen

$$s^o = \frac{\sigma}{\varkappa_u} \quad \text{und} \quad s^u = \frac{\sigma}{\varkappa_o},$$

wobei für die Festlegung von $\varkappa_u$ und $\varkappa_o$ entsprechend den Überlegungen im Abschnitt F zu unterscheiden ist, ob es sich um Stichproben von kleinem oder großem Umfang handelt.

a) Kontrollkarten für die Streuung bei Stichproben von kleinem Umfang N. Die Faktoren $\varkappa_u$ und $\varkappa_o$ werden gewonnen *entweder* nach der Gleichung

$$\varkappa_u^2 = 1 : F(n_1 = N - 1, \quad n_2 = \infty),$$
$$\varkappa_o^2 = \quad F(n_1 = \infty, \quad n_2 = N - 1)$$

aus der F-Verteilung, Tab. IVa und b *oder* an Kurvenblatt F, G, Abschn. N.

Die Mittellinie der s-Karte liegt bei $c\,\sigma$. Der Faktor c ist im folgenden Abschnitt erklärt und in Abhängigkeit vom Stichprobenumfang N in Tabelle VI, Abschn. N, wiedergegeben. Da für $N > 3$ bereits $0{,}9 < c < 1$ ist, kann praktisch auf diesen Faktor verzichtet und die Mittellinie — sofern man sie überhaupt einzeichnet — nach σ gelegt werden.

b) Kontrollkarten für die Streuung bei Stichproben von großem Umfang N. Die Faktoren $\varkappa_u$ und $\varkappa_o$ werden gewonnen *entweder* nach der Gleichung

$$\left.\begin{array}{c} \varkappa_o \\ \varkappa_u \end{array}\right\} = 1 \pm \frac{\lambda}{\sqrt{2\,N}}\,,$$

wobei λ aus der Normalverteilung (Tab. II, Abschn. N) für die einseitige statistische Sicherheit $\bar{S}\%$ zu wählen ist, *oder* nach Kurvenblatt E, Abschn. N.

Dabei gilt

für die Kontrollgrenzen $\bar{S} = 99\%$ (einseitig), Tab. IVb $\Big\}$ bei kleinem N
für die Warngrenzen $\quad\bar{S} = 95\%$ (einseitig), Tab. IVa

und

für die Kontrollgrenzen $\bar{S} = 99\%$ (einseitig), $\lambda = 2{,}33$ $\Big\}$ bei großem N
für die Warngrenzen $\quad\bar{S} = 95\%$ (einseitig), $\lambda = 1{,}64$

Obere und untere Kontrollgrenze bzw. Warngrenze liegen unsymmetrisch zur Sollwertlinie σ bei kleinem N, symmetrisch bei großem N.

**Beispiel 96: Kontrollkarte zur laufenden Überwachung
der Garnnummern-Gleichmäßigkeit**

Beim Verspinnen einer Partie wird die Gleichmäßigkeit der Garnnummernhaltung dadurch überwacht, daß in gewissen Zeitabständen je $N = 5$ Cops entnommen werden, an jedem dieser Cops durch Abweifen von je 100 m Garn die Nummer bestimmt und aus den fünf Einzelwerten die m. qu. Abw. s berechnet wird. Aus früheren Messungen ist der Sollwert $\sigma = 0{,}65$ Nummern für die Abweichung bei dieser Qualität bekannt. Für die Anlage der Kontrollkarte (Abb. 51) ergeben sich nach der vorstehenden Regel für kleine Stichproben folgende Zahlenwerte:

$$N = 5, \quad \varkappa_o = 2{,}35, \quad \varkappa_u = 0{,}65 \text{ bei } \bar{S} = 95\%,$$

$$\varkappa_o = 3{,}65, \quad \varkappa_u = 0{,}55 \text{ bei } \bar{S} = 99\%;$$

$$\text{innere Grenzen: } s^u = \frac{0{,}65}{2{,}35} = 0{,}28; \quad s^o = \frac{0{,}65}{0{,}65} = 1{,}00,$$

$$\text{äußere Grenzen: } s^u = \frac{0{,}65}{3{,}65} = 0{,}18; \quad s^o = \frac{0{,}65}{0{,}55} = 1{,}18.$$

Mit diesen Werten ist die Kontrollkarte Abb. 51 gezeichnet. Die als Kreuze markierten laufenden Streuungsbestimmungen zeigen, daß während der dargestellten Zeitdauer keine grundsätzlichen Abweichungen vom Erfahrungswert σ auftreten. Diese Art der Kontrollkarten

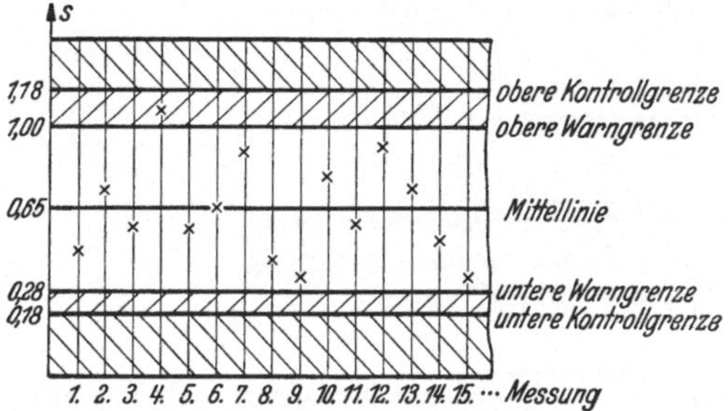

Abb. 51. Kontrollkarte für die mittlere quadratische Abweichung der Garnnummer

ermöglicht wie hier bei den Nummernstreuungen auch in ähnlich gelagerten Fällen eine übersichtliche und anschauliche Überwachung der Gleichmäßigkeit.

3. Die c-Faktoren und die $\bar{x}$-s-Karten

Bisher war bei der Schilderung der Kontrollkarten die Annahme gemacht worden, daß nicht nur der Sollwert μ, sondern auch die m. qu. Abw. σ der Grundgesamtheit aus früheren Untersuchungen oder Erfahrungen bekannt sind. Wenn das nicht der Fall ist, lassen sich zunächst weder bei der Karte für die Mittelwerte $\bar{x}$, noch bei der Karte für die m. qu. Abw. s die Kontroll- und Warngrenzen einzeichnen, denn für die Festlegung dieser Grenzlinien braucht man nach den vorstehenden Darlegungen die Kenntnis von σ. Man bedarf in dem Fall, daß σ unbekannt ist, eines Verfahrens, das die Kenntnis von σ und damit die Lage der Grenzlinien gleichsam aus der Kontrollkarte selbst entstehen läßt. Dieses Verfahren ist im folgenden geschildert, wobei noch weiterhin angenommen werden kann, daß auch der Mittelwert μ nicht von vornherein bekannt ist und aus der Kontrollkarte selbst entstehen soll.

Man nimmt laufend Stichproben vom Umfang N, bestimmt an jeder den Mittelwert

$$\bar{x} = \frac{1}{N} \sum_{i=1}^{N} x_i$$

und die m. qu. Abw.

$$s = \sqrt{\frac{\sum (x_i - \bar{x})^2}{N - 1}}$$

und trägt die so gefundenen Werte in ein gemeinsames Kontrollkartenformular für den Mittelwert $\bar{x}$ und für die m. qu. Abw. s als Kreuze ein;

dieses Doppelformular (Abb. 52) besitzt dabei vorläufig weder Kontroll-
noch Warngrenzen. Nach Durchführung solcher Stichproben in größerer

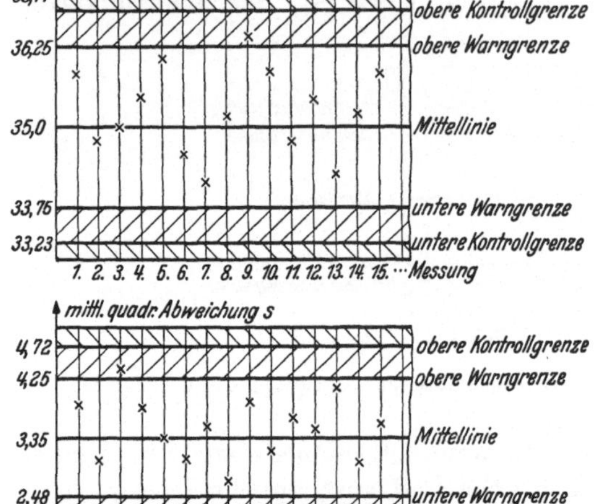

Abb. 52. Typ der $\bar{x}$-s-Karte

Zahl m, wobei im all-
gemeinen $m \geqq 25$ sein soll,
errechnet man die Durch-
schnittswerte

$$\bar{\bar{x}} = \frac{1}{m} \sum_{\lambda=1}^{m} \bar{x}_\lambda$$

und

$$\bar{s} = \frac{1}{m} \sum_{\lambda=1}^{m} s_\lambda$$

der m gefundenen Mittelwerte $\bar{x}_\lambda$ und m. qu.
Abw. s_λ. Mit Hilfe dieser
Durchschnittswerte $\bar{\bar{x}}$ und
$\bar{s}$ bestimmt man σ bzw.
die Lage der Grenzlinien.

Dazu ist es erforderlich,
aus dem Abweichungs-
durchschnittswert $\bar{s}$ aller
Stichproben (jede vom Umfang N) auf die m. qu. Abw. σ der Grundgesamtheit zu schließen. Dieser Zusammenhang ist, wie hier ohne den
mathematischen Beweis mitgeteilt wird, unter Voraussetzung einer
annähernd normal verteilten Grundgesamtheit durch die Beziehung

$$\frac{\bar{s}}{\sigma} = \sqrt{\frac{2}{N-1}} \, \frac{\left(\frac{N-2}{2}\right)!}{\left(\frac{N-3}{2}\right)!} \tag{127}$$

gegeben. Diese Formel bezieht sich auf den gedanklichen Grenzfall, daß
unendlich viele Stichproben genommen werden; damit sie mit genügender Genauigkeit anwendbar ist, darf also m nicht zu klein sein.

Die Zahlenwerte des Faktors[1]

$$c = \sqrt{\frac{2}{N-1}} \, \frac{\left(\frac{N-2}{2}\right)!}{\left(\frac{N-3}{2}\right)!} \tag{128}$$

---

[1] In der amerikanischen Literatur werden die Faktoren $c_2 = c \sqrt{(N-1):N}$
benutzt. Dieser Unterschied rührt daher, daß dort die m. qu. Abw. der Stichprobe
nach der Formel

$$s' = \sqrt{\frac{\sum (x_i - \bar{x})^2}{N}}$$

berechnet wird.

zeigt Tab. VI, Abschn. N. Mit ihrer Hilfe kann man aus $\bar{s}$ die m. qu. Abw. σ der Grundgesamtheit als

$$\sigma = \frac{\bar{s}}{c} \tag{129}$$

errechnen, und dann mit σ die Lage der Grenzlinien auf den Kontrollkarten wie im vorigen Abschnitt bestimmen.

Dabei wird der Sollwert μ gleich dem Mittelwert $\bar{\bar{x}}$ gesetzt, der ja aus $m\,N$ Einzelwerten stammt, so daß er dem wahren Mittelwert μ genügend nahekommt.

Ist μ als Sollwert von vornherein vorgeschrieben oder bekannt, so kann man ihn für die Mittellinie benutzen und sich im übrigen von der Zufälligkeit eines auftretenden Unterschiedes zwischen $\bar{\bar{x}}$ und μ mit Hilfe der im Kap. E geschilderten Methoden überzeugen.

Beispiel 97: Typ der $\bar{x}$-s-Kontrollkarte

Aus $m = 30$ Stichproben vom Umfang $N = 20$ wurden der durchschnittliche Mittelwert $\bar{\bar{x}} = 35{,}0$ und die durchschnittliche m. qu. Abw. $\bar{s} = 3{,}36$ berechnet. Aus Tab. VI, Abschn. N, liest man für $N = 20$ den Wert $c = 0{,}987$ ab und erhält somit nach der Beziehung $\sigma = \bar{s} : c = 3{,}36 : 0{,}987$ für die m. qu. Abw. σ der Grundgesamtheit den Wert $\sigma = 3{,}40$. Nach den im vorigen Abschnitt geschilderten Verfahren gilt dann weiterhin

für die $\bar{x}$-Karte:

Mittellinie $\bar{\bar{x}} = 35{,}0$;

$$\left.\begin{array}{l}\text{obere}\\[2em]\text{untere}\end{array}\right\}\text{Kontrollgrenze}\left\{\begin{array}{l}\bar{\bar{x}} + \lambda\dfrac{\sigma}{\sqrt{N}} = 35{,}0 + 2{,}33\,\dfrac{3{,}40}{\sqrt{20}} = 36{,}77,\\[1.5em]\bar{\bar{x}} - \lambda\dfrac{\sigma}{\sqrt{N}} = 35{,}0 - 2{,}33\,\dfrac{3{,}40}{\sqrt{20}} = 33{,}23\end{array}\right.$$

mit $\lambda = 2{,}33$, also für die (einseitige) statistische Sicherheit $\bar{S}_K = 99\%$,

$$\left.\begin{array}{l}\text{obere}\\[2em]\text{untere}\end{array}\right\}\text{Warngrenze}\left\{\begin{array}{l}\bar{\bar{x}} + \lambda\dfrac{\sigma}{\sqrt{N}} = 35{,}0 + 1{,}64\,\dfrac{3{,}40}{\sqrt{20}} = 36{,}25,\\[1.5em]\bar{\bar{x}} - \lambda\dfrac{\sigma}{\sqrt{N}} = 35{,}0 - 1{,}64\,\dfrac{3{,}40}{\sqrt{20}} = 33{,}75\end{array}\right.$$

mit $\lambda = 1{,}64$, also für die (einseitige) statistische Sicherheit $\bar{S}_W = 95\%$.

Wählt man als Kontrollgrenze die 3σ-Grenze, so ist $\lambda = 3$ zu setzen. Man erhält dann die Kontrollgrenzen bei

$$\bar{\bar{x}} + 3\,\frac{\sigma}{\sqrt{N}} = 37{,}3 \quad\text{und}\quad \bar{\bar{x}} - 3\,\frac{\sigma}{\sqrt{N}} = 32{,}7\,.$$

Für die s-Karte:

Mittellinie $\bar{s} = 3{,}36 = c\,\sigma = 0{,}987 \cdot 3{,}40$;

obere Kontrollgrenze: $s^o = \sigma : \varkappa_u = 3{,}40 : 0{,}72 = 4{,}72,$

untere Kontrollgrenze: $s^u = \sigma : \varkappa_o = 3{,}40 : 1{,}58 = 2{,}15.$

Ablesung von $\varkappa_u = 0{,}72$ und $\varkappa_o = 1{,}58$ an Kurvenblatt F, G, Abschn. N, für die (einseitige) statistische Sicherheit $\overline{S}_K = 99\%$ und $N = 20$,

$$\text{obere Warngrenze:}\quad s^o = \sigma : \varkappa_u = 3{,}40 : 0{,}80 = 4{,}25,$$

$$\text{untere Warngrenze:}\quad s^u = \sigma : \varkappa_o = 3{,}40 : 1{,}37 = 2{,}48.$$

Ablesung von $\varkappa_u = 0{,}80$ und $\varkappa_o = 1{,}37$ an Kurvenblatt F, G, Abschn. N, für die (einseitige) statistische Sicherheit $\overline{S}_W = 95\%$ und $N = 20$.

Die Grenzlinien, die somit eingezeichnet werden können (Abb. 52), gelten also sowohl bei der $\bar{x}$-Karte als auch bei der s-Karte für die (einseitige) statistische Sicherheit $\overline{S}_K = 99\%$ (Kontrollgrenzen) und $\overline{S}_W = 95\%$ (Warngrenzen).

Verzichtet man, dem amerikanischen Beispiel folgend, auf die Warngrenzen überhaupt und legt die Kontrollinien stets als 3σ-Grenzen fest, so ändern sich demgemäß die Kontrollgrenzen etwas ab. Sie sind mit Hilfe der Faktoren[1] A_1, B_3 und B_4 auf Grund der Beziehungen

$\bar{x}$-Karte:

$$\left.\begin{array}{l}\text{obere}\\ \text{untere}\end{array}\right\}\ \text{Kontrollgrenze}\ \left\{\begin{array}{l}\bar{\bar{x}} + A_1\,\bar{s}'\\[4pt] \bar{\bar{x}} - A_1\,\bar{s}'\end{array}\right\}$$

s-Karte:

$$\left.\begin{array}{l}\text{obere}\\ \text{untere}\end{array}\right\}\ \text{Kontrollgrenze}\ \left\{\begin{array}{l}B_4\,\bar{s}'\\[4pt] B_3\,\bar{s}'\end{array}\right\}$$

$$\text{mit}\ \bar{s}' = \bar{s}\sqrt{\frac{N-1}{N}}$$

zu bestimmen. Das Auftreten von $\bar{s}'$ statt $\bar{s}$ in diesen Ausdrücken hängt damit zusammen, daß im amerikanischen Schrifttum die Streuung als $s'^2 = \left(\sum (x_i - \bar{x})^2\right) : N$ und nicht wie hier stets als $s^2 = \left(\sum (x_i - \bar{x})^2\right) : (N-1)$ errechnet wird (vgl. Fußn. 1, S. 220).

Die Faktoren A_1, B_4 und B_3 für die Anlage von $\bar{x}$-Karten und s-Karten nach amerikanischem Muster sind in Tab. VIII, Abschn. N, gegeben.

Beispiel 98: Typ der $\bar{x}$-s-Karte mit 3σ-Kontrollgrenzen

Mit den Werten des vorangegangenen Beispiels, d. h. $\bar{\bar{x}} = 35{,}0$, $\bar{s} = 3{,}36$, erhält man zunächst

$$\bar{s}' = 3{,}36\sqrt{\frac{19}{20}} = 3{,}27.$$

---

[1] Die Bezeichnungen sind in Übereinstimmung mit der amerikanischen Literatur gewählt, vgl. z. B. E. L. GRANT: Statistical Quality Control. New York/London: McGraw-Hill Book Company Inc. 1946. — J. G. RUTHERFORD: Quality Control in Industry. New York/London: Pitman Publishing Corporation u. a. 1948.

Die Ablesung an Tab. VIII, Abschn. N, liefert

$$A_1 = 0{,}70; \qquad B_3 = 0{,}51; \qquad B_4 = 1{,}49,$$

so daß das Ergebnis lautet:

$\bar{x}$-*Karte:*

$$\left.\begin{array}{l}\text{obere}\\[4pt]\text{untere}\end{array}\right\}\;\text{Kontrollgrenze}\;\left\{\begin{array}{l}\bar{\bar{x}} + A_1\,\bar{s}' = 35{,}0 + 0{,}70\cdot 3{,}27 = 37{,}3,\\[6pt]\bar{\bar{x}} - A_1\,\bar{s}' = 35{,}0 - 0{,}70\cdot 3{,}27 = 32{,}7\end{array}\right.$$

(in Übereinstimmung mit der oben auf anderem Wege geführten Rechnung, vgl. S. 221).

s-*Karte:*

$$\left.\begin{array}{l}\text{obere}\\[4pt]\text{untere}\end{array}\right\}\;\text{Kontrollgrenze}\;\left\{\begin{array}{l}B_4\,\bar{s}' = 1{,}49\cdot 3{,}27 = 4{,}87,\\[6pt]B_3\,\bar{s}' = 0{,}51\cdot 3{,}27 = 1{,}67.\end{array}\right.$$

In Abb. 52 sind, nachdem zunächst nur die Meßkreuze der durchgeführten $m = 30$ Stichproben vorhanden waren, nunmehr auch die Warn- und Kontrollgrenzen eingezeichnet. Dabei ergibt sich in dem vorliegenden Beispiel, daß alle Kreuze innerhalb des Streifens zwischen den beiden Kontrollgrenzen liegen, ein Zeichen dafür, daß mehr als zufällige Schwankungen nicht aufgetreten sind. Das gilt sowohl für die $\bar{x}$-Karte als auch für die s-Karte, d. h. sowohl für die Mittelwerte selbst als auch für die m. qu. Abw. innerhalb der einzelnen Stichprobe. In diesem Falle heißt es „der Prozeß ist in Kontrolle", und man kann die Kontroll- und Warngrenzen weiterhin benutzen zur Beurteilung der nun folgenden Messungen.

Der Fall, daß nicht alle Kreuze innerhalb des Kontrollstreifens liegen und daher der Prozeß noch nicht in Kontrolle ist, ist im übernächsten Abschnitt am Beispiel der $\bar{x}$-R-Karte geschildert.

4. Die Spannweite R einer Stichprobe und die d_2-Faktoren

Bisher war es bei der Anlage der Kontrollkarte erforderlich, die m. qu. Abw. s jeder Stichprobe zu bestimmen, was unbequem und unwirtschaftlich ist. Man benutzt daher vorteilhaft ein anderes Maß für die Schwankung innerhalb einer Stichprobe, nämlich ihre Spannweite R (Variationsbreite, Streubereich; range; marge), das ist der Unterschied zwischen dem größten und kleinsten Stichprobenwert:

$$R = x_{\max} - x_{\min}. \tag{130}$$

Diese Spannweite R läßt sich mit geringster Mühe für jede Stichprobe ermitteln, und wiederum kann man aus einer Folge von m Stichproben, jede vom Umfang N, die durchschnittliche Spannweite $\bar{R}$ bestimmen:

$$\bar{R} = \frac{1}{m}\sum_{\lambda=1}^{m} R_\lambda.$$

Aus diesem Durchschnittswert $\overline{R}$ muß man dann erneut auf die m. qu. Abw. σ der Grundgesamtheit schließen.

Den Zusammenhang zwischen σ und $\overline{R}$ liefern die d_2-Faktoren, die sich auf eine normal oder annähernd normal verteilte Grundgesamtheit beziehen, an Hand der Gleichung

$$\overline{R} = d_2\,\sigma. \tag{131}$$

Dabei ist wieder der gedankliche Grenzfall gesetzt, daß $\overline{R}$ aus unendlich vielen Stichproben stammt. Es darf also wie früher m nicht zu klein sein (im allgemeinen $m \geqq 25$).

Die Zahlenwerte der d_2-Faktoren[1] sind in Tab. VII, Abschn. N, gegeben. Allerdings ist das Verfahren auf Stichproben von kleinem Umfang ($N \leqq 15$) beschränkt, da nur dann aus mathematischen Gründen, die hier nicht dargelegt sind, der Schluß von $\overline{R}$ auf σ mit ausreichender Zuverlässigkeit möglich ist.

Beispiel 99: Bestimmung von σ aus dem Spannweitendurchschnitt $\overline{R}$

Aus $m = 25$ Stichproben vom Umfange $N = 10$ ist der durchschnittliche Mittelwert $\overline{\overline{x}} = 20{,}0$ und die durchschnittliche Spannweite $\overline{R} = 5{,}6$ gewonnen worden. Dann folgt mit $d_2 = 3{,}078$ (abgelesen aus Tab. VII, Abschn. N, für $N = 10$) als Erwartungswert für die m. qu. Abw. σ der Grundgesamtheit

$$\sigma = \frac{\overline{R}}{d_2} = \frac{5{,}6}{3{,}078} = 1{,}82.$$

Mit diesem σ-Wert werden wie früher die Kontroll- und Warngrenzen der $\overline{x}$- und der s-Karte festgelegt.

Für die $\overline{x}$-Karte:

Mittellinie $\overline{\overline{x}} = 20{,}0$;

$$\text{obere} \left.\vphantom{\begin{matrix}a\\b\end{matrix}}\right\} \text{Kontrollgrenze} \begin{cases} \overline{\overline{x}} + \lambda\dfrac{\sigma}{\sqrt{N}} = 20{,}0 + 2{,}33\,\dfrac{1{,}82}{\sqrt{10}} = 21{,}34, \\[2mm] \overline{\overline{x}} - \lambda\dfrac{\sigma}{\sqrt{N}} = 20{,}0 - 2{,}33\,\dfrac{1{,}82}{\sqrt{10}} = 18{,}66 \end{cases}$$
$$\text{untere}$$

mit $\lambda = 2{,}33$, also für die (einseitige) statistische Sicherheit $\overline{S}_K = 99\,\%$,

$$\text{obere} \left.\vphantom{\begin{matrix}a\\b\end{matrix}}\right\} \text{Warngrenze} \begin{cases} \overline{\overline{x}} + \lambda\dfrac{\sigma}{\sqrt{N}} = 20{,}0 + 1{,}64\,\dfrac{1{,}82}{\sqrt{10}} = 20{,}94, \\[2mm] \overline{\overline{x}} - \lambda\dfrac{\sigma}{\sqrt{N}} = 20{,}0 - 1{,}64\,\dfrac{1{,}82}{\sqrt{10}} = 19{,}06 \end{cases}$$
$$\text{untere}$$

mit $\lambda = 1{,}64$, also für die (einseitige) statistische Sicherheit $\overline{S}_W = 95\,\%$.

---

[1] Die Bezeichnung d_2 ist in Übereinstimmung mit der amerikanischen Literatur gewählt.

Für die s-Karte:

    Mittellinie $\bar{s} = c\,\sigma = 0{,}973 \cdot 1{,}82 = 1{,}77$;

      obere Kontrollgrenze: $s^o = \sigma : \varkappa_u = 1{,}82 : 0{,}64 = 2{,}84$,

      untere Kontrollgrenze: $s^u = \sigma : \varkappa_o = 1{,}82 : 2{,}07 = 0{,}88$.

Ablesung von $\varkappa_u = 0{,}64$ und $\varkappa_o = 2{,}07$ an Kurvenblatt F, G, Abschn. N, für die (einseitige) statistische Sicherheit $\bar{S}_K = 99\%$ und $N = 10$,

      obere Warngrenze: $s^o = \sigma : \varkappa_u = 1{,}82 : 0{,}73 = 2{,}49$,

      untere Warngrenze: $s^u = \sigma : \varkappa_o = 1{,}82 : 1{,}64 = 1{,}10$.

Ablesung von $\varkappa_u = 0{,}73$ und $\varkappa_o = 1{,}64$ an Kurvenblatt F, G, Abschn. N, für die (einseitige) statistische Sicherheit $\bar{S}_W = 95\%$ und $N = 10$.

Bei diesem Gedankengang ist die Spannweite R der Stichprobe nur zur Gewinnung von σ und zur Festlegung der Grenzlinien auf den Kontrollkarten ausgenutzt, nicht aber zur weiteren Führung der Kontrollkarte selbst. Dieses letzte Verfahren ist im folgenden Abschnitt geschildert.

5. Die $\bar{x}$-R-Karte

Das Charakteristikum dieser Doppelkarte ist es, daß als Maß für die Schwankung innerhalb der Stichprobe (N) nicht mehr die m. qu. Abw. s, sondern die Spannweite R benutzt wird, und zwar sowohl zur Festlegung der Grenzlinien auf der $\bar{x}$-Karte (zur Kontrolle des Mittelwertes) als auch bei der R-Karte zur Bestimmung der Grenzlinien und zu ihrer Führung selbst. Jegliche Berechnung einer Streuung entfällt also, und als Maß für die Schwankung wird die rechnerisch so außerordentlich einfach zu gewinnende Spannweite R benutzt. Allerdings ist das nur für kleine Stichproben (N soll nicht größer als 10 bis 12 sein) zulässig, da nur in diesem Falle mit ausreichender Zuverlässigkeit R als Schwankungsmaß benutzt werden kann. Bei größerem Stichprobenumfang N muß man auf die früher geschilderten $\bar{x}$-s-Karten zurückgreifen.

Die Anlage und Führung der $\bar{x}$-R-Karten geschieht folgendermaßen:

Wie früher wird an einer Folge von m Stichproben, jede vom Umfang N, jeweils

Mittelwert
$$\bar{x} = \frac{1}{N} \sum_{i=1}^{N} x_i$$

und Spannweite
$$R = x_{\max} - x_{\min}$$

bestimmt und darauf der Durchschnittswert der Mittelwerte

$$\bar{\bar{x}} = \frac{1}{m} \sum_{\lambda=1}^{m} \bar{x}_\lambda$$

und der Durchschnittswert der Spannweiten

$$\overline{R} = \frac{1}{m} \sum_{\lambda=1}^{m} R_\lambda$$

errechnet.

In das Formular der $\bar{x}$-R-Kontrollkarte (Abb. 53) werden die je m Kreuze für die m Mittelwerte $\bar{x}$ und die m Spannweiten R ein-

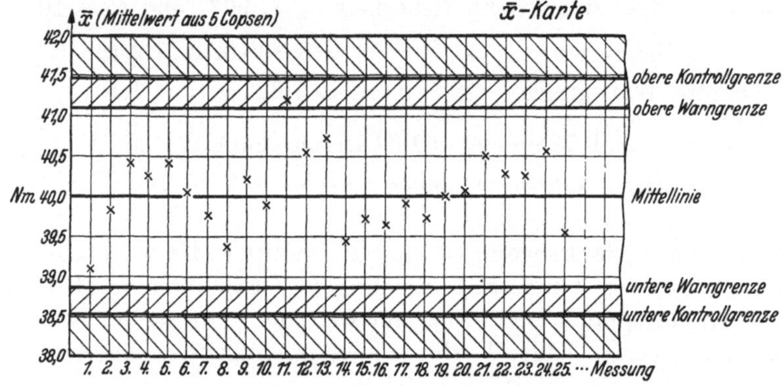

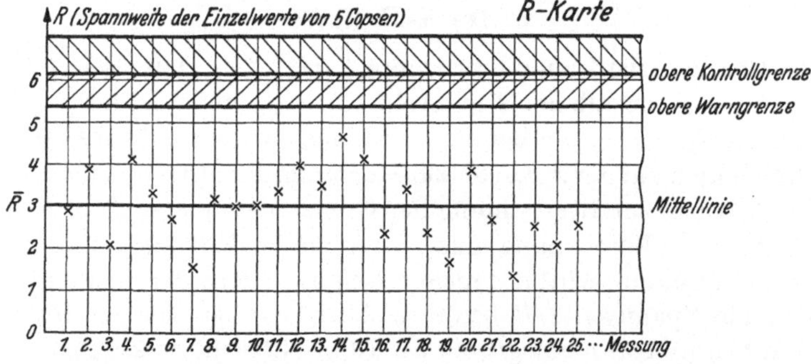

Abb. 53. Kontrollkarte zur Garnnummerkontrolle (Prozeß in Kontrolle)

getragen, wobei also zunächst noch keinerlei Kontroll- oder Warngrenzen vorhanden sind.

Die Grenzlinien auf der $\bar{x}$-Karte werden gewonnen nach der Vorschrift:

$$\text{a) } \bar{x}\text{-Karte} \left\{ \begin{array}{l} \left.\begin{array}{l} \text{obere} \\ \text{untere} \end{array}\right\} \text{Kontrollgrenze} = \overline{\overline{x}} \pm A_K \overline{R} \\[2ex] \left.\begin{array}{l} \text{obere} \\ \text{untere} \end{array}\right\} \text{Warngrenze} \quad = \overline{\overline{x}} \pm A_W \overline{R} \end{array} \right\}$$

Ist der Sollwert μ bekannt, so kann man sich wie früher überzeugen, daß er genügend genau mit dem Gesamtmittel $\overline{\overline{x}}$ übereinstimmt, und in der vorstehenden Anweisung $\overline{\overline{x}}$ durch μ ersetzen.

Die dabei auftretenden Faktoren A_K und A_W hängen sowohl von dem Stichprobenumfang N als auch von der geforderten statistischen Sicherheit S ab, und nach den früheren Überlegungen ist

$$A_K = \frac{\lambda_k}{d_2 \sqrt{N}}, \qquad A_W = \frac{\lambda_w}{d_2 \sqrt{N}}, \tag{132}$$

wobei λ_k und λ_w nach Tab. II, Abschn. N, der Normalverteilung den geforderten Sicherheiten S_k (für die Kontrollgrenzen) und S_w (für die Warngrenzen) zukommen. Ist z. B. für die Kontrollgrenzen $S_k = 99\%$ (beidseitig) und für die Warngrenzen $S_w = 95\%$ (beidseitig) vorgeschrieben, so hat man $\lambda_k = 2{,}58$ und $\lambda_w = 1{,}96$ zu setzen. Mit diesen Werten berechnet man die Faktoren A_K und A_W z. B. für Stichproben vom Umfang $N = 5$ mit Hilfe der Tab. VII, Abschn. N. (Ablesung $d_2 = 2{,}326$ für $N = 5$):

$$A_K = \frac{\lambda_k}{d_2 \sqrt{N}} = \frac{2{,}58}{2{,}326 \sqrt{5}} = 0{,}496 \approx 0{,}50;$$

$$A_W = \frac{\lambda_w}{d_2 \sqrt{N}} = \frac{1{,}96}{2{,}326 \sqrt{5}} = 0{,}376 \approx 0{,}38 \, .$$

Für die Grenzlinien auf der R-Karte gilt folgende Anweisung:

$$\text{b) } R\text{-}Karte \begin{cases} \left.\begin{matrix} \text{obere} \\ \text{untere} \end{matrix}\right\} \text{Kontrollgrenze} = \begin{cases} D_{KO}\,\bar{R} \\ D_{KU}\,\bar{R} \end{cases} \\[2ex] \left.\begin{matrix} \text{obere} \\ \text{untere} \end{matrix}\right\} \text{Warngrenze} \;\;\; = \begin{cases} D_{WO}\,\bar{R} \\ D_{WU}\,\bar{R} \end{cases} \end{cases}$$

Die hier auftretenden Faktoren D_{KO}, D_{KU}, D_{WO} und D_{WU} sind — wieder in Abhängigkeit vom Stichprobenumfang N und von den geforderten statistischen Sicherheiten S_k und S_w für Kontroll- und Warngrenzen — aus dem Häufigkeitsgesetz zu bestimmen, nach dem sich die Spannweiten R um ihren Mittelwert $\bar{R}$ verteilen. Für $S_k = 99\%$ und $S_w = 95\%$ ergeben sich nach diesem komplizierten, hier nicht näher diskutierten Gesetz die Zahlenwerte der Tab. IX, Abschn. N, in die zugleich die Faktoren A_K und A_W mit aufgenommen sind.

Verzichtet man wiederum, dem amerikanischen Vorgehen folgend, auf die Warnlinien und legt die Kontrollinien auf eine 3σ-Grenze, so gilt in sinngemäßer Übertragung des Vorstehenden die Vorschrift[1]:

$$\bar{x}\text{-}Karte \begin{cases} \text{obere Kontrollgrenze } \bar{\bar{x}} + A_2\,\bar{R} \\ \text{untere Kontrollgrenze } \bar{\bar{x}} - A_2\,\bar{R} \end{cases}$$

$$R\text{-}Karte \begin{cases} \text{obere Kontrollgrenze } D_4\,\bar{R} \\ \text{untere Kontrollgrenze } D_3\,\bar{R} \end{cases}$$

---

[1] Die Bezeichnungen der Faktoren mit A_2, D_4 und D_3 sind von den amerikanischen Normen übertragen.

Dabei ist wie früher

$$A_2 = \frac{3}{d_2 \sqrt{N}},$$

also z. B. für $N = 5$ mit $d_2 = 2{,}326$ nach Tab. VII, Abschn. N,

$$A_2 = \frac{3}{d_2 \sqrt{N}} = \frac{3}{2{,}326 \sqrt{5}} = 0{,}577 \approx 0{,}58.$$

Die Faktoren A_2, D_4 und D_3 sind in Tab. X, Abschn. N, wiedergegeben.

Für die Anlage und Führung von $\bar{x}$-R-Karten sind im folgenden 2 Beispiele angeführt; im ersten ist der Prozeß in Kontrolle, im zweiten nicht[1].

Beispiel 100: $\bar{x}$-R-Karte zur Garnnummernkontrolle; Prozeß in Kontrolle

Zur Kontrolle der Garnnummer einer Partie mit der Sollnummer Nm 40, bei der keinerlei Erfahrung über die zu erwartenden zufälligen Schwankungen aus früheren Kontrollkarten bei gleichem oder ähnlichem Material vorhanden war, wurden in einem Vorlauf von insgesamt $m = 25$ Stichproben jeweils $N = 5$ Cops vermessen. Dazu wurden an jedem 100 m Garn abgeweift und darauf an jedem 100 m-Strang in der üblichen Weise die Garnnummer bestimmt. Aus den so erhaltenen 5 Einzelwerten wurden sowohl der Durchschnitt $\bar{x}$ der Garnnummer aus den jeweils untersuchten 5 Cops als auch die Spannweite R bestimmt. Sind z. B. bei der ersten Messung an den 5 Cops die Garnnummern

$$40{,}3 - 38{,}3 - 37{,}4 - 40{,}1 - 39{,}6$$

ermittelt worden, so ist der Durchschnittswert $\bar{x} = 39{,}14$ und die Spannweite $R = 40{,}3 - 37{,}4 = 2{,}9$. Die Rechenarbeit dabei ist ein Minimum, besonders wenn man an die übliche Bauweise der Nummernwaagen denkt, die sowohl für 100 m Anhang als auch für 500 m Anhang (für den Durchschnittswert) geeicht sind.

Die Zahlenwerte der Mittelwerte und Spannweiten sind in der folgenden Tabelle angegeben.

Abb. 53 zeigt die zugehörige $\bar{x}$-R-Karte mit den nach der Tabelle eingetragenen Kreuzen, wobei aber die Kontroll- und Warnlinien zunächst noch nicht vorhanden sind. Sie werden nach der oben angeführten Vorschrift für die Sicherheiten $S_k = 99\%$ und $S_w = 95\%$ eingeführt.

---

[1] Ein weiteres instruktives Beispiel mit dem Fettgehalt von gewaschenem Streichgarn als Merkmal findet sich — allerdings lediglich als $\bar{x}$-Karte entwickelt — in der amerikanischen Norm: American War Standards, Z 1. 3 — 1942: Control Chart Method of Controlling Quality During Production, American Standards Association, Inc. New York 17.

Garnnummernkontrolle. Nm 40.
(5 Cops von einer Maschinenseite, je 100 m abgeweift)

(1) Nr. der Messung	(2) Mittelwert $\bar{x}$	(3) Spannweite R
1	39,14	2,9
2	39,78	3,9
3	40,44	2,1
4	40,26	4,1
5	40,42	3,3
6	40,02	2,7
7	39,72	1,6
8	39,38	3,1
9	40,22	3,0
10	39,94	3,0
11	41,22	3,2
12	40,52	4,0
13	40,72	3,5
14	39,72	4,7
15	39,46	4,2
16	39,66	2,4
17	39,94	3,3
18	39,72	2,4
19	40,00	1,7
20	40,02	3,9
21	40,50	2,7
22	40,34	1,4
23	40,30	2,5
24	40,52	2,1
25	39,52	2,5
	$1001,48 : 25$ $= \bar{\bar{x}} = 40,06$	$74,2 : 25$ $= \bar{R} = 2,97$

In unserem Beispiel liest man für $N = 5$ aus der Tab. IX

$$A_K = 0,50, \qquad A_W = 0,38$$

ab und findet unmittelbar nach den vorstehenden Formeln[1]:

$$\bar{x}\begin{cases}\left.\begin{matrix}\text{obere}\\\text{untere}\end{matrix}\right\}\text{Kontrollgrenze} = 40,00 \pm 0,50 \cdot 2,97 = \begin{Bmatrix}41,48\\38,52\end{Bmatrix}\\[2ex]\left.\begin{matrix}\text{obere}\\\text{untere}\end{matrix}\right\}\text{Warngrenze} \quad= 40,00 \pm 0,38 \cdot 2,97 = \begin{Bmatrix}41,13\\38,87\end{Bmatrix}\end{cases}$$

Für die R-Karte werden die Faktoren D_{KO} und D_{KU} bzw. D_{WO} und D_{WU} wieder der Tab. IX entnommen. Für $N = 5$ liest man ab:

$$D_{KO} = 2,08; \quad D_{KU} = 0,25; \quad D_{WO} = 1,81; \quad D_{WU} = 0,37.$$

---

[1] Da in diesem Beispiel der Mittelwert $\bar{\bar{x}} = 40,06$ hinreichend genau mit dem Sollwert $Nm = 40$ übereinstimmt, und ferner die Kontrollkarte auf diesen Sollwert abgestimmt werden soll, ist in der Rechenvorschrift $\bar{\bar{x}}$ durch den Sollwert 40 ersetzt worden.

Da in dem vorliegenden Beispiel nur anormal große Unregelmäßigkeiten erfaßt werden sollen, sind die Grenzen nur nach oben hin von Interesse. Mit $\overline{R} = 2{,}97$ sind diese oberen Grenzen demnach:

$$\text{Kontrollgrenze: } 2{,}08 \times 2{,}97 = 6{,}18,$$
$$\text{Warngrenze: } \quad 1{,}81 \times 2{,}97 = 5{,}38.$$

Nach Einzeichnung aller dieser Kontroll- und Warngrenzen in Abb. 53 ergibt sich, daß in dem vorliegenden Beispiel alle Kreuze innerhalb des Streifens zwischen den beiden Kontrollgrenzen liegen, ein Zeichen dafür, daß mehr als zufällige Schwankungen nicht aufgetreten sind. Man sagt: Der Prozeß ist in Kontrolle. Dann kann man die Kontroll- und Warngrenzen weiterhin benutzen zur Beurteilung der nun folgenden Messungen an der vorliegenden Partie. Man kann sie gegebenenfalls auch für ähnliche Partien verwenden, wenn man bei solchen Partien eine erneute Bestimmung von $\overline{\overline{x}}$ und $\overline{R}$ aus einem Vorlauf (etwa 20 bis 30 Meßwertgruppen) vermeiden will. Im Laufe der Zeit wird der Betrieb in den Besitz einer Reihe von Kontrollkarten und Richtwerten für die verschiedenen Qualitäten und Garnnummern kommen und so ein Kartenmaterial erhalten, das er laufend auswerten kann.

In jedem Fall liefert die Kontrollkarte einen besseren Überblick über die Schwankungen der Garnnummer als ein einfaches Notieren der Mittelwerte in einem Kontrollbuch. Die durch Aufstellung und Führung der Kontrollkarte verursachte geringe Mehrarbeit wird auf diese Weise mehr als wettgemacht.

Beispiel 101: $\overline{x}$-R-Karte zur Garnnummernkontrolle; Prozeß nicht in Kontrolle

Wie oben sind an $m = 30$ Stichproben vom Umfange $N = 5$ die mittleren Garnnummern $\overline{x}$ und die Spannweiten R bestimmt worden; die Lage der danach eingetragenen Kreuze in der $\overline{x}$-Karte und der R-Karte zeigt Abb. 54. Das Gesamtmittel $\overline{\overline{x}}$ und der Spannweitendurchschnitt $\overline{R}$ ergaben sich zu

$$\overline{\overline{x}} = 20{,}1, \quad \overline{R} = 1{,}2.$$

Nach den vorstehenden Formeln erhält man für $N = 5$ aus Tab. IX die Kontroll- und Warngrenzen für die $\overline{x}$-Werte:

$$\overline{x}\begin{cases} \left.\begin{array}{l}\text{obere}\\\text{untere}\end{array}\right\}\text{Kontrollgrenze} = \overline{\overline{x}} \pm A_K\,\overline{R} = 20{,}1 \pm 0{,}50 \cdot 1{,}2 = \begin{Bmatrix} 20{,}7 \\ 19{,}5 \end{Bmatrix} \\[2ex] \left.\begin{array}{l}\text{obere}\\\text{untere}\end{array}\right\}\text{Warngrenze} \quad = \overline{\overline{x}} \pm A_W\,\overline{R} = 20{,}1 \pm 0{,}38 \cdot 1{,}2 = \begin{Bmatrix} 20{,}55 \\ 19{,}65 \end{Bmatrix} \end{cases}$$

und entsprechend für die R-Karte

$$R\begin{cases} \text{obere Kontrollgrenze} = D_{KO}\,\overline{R} = 2{,}08 \cdot 1{,}2 = 2{,}5 \\ \text{obere Warngrenze} \quad = D_{WO}\,\overline{R} = 1{,}61 \cdot 1{,}2 = 2{,}2 \end{cases}$$

Nach Einzeichnung der Kontroll- und Warngrenzen für den Vorlauf von 30 Messungen ersieht man aus der R-Karte, daß der Prozeß bezüglich der Streuungen innerhalb der einzelnen Cops in Kontrolle ist. Die $\bar{x}$-Karte dagegen läßt erkennen, daß die mittlere Nummer eine

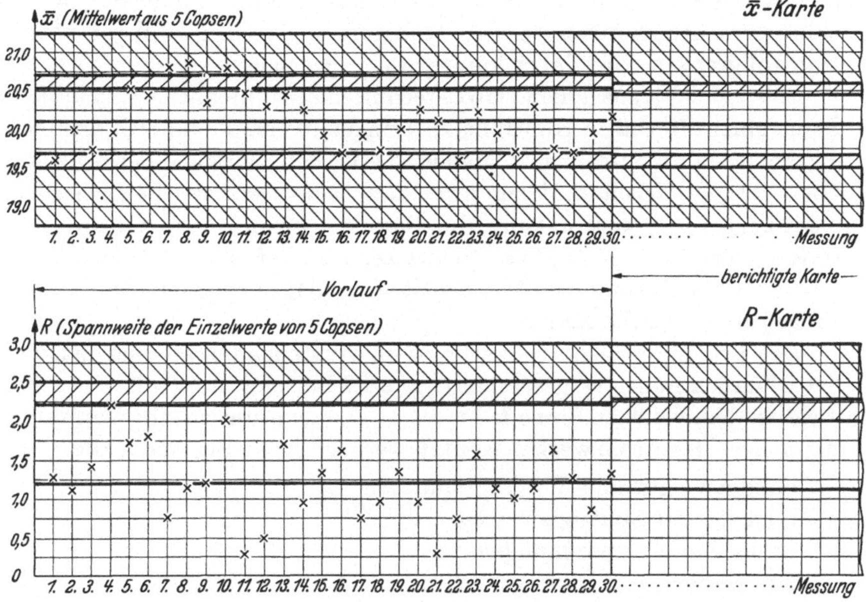

Abb. 54. Kontrollkarte zur Garnnummerkontrolle (Prozeß nicht in Kontrolle)

Zeitlang (etwa von den Meßnummern 5 bis 11) zu fein gelegen hat. Für die künftigen Messungen berichtigt man daher die Kontrollkarte nach folgendem Prinzip.

Die außerhalb der Kontrollgrenzen liegenden Werte — in unserem Beispiel die Werte mit den Meßnummern 7, 8 und 10 — werden außer Betracht gelassen und mit den übrigbleibenden 27 Werten das neue Gesamtmittel $\bar{x}'$ und der neue Spannweitendurchschnitt R' berechnet. Es ergibt sich

$$\bar{\bar{x}}' = 20,05, \qquad \bar{R}' = 1,1.$$

Auf der berichtigten Karte (siehe die rechte Seite der Abb. 54) werden mit diesen neuen Werten wiederum die Kontroll- und Warngrenzen bestimmt. Man erhält wie früher:

Berichtigte $\bar{x}$-Karte

$$\bar{x}\begin{cases} \left.\begin{matrix} \text{obere} \\ \text{untere} \end{matrix}\right\} \text{Kontrollgrenze} = \bar{\bar{x}}' \pm A_K \bar{R}' = 20,05 \pm 0,50 \cdot 1,1 = \begin{Bmatrix} 20,6 \\ 19,5 \end{Bmatrix} \\[2ex] \left.\begin{matrix} \text{obere} \\ \text{untere} \end{matrix}\right\} \text{Warngrenze} \quad = \bar{\bar{x}}' \pm A_W \bar{R}' = 20,05 \pm 0,38 \cdot 1,1 = \begin{Bmatrix} 20,45 \\ 19,65 \end{Bmatrix} \end{cases}$$

$$\text{\textit{Berichtigte R-Karte}}$$

$$R\begin{cases} \text{obere Kontrollgrenze} = D_{KO}\,\overline{R'} = 2,08 \cdot 1,1 = 2,3 \\ \text{obere Warngrenze} \quad\; = D_{WO}\,\overline{R'} = 1,81 \cdot 1,1 = 2,0 \end{cases}$$

Man überzeugt sich an Abb. 54, daß bei Außerachtlassen der Meßpunkte Nummer 7, 8 und 10 die übrigbleibenden 27 Werte alle innerhalb der neuen, berichtigten Kontrollgrenzen liegen. Mit diesen neuen Kontrollgrenzen wird daher künftig weitergearbeitet.

Sollte sich herausstellen, daß es technisch nicht möglich ist, in diesem Sinne einen Prozeß in Kontrolle zu bringen, so empfiehlt sich dennoch die Anlage der Kontrollkarte. Man wird mit weiter auseinanderliegenden Grenzgeraden arbeiten, denen zwar dann keine statistische Sicherheit mehr zugeordnet werden kann, die aber doch einen Anhalt für das Auftreten außergewöhnlich großer Schwankungen liefern. Ein Ziel der technischen Verbesserung bleibt es, schrittweise dahin zu gelangen, daß der Prozeß in Kontrolle kommt.

Das Prinzip der Kontrollkarte ist im vorstehenden an dem Beispiel der Nummernhaltung geschildert. Dieses Beispiel steht als eines für viele, in dem gleichen Sinne kann dieses einfache statistische Verfahren für andere Kontrollzwecke benutzt werden. Erwähnt seien hier nur:

Bandgewichte und Vorgarnnummern,
Wickel- und Spulengewichte,
Garn- und Zwirndrehungen,
Stücklängen und Metergewichte,
p_H-Werte von Behandlungs- und Waschbädern,
Feuchtigkeitsgehalte,
Fettgehalt von gewaschener Wolle oder gewaschenem Garn usw.

In allen solchen Fällen liefert das Führen von Kontrollkarten noch zusätzlich eine ausgezeichnete Grundlage für die Aufstellung oder Beurteilung von Toleranz- und Lieferbedingungen. Gut fundierte Toleranzen (in unserem Beispiel für den Mittelwert aus $N = 5$ Cops) sollen mit den Kontrollgrenzen übereinstimmen oder noch etwas weiter liegen, wobei nach Möglichkeit die Erfahrungen mehrerer Betriebe heranzuziehen sind. Liegen die Toleranzen enger als die Kontrollgrenzen, so ist es auf Grund der unvermeidbaren Zufallsschwankungen unmöglich, diese Lieferbedingung einzuhalten. Sind dagegen die Toleranzgrenzen wesentlich weiter als die Kontrollgrenzen, so ist die Lieferbedingung zu milde und entspricht nicht dem tatsächlichen Stand der technischen Fertigung.

6. Kontrollkarten bei Ereigniszahlen

Bisher ist der in der Textilindustrie mit Vorrang auftretende Fall behandelt worden, daß das untersuchte Merkmal stetig veränderlich ist (Variable). Der Vollständigkeit halber sollen auch noch die in ihrer

Struktur sehr viel einfacheren Kontrollkarten genannt werden, die sich auf die Überwachung von Ereigniszahlen beziehen.

So müssen z. B. die Längen und die Durchmesser von Cannetten, die für einen bestimmten Schützentyp bestimmt sind, innerhalb gewisser Grenzen bleiben. Zu große Abmessungen machen ein Einbringen der Cannetten in den Schützen unmöglich und zu kleine Abmessungen bedingen eine ungebührlich hohe Zahl von Cannettenauswechslungen. Darüber hinaus können die Cannetten Fehler aufweisen, nämlich Beschädigungen oder Abweichungen von der normalen Copsform, die ebenfalls als Ursachen für die Aussortierung angesehen werden können[1].

Prüft man also in laufender Folge die Cannetten in Stichproben jeweils vom Umfange N, so kann jedes dieser N Stücke „gut" oder „schlecht" (Ausschuß) sein. Es liegt daher eine alternative Fragestellung vor, wie sie im Abschn. J behandelt wurde.

Es sei Z die Zahl der fehlerhaften Stücke unter den untersuchten N Stücken, so daß in dieser Stichprobe $p = Z : N$ die relative Häufigkeit des Ausschusses ist.

$\overline{p}$ bzw. $\overline{P} = \overline{p} \cdot 100\%$ sei der Sollwert für den Ausschuß. Ist ein solcher Sollwert nicht vorgeschrieben, so ersetzt man ihn durch den Durchschnittswert aus einer größeren Anzahl m von Stichproben ($m \geqq 8$), von denen jede den Umfang N hat.

Es liegt dann eine Binomialverteilung mit der Ordnung N und dem Mittelwert $\mu = \overline{p}\, N$ vor (vgl. S. 24). Ihre m. qu. Abw. σ ist

$$\sigma = \sqrt{N\,\overline{p}\,(1 - \overline{p})}\,,$$

und die Kontrollgrenzen, die sich nach amerikanischem Vorbild auf die 3σ-Grenze gründen, liefern eine Kontrollkarte nach folgendem Schema[2]:

Kontrollkarte für Ereigniszahlen (fehlerhafte Stückzahl).
(Binomialverteilung; Kontrollinien bei der 3σ-Grenze).

Mittellinie: $\overline{p}\,N,$

Obere Grenze: $\overline{p}\,N + 3\sqrt{N\,p(1 - \overline{p})}\,,$

Untere Grenze: $\overline{p}\,N - 3\sqrt{N\,p(1 - \overline{p})}\,.$

Wenn $\overline{P} = 100\,\overline{p}$ dem Kriterium an Kurvenblatt J, Abschn. N, genügt (vgl. S. 156), kann die Binomialverteilung durch eine GAUSSSche Normalverteilung ersetzt werden. In diesem Falle läßt sich mit der 3σ-Grenze die Aussage der statistischen Sicherheit $S_k = 99{,}73\%$ verbinden.

---

[1] Vgl. L. GOSSENS: Introduction à l'analyse séquentielle. Nr. 12. Rayonne 1949.

[2] Wenn sich hier und im folgenden die unteren Grenzen als negative Werte ergeben, sind sie durch Null zu ersetzen.

Wenn das Kriterium an Kurvenblatt J erfüllt ist, lassen sich auch Kontrollkarten für die fehlerhaften Stückzahlen für andere Kontroll- und Warngrenzen mit vorgeschriebener statistischer Sicherheit unmittelbar angeben. Ist wie früher die statistische Sicherheit der Kontrollgrenze mit $S_k = 99\%$ (beidseitig) und die der Warngrenze mit $S_w = 95\%$ (beidseitig) gefordert, so ergibt sich in sinngemäßer Übertragung der früheren Überlegungen mit $\lambda_k = 2{,}58$ für $S_k = 99\%$ und $\lambda_w = 1{,}96$ für $S_w = 95\%$ (Tab. II, Abschn. N) die folgende Übersicht:

Kontrollkarte für Ereigniszahlen (fehlerhafte Stückzahl in Stichproben vom Umfang N).
(Binomialverteilung; Kontrollgrenze für $S_k = 99\%$, Warngrenzen für $S_w = 95\%$.)

Mittellinie $\bar{p}\,N$,

$$\left.\begin{array}{l}\text{obere} \\ \text{untere}\end{array}\right\} \text{Kontrollgrenze} \quad \begin{cases} \bar{p}\,N + 2{,}58\,\sqrt{N\,\bar{p}\,(1-\bar{p})}, \\ \bar{p}\,N - 2{,}58\,\sqrt{N\,\bar{p}\,(1-\bar{p})}. \end{cases}$$

$$\left.\begin{array}{l}\text{obere} \\ \text{untere}\end{array}\right\} \text{Warngrenze} \quad \begin{cases} \bar{p}\,N + 1{,}96\,\sqrt{N\,\bar{p}\,(1-\bar{p})}, \\ \bar{p}\,N - 1{,}96\,\sqrt{N\,\bar{p}\,(1-\bar{p})}. \end{cases}$$

Abb. 55 zeigt den Typ einer solchen Kontrollkarte.

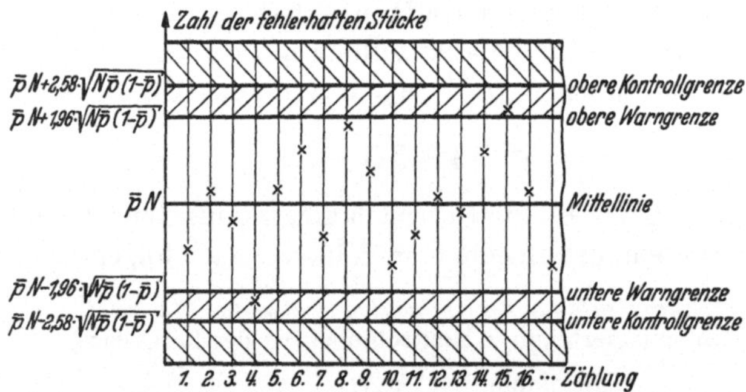

Abb. 55. Typ der Kontrollkarte für Ereigniszahlen (Binomialverteilung)

Soll nicht die fehlerhafte Stückzahl $Z = p\,N$ selbst, sondern ihre relative Häufigkeit $p = P = (Z : N) \cdot 100\%$ laufend untersucht werden, so ist die zugehörige Binomialverteilung durch

$$\text{Mittelwert} \quad \mu = \bar{p} = \bar{P},$$

$$\text{m. qu. Abw.}\ \sigma = \sqrt{\frac{\bar{p}\,(1-\bar{p})}{N}} \cdot 100\%$$

gekennzeichnet. Als Gegenstück zu den beiden vorstehenden gelten dann die folgenden Übersichten:

Kontrollkarte für die relative Häufigkeit von fehlerhaften Stücken in Stichproben vom Umfang N.

(Binomialverteilung; Kontrollinien bei der 3σ-Grenze.)

Mittellinie $\bar{P} = \bar{p} \cdot 100\%$,

obere Grenze[1]: $\bar{P} + 3\sqrt{\dfrac{\bar{p}(1-\bar{p})}{N}} \cdot 100\%$,

untere Grenze: $\bar{P} - 3\sqrt{\dfrac{\bar{p}(1-\bar{p})}{N}} \cdot 100\%$.

Kontrollkarte für die relative Häufigkeit von fehlerhaften Stücken in Stichproben vom Umfang N.

(Binomialverteilung; Kontrollgrenzen für $S_k = 99\%$, Warngrenzen für $S_w = 95\%$.)

Mittellinie $\bar{P} = \bar{p} \cdot 100\%$,

$$\left.\begin{array}{c} \text{obere} \\[2.5em] \text{untere} \end{array}\right\} \text{Kontrollgrenze} \begin{cases} \bar{P} + 2{,}58\sqrt{\dfrac{\bar{p}(1-\bar{p})}{N}} \cdot 100\%, \\[1.5em] \bar{P} - 2{,}58\sqrt{\dfrac{\bar{p}(1-\bar{p})}{N}} \cdot 100\%; \end{cases}$$

$$\left.\begin{array}{c} \text{obere} \\[2.5em] \text{untere} \end{array}\right\} \text{Warngrenze} \begin{cases} \bar{P} + 1{,}96\sqrt{\dfrac{\bar{p}(1-\bar{p})}{N}} \cdot 100\%, \\[1.5em] \bar{P} - 1{,}96\sqrt{\dfrac{\bar{p}(1-\bar{p})}{N}} \cdot 100\%. \end{cases}$$

Abb. 56 zeigt den Typ dieser Kontrollkarte, wobei wieder vorausgesetzt ist, daß das Kriterium nach Kurvenblatt J zutrifft.

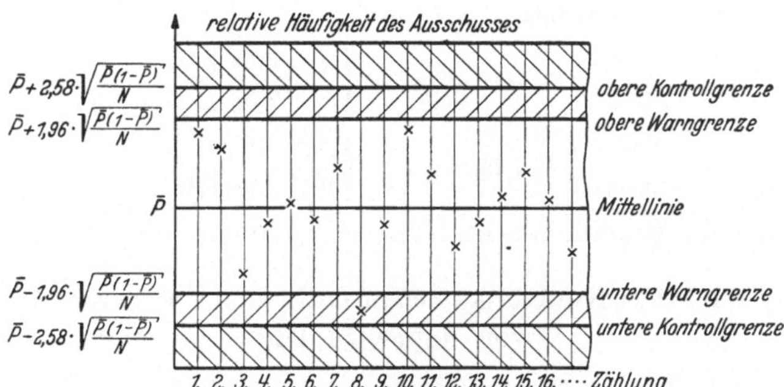

Abb. 56. Typ der Kontrollkarte für die relative Häufigkeit von Ereigniszahlen (Binomialverteilung)

Wenn $\bar{p}$ sehr klein ist, so daß man $1 - \bar{p} \approx 1$ setzen kann, wird die m. qu. Abw. der Binomialverteilung

$$\sigma = \sqrt{N\bar{p}(1-\bar{p})} \approx \sqrt{N\bar{p}} = \sqrt{\mu},$$

---

[1] Diese Gleichung ist „elektrifiziert" worden durch die Konstruktion eines Gerätes, dem aus der Serienfabrikation eines Werkes die Zahlenwerte Z und N durch Fernleitungen laufend zugeführt werden und das dann automatisch an einer Skala anzeigt, ob eine „obere Ausschußgrenze" überschritten wird oder nicht. Vgl. T. R. HAND und C. F. FALK: General Electric Review Bd. 53 (1950) S. 20ff.

so daß man mit
$$\mu = \bar{p}\, N, \qquad \sigma = \sqrt{\mu} = \sqrt{\bar{p}\, N}$$

die Ausgangsformel der POISSON-Verteilung seltener Ereignisse erhält (vgl. S. 166). In diesem Falle kann man daher in den vorstehenden Übersichten den Ausdruck

ersetzen durch
$$\frac{\sqrt{N\,\bar{p}\,(1 - \bar{p})}}{\sqrt{N\,\bar{p}}}$$

und so die Binomialverteilung durch die POISSON-Verteilung approximieren.

Die eigentliche POISSON-Verteilung liegt vor, wenn $N \to \infty$, $p \to 0$ und $\lim (N\,p) = \mu$ ist; $\sigma = \sqrt{\mu}$. Gehorchen seltene Ereignisse einer solchen POISSON-Verteilung (wie z. B. das Auftreten von Fadenbrüchen oder von Noppen), so kann man ihr Vorkommen ebenfalls mit einer Kontrollkarte überwachen. Es sei μ der Sollwert oder — falls ein solcher fehlt — der Durchschnittswert aus einer genügend großen Zahl von Auszählungen an den zu untersuchenden Einheiten, von denen jede eine Stichprobe vom Umfang ,,Unendlich'' darstellt. Dann gilt folgende Übersicht:

Kontrollkarte für Ereigniszahlen nach der Poisson-Verteilung.
(μ durchschnittliche Fehlerzahl pro Einheit; $\mu \geqq 20$.)
Kontrollgrenze für $S_k = 99\%$; Warngrenze für $S_w = 95\%$.

Mittellinie μ,

$$\left.\begin{array}{l}\text{obere}\\ \text{untere}\end{array}\right\} \text{Kontrollgrenze} \quad \left\{\begin{array}{l}\mu + 2{,}58\,\sqrt{\mu},\\ \mu - 2{,}58\,\sqrt{\mu};\end{array}\right.$$

$$\left.\begin{array}{l}\text{obere}\\ \text{untere}\end{array}\right\} \text{Warngrenze} \quad \left\{\begin{array}{l}\mu + 1{,}96\,\sqrt{\mu},\\ \mu - 1{,}96\,\sqrt{\mu}.\end{array}\right.$$

Abschließend sei eine solche Kontrollkarte geschildert an dem

Beispiel 102: Kontrollkarte zur laufenden Überwachung von Noppenzahlen

Vgl. Beispiel 78, S. 175. An Kammzügen wurde die auftretende Noppenzahl dadurch überwacht, daß von Zeit zu Zeit die Noppen in einem laufend entnommenen Kammzugstück von 10 g Gewicht (als Einheit) ausgezählt wurden. Aus einer ganzen Reihe solcher Zählungen hatte sich der Durchschnittswert $\mu = 25$ Noppen pro 10 g ergeben. Dann sind nach der vorstehenden Übersicht die Daten der Kontrollkarte:

$$\left.\begin{array}{l}\text{obere}\\ \text{untere}\end{array}\right\} \text{Kontrollgrenze} \quad \left\{\begin{array}{l}25 + 2{,}58\,\sqrt{25} = (37{,}9) \approx 38\\ 25 - 2{,}58\,\sqrt{25} = (12{,}1) \approx 12\end{array}\right\} S_k = 99\%;$$

$$\left.\begin{array}{l}\text{obere}\\ \text{untere}\end{array}\right\} \text{Warngrenze} \quad \left\{\begin{array}{l}25 + 1{,}96\,\sqrt{25} = (34{,}8) \approx 35\\ 25 - 1{,}96\,\sqrt{25} = (15{,}2) \approx 15\end{array}\right\} S_w = 95\%.$$

Abb. 57 zeigt diese Kontrollkarte.

Die eingetragenen Kreuze stellen die Zahlen der Noppen dar, die an jeder als Probe gezogenen Einheit von 10 g Gewicht ausgezählt wurden.

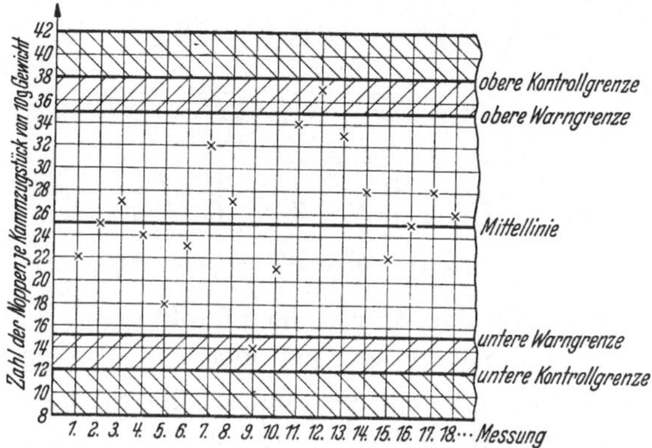

Abb. 57. Kontrollkarte zur Noppenzählung (POISSON-Verteilung)

Aus der Lage der Kreuze geht hervor, daß während des in der Kontrollkarte dargestellten Untersuchungsabschnitts mehr als zufällige Abweichungen von dem Durchschnittswert nicht aufgetreten sind.

7. Die Darstellung von Ereignishäufigkeiten im Binomialpapier nach Mosteller-Tukey

Bei den im vorigen Abschnitt geschilderten Kontrollkarten für Ereigniszahlen war die Ordinate zur Darstellung der Stückzahl Z (bzw. der relativen Häufigkeit $P = (Z:N) \cdot 100\%$) und die Abszisse zur Kennzeichnung der Reihenfolge ausgenutzt, in der die Messungen aus zeitlichen oder sachlichen Gründen erfolgen. Damit sind die beiden Achsenrichtungen der Ebene festgelegt, was zur Folge hat, daß der Umfang N jeder Stichprobe eine feste Größe als Charakteristikum der Kontrollkarte ist[1]. Legt man dagegen keinen Wert auf die zeitliche oder sachliche Reihenfolge der Messungen, so hat man gleichsam die Abszissenachse frei, um sie für verschiedenen Umfang N der Stichprobe auszunutzen. Ein Verfahren, das auf dieser Grundlage arbeitet, ist die von MOSTELLER-TUKEY eingeführte Darstellung von Ereignishäufigkeiten im Binomialpapier.

Es sei wie früher Z die Zahl der Treffer (Zahl der fehlerhaften Stücke) in einer Stichprobe vom Umfang N, und $p = Z:N$ die relative Treffer-

---

[1] Ändert man für einen oder mehrere Abschnitte der Kontrollkarte den Stichprobenumfang N ab, so sind gemäß dem jedesmaligen N-Wert die Kontroll- und Warngrenzen neu zu zeichnen, so daß sie abschnittsweise als Parallelstrecken in verschiedenen Abständen zu der Mittellinie erscheinen.

Dieser Sachverhalt gilt in gleicher Weise für Kontrollkarten für stetig veränderliche Merkmale (Variable).

häufigkeit, ferner $\bar{p}$ der Sollwert oder der Durchschnittswert aller p aus einer genügend umfangreichen Beobachtungsreihe. Um die Ergebnisse aller Stichproben in einem $x\,y$-Achsenkreuz der Ebene darzustellen, setzt man

$$x = \sqrt{N - Z}, \quad y = \sqrt{Z}, \tag{133}$$

so daß also

$$r = \sqrt{x^2 + y^2} = \sqrt{N}$$

und

$$\frac{y}{x} = \operatorname{tg}\varphi = \sqrt{\frac{Z}{N - Z}} = \sqrt{\frac{p}{1 - p}},$$

$$p = \sin^2\varphi, \quad q = 1 - p = \cos^2\varphi$$

wird. Jede Stichprobe ist dann durch einen Punkt (x, y) charakterisiert, wobei alle Punkte für Stichproben von gleichem Umfang N auf dem Kreis mit dem Radius $\sqrt{N}$ und die Punkte aller Stichproben mit der gleichen relativen Trefferhäufigkeit p auf dem Strahl unter dem Anstieg $\operatorname{tg}\varphi = \sqrt{p : (1 - p)}$ liegen.

Um nach (133) die Punkte (x, y) bequem und schnell eintragen zu können, beziffert man die Skalen auf den beiden Achsen nach dem Wurzelgesetz, d. h. man trägt die Streckenlänge $\sqrt{N - Z}$ auf der x-Achse bzw. $\sqrt{Z}$ auf der y-Achse ab, schreibt aber an den Endpunkt $N - Z$ bzw. Z. Abb. 58 zeigt das so entstandene Netz. Bei einer will-

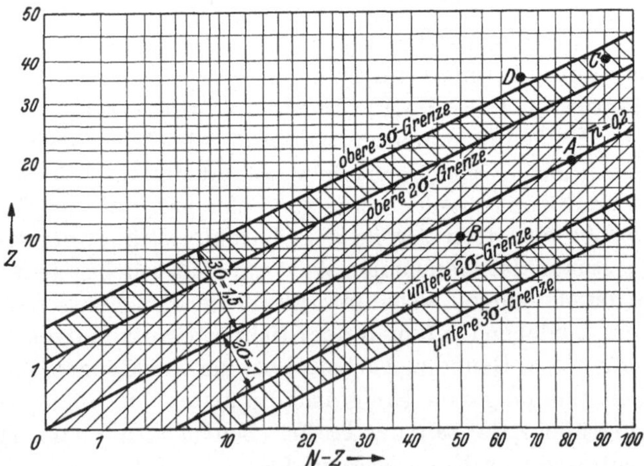

Abb. 58. Die Darstellung von Ereignishäufigkeiten nach der Binomialverteilung im Binomialpapier

kürlich gezogenen Stichprobe vom *beliebigen* Umfang N sortiert man die fehlerhaften Stücke aus (Anzahl Z), behält danach die guten Stücke übrig (Anzahl $N - Z$) und trägt den „Stichprobenpunkt" mit der Abszisse $N - Z$ (gute Stücke) und der Ordinate Z (schlechte Stücke) direkt in Abb. 58 ein. Der Punkt B in dieser Abbildung z. B. gilt für $Z = 10$, $N - Z = 50$. Der Stichprobenumfang — man braucht die Stichprobe gar nicht vorher erst genau abzuzählen — wäre also $N = 50 + 10 = 60$.

Die Punkte, die dem genauen Sollwert $\overline{p} = Z : N$ zukommen, liegen auf der Geraden durch den Anfangspunkt mit dem Anstiegswinkel

$$\varphi_0 = \operatorname{arc\,sin} \sqrt{\overline{p}}. \tag{134}$$

Ist also $\overline{p}$ gegeben ($\overline{p} = 0{,}2$ in Abb. 58), so kann man nach dieser Beziehung diesen Sollwertstrahl einzeichnen. Weit bequemer gewinnt man ihn aber, indem man einen seiner Punkte errechnet, einzeichnet und mit dem Anfangspunkt verbindet, etwa in Abb. 58 den Punkt A mit $Z = 20$, $N - Z = 80$, also $N = 100$ und $Z : N = 20 : 100 = 0{,}2 = \overline{p}$.

Die Stichprobenpunkte werden in ihrer Lage um diesen Sollwertstrahl schwanken, und es fragt sich, wie weit ihr (senkrechter) Abstand von ihm sein darf, damit diese Schwankung das Zufälligkeitsmaß nicht übersteigt.

Ganz allgemein gilt der folgende, hier nicht bewiesene Satz der mathematischen Statistik. Ein Merkmal x besitze eine Häufigkeitsverteilung mit dem Mittelwert $\bar{x}$ und der Streuung σ_x^2. Es werde durch die Gleichung $y = f(x)$ transformiert in das neue Merkmal y. Die diesem Merkmal zukommende Häufigkeitsverteilung hat dann einen Mittelwert $\bar{y}$ und eine Streuung σ_y^2, für die angenähert die Beziehungen

$$\begin{aligned} \bar{y} &\approx f(\bar{x}), \\ \sigma_y^2 &\approx \{f'(\bar{x})\}^2 \, \sigma_x^2 \end{aligned} \tag{135}$$

bestehen.

In unserem Falle ist

$$x \,\hat{=}\, p, \qquad \bar{x} \,\hat{=}\, \overline{p}, \qquad \sigma_x^2 \,\hat{=}\, \sigma_p^2 = \frac{\overline{p}\,(1 - \overline{p})}{N}\,;$$

$$y \,\hat{=}\, \varphi, \qquad \bar{y} \,\hat{=}\, \varphi_0, \qquad \sigma_y^2 \,\hat{=}\, \sigma_\varphi^2$$

mit

$$y = f(x) \,\hat{=}\, \varphi = \operatorname{arc\,sin} \sqrt{p}$$

zu setzen. Dann wird

$$\sigma_\varphi^2 = \left\{ \frac{1}{\sqrt{1 - \overline{p}}} \, \frac{1}{2\sqrt{\overline{p}}} \right\}^2 \left\{ \frac{\overline{p}\,(1 - \overline{p})}{N} \right\} = \frac{1}{4\,N}$$

oder

$$\sqrt{N}\,\sigma_\varphi = \frac{1}{2}.$$

Da nun

$$\sqrt{N} = \sqrt{x^2 + y^2} = r$$

war, ist

$$r\,\sigma_\varphi = \frac{1}{2}.$$

Die geometrische Bedeutung dieser Beziehung zeigt Abb. 59. Da σ_φ klein ist, gilt mit guter Annäherung

$$d = r \sin \sigma_\varphi \approx r \sigma_\varphi = \frac{1}{2},$$

d. h. die σ-Grenze ist die Parallele zum Durchschnittsstrahl φ_0 im Abstand $\frac{1}{2}$, unabhängig von der Größe φ_0. Führt man als Warnbereich die 2σ-Grenze und als Kontrollbereich die 3σ-Grenze ein, so gilt daher:

Der Streubereich der Abb. 58 hat immer die konstante Breite 1,0 bzw. 1,5 entsprechend der 2σ-Grenze bzw. der 3σ-Grenze.

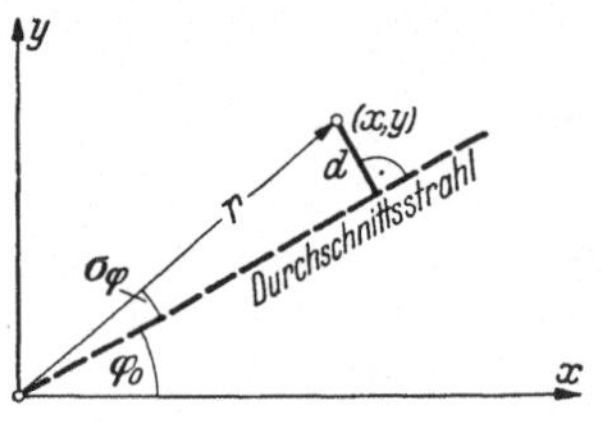

Abb. 59. Die geometrische Deutung der Streuungsformel $r \cdot \sigma_\varphi \approx d = \frac{1}{2}$

Diese Grenzlinien sind in Abb. 58 eingezeichnet, wobei also der Abstand $2\sigma = 1$ der Warngrenzen von dem Durchschnittsstrahl auf der Ordinaten- oder Abszissenachse als Strecke $0 \ldots 1$ abgegriffen wird, und der Abstand der 3σ-Grenzen das 1,5fache dieser Strecke ist.

In Abb. 58 sind 4 Stichprobenpunkte eingetragen, nämlich

A ($Z = 20$, $N - Z = 80$; $N = 100$, auf der Durchschnittsgeraden),

B ($Z = 10$, $N - Z = 50$; $N = 60$, innerhalb der 2σ-Warnlinien),

C ($Z = 40$, $N - Z = 90$; $N = 130$, im Warngebiet),

D ($Z = 35$, $N - Z = 65$; $N = 100$, außerhalb der Kontrollgrenzen).

Der Vorzug dieses graphischen Verfahrens liegt darin, daß die Breite der Warn- und Kontrollgrenzen unabhängig von φ_0 ist und daher für *jeden* Durchschnittsstrahl paßt. Zeichnet man sich die Kontrollgrenzen ein für allemal auf Transparentpapier oder Zelluloid, so kann man den Streifen jeweils auf den Durchschnittsstrahl φ_0 legen und so für *jeden* Durchschnittsstrahl benutzen. Außerdem kann der Umfang N jeder einzelnen Stichprobe beliebig sein. Dagegen ist die zeitliche oder sachliche Reihenfolge der Stichproben nicht mehr berücksichtigt, und auch durch Numerierung einzelner Stichprobenpunkte wird sich eine Übersichtlichkeit ähnlich der der früher geschilderten Kontrollkarten nicht erreichen lassen.

8. Die Operationscharakteristik bei Stichproben an Variablen

Die in den vorstehenden Abschnitten über Kontrollkarten entwickelten Methoden beziehen sich auf den Fall, daß das betreffende Material während seiner Produktion einer laufenden statistischen Kontrolle unterworfen werden kann. Anders liegen die Verhältnisse dagegen, wenn Materialien angeliefert werden, deren Herstellung man weder kennt noch direkt beeinflussen kann. Der gleiche Gesichtspunkt liegt auch dann vor, wenn bei der Produktion des Materials auf eine Kontrolle verzichtet worden ist und erst nachträglich eine Qualitätsuntersuchung vorgenommen werden soll. Zweifellos sind die Verfahren der laufenden Fabrikationskontrolle wirksamer, doch gibt es genügend Fälle, in denen man sich auf eine Nachprüfung des vorliegenden Materials beschränken muß.

Restlosen Aufschluß über die Güte eines vorhandenen Materials würde eine 100 % ige Durchmusterung ergeben, die dann nichts mehr mit statistischen Schlüssen und Urteilen zu tun hätte. Allerdings ist auch das Ergebnis einer 100 % igen Durchsicht nur theoretisch einwandfrei, da durch die menschliche Unzulänglichkeit des Prüfers auch hier manchmal fehlerhafte Stücke als gut oder gute Stücke als fehlerhaft eingestuft werden, und es daher Situationen gibt, in denen eine 100 % ige Durchsicht unzuverlässigere Ergebnisse liefert als eine richtig ausgewählte Stichprobenkontrolle. Meist jedoch verbietet sich eine 100 % ige Durchsicht schon aus Kostengründen, und überdies ist sie stets dann unmöglich, wenn mit der Prüfung eines Stückes seine Zerstörung verbunden ist.

In allen solchen Fällen muß man sich auf Stichproben an dem gelieferten Material beschränken, und mit den grundsätzlichen Gedankengängen bei solchen Qualitätsprüfungen durch Stichproben (acceptance sampling) befassen sich die folgenden Ausführungen.

Dabei ist zunächst der Fall behandelt, daß das untersuchte Merkmal stetig veränderlich ist (Variable). Die grundsätzliche Fragestellung dabei ist die folgende.

Für die Abnahme eines Materials vereinbaren der Erzeuger und der Abnehmer, daß bei jeder Lieferung das Merkmal x (z. B. die Festigkeit bei Garnlieferungen) an einer Stichprobe von N Messungen untersucht werden soll. Der Posten wird angenommen, wenn der Mittelwert $\bar{x} \geqq c$, und abgelehnt, wenn $\bar{x} < c$ ist.

Einer solchen Vereinbarung liegt die Idealvorstellung zugrunde, daß der Mittelwert $\bar{x}$ der Stichprobe mit dem wahren Mittelwert μ des ganzen Postens zusammenfällt. Das ist aber wegen der Zufälligkeit, die jeder Stichprobe anhaftet, nicht der Fall, vielmehr liegt der Mittelwert $\bar{x}$ in einem bestimmten Zufallsstreubereich um den wahren Mittelwert μ der Lieferung. Deshalb gehen beide Parteien ein Risiko ein: der Erzeuger muß damit rechnen, daß auch manche Lieferungen mit $\bar{x} < c$ abgelehnt werden, obgleich ihr wahrer Mittelwert μ durchaus der Bedingung $\mu \geqq c$ genügt, und umgekehrt muß der Abnehmer manchmal auch solche Lieferungen mit $\bar{x} \geqq c$ in Kauf nehmen, deren wahrer Mittelwert μ tatsächlich kleiner als der geforderte Sollwert c ist. Wie groß ist dieses Risiko des Erzeugers bzw. Abnehmers, d. h. in wieviel Prozent aller Lieferungen muß der erste mit dem einen, der zweite mit dem anderen Fall rechnen?

Die Antwort auf diese Frage gibt die sogenannte Operationscharakteristik, die im folgenden entwickelt wird.

Abb. 60 zeigt in ihrem oberen Teil die (normale) Häufigkeitsverteilung der Mittelwerte $\bar{x}$ für zwei Lagen des wahren Mittelwertes μ: ganz oben für den Fall $\mu > c$, in der Mitte für den Fall $\mu < c$. Beide Male wird die Wahrscheinlichkeit a für die Annahme durch die schraffierte, rechts von c liegende Fläche unter der Häufigkeitskurve repräsentiert. Ihr relativer Zahlenwert ist, da man als Streuung $\sigma^2 : N$ zu setzen hat, sofern σ^2 die Streuung der Grundgesamtheit (Streuung der Einzelwerte) bedeutet, durch

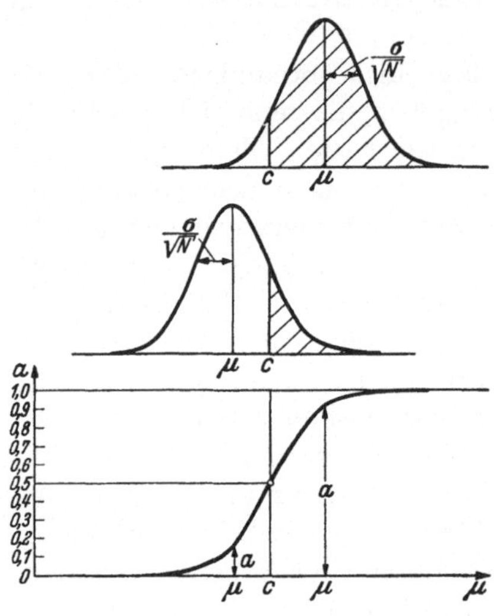

$$a = \frac{\sqrt{N}}{\sqrt{2\pi}\,\sigma} \int\limits_{c}^{\infty} e^{-\frac{N(x-\mu)^2}{2\sigma^2}}\,dx \quad (136)$$

gegeben. Dieser Ausdruck a hängt ab von μ, c, N, σ, d. h. es ist

$$a = a(\mu; c, N, \sigma).$$

Abb. 60. Die Entstehung der Operationscharakteristik

Um a als Funktion von μ bei gegebenem c, N, σ zu berechnen, hat man 2 Fälle zu unterscheiden:

Erstens

$$\mu \geqq c; \qquad \lambda = \frac{\mu - c}{\sigma}\sqrt{N},$$

$$a = \frac{1}{2} + \frac{1}{2}\frac{1}{\sqrt{2\pi}} \int\limits_{-\lambda}^{+\lambda} e^{-\frac{\lambda^2}{2}}\,d\lambda = \frac{1}{2} + \frac{1}{2}\,\Phi(\lambda)$$

und zweitens

$$\mu \leqq c; \qquad \lambda = \frac{c - \mu}{\sigma}\sqrt{N},$$

$$a = \frac{1}{2} - \frac{1}{2}\frac{1}{\sqrt{2\pi}} \int\limits_{-\lambda}^{+\lambda} e^{-\frac{\lambda^2}{2}}\,d\lambda = \frac{1}{2} - \frac{1}{2}\,\Phi(\lambda),$$

vgl. S. 33 ff.

Für $\mu = c$ erhält man in beiden Fällen den gemeinsamen Wert $a = 0{,}5$. Die Kurve $a = a(\mu)$ für feste Werte von c, N, σ ist im untersten Teil der Abb. 60 eingezeichnet; zu ihrer Entstehung denkt man sich den wahren Mittelwert μ mit der ihn umgebenden Glockenkurve von ganz links bis ganz rechts wandern und in jeder Stellung den Flächeninhalt unter der Kurve rechts von c bestimmt. Sein relativer Anteil an der

Gesamtfläche unter der Glockenkurve ist a, und dieses a ist als Ordinate der Kurve im untersten Teil der Abb. 60 eingetragen. Diese Kurve ist nichts anderes als eine Summenkurve der GAUSSschen Normalverteilung, wie sie bereits in Abb. 11b, S. 34, dargestellt wurde.

Wenn die Abnahmebedingung in entgegengesetzter Tendenz vorgeschrieben wird, also in der Form

$$\bar{x} \leqq c, \text{ Annahme des Postens,}$$
$$\bar{x} > c, \text{ Ablehnung des Postens,}$$

dann erscheint die a-Kurve spiegelbildlich zu ihrem Mittelpunkt und hat nicht mehr S-Gestalt, sondern 2-Gestalt.

Abb. 61 zeigt die ganze Schar dieser Kurven mit dem Stichprobenumfang N als Parameter. Je größer N ist, um so schärfer prägt sich die S-Form der zugehörigen Kurve aus, und für $N = \infty$ wird die Kurve zu dem aus 3 Strecken bestehenden $\underline{\Gamma}$ - Linienzug. In der Tat ist ja für das (theoretische und ideale) Gedankenexperiment einer Stichprobe vom Umfange $N = \infty$, d. h. einer Untersuchung der gesamten Lieferung, die Annahmewahrscheinlichkeit a zur Gewißheit $a = 1$ geworden,

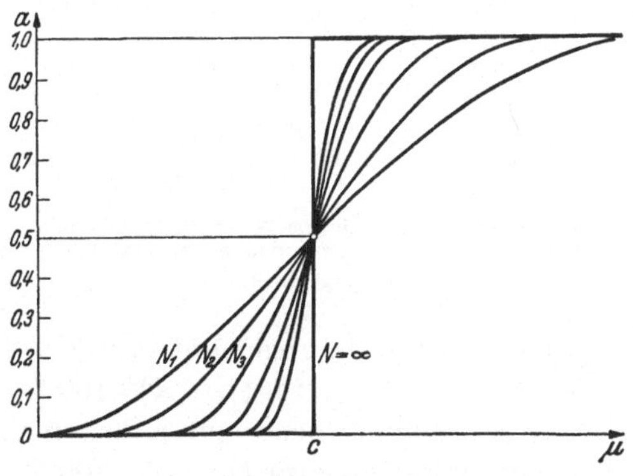

Abb. 61. Schar der Operationscharakteristiken mit N als Parameter ($N_1 < N_2 < N_3 \dots$)

wenn $\mu = \bar{x} > c$, und sie hat den Wert 0, d. h. die Ablehnung erfolgt mit Gewißheit, wenn $\mu = \bar{x} < c$.

Eine einzelne Kurve aus der Schar der Kurven in Abb. 61 ist in Abb. 62 wiedergegeben. Eine solche Kurve heißt Operationscharakteristik.

*Eine Operationscharakteristik (O. C. = **O**perations-**C**harakteristik) ist also diejenige Kurve, die die Annahmewahrscheinlichkeit a (Ordinate) gemäß der Lieferbedingung*

$$\left.\begin{array}{l} x \geqq c \\ x < c \end{array}\right\} \; \bar{x} \; Mittelwert \; aus \; N \; Messungen \; \left\{\begin{array}{l} Annahme \; des \; Postens \\ Ablehnung \; des \; Postens \end{array}\right.$$

als Funktion des wahren Mittelwertes μ (Abszisse) der Lieferung darstellt. Eine solche Operationscharakteristik ist bestimmt durch 3 Parameter, nämlich durch die Werte von

$$c, \; N \; gemäß \; der \; Lieferbedingung$$

und durch

$$\sigma \; als \; erfahrungsmäßig \; bekannte \; m. \; qu. \; Abw.$$
$$der \; Einzelwerte \; x \; in \; der \; Grundgesamtheit$$
$$des \; gemessenen \; Merkmals.$$

An dieser Operationscharakteristik kann man die eingangs gestellte Frage nach dem Risiko des Erzeugers bzw. des Abnehmers folgendermaßen beantworten:

Der wahre Mittelwert der Lieferung sei μ. Dann ist a (Abb. 62) die Wahrscheinlichkeit für die Annahme und demgemäß $1 - a$ die Wahrscheinlichkeit für die Ablehnung. Ist $\mu < c$, so sollte der Posten abgelehnt werden; er wird aber doch noch angenommen mit der Wahrscheinlichkeit a oder, anders ausgedrückt, in $A = 100\,a\%$ aller Fälle. Das Risiko des Abnehmers, solchen schlechten Posten anzunehmen, ist also A. Der Abnehmer wird bestrebt sein, dieses Risiko möglichst klein zu halten. Ist $\mu > c$, so sollte der Posten angenommen werden; er

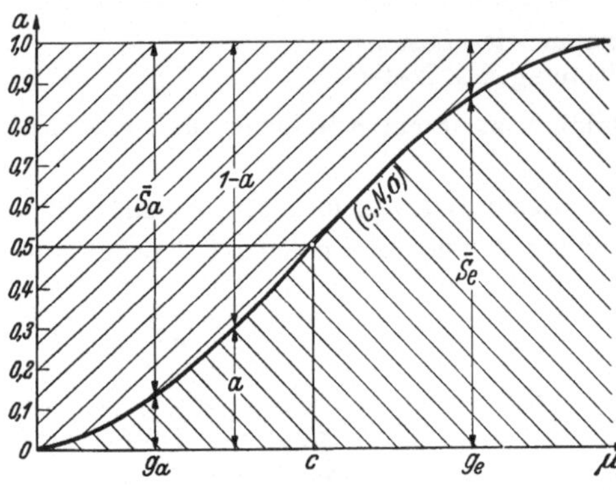

Abb. 62. Operationscharakteristik (c, N, σ) mit den Grenzpunkten g_a und g_e für das Abnehmer- und Erzeugerrisiko

wird aber doch noch abgelehnt mit der Wahrscheinlichkeit $1 - a$ oder, anders ausgedrückt, in $(1 - A) \cdot 100\%$ aller Fälle. Das Risiko des Erzeugers, daß ein solcher guter Posten auf Grund der Lieferbedingung abgelehnt wird, ist also $(1 - A) \cdot 100\%$. Der Erzeuger wird bestrebt sein, dieses Risiko möglichst klein zu halten. An Abb. 62 liest man daher ab:

Abnehmerrisiko: $A = 100\,a\%$,

Erzeugerrisiko: $100\% - A \cdot 100\% = (1 - a) \cdot 100\%$.

Die Grenzwerte g_a und g_e für das Abnehmerrisiko und das Erzeugerrisiko liegen dort, wo einerseits der Abnehmer mit der (einseitigen) statistischen Sicherheit $\bar{S}_a$ die Ablehnung, andererseits der Erzeuger mit der (einseitigen) statistischen Sicherheit $\bar{S}_e$ die Annahme erwarten kann. Gemäß der Entstehung der Operationscharakteristik (Abb. 62) ist (vgl. S. 242)

$$\bar{S}_a = (1 - a) \cdot 100\% = 50\,[1 - \Phi(\lambda_a)]\% \quad \text{mit} \quad \lambda_a = \frac{c - g_a}{\sigma}\sqrt{N},$$

$$\bar{S}_e = a \cdot 100\% = 50\,[1 + \Phi(\lambda_e)]\% \quad \text{mit} \quad \lambda_e = \frac{g_e - c}{\sigma}\sqrt{N}.$$

Daraus ergibt sich die Lage der Grenzpunkte zu

$$g_a = c - \lambda_a\frac{\sigma}{\sqrt{N}}, \qquad g_e = c + \lambda_e\frac{\sigma}{\sqrt{N}}. \tag{137}$$

Die Werte λ_a bzw. λ_e sind gemäß den geforderten (einseitigen) Sicherheiten $\bar{S}_a$ bzw. $\bar{S}_e$ der Tab. II, Abschn. N, zu entnehmen. Für $\bar{S} = 95\%$ ist $\lambda = 1{,}64$, für $\bar{S} = 99\%$ ist $\lambda = 2{,}33$. Die beiden vorstehenden Formeln entsprechen den in Gl. (44), S. 73, genannten Vertrauensgrenzen, die so aus der Operationscharakteristik eine neue Deutung erfahren.

Die beiden Vertragspartner haben bei gegebenem Material mit der Streuung σ^2 noch zwei Parameter frei, um die Gestalt der Operations-charakteristik und damit ihre Risika bei der Abnahme der Lieferung zu beeinflussen: den Prüfwert c und den Stichprobenumfang N. Abb. 61 zeigt eine Schar von Operationscharakteristiken mit festem c bei veränderlichem N. Abb. 63 zeigt die Schar der Operationscharakteristiken mit festem N bei veränder-

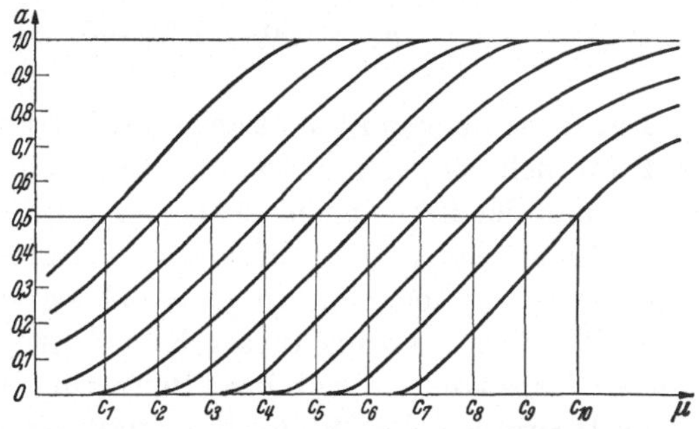

Abb. 63. Schar der Operationscharakteristiken mit c als Parameter

lichem c. An Hand solcher Operationscharakteristiken müssen sich Erzeuger und Abnehmer auf eine Abnahmebedingung in ihrem Liefervertrag einigen, die beiden Teilen gerecht wird. Dabei ist noch zu beachten, daß mit der Erhöhung der Zahl N von Messungen auch die Kosten bei der Abnahme steigen, so daß sich bei der Festlegung der Abnahmebedingung statistische und wirtschaftliche Gesichtspunkte vereinen.

Beispiel 103: Operationscharakteristik bei Garnlieferungen

Eine Spinnerei liefert an eine Weberei laufend Garn, von dem die Gleichmäßigkeit der Festigkeit als m. qu. Abw. $\sigma = 22$ g bekannt ist. Die Lieferbedingung besagt, daß an jeder Lieferung eine Zufallsstichprobe von $N = 10$ Festigkeitsmessungen durchgeführt wird; wenn der Durchschnittswert $\bar{x}$ der Messungen größer als oder gleich 200 g ist, wird die Lieferung angenommen; ist er dagegen kleiner als 200 g, wird die Lieferung abgelehnt bzw. reklamiert. Welches Risiko gehen Erzeuger

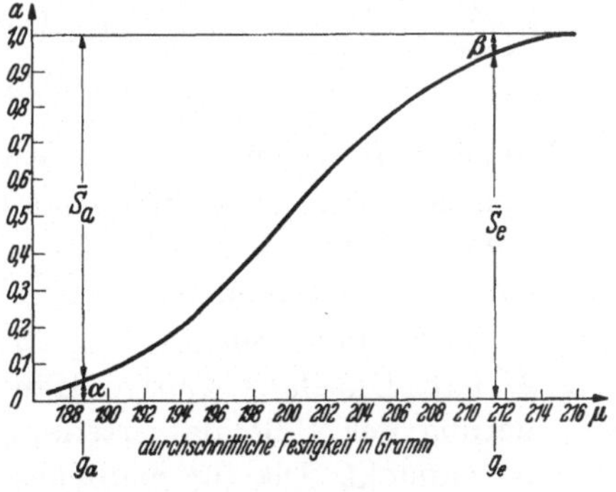

Abb. 64. Operationscharakteristik bei Garnlieferungen

und Abnehmer mit je 95%iger Sicherheit bei dieser Vereinbarung ein?

Die nach den vorstehenden Überlegungen gezeichnete Operationscharakteristik zeigt Abb. 64. Für $\bar{S}_a = \bar{S}_e = 95\%$ wird $\lambda_a = \lambda_e = 1{,}64$ und damit nach (137)

$$g_a = 200 - 1{,}64\,\frac{22}{\sqrt{10}} = 188{,}6\,\text{g},$$

$$g_e = 200 + 1{,}64\,\frac{22}{\sqrt{10}} = 211{,}4\,\text{g}.$$

Der Abnehmer muß daher mit 5% Risiko $[\alpha]$ auch noch Lieferungen in Kauf nehmen, deren wahrer Festigkeitswert bis zu $g_a = 188{,}6\,\text{g}$ reicht, und der Erzeuger muß ebenso mit 5% Risiko $[\beta]$ damit rechnen, daß er Lieferungen als „unbrauchbar" zurückerhält, obgleich ihr wahrer Festigkeitswert sogar bis zu $g_e = 211{,}4\,\text{g}$ beträgt.

Will man auf Grund dieser Konsequenzen andere Abnahmebedingungen festsetzen, so hat ihre Bewertung erneut an der zugehörigen neuen Operationscharakteristik gemäß der Abb. 62 zu erfolgen.

9. Einfache Stichprobenabnahme und Operationscharakteristik bei Ereigniszahlen

Eine umfangreiche Anwendung haben die Stichprobenabnahme und die zugehörigen Operationscharakteristiken bei Ereigniszahlen gefunden. Die allgemeinste hier vorliegende Fassung lautet folgendermaßen:

Aus einer Lieferung (Los, Partie, Posten), die M Stücke umfaßt, wird in zufälliger Auswahl eine Stichprobe von N Stücken gezogen ($N \leqq M$). Jedes der gezogenen Stücke wird als „gut" oder „schlecht" beurteilt, also in alternativer Fragestellung. Die Lieferung wird angenommen, wenn die Zahl Z der fehlerhaften Stücke unter den N gezogenen Stücken höchstens c ist, sonst abgelehnt, also:

$$Z \leqq c : \text{Annahme},$$

$$Z > c : \text{Ablehnung}.$$

Wie sieht die zugehörige Operationscharakteristik aus, und welche Aussagen liefert sie über die Risika von Erzeuger und Abnehmer?

Bei dieser Formulierung ist der schon einmal erwähnte (vgl. S. 132) Fall angenommen, daß die Grundgesamtheit, aus der die Stichprobe (N) gezogen wird, nicht unendlich groß ist, sondern den endlichen Umfang M hat. Die dann gültige Häufigkeitsverteilung ist eine Verallgemeinerung der Binomialverteilung, die aus ihr für den Grenzfall $M \to \infty$ entsteht. Die für endliches M gültige Häufigkeitsverteilung heißt *hypergeometrische Verteilung*.

Die wichtigsten Gesetze der hypergeometrischen Verteilung sind hier ohne Beweis mitgeteilt. Es sei

    M der Umfang der Grundgesamtheit,

    T die Anzahl der in ihr vorhandenen Treffer (fehlerhafte Stücke),

    N der Umfang der Stichprobe,

    $\varphi(Z)$ die Wahrscheinlichkeit dafür, unter den N Stücken der Stichprobe gerade Z Treffer (fehlerhafte Stücke) zu finden.

Dann ist

$$\varphi(Z) = \frac{\binom{N}{Z}\binom{M-N}{T-Z}}{\binom{M}{T}}, \tag{138}$$

Diese wichtige Gleichung soll an einem gedanklichen Sonderfall geprüft werden: Ist $N = M$, d.h., wird das ganze Los durchgeprüft (100%ige Kontrolle), so muß ja mit Gewißheit (also mit der Wahrscheinlichkeit $\varphi(T) = 1$) herauskommen, daß sich in dieser 100%igen Stichprobe $Z = T$ Treffer befinden. In der Tat liefert (138) wegen $M - N = 0$ stets $\varphi(Z) = 0$, solange $Z \neq T$ ist, und $\varphi(T) = 1$.

Als Veranschaulichung für (138) läßt sich wie früher bei der Binomialverteilung ein Staffelbild entwerfen, in dem bei gegebenen M, T man $\varphi(Z)$ der Reihe nach für $Z = 0, Z = 1 \ldots Z = N$ berechnet und jeweils $\varphi(Z)$ als Stufenhöhe aufträgt. Abb. 65 zeigt ein solches Staffelbild für das Beispiel $M = 10$, $T = 6$, $N = 4$.

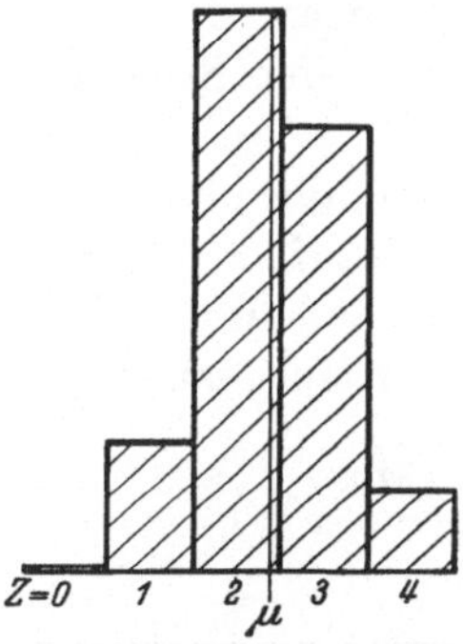

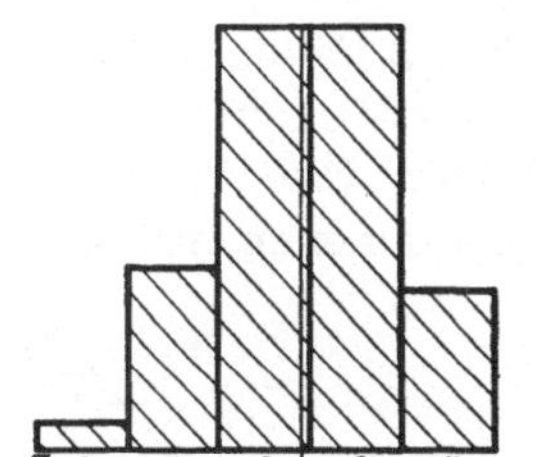

Abb. 65. Hypergeometrische Verteilung $M = 10$, $T = 6$, $p = 6/10$, $N = 4$, $\mu = 2,4$, $\sigma^2 = 0,64$

Abb. 66. Binomialverteilung $p = 6/10$, $N = 4$, $\mu = 2,4$, $\sigma^2 = 0,96$

Wird wie früher

$$p = T : M$$

die Grundwahrscheinlichkeit genannt, so liegt der Mittelwert einer hypergeometrischen Verteilung bei

$$\mu = p\,N,$$

und die Streuung wird

$$\sigma^2 = N\,p\,q\,\frac{M-N}{M-1}.$$

Diese Gleichungen stimmen bis auf den Faktor

$$\frac{M-N}{M-1} < 1$$

bei der Streuung mit denen einer Binomialverteilung der Ordnung N überein. Die Binomialverteilung geht für $M \to \infty$ aus der hypergeometrischen Verteilung hervor. In Abb. 66 ist die zu der gezeichneten hypergeometrischen Verteilung gehörende Binomialverteilung $p = 6 : 10$, $N = 4$, $\mu = p\,N = 2{,}4$ dargestellt. Beide Staffelbilder haben den gleichen Mittelwert $\mu = 2{,}4$. Die Streuung σ^2 ist jedoch beim ersten $\sigma^2 = 0{,}64$ und damit um den Faktor $2 : 3$ kleiner als beim zweiten, $\sigma^2 = 0{,}96$.

Den Grenzübergang $M \to \infty$ von der hypergeometrischen zur binomischen Verteilung kann man an Gl. (138) ausführen und sich nach kurzer Rechnung davon überzeugen, daß das bekannte Gesetz der Binomialverteilung

$$\varphi(Z) = \binom{N}{Z} p^Z (1 - p)^{N-Z} \tag{139}$$

entsteht, wobei p die Grundwahrscheinlichkeit bedeutet.

Ein weiterer Grenzübergang führt schließlich die Binomialverteilung in die POISSON-Verteilung seltener Ereignisse über: $N \to \infty$, $p \to 0$, $p\,N = \mu$. Das auf S. 166 ausführlich dargelegte Gesetz einer POISSON-Verteilung lautet:

$$\varphi(Z) = \frac{\mu^Z e^{-\mu}}{Z!} \, . \tag{140}$$

Diese Gleichung wird man wie früher bei den Kontrollkarten näherungsweise zur Behandlung des Falles heranziehen, daß die Grundwahrscheinlichkeit p sehr klein und demgemäß der Stichprobenumfang N groß ist.

In allen 3 Fällen, bei der hypergeometrischen, der binomischen und der POISSON-Verteilung, sind die anschaulichen Häufigkeitsverteilungen Staffelbilder. Die Wahrscheinlichkeit a dafür, daß unter N als Stichprobe genommenen Stücken höchstens c Treffer sind, ist stets

$$a = \sum_{Z=0}^{c} \varphi(Z) = a(p; c, N, M) \, . \tag{141}$$

Dabei gilt für $\varphi(Z)$:

$$\varphi(Z; N, p, M) = \frac{\binom{N}{Z}\binom{M-N}{T-Z}}{\binom{M}{T}}$$

Hypergeometrische Verteilung

M Umfang der Grundgesamtheit
p Grundwahrscheinlichkeit
$T = p\,M$
N Stichprobenumfang

$$\varphi(Z; N, p) = \binom{N}{Z} p^Z (1 - p)^{N-Z}$$

Binomialverteilung

p Grundwahrscheinlichkeit
N Stichprobenumfang

$$\varphi(Z; \mu) = \frac{\mu^Z e^{-\mu}}{Z!}$$

(*angenäherte*) POISSON-*Verteilung*

Grundwahrscheinlichkeit p klein
Stichprobenumfang N groß
$\mu = p\,N$

Faßt man in (141) a als Funktion von $\mu = p\,N$ auf, so hat man das genaue Pendant zu der Operationscharakteristik, wie sie in (136) für Variable entwickelt wurde. Entsprechend dem Staffelbild der Häufigkeitsverteilung ist an und für sich die Operationscharakteristik für Ereigniszahlen ein treppenartiges Gebilde, doch pflegt man auch für Ereigniszahlen die Operationscharakteristik stets durch einen glatten Kurvenzug darzustellen.

Abb. 67 zeigt eine solche Operationscharakteristik. Wie früher[1] (Abb. 62) ist die Ordinate die Annahmewahrscheinlichkeit a, während

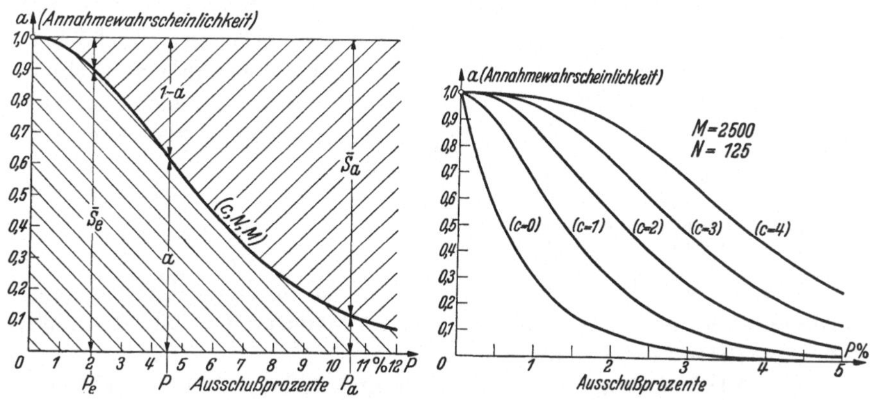

Abb. 67. Operationscharakteristik (c, N, M) mit den Grenzpunkten P_e und P_a für Erzeuger- und Abnehmerrisiko

Abb. 68. Formänderung der Operationscharakteristik bei variiertem c (fest bleiben N und M)

als Abszisse nicht mehr der Mittelwert $\mu = p\,N$ selbst, sondern die Grundwahrscheinlichkeit p in der Form $P = 100\,p\%$ aufgetragen wird. Für $P = 0$ ist stets $a = 1$. Die Schlüsse, die früher an den Grenzpunkten g_a und g_e für Risiko und Sicherheit gezogen wurden, gelten hier sinngemäß entsprechend für die Grenzwerte P_a und P_e. Jede Operationscharakteristik für Ereigniszahlen ist gekennzeichnet durch die Parameter

$c, N; M$ bei der hypergeometrischen Verteilung,

c, N bei der Binomialverteilung ($M = \infty$) und ihrer Annäherung durch die POISSON-Verteilung.

$$\left.\begin{array}{l} \text{Abnehmerrisiko} \quad A = a \cdot 100\% \\ \text{Abnehmersicherheit } \overline{S}_a \end{array}\right\} \text{für den Ausschuß } P_a,$$

$$\left.\begin{array}{l} \text{Erzeugerrisiko} \quad 100\% - a \cdot 100\% = (1-a) \cdot 100\% \\ \text{Erzeugersicherheit } \overline{S}_e \end{array}\right\} \begin{array}{l}\text{für den}\\ \text{Ausschuß } P_e.\end{array}$$

---

[1] Wegen der entgegengesetzten Tendenz der Abnahmebedingung fällt dort die Kurve in Gegenrichtung.

Durch Variation der Parameter c, N, M bzw. c, N lassen sich die Operationscharakteristiken und damit die aus ihnen ablesbaren Risika für Erzeuger und Abnehmer in weiten Grenzen ihrer Gestalt nach

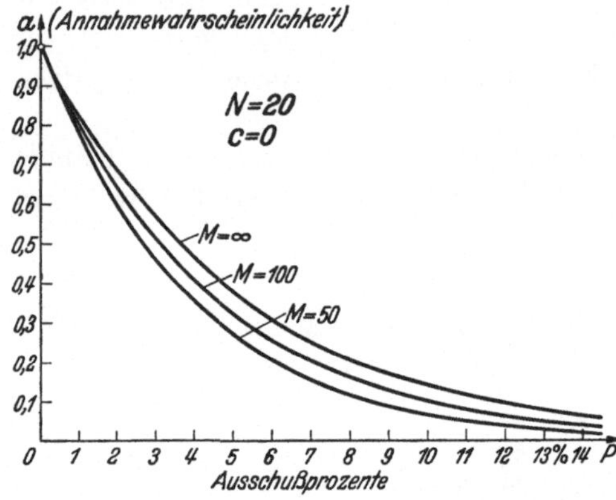

Abb. 69. Formänderung der Operationscharakteristik bei variiertem M (fest bleiben N und c)

formen. In den folgenden Abbildungen sind einige dieser gestaltlichen Änderungen eingefangen[1].

Abb. 68: Von den Parametern c, N und M sind $M = 2500$ und $N = 125$ fest gelassen; die höchstzulässige Zahl c von fehlerhaften Stücken in der Stichprobe ist variiert:

$$c = 0; \quad c = 1; \quad c = 2;$$
$$c = 3; \quad c = 4.$$

Abb. 69: Von den Parametern c, N und M sind $c = 0$ und $N = 20$ fest gehalten; der Umfang M des Loses ist variiert: $M = 50$; $M = 100$; $M = \infty$ (Binomialverteilung).

Abb. 70: Von den Parametern c, N und M ist $c = 0$ fest gehalten; N und M sind so variiert, daß $N : M = 0{,}1$ einen festen Wert hat

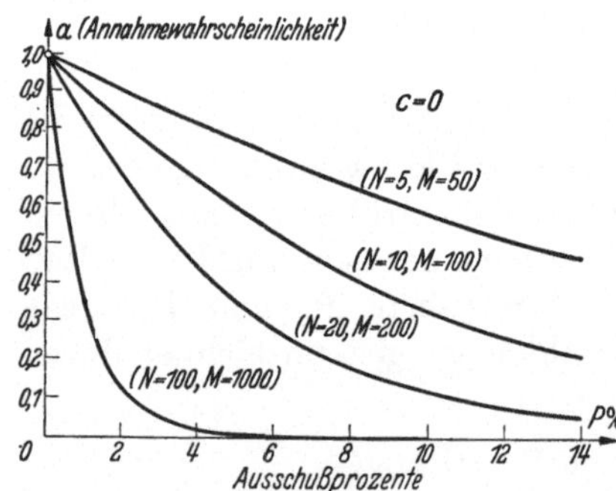

Abb. 70. Formänderung der Operationscharakteristik bei variiertem N und M (fest bleiben $N : M$ und c)

(d. h. es werden immer 10% des gelieferten Loses als Stichprobe gezogen): $M = 50$; $M = 100$; $M = 200$; $M = 1000$.

Bei der Festlegung der Lieferbedingungen an Hand der zugehörigen Operationscharakteristiken sind wie früher nicht nur rein statistische, sondern auch wegen der Kosten der Stichprobennahme wirtschaftliche Gesichtspunkte maßgebend, auf die hier nicht näher eingegangen ist.

10. Zwei- und mehrfache Stichprobenverfahren

Beim einfachen Stichprobenplan wird der Abnahmebedingung nur eine einzige Stichprobe vom Umfang N zugrunde gelegt. Demgegenüber hat das doppelte Stichprobensystem folgendes Schema:

---

[1] Vgl. diese und weiterführende Überlegungen z. B. bei E. L. GRANT: Statistical Quality Control. New York/London: McGraw-Hill Book Company, Inc. 1946.

1. Stichprobe: Umfang N_1, Zahl der fehlerhaften Stücke in ihr Z_1.

a) Los wird angenommen, wenn $Z_1 \leqq c_1$,
b) Los wird abgelehnt, wenn $Z_1 > c_2$,
c) 2. Stichprobe wird gezogen, wenn $c_1 < Z_1 \leqq c_2$.

2. Stichprobe: Umfang N_2, Zahl der fehlerhaften Stücke Z_2 (beide Stichproben werden zusammen genommen, Gesamtumfang $N = N_1 + N_2$, Gesamtzahl der fehlerhaften Stücke $Z = Z_1 + Z_2$).

Los wird angenommen, wenn $Z_1 + Z_2 \leqq c_2$,
Los wird abgelehnt, wenn $Z_1 + Z_2 > c_2$.

Wieder geht es darum, die Operationscharakteristik für einen solchen doppelten Stichprobenplan aufzustellen und aus ihr die Schlüsse über die Risika des Erzeugers und des Abnehmers zu ziehen.

Ist z. B. der Fall eines sehr umfangreichen Loses gegeben, so daß die Wahrscheinlichkeit

$$\varphi(Z; N, p) = \binom{N}{Z} p^Z (1 - p)^{N - Z}$$

der Binomialverteilung zugrunde gelegt werden kann, so erhält man für die Annahmewahrscheinlichkeit a gemäß der vorstehenden Abnahmebedingung nach kurzer Überlegung den Ausdruck

$$a = a(p) = \sum_{Z_1 = 0}^{c_1} \varphi(Z_1; N_1, p) + \sum_{Z_1 = c_1 + 1}^{c_2} \left\{ \varphi(Z_1; N_1, p) \sum_{Z_2 = 0}^{Z_2 = c_2 - Z_1} \varphi(Z_2; N_2, p) \right\}. \quad (142)$$

In ähnlicher Weise baut sich die Annahmewahrscheinlichkeit a aus Folgen von Summenausdrücken zusammen, wenn 3-, 4- oder mehrfache Stichprobenfolgen für die Abnahme gewählt werden. Bei solchen Plänen wird die endgültige Entscheidung über Annahme oder Ablehnung des Loses gegebenenfalls bis auf das Ergebnis einer 3., 4. usw. Stichprobe hinausgeschoben.

Der Charakter des Stichprobenplanes ist jedesmal durch die Operationscharakteristik gekennzeichnet, für deren Aufstellung in der speziellen Fachliteratur ausführliche Zahlentafeln entwickelt sind. Man erreicht durch solche mehrfachen Stichprobenpläne, daß die Gestalt der Operationscharakteristik mehr und mehr einer $\sqcup$-Stufenform nahekommt, die sich ja als Idealbild in voller Schärfe nur theoretisch durch eine 100%ige Inspektion erreichen ließe.

Bei der Wahl des Stichprobenplanes tritt als sehr wesentlicher Gesichtspunkt die Beachtung der Kosten hinzu, die für die Abnahmeprüfung aufgewandt werden müssen. Sie hängen zudem noch von zusätzlichen Abnahmebedingungen ab, so z. B. von der Forderung, daß der Erzeuger jedes zurückgewiesene Los 100%ig zu inspizieren hat. Erzeuger und Abnehmer müssen sich auf Stichprobenpläne einigen, die zwischen den beiden Polen einer möglichst guten Wirksamkeit und eines möglichst geringen Kostenaufwandes einen Kompromiß bilden.

Die Waldsche Folgeprüfung (sequential analysis)

Der logische Grenzfall einer mehrfachen Stichprobenprüfung ist die laufende Stichprobenfolge, die darin besteht, daß Stück für Stück dem Los entnommen und sofort mit „gut" oder „schlecht" bewertet wird. Man erhält dann z. B. folgendes Prüfungsschema.

Zahl der laufend gezogenen und geprüften Stücke . . . 1   2   3   4 . . . N

Zahl der unter ihnen gefundenen fehlerhaften Stücke . . 0   0   1   1 . . . Z

Eine Annahme des Loses erfolgt, sowie die Zahl Z der fehlerhaften Stücke von N nacheinander gezogenen Stücken kleiner ist als eine bestimmte Schranke, und eine Ablehnung erfolgt, sowie Z größer ist als eine bestimmte Schranke. Das Verfahren wird so lange fortgeführt, bis der eine oder der andere Fall eintritt.

Auswertungsvorschrift:

     A. $Z \leqq s\,N - h_1,$ *Los angenommen,*

     B. $Z \geqq s\,N + h_2,$ *Los abgelehnt,*

     C. $s\,N - h_1 < Z < s\,N + h_2,$ *Verfahren fortgeführt.*

Die dabei auftretenden Größen s, h_1 und h_2 hängen von dem Risiko ab, das einerseits der Erzeuger, andererseits der Abnehmer in Kauf nehmen will. Solche Forderungen besagen:

1. Für den Abnehmer besteht das Risiko α einer Annahme oder, gleichwertig ausgedrückt, die statistische Sicherheit $\overline{S} = 100\,(1 - \alpha)\,\%$ einer Ablehnung des Loses, wenn in ihm der Ausschuß $100\,p_a\%$ oder mehr beträgt.

2. Für den Erzeuger besteht das Risiko β einer Ablehnung oder, gleichwertig ausgedrückt, die statistische Sicherheit $\overline{S} = 100\,(1 - \beta)\,\%$ einer Annahme des Loses, wenn in ihm der Ausschuß $100\,p_e\%$ oder weniger beträgt.

Bei gegebenem α, β, p_a, $q_a = 1 - p_a$, p_e und $q_e = 1 - p_e$ sind, wie hier ohne Beweis mitgeteilt wird, die Größen s, h_1 und h_2 der Auswertungsvorschrift durch folgende Gleichungen gegeben:

$$\left\{ \begin{aligned} s &= \left[\log\left(\frac{q_e}{q_a}\right)\right] : \left[\log\left(\frac{p_a\,q_e}{p_e\,q_a}\right)\right], \\[2mm] h_1 &= \left[\log\frac{1-\beta}{\alpha}\right] : \left[\log\left(\frac{p_a\,q_e}{p_e\,q_a}\right)\right], \\[2mm] h_2 &= \left[\log\frac{1-\alpha}{\beta}\right] : \left[\log\left(\frac{p_a\,q_e}{p_e\,q_a}\right)\right]. \end{aligned} \right. \tag{143}$$

Abb. 71 macht den Gedankengang einer solchen laufenden Stichprobenbeurteilung (sequential analysis) deutlich, die sich übrigens auch für stetig veränderliche Merkmale durchführen läßt. Auf der Abszissenachse ist die Zahl N der untersuchten Stücke, auf der Ordinatenachse die Zahl Z der unter ihnen befindlichen fehlerhaften Stücke markiert.

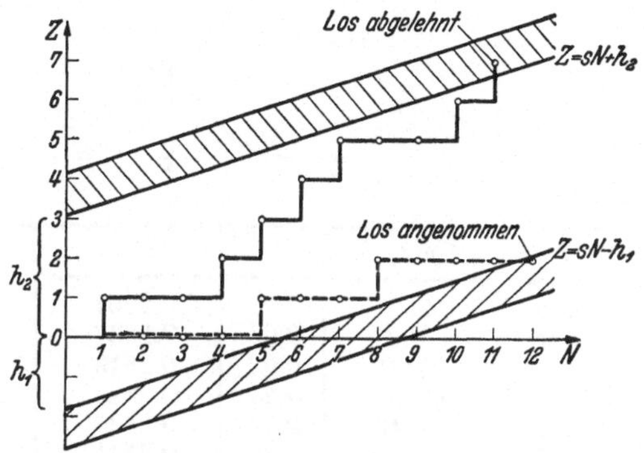

Abb. 71. Geometrische Deutung der Folgeprüfung

Man erhält durch jedesmaliges Eintragen des erreichten Punktes (N, Z) und geradliniges Verbinden eine Stufenfolge. Sowie dieser Streckenzug die obere Gerade mit der Gleichung $Z = s\,N + h_2$ schneidet (ausgezogene Stufenfolge), wird das Los abgelehnt, sowie ein solcher Streckenzug die untere Gerade mit der Gleichung $Z = s\,N - h_1$ schneidet (gestrichelter Streckenzug), wird das Los angenommen. Die beiden Grenzgeraden sind parallel.

Für die Handhabung, die Auswahl und alle Einzelheiten der vorstehend nur kurz umrissenen mehrfachen Stichprobenpläne und Folgeprüfungen sei auf die umfangreiche Spezialliteratur dieses Fachgebietes verwiesen.

N. Statistische Zahlentafeln und Nomogramme

Tabelle I. *Ordinatenwerte der Gaußschen Normalverteilung*

$$\varphi(\lambda) = \frac{1}{\sqrt{2\pi}}\, e^{-\frac{\lambda^2}{2}}$$

λ	$\varphi(\lambda)$	λ	$\varphi(\lambda)$	λ	$\varphi(\lambda)$	λ	$\varphi(\lambda)$
0,00	0,3989	0,50	0,3521	0,90	0,2661	1,60	0,1109
0,02	0,3989	0,51	0,3503	0,91	0,2637	1,62	0,1074
0,04	0,3986	0,52	0,3485	0,92	0,2613	1,64	0,1040
0,06	0,3982	0,53	0,3467	0,93	0,2589	1,66	0,1006
0,08	0,3977	0,54	0,3448	0,94	0,2565	1,68	0,09728
0,10	0,3970	0,55	0,3429	0,95	0,2541	1,70	0,09405
0,12	0,3961	0,56	0,3411	0,96	0,2516	1,72	0,09089
0,14	0,3951	0,57	0,3391	0,97	0,2492	1,74	0,08780
0,16	0,3939	0,58	0,3372	0,98	0,2468	1,76	0,08478
0,18	0,3925	0,59	0,3352	0,99	0,2444	1,78	0,08183
0,20	0,3910	0,60	0,3332	1,00	0,2420	1,80	0,07895
0,21	0,3902	0,61	0,3312	1,02	0,2371	1,82	0,07614
0,22	0,3894	0,62	0,3292	1,04	0,2323	1,84	0,07341
0,23	0,3885	0,63	0,3271	1,06	0,2275	1,86	0,07074
0,24	0,3876	0,64	0,3251	1,08	0,2227	1,88	0,06814
0,25	0,3867	0,65	0,3230	1,10	0,2179	1,90	0,06562
0,26	0,3857	0,66	0,3209	1,12	0,2131	1,92	0,06316
0,27	0,3847	0,67	0,3187	1,14	0,2083	1,94	0,06077
0,28	0,3836	0,68	0,3166	1,16	0,2036	1,96	0,05844
0,29	0,3825	0,69	0,3144	1,18	0,1989	1,98	0,05618
0,30	0,3814	0,70	0,3123	1,20	0,1942	2,00	0,05399
0,31	0,3802	0,71	0,3101	1,22	0,1895	2,02	0,05186
0,32	0,3790	0,72	0,3079	1,24	0,1849	2,04	0,04980
0,33	0,3778	0,73	0,3056	1,26	0,1804	2,06	0,04780
0,34	0,3765	0,74	0,3034	1,28	0,1759	2,08	0,04586
0,35	0,3752	0,75	0,3011	1,30	0,1714	2,10	0,04398
0,36	0,3739	0,76	0,2989	1,32	0,1669	2,12	0,04217
0,37	0,3726	0,77	0,2966	1,34	0,1626	2,14	0,04041
0,38	0,3712	0,78	0,2943	1,36	0,1582	2,16	0,03871
0,39	0,3697	0,79	0,2920	1,38	0,1540	2,18	0,03706
0,40	0,3683	0,80	0,2897	1,40	0,1497	2,20	0,03547
0,41	0,3668	0,81	0,2874	1,42	0,1456	2,22	0,03394
0,42	0,3653	0,82	0,2850	1,44	0,1415	2,24	0,03246
0,43	0,3637	0,83	0,2827	1,46	0,1374	2,26	0,03103
0,44	0,3621	0,84	0,2803	1,48	0,1334	2,28	0,02965
0,45	0,3605	0,85	0,2780	1,50	0,1295	2,30	0,02833
0,46	0,3589	0,86	0,2756	1,52	0,1257	2,32	0,02705
0,47	0,3572	0,87	0,2732	1,54	0,1219	2,34	0,02582
0,48	0,3555	0,88	0,2709	1,56	0,1182	2,36	0,02463
0,49	0,3538	0,89	0,2685	1,58	0,1145	2,38	0,02349

Tabelle I. (*Fortsetzung*)

λ	$\varphi(\lambda)$	λ	$\varphi(\lambda)$	λ	$\varphi(\lambda)$	λ	$\varphi(\lambda)$
2,40	0,02239	2,56	0,01506	2,72	0,00987	2,88	0,00631
2,42	0,02134	2,58	0,01431	2,74	0,00935	2,90	0,00595
2,44	0,02033	2,60	0,01358	2,76	0,00885	2,92	0,00562
2,46	0,01936	2,62	0,01289	2,78	0,00837	2,94	0,00530
2,48	0,01842	2,64	0,01223	2,80	0,00792	2,96	0,00499
2,50	0,01753	2,66	0,01160	2,82	0,00748	2,98	0,00471
2,52	0,01667	2,68	0,01100	2,84	0,00707	3,00	0,00443
2,54	0,01585	2,70	0,01042	2,86	0,00668		

$\lambda = 3,5$ $\varphi(\lambda) = 8,7 \cdot 10^{-4}$	$\lambda = 4,0$ $\varphi(\lambda) = 1,3 \cdot 10^{-4}$	$\lambda = 4,5$ $\varphi(\lambda) = 1,6 \cdot 10^{-5}$	$\lambda = 5,0$ $\varphi(\lambda) = 1,5 \cdot 10^{-6}$
$\lambda = 6,0$ $\varphi(\lambda) = 6,1 \cdot 10^{-9}$	$\lambda = 8,0$ $\varphi(\lambda) = 5,1 \cdot 10^{-15}$	$\lambda = 10$ $\varphi(\lambda) = 7,7 \cdot 10^{-23}$	$\lambda = 20$ $\varphi(\lambda) = 5,5 \cdot 10^{-88}$

Näherungswerte für das Zeichnen der Glockenkurve
(Mittelwert μ, m. qu. Abw. σ)

$x =$	μ	$\mu \pm \frac{1}{2}\sigma$	$\mu \pm \sigma$	$\mu \pm \frac{3}{2}\sigma$	$\mu \pm 2\sigma$	$\mu \pm 3\sigma$
$y =$	y_{max}	$\frac{7}{8} y_{max}$	$\frac{5}{8} y_{max}$	$\frac{2,5}{8} y_{max}$	$\frac{1}{8} y_{max}$	$\frac{1}{80} y_{max}$

Tabelle II. *Integralwerte der Gaußschen Normalverteilung*

$$\Phi(\lambda) = \frac{1}{\sqrt{2\pi}} \int_{-\lambda}^{+\lambda} e^{-\frac{\lambda^2}{2}}\, d\lambda$$

λ	$\Phi(\lambda)$	λ	$\Phi(\lambda)$	λ	$\Phi(\lambda)$	λ	$\Phi(\lambda)$	λ	$\Phi(\lambda)$
0,00	0,0000	0,30	0,2358	0,90	0,6318	1,50	0,8664	3,00	0,9973
0,01	0,0080	0,32	0,2510	0,92	0,6424	1,55	0,8788	3,05	0,9978
0,02	0,0160	0,34	0,2662	0,94	0,6528	1,60	0,8904	3,10	0,9981
0,03	0,0240	0,36	0,2812	0,96	0,6630	1,65	0,9010	3,15	0,9984
0,04	0,0320	0,38	0,2960	0,98	0,6730	1,70	0,9108	3,20	0,9986
0,05	0,0398	0,40	0,3108	1,00	0,6826	1,75	0,9198	3,25	0,9988
0,06	0,0478	0,42	0,3256	1,02	0,6922	1,80	0,9282	3,30	0,9990
0,07	0,0558	0,44	0,3400	1,04	0,7016	1,85	0,9356	3,35	0,9992
0,08	0,0638	0,46	0,3544	1,06	0,7108	1,90	0,9426	3,40	0,9993
0,09	0,0718	0,48	0,3688	1,08	0,7198	1,95	0,9488	3,45	0,9994
0,10	0,0796	0,50	0,3830	1,10	0,7286	2,00	0,9544	3,50	0,9995
0,11	0,0876	0,52	0,3970	1,12	0,7372	2,05	0,9596	3,60	0,9997
0,12	0,0956	0,54	0,4108	1,14	0,7458	2,10	0,9642	3,70	0,9998
0,13	0,1034	0,56	0,4246	1,16	0,7540	2,15	0,9684	3,80	0,9999
0,14	0,1114	0,58	0,4380	1,18	0,7620	2,20	0,9722		
0,15	0,1192	0,60	0,4514	1,20	0,7698	2,25	0,9756		
0,16	0,1272	0,62	0,4648	1,22	0,7776	2,30	0,9786		
0,17	0,1350	0,64	0,4778	1,24	0,7850	2,35	0,9812		
0,18	0,1428	0,66	0,4908	1,26	0,7924	2,40	0,9836		
0,19	0,1506	0,68	0,5034	1,28	0,7994	2,45	0,9858		
0,20	0,1586	0,70	0,5160	1,30	0,8064	2,50	0,9876		
0,21	0,1664	0,72	0,5284	1,32	0,8132	2,55	0,9892		
0,22	0,1742	0,74	0,5408	1,34	0,8198	2,60	0,9906		
0,23	0,1818	0,76	0,5528	1,36	0,8262	2,65	0,9920		
0,24	0,1896	0,78	0,5646	1,38	0,8324	2,70	0,9930		
0,25	0,1974	0,80	0,5762	1,40	0,8384	2,75	0,9940		
0,26	0,2052	0,82	0,5878	1,42	0,8444	2,80	0,9949		
0,27	0,2128	0,84	0,5990	1,44	0,8502	2,85	0,9956		
0,28	0,2206	0,86	0,6102	1,46	0,8558	2,90	0,9963		
0,29	0,2282	0,88	0,6212	1,48	0,8612	2,95	0,9968		

λ	$\Phi(\lambda)$ in %
0,674	50,00
1,645	90,00
1,960	95,00
2,241	97,50
2,326	98,00
2,576	99,00
2,878	99,60
3,090	99,80
3,291	99,90
3,719	99,98
3,891	99,99

$$\lambda = 4{,}41717, \quad \Phi(\lambda) = 99{,}9990000\,\%$$
$$\lambda = 4{,}89164, \quad \Phi(\lambda) = 99{,}9999000\,\%$$
$$\lambda = 5{,}32672, \quad \Phi(\lambda) = 99{,}9999900\,\%$$
$$\lambda = 5{,}73073, \quad \Phi(\lambda) = 99{,}9999990\,\%$$
$$\lambda = 6{,}10941, \quad \Phi(\lambda) = 99{,}9999999\,\%$$

Tabelle III. *Integralgrenzen der t-Verteilung in Abhängigkeit vom Freiheitsgrad n und der statistischen Sicherheit S*

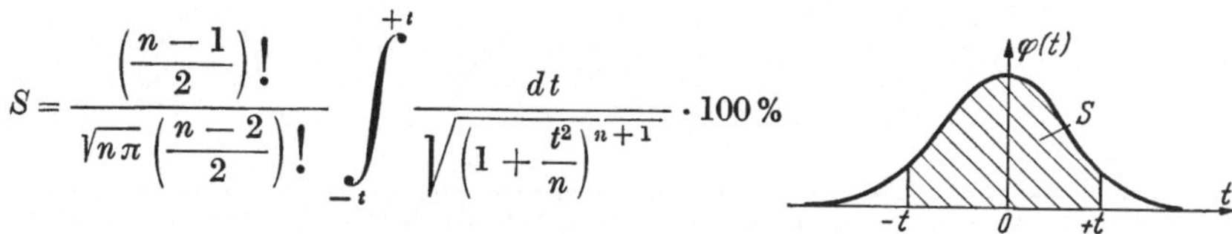

$$S = \frac{\left(\frac{n-1}{2}\right)!}{\sqrt{n\pi}\left(\frac{n-2}{2}\right)!} \int\limits_{-t}^{+t} \frac{dt}{\sqrt{\left(1+\frac{t^2}{n}\right)^{n+1}}} \cdot 100\,\%$$

Freiheits-grad n	Statistische Sicherheit			Freiheits-grad n	Statistische Sicherheit		
	$S=95\%$	$S=99\%$	$S=99,9\%$		$S=95\%$	$S=99\%$	$S=99,9\%$
1	12,71	63,66	636,62	26	2,056	2,779	3,707
2	4,30	9,92	31,60	27	2,052	2,771	3,690
3	3,18	5,84	12,94	28	2,048	2,763	3,674
4	2,78	4,60	8,61	29	2,045	2,756	3,659
5	2,57	4,03	6,86	30	2,042	2,750	3,646
6	2,45	3,71	5,96	35	2,030	2,724	3,592
7	2,37	3,50	5,41	40	2,021	2,704	3,551
8	2,31	3,36	5,04	45	2,014	2,689	3,521
9	2,26	3,25	4,78	50	2,008	2,678	3,496
10	2,23	3,17	4,59	60	2,000	2,660	3,460
11	2,20	3,11	4,44	70	1,994	2,648	3,435
12	2,18	3,06	4,32	80	1,990	2,638	3,416
13	2,16	3,01	4,22	90	1,987	2,631	3,402
14	2,15	2,98	4,14	100	1,984	2,626	3,390
15	2,13	2,95	4,07	120	1,980	2,617	3,373
16	2,12	2,92	4,02	140	1,977	2,611	3,361
17	2,11	2,90	3,96	160	1,975	2,607	3,352
18	2,10	2,88	3,92	180	1,973	2,603	3,346
19	2,09	2,86	3,88	200	1,972	2,601	3,340
20	2,09	2,85	3,85	300	1,968	2,592	3,324
21	2,080	2,831	3,819	400	1,966	2,588	3,315
22	2,074	2,819	3,792	500	1,965	2,586	3,310
23	2,069	2,807	3,767	1000	1,962	2,581	3,300
24	2,064	2,797	3,745	∞	1,960	2,576	3,291
25	2,060	2,787	3,725				

Tabelle IVa. *Integralgrenzen der F-Verteilung für die statistische Sicherheit*
$\overline{S} = 95\%$ *in Abhängigkeit von den Freiheitsgraden* n_1 *und* n_2[1]

$$\overline{S} = 95\% = \frac{\left(\dfrac{n_1 + n_2 - 2}{2}\right)! \ \sqrt{n_1^{n_1} n_2^{n_2}}}{\left(\dfrac{n_1 - 2}{2}\right)! \left(\dfrac{n_2 - 2}{2}\right)!} \int_0^F \frac{F^{\frac{n_1-2}{2}} \, dF}{(n_2 + n_1 F)^{\frac{n_1+n_2}{2}}} \cdot 100\%$$

n_2	$n_1=1$	$n_1=2$	$n_1=3$	$n_1=4$	$n_1=5$	$n_1=6$	$n_1=8$	$n_1=12$	$n_1=24$	$n_1=\infty$	n_2
1	161,4	199,5	215,7	224,6	230,2	234,0	238,9	243,9	249,0	254,3	1
2	18,51	19,00	19,16	19,25	19,30	19,33	19,37	19,41	19,45	19,50	2
3	10,13	9,55	9,28	9,12	9,01	8,94	8,84	8,74	8,64	8,53	3
4	7,71	6,94	6,59	6,39	6,26	6,16	6,04	5,91	5,77	5,63	4
5	6,61	5,79	5,41	5,19	5,05	4,95	4,82	4,68	4,53	4,36	5
6	5,99	5,14	4,76	4,53	4,39	4,28	4,15	4,00	3,84	3,67	6
7	5,59	4,74	4,35	4,12	3,97	3,87	3,73	3,57	3,41	3,23	7
8	5,32	4,46	4,07	3,84	3,69	3,58	3,44	3,28	3,12	2,93	8
9	5,12	4,26	3,86	3,63	3,48	3,37	3,23	3,07	2,90	2,71	9
10	4,96	4,10	3,71	3,48	3,33	3,22	3,07	2,91	2,74	2,54	10
11	4,84	3,98	3,59	3,36	3,20	3,09	2,95	2,79	2,61	2,40	11
12	4,75	3,88	3,49	3,26	3,11	3,00	2,85	2,69	2,50	2,30	12
13	4,67	3,80	3,41	3,18	3,02	2,92	2,77	2,60	2,42	2,21	13
14	4,60	3,74	3,34	3,11	2,96	2,85	2,70	2,53	2,35	2,13	14
15	4,54	3,68	3,29	3,06	2,90	2,79	2,64	2,48	2,29	2,07	15
16	4,49	3,63	3,24	3,01	2,85	2,74	2,59	2,42	2,24	2,01	16
17	4,45	3,59	3,20	2,96	2,81	2,70	2,55	2,38	2,19	1,96	17
18	4,41	3,55	3,16	2,93	2,77	2,66	2,51	2,34	2,15	1,92	18
19	4,38	3,52	3,13	2,90	2,74	2,63	2,48	2,31	2,11	1,88	19
20	4,35	3,49	3,10	2,87	2,71	2,60	2,45	2,28	2,08	1,84	20
21	4,32	3,47	3,07	2,84	2,68	2,57	2,42	2,25	2,05	1,81	21
22	4,30	3,44	3.05	2,82	2,66	2,55	2,40	2,23	2,03	1,78	22
23	4,28	3,42	3 03	2,80	2,64	2,53	2,38	2,20	2,00	1,76	23
24	4,26	3,40	3,01	2,78	2,62	2,51	2,36	2,18	1,98	1,73	24
25	4,24	3,38	2,99	2,76	2,60	2,49	2,34	2,16	1,96	1,71	25
26	4,22	3,37	2,98	2,74	2,59	2,47	2,32	2,15	1,95	1,69	26
27	4,21	3,35	2,96	2,73	2,57	2,46	2,30	2,13	1,93	1,67	27
28	4,20	3,34	2,95	2,71	2,56	2,44	2,29	2,12	1,91	1,65	28
29	4,18	3,33	2,93	2,70	2,54	2,43	2,28	2,10	1,90	1,64	29
30	4,17	3,32	2,92	2,69	2,53	2,42	2,27	2,09	1,89	1,62	30
40	4,08	3,23	2,84	2,61	2,45	2,34	2,18	2,00	1,79	1,51	40
60	4,00	3,15	2,76	2,52	2,37	2,25	2,10	1,92	1,70	1,39	60
120	3,92	3,07	2,68	2,45	2,29	2,17	2,02	1,83	1,61	1,25	120
∞	3,84	2,99	2,60	2,37	2,21	2,09	1,94	1,75	1,52	1,00	∞
n_2	$n_1=1$	$n_1=2$	$n_1=3$	$n_1=4$	$n_1=5$	$n_1=6$	$n_1=8$	$n_1=12$	$n_1=24$	$n_1=\infty$	n_2

[1] Interpolationsregeln s. S. 101.

Tabelle IVb. *Integralgrenzen der F-Verteilung für die statistische Sicherheit* $\bar{S} = 99\%$ *in Abhängigkeit von den Freiheitsgraden* n_1 *und* n_2[1]

$$\bar{S} = 99\% = \frac{\left(\dfrac{n_1 + n_2 - 2}{2}\right)! \; \sqrt{n_1^{n_1} n_2^{n_2}}}{\left(\dfrac{n_1 - 2}{2}\right)! \cdot \left(\dfrac{n_2 - 2}{2}\right)!} \int_0^F \frac{F^{\frac{n_1-2}{2}} \, dF}{(n_2 + n_1 F)^{\frac{n_1+n_2}{2}}} \cdot 100\%$$

n_2	$n_1=1$	$n_1=2$	$n_1=3$	$n_1=4$	$n_1=5$	$n_1=6$	$n_1=8$	$n_1=12$	$n_1=24$	$n_1=\infty$	n_2
1	4052	4999	5403	5625	5764	5859	5981	6106	6234	6366	1
2	98,49	99,00	99,17	99,25	99,30	99,33	99,36	99,42	99,46	99,50	2
3	34,12	30,81	29,46	28,71	28,24	27,91	27,49	27,05	26,60	26,12	3
4	21,20	18,00	16,69	15,98	15,52	15,21	14,80	14,37	13,93	13,46	4
5	16,26	13,27	12,06	11,39	10,97	10,67	10,27	9,89	9,47	9,02	5
6	13,74	10,92	9,78	9,15	8,75	8,47	8,10	7,72	7,31	6,88	6
7	12,25	9,55	8,45	7,85	7,46	7,19	6,84	6,47	6,07	5,65	7
8	11,26	8,65	7,59	7,01	6,63	6,37	6,03	5,67	5,28	4,86	8
9	10,56	8,02	6,99	6,42	6,06	5,80	5,47	5,11	4,73	4,31	9
10	10,04	7,56	6,55	5,99	5,64	5,39	5,06	4,71	4,33	3,91	10
11	9,65	7,20	6,22	5,67	5,32	5,07	4,74	4,40	4,02	3,60	11
12	9,33	6,93	5,95	5,41	5,06	4,82	4,50	4,16	3,78	3,36	12
13	9,07	6,70	5,74	5,20	4,86	4,62	4,30	3,96	3,59	3,16	13
14	8,86	6,51	5,56	5,03	4,69	4,46	4,14	3,80	3,43	3,00	14
15	8,68	6,36	5,42	4,89	4,56	4,32	4,00	3,67	3,29	2,87	15
16	8,53	6,23	5,29	4,77	4,44	4,20	3,89	3,55	3,18	2,75	16
17	8,40	6,11	5,18	4,67	4,34	4,10	3,79	3,45	3,08	2,65	17
18	8,28	6,01	5,09	4,58	4,25	4,01	3,71	3,37	3,00	2,57	18
19	8,18	5,93	5,01	4,50	4,17	3,94	3,63	3,30	2,92	2,49	19
20	8,10	5,85	4,94	4,43	4,10	3,87	3,56	3,23	2,86	2,42	20
21	8,02	5,78	4,87	4,37	4,04	3,81	3,51	3,17	2,80	2,36	21
22	7,94	5,72	4,82	4,31	3,99	3,76	3,45	3,12	2,75	2,31	22
23	7,88	5,66	4,76	4,26	3,94	3,71	3,41	3,07	2,70	2,26	23
24	7,82	5,61	4,72	4,22	3,90	3,67	3,36	3,03	2,66	2,21	24
25	7,77	5,57	4,68	4,18	3,86	3,63	3,32	2,99	2,62	2,17	25
26	7,72	5,53	4,64	4,14	3,82	3,59	3,29	2,96	2,58	2,13	26
27	7,68	5,49	4,60	4,11	3,78	3,56	3,26	2,93	2,55	2,10	27
28	7,64	5,45	4,57	4,07	3,75	3,53	3,23	2,90	2,52	2,06	28
29	7,60	5,42	4,54	4,04	3,73	3,50	3,20	2,87	2,49	2,03	29
30	7,56	5,39	4,51	4,02	3,70	3,47	3,17	2,84	2,47	2,01	30
40	7,31	5,18	4,31	3,83	3,51	3,29	2,99	2,66	2,29	1,80	40
60	7,08	4,98	4,13	3,65	3,34	3,12	2,82	2,50	2,12	1,60	60
120	6,85	4,79	3,95	3,48	3,17	2,96	2,66	2,34	1,95	1,38	120
∞	6,64	4,60	3,78	3,32	3,02	2,80	2,51	2,18	1,79	1,00	∞
n_2	$n_1=1$	$n_1=2$	$n_1=3$	$n_1=4$	$n_1=5$	$n_1=6$	$n_1=8$	$n_1=12$	$n_1=24$	$n_1=\infty$	n_2

[1] Interpolationsregeln s. S. 101.

Tabelle IVc. *Integralgrenzen der F-Verteilung für die statistische Sicherheit*
$\overline{S} = 99{,}9\%$ *in Abhängigkeit von den Freiheitsgraden n_1 und n_2*[1]

$$\overline{S} = 99{,}9\% = \frac{\left(\dfrac{n_1 + n_2 - 2}{2}\right)! \; \sqrt{n_1^{n_1} n_2^{n_2}}}{\left(\dfrac{n_1 - 2}{2}\right)! \left(\dfrac{n_2 - 2}{2}\right)!} \int\limits_0^F \frac{F^{\frac{n_1-2}{2}} \, dF}{(n_2 + n_1 F)^{\frac{n_1+n_2}{2}}} \cdot 100\%$$

n_2	$n_1=1$	$n_1=2$	$n_1=3$	$n_1=4$	$n_1=5$	$n_1=6$	$n_1=8$	$n_1=12$	$n_1=24$	$n_1=\infty$	n_2
1	405284	500000	540379	562500	576405	585937	598144	610667	623497	636619	1
2	998,5	999,0	999,2	999,2	999,3	999,3	999,4	999,4	999,5	999,5	2
3	167,5	148,5	141,1	137,1	134,6	132,8	130,6	128,3	125,9	123,5	3
4	74,14	61,25	56,18	53,44	51,71	50,53	49,00	47,41	45,77	44,05	4
5	47,04	36,61	33,20	31,09	29,75	28,84	27,64	26,42	25,14	23,78	5
6	35,51	27,00	23,70	21,90	20,81	20,03	19,03	17,99	16,89	15,75	6
7	29,22	21,69	18,77	17,19	16,21	15,52	14,63	13,71	12,73	11,69	7
8	25,42	18,49	15,83	14,39	13,49	12,86	12,04	11,19	10,30	9,34	8
9	22,86	16,39	13,90	12,56	11,71	11,13	10,37	9,57	8,72	7,81	9
10	21,04	14,91	12,55	11,28	10,48	9,92	9,20	8,45	7,64	6,76	10
11	19,69	13,81	11,56	10,35	9,58	9,05	8,35	7,63	6,85	6,00	11
12	18,64	12,97	10,80	9,63	8,89	8,38	7,71	7,00	6,25	5,42	12
13	17,81	12,31	10,21	9,07	8,35	7,86	7,21	6,52	5,78	4,97	13
14	17,14	11,78	9,73	8,62	7,92	7,43	6,80	6,13	5,41	4,60	14
15	16,59	11,34	9,34	8,25	7,57	7,09	6,47	5,81	5,10	4,31	15
16	16,12	10,97	9,00	7,94	7,27	6,81	6,19	5,55	4,85	4,06	16
17	15,72	10,66	8,73	7,68	7,02	6,56	5,96	5,32	4,63	3,85	17
18	15,38	10,39	8,49	7,46	6,81	6,35	5,76	5,13	4,45	3,67	18
19	15,08	10,16	8,28	7,26	6,61	6,18	5,59	4,97	4,29	3,52	19
20	14,82	9,95	8,10	7,10	6,46	6,02	5,44	4,82	4,15	3,38	20
21	14,59	9,77	7,94	6,95	6,32	5,88	5,31	4,70	4,03	3,26	21
22	14,38	9,61	7,80	6,81	6,19	5,76	5,19	4,58	3,92	3,15	22
23	14,19	9,47	7,67	6,69	6,08	5,65	5,09	4,48	3,82	3,05	23
24	14,03	9,34	7,55	6,59	5,98	5,55	4,99	4,39	3,74	2,97	24
25	13,88	9,22	7,45	6,49	5,88	5,46	4,91	4,31	3,66	2,89	25
26	13,74	9,12	7,36	6,41	5,80	5,38	4,83	4,24	3,59	2,82	26
27	13,61	9,02	7,27	6,33	5,73	5,31	4,76	4,17	3,52	2,75	27
28	13,50	8,93	7,19	6,25	5,66	5,24	4,69	4,11	3,46	2,70	28
29	13,39	8,85	7,12	6,19	5,59	5,18	4,64	4,05	3,41	2,64	29
30	13,29	8,77	7,05	6,12	5,53	5,12	4,58	4,00	3,36	2,59	30
40	12,61	8,25	6,60	5,70	5,13	4,73	4,21	3,64	3,01	2,23	40
60	11,97	7,76	6,17	5,31	4,76	4,37	3,87	3,31	2,69	1,90	60
120	11,38	7,31	5,79	4,95	4,42	4,04	3,55	3,02	2,40	1,56	120
∞	10,83	6,91	5,42	4,62	4,10	3,74	3,27	2,74	2,13	1,00	∞
n_2	$n_1=1$	$n_1=2$	$n_1=3$	$n_1=4$	$n_1=5$	$n_1=6$	$n_1=8$	$n_1=12$	$n_1=24$	$n_1=\infty$	n_2

[1] Interpolationsregeln s. S. 101.

Tabelle V. *Integralgrenzen der χ^2-Verteilung in Abhängigkeit vom Freiheitsgrad n und der statistischen Sicherheit $\bar{S}$*

$$\bar{S} = \frac{\int\limits_0^{\chi^2} (\chi^2)^{\frac{n-2}{2}}\, e^{-\frac{\chi^2}{2}}\, d(\chi^2)}{\sqrt{2^n}\left(\frac{n-2}{2}\right)!} \cdot 100\%$$

Freiheitsgrad	Statistische Sicherheit			Freiheitsgrad
n	$\bar{S} = 95\%$	$\bar{S} = 99\%$	$\bar{S} = 99,9\%$	n
1	3,841	6,635	10,827	1
2	5,991	9,210	13,815	2
3	7,815	11,345	16,268	3
4	9,488	13,277	18,465	4
5	11,070	15,086	20,517	5
6	12,592	16,812	22,457	6
7	14,067	18,475	24,322	7
8	15,507	20,090	26,125	8
9	16,919	21,666	27,877	9
10	18,307	23,209	29,588	10
11	19,675	24,725	31,264	11
12	21,026	26,217	32,909	12
13	22,362	27,688	34,528	13
14	23,685	29,141	36,123	14
15	24,996	30,578	37,697	15
16	26,296	32,000	39,252	16
17	27,587	33,409	40,790	17
18	28,869	34,805	42,312	18
19	30,144	36,191	43,820	19
20	31,410	37,566	45,315	20
21	32,671	38,932	46,797	21
22	33,924	40,289	48,268	22
23	35,172	41,638	49,728	23
24	36,415	42,980	51,179	24
25	37,652	44,314	52,620	25
26	38,885	45,642	54,052	26
27	40,113	46,963	55,476	27
28	41,337	48,278	56,893	28
29	42,557	49,588	58,302	29
30	43,773	50,892	59,703	30

Für $n > 30$ gilt angenähert: $\chi^2 = \frac{1}{2}[\sqrt{2n-1} + \lambda]^2$ mit $\lambda = 1,645$ bzw. 2,326 bzw. 3,090.

Tabelle VI. *Zusammenhang zwischen der m. qu. Abw. σ der Grundgesamtheit und dem Durchschnittswert $\bar{s}$ der m. qu. Abw. s einer Folge von Stichproben (N)*

$$\text{Erwartungswert } \bar{s} = c\,\sigma; \qquad c = \sqrt{\frac{2}{N-1}}\;\frac{\left(\dfrac{N-2}{2}\right)!}{\left(\dfrac{N-3}{2}\right)!}$$

Zahlenwerte des Faktors c in Abhängigkeit vom Stichprobenumfang N

N	c	N	c	N	c
—	—	11	0,975	21	0,9875
2	0,798	12	0,978	22	0,988
3	0,886	13	0,979	23	0,989
4	0,921	14	0,981	24	0,989
5	0,940	15	0,982	25	0,990
6	0,9515	16	0,9835	30	0,991
7	0,959	17	0,984	40	0,994
8	0,965	18	0,985	50	0,995
9	0,969	19	0,986	75	0,997
10	0,973	20	0,987	100	0,9975

Tabelle VII. *Zusammenhang zwischen der m. qu. Abw. σ der Grundgesamtheit und dem Durchschnittswert $\overline{R}$ der Spannweiten R einer Folge von Stichproben (N)*

$$\text{Erwartungswert } \overline{R} = d_2\,\sigma$$

Zahlenwerte des Faktors d_2 in Abhängigkeit vom Stichprobenumfang N

N	d_2	N	d_2	N	d_2
2	1,128	7	2,704	12	3,258
3	1,693	8	2,847	13	3,336
4	2,059	9	2,970	14	3,407
5	2,326	10	3,078	15	3,472
6	2,534	11	3,173	16	3,532

Tabelle VIII. *Faktoren zur Bestimmung der 3 σ-Kontrollgrenzen für $\bar{x}$- und s-Karten aus dem Durchschnittswert $\bar{s}$ der m. qu. Abw. s einer Folge von Stichproben (N)*

$$\bar{x}\text{-Karte} \begin{cases} \text{Obere Kontrollgrenze} & \bar{\bar{x}} + A_1\,\bar{s}' \\ \text{Untere Kontrollgrenze} & \bar{\bar{x}} - A_1\,\bar{s}' \end{cases}$$
$$s\text{-Karte} \begin{cases} \text{Obere Kontrollgrenze} & B_4\,\bar{s}' \\ \text{Untere Kontrollgrenze} & B_3\,\bar{s}' \end{cases} \quad \text{mit} \quad \bar{s}' = \bar{s}\sqrt{\frac{N-1}{N}}$$

Stichproben-umfang N	Faktor für $\bar{x}$-Karte A_1	Faktoren für s-Karte	
		obere Grenze B_4	untere Grenze B_3
2	3,76	3,27	0
3	2,39	2,57	0
4	1,88	2.27	0
5	1,60	2,09	0
6	1,41	1,97	0,03
7	1,28	1,88	0,12
8	1,17	1,81	0,18
9	1,09	1,76	0,24
10	1,03	1,72	0,28
11	0,97	1,68	0,32
12	0,93	1,65	0,35
13	0,88	1,62	0,38
14	0,85	1,59	0,41
15	0,82	1,57	0,43
16	0,79	1,55	0,45
17	0,76	1,53	0,47
18	0,74	1,52	0,48
19	0,72	1,50	0,50
20	0,70	1,49	0,51
21	0,68	1,48	0,52
22	0,66	1,47	0,53
23	0,65	1,46	0,54
24	0,63	1,45	0,55
25	0,62	1,44	0,56
30	0,56	1,40	0,60
40	0,48	1,34	0,66
50	0,43	1,30	0,70
75	0,35	1,25	0,75
100	0,30	1,21	0,79

Tabelle IX. *Faktoren für die Anlage von $\overline{x}$- und R-Karten*

zur Bestimmung der Kontrollgrenzen
[stat. Sicherheit $S = 99\%$ (zweiseitig)]

und Bestimmung der Warngrenzen
[stat. Sicherheit $S = 95\%$ (zweiseitig)]

$\overline{x}$-Karte
$\left\{\begin{array}{l}\text{Obere Kontrollgrenze} \quad \overline{\overline{x}} + A_k\overline{R} \\ \text{Untere Kontrollgrenze} \quad \overline{\overline{x}} - A_k\overline{R}\end{array}\right\} \ S = 99\%$
$\left.\begin{array}{l}\text{Obere Warngrenze} \quad \overline{\overline{x}} + A_w\overline{R} \\ \text{Untere Warngrenze} \quad \overline{\overline{x}} - A_w\overline{R}\end{array}\right\} \ S = 95\%$

R-Karte
$\left\{\begin{array}{l}\text{Obere Kontrollgrenze} \quad D_{ko}\overline{R} \\ \text{Untere Kontrollgrenze} \quad D_{ku}\overline{R}\end{array}\right\} \ S = 99\%$
$\left.\begin{array}{l}\text{Obere Warngrenze} \quad D_{wo}\overline{R} \\ \text{Untere Warngrenze} \quad D_{wu}\overline{R}\end{array}\right\} \ S = 95\%$

Stichprobenumfang N	$\overline{x}$-Karte		R-Karte			
	A_k	A_w	D_{ko}	D_{ku}	D_{wo}	D_{wu}
	Kontrollgrenze	Warngrenze	Kontrollgrenze		Warngrenze	
			obere	untere	obere	untere
2	1,61	1,23	3,52	0,01	2,81	0,04
3	0,88	0,67	2,58	0,10	2,17	0,18
4	0,63	0,48	2,26	0,18	1,93	0,29
5	0,50	0,38	2,08	0,25	1,81	0,37
6	0,42	0,32	1,97	0,31	1,72	0,42
7	0,36	0,27	1,90	0,35	1,66	0,46
8	0,32	0,24	1,84	0,39	1,62	0,50
9	0,29	0,22	1,79	0,41	1,58	0,52
10	0,27	0,20	1,76	0,44	1,56	0,54

Tabelle X. *Faktoren zur Bestimmung der 3σ-Kontrollgrenzen für $\bar{x}$- und R-Karten aus dem Durchschnittswert $\bar{R}$ der Spannweiten R einer Folge von Stichproben (N)*

$\bar{x}$-Karte $\begin{cases} \text{Obere Kontrollgrenze} & \bar{\bar{x}} + A_2\bar{R} \\ \text{Untere Kontrollgrenze} & \bar{\bar{x}} - A_2\bar{R} \end{cases}$

R-Karte $\begin{cases} \text{Obere Kontrollgrenze} & D_4\bar{R} \\ \text{Untere Kontrollgrenze} & D_3\bar{R} \end{cases}$

Stichproben-umfang N	Faktor für $\bar{x}$-Karte A_2	Faktoren für R-Karte	
		obere Grenze D_4	untere Grenze D_3
2	1,88	3,27	0
3	1,02	2,57	0
4	0,73	2,28	0
5	0,58	2,11	0
6	0,48	2,00	0
7	0,42	1,92	0,08
8	0,37	1,86	0,14
9	0,34	1,82	0,18
10	0,31	1,78	0,22
11	0,29	1,74	0,26
12	0,27	1,72	0,28
13	0,25	1,69	0,31
14	0,24	1,67	0,33
15	0,22	1,65	0,35

Häufig gebrauchte Zahlenwerte

$$\frac{\pi}{2} = 1{,}570\,80 \qquad \frac{2}{\pi} = 0{,}636\,62$$

$$\pi^2 = 9{,}869\,60 \qquad \frac{1}{\pi^2} = 0{,}101\,32$$

$$\sqrt{\pi} = 1{,}772\,45 \qquad \frac{1}{\sqrt{\pi}} = 0{,}564\,19$$

$$\sqrt{\frac{\pi}{2}} = 1{,}253\,31 \qquad \sqrt{\frac{2}{\pi}} = 0{,}797\,88$$

$$e = 2{,}718\,28 \qquad \frac{1}{e} = 0{,}367\,88$$

$$e^2 = 7{,}389\,06 \qquad \frac{1}{e^2} = 0{,}135\,34$$

$$\sqrt{e} = 1{,}648\,72 \qquad \frac{1}{\sqrt{e}} = 0{,}606\,53$$

$$\lg e = 0{,}434\,29 \qquad \ln 10 = 2{,}302\,59$$

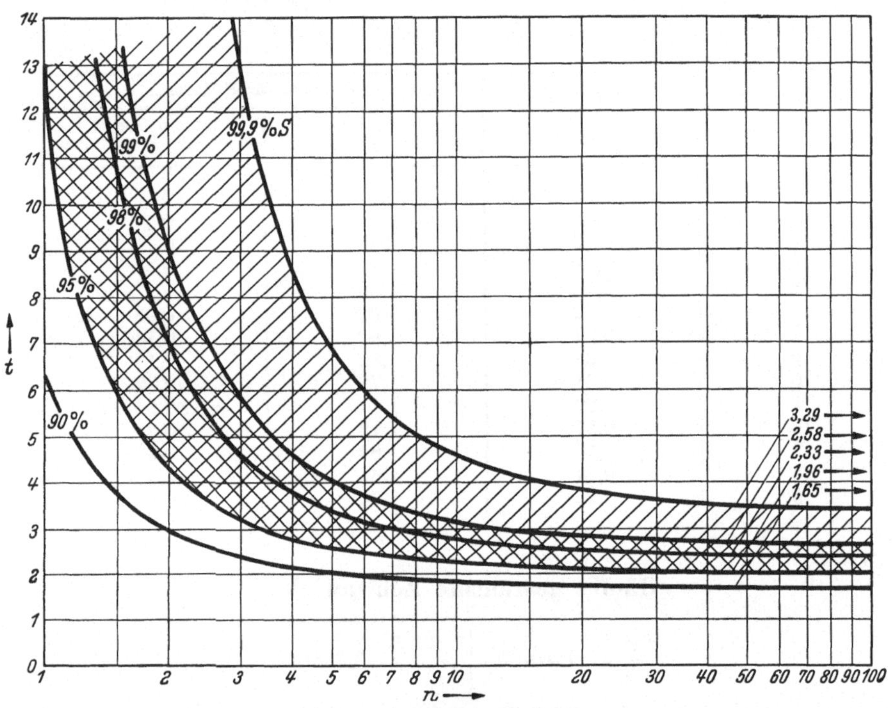

Kurvenblatt A

t-Werte in Abhängigkeit vom Freiheitsgrad n für die statistischen Sicherheiten
$S = 90\%$, $S = 95\%$, $S = 98\%$, $S = 99\%$, $S = 99,9\%$

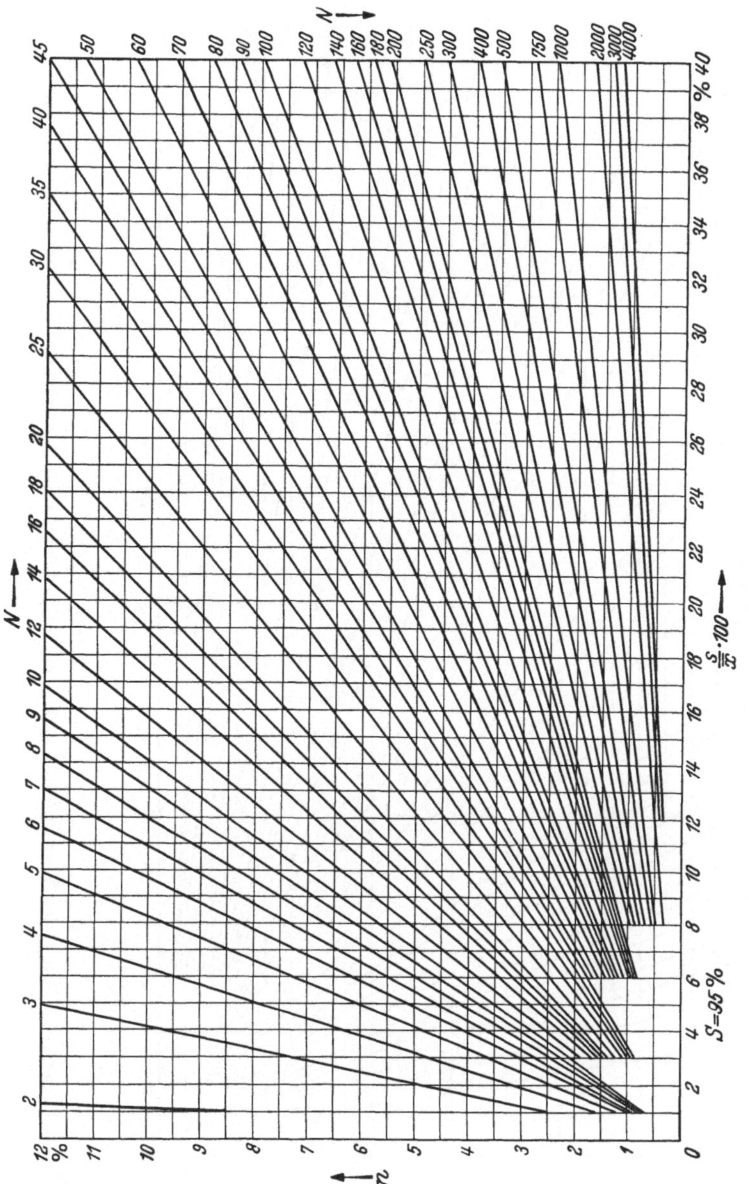

Kurvenblatt B

Relative Weite p des Vertrauensbereiches des Mittelwertes bei der statistischen Sicherheit $S = 95\%$

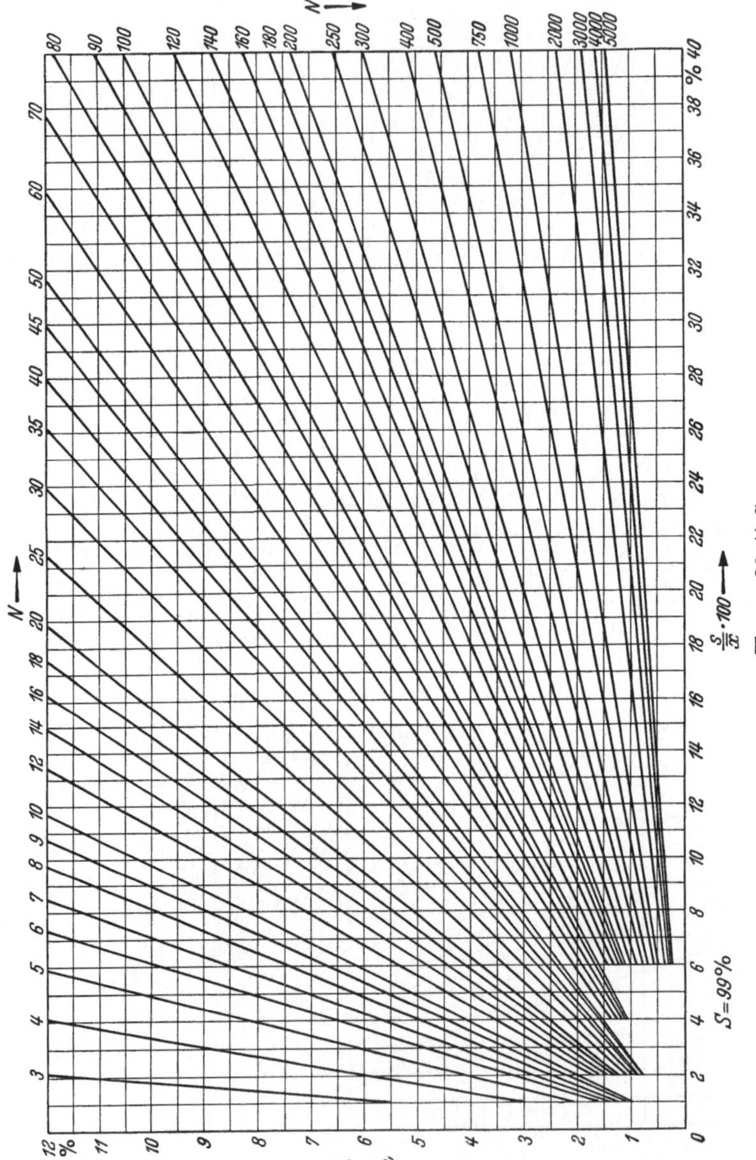

Kurvenblatt C

Relative Weite p des Vertrauensbereiches des Mittelwertes bei der statistischen Sicherheit $S = 99\%$

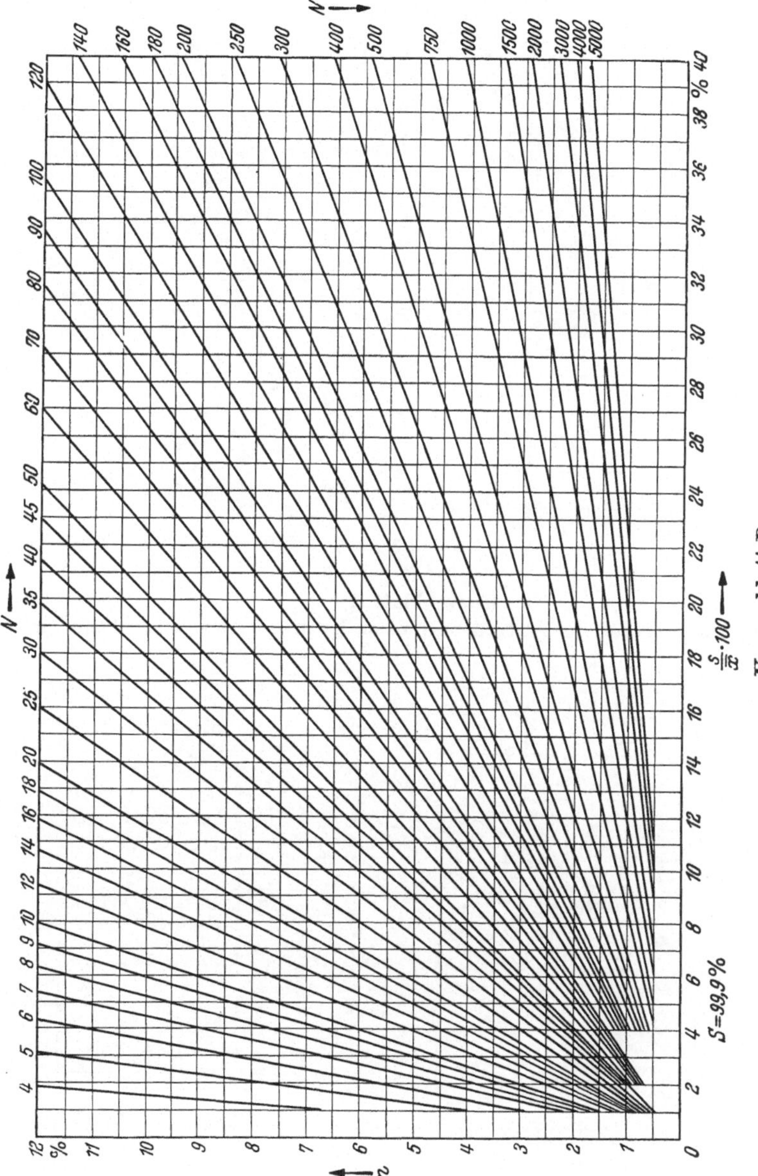

Kurvenblatt D

Relative Weite p des Vertrauensbereiches des Mittelwertes bei der statistischen Sicherheit $S = 99,9\%$

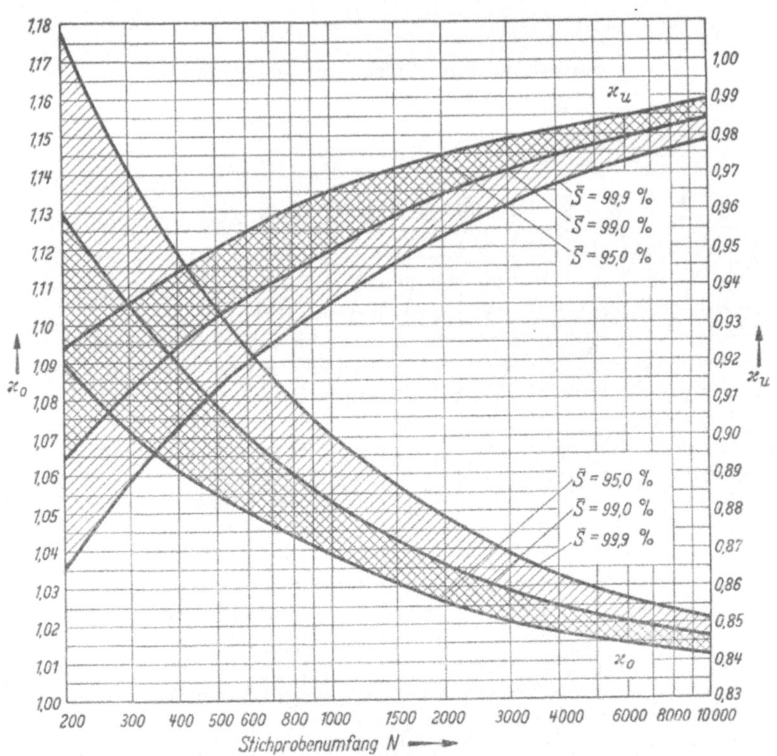

Kurvenblatt E

$\varkappa_u$- und $\varkappa_0$-Faktoren für die Vertrauensgrenzen der m. qu. Abw. bei großem Stich-

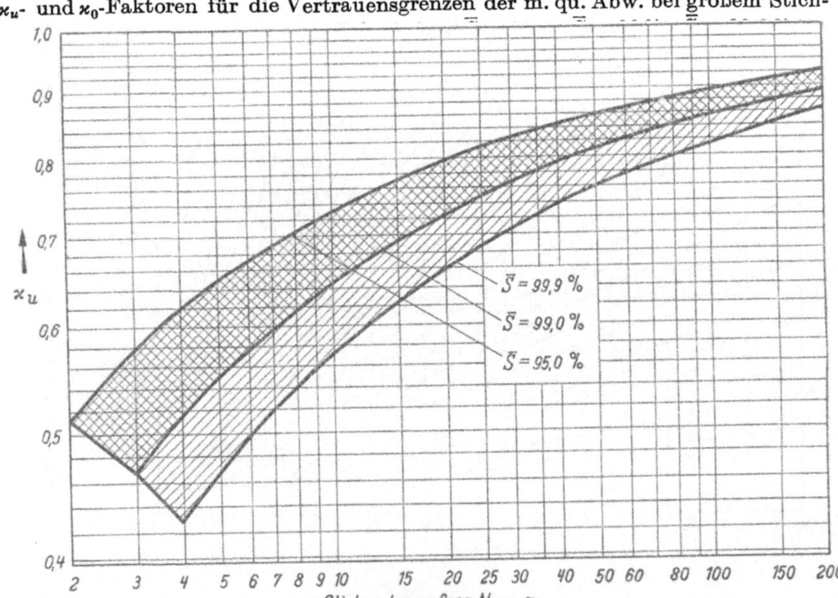

Kurvenblatt F

$\varkappa_u$-Faktor für die untere Vertrauensgrenze der m. qu. Abw. bei kleinem Stichprobenumfang N. Statistische Sicherheiten $\overline{S} = 95\%$, $\overline{S} = 99\%$, $\overline{S} = 99{,}9\%$

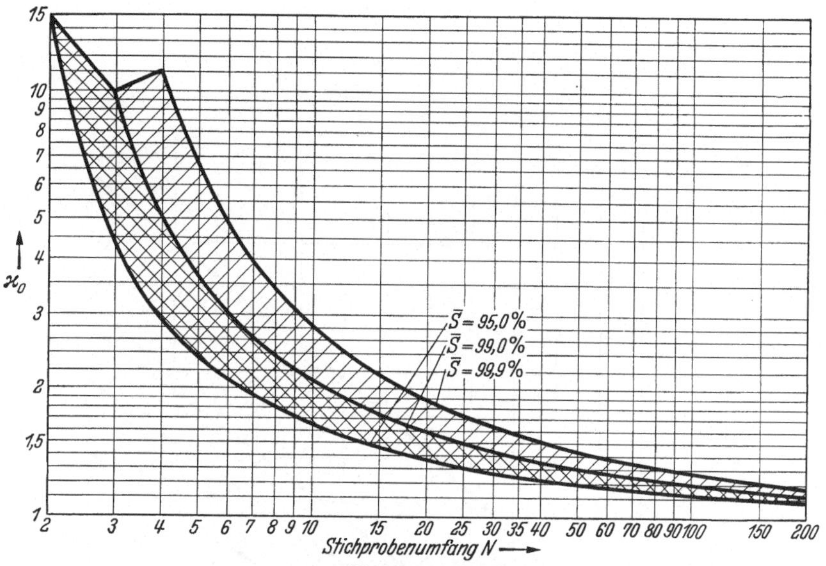

Kurvenblatt G

$\varkappa_0$-Faktor für die obere Vertrauensgrenze der m. qu. Abw. bei kleinem Stichprobenumfang N. Statistische Sicherheiten $\bar{S} = 95\%$, $\bar{S} = 99\%$, $\bar{S} = 99,9\%$

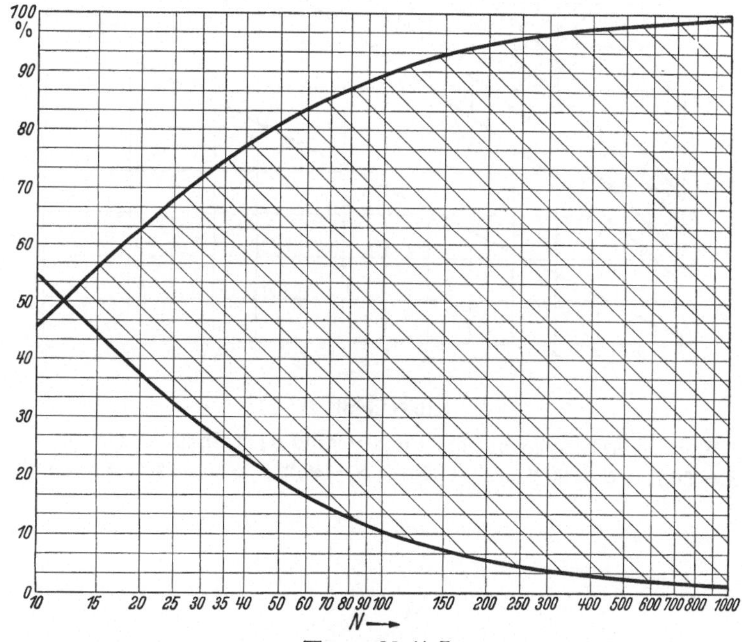

Kurvenblatt J

Kriterium für den Ersatz der Binomialverteilung durch die GAUSSsche Normalverteilung (Fehler in S höchstens 0,025%)

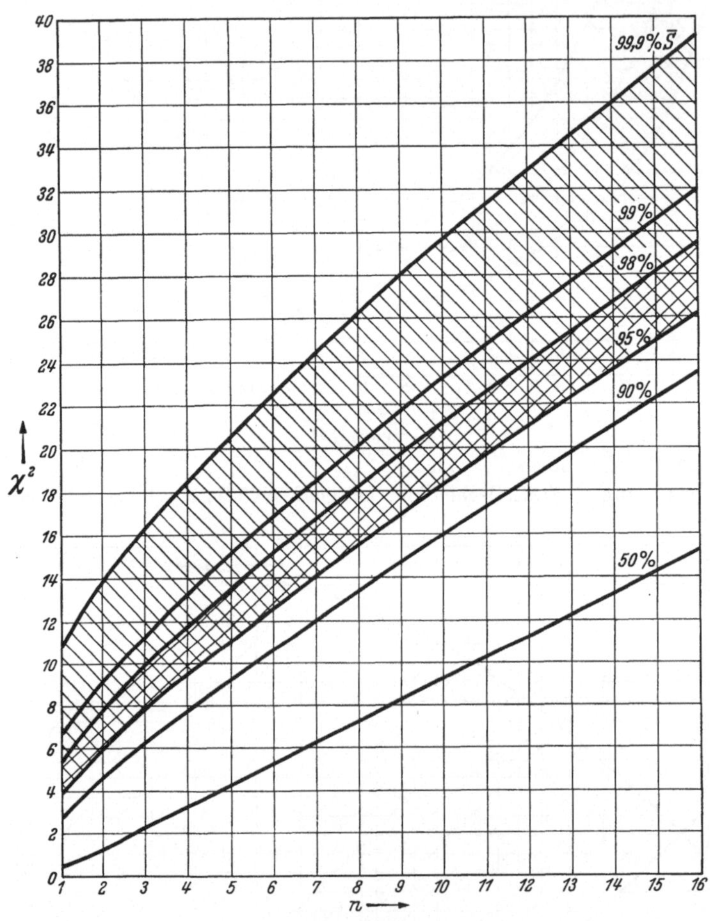

Kurvenblatt H

χ^2-Wert in Abhängigkeit vom Freiheitsgrad n; statistische Sicherheiten
$\overline{S} = 50\%$, $\overline{S} = 90\%$, $\overline{S} = 95\%$, $\overline{S} = 98\%$, $\overline{S} = 99\%$, $\overline{S} = 99,9\%$

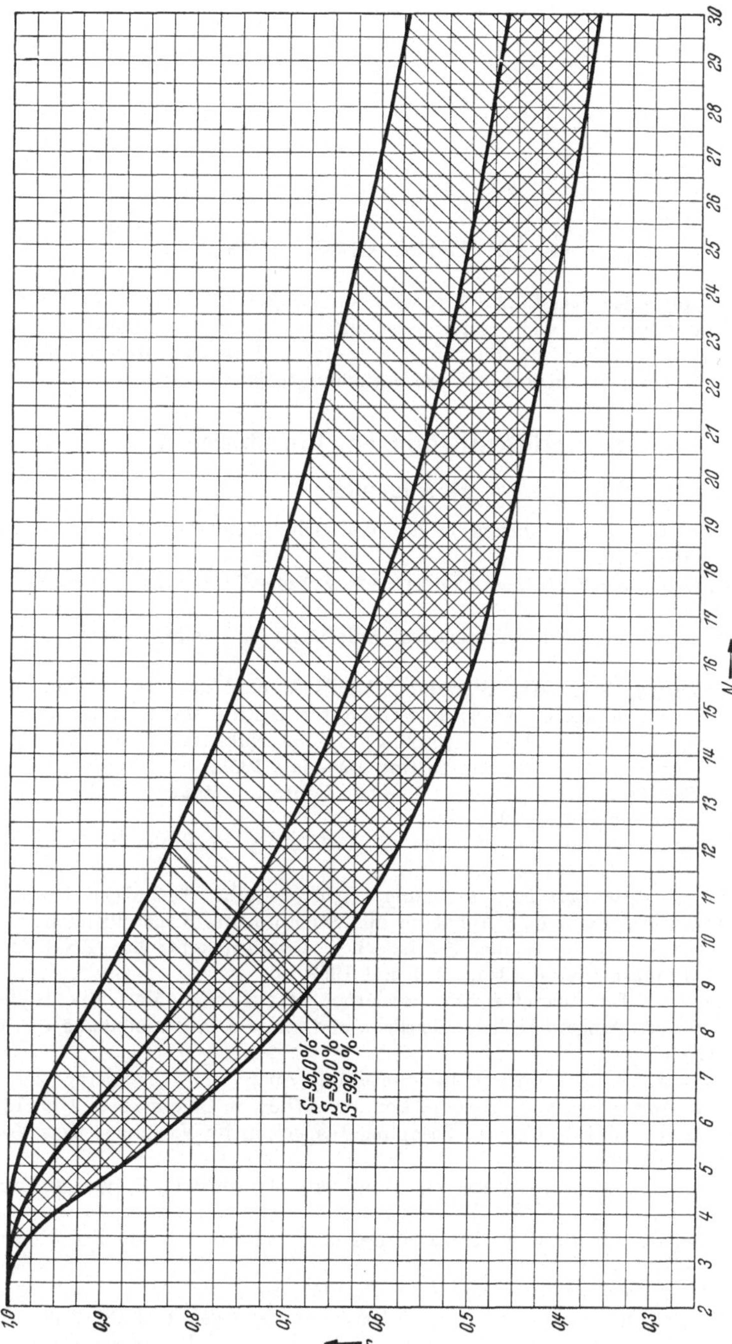

S=95,0%
S=99,0%
S=99,9%
r
N
Kurvenblatt K
Existenzprüfung des Korrelationskoeffizienten r in Abhängigkeit vom Wertepaarumfang N

0. Literaturverzeichnis

Die im folgenden angeführte Literatur kann und soll nur eine beschränkte Auswahl darstellen, die mehr auf die technische Anwendung zugeschnitten ist und zudem auch sonst nicht frei von einer gewissen Einseitigkeit sein wird. Das Überwiegen der angelsächsischen Veröffentlichungen ist offensichtlich.

I. Buchveröffentlichungen, Broschüren u. ä.

a) Allgemein

ACKERMANN, W. G.: Einführung in die Wahrscheinlichkeitsrechnung. Leipzig: Hirzel 1955.

ADAMS, J. K.: Basic Statistical Concepts. New York/Toronto/London: McGraw-Hill 1955.

AITKEN, A. C.: Statistical Mathematics. Edinburgh u. London: Oliver & Boyd 1949.

American Society for Testing Materials: ASTM Manual on Quality Control of Materials. Philadelphia: American Society for Testing Materials 1951.

— ASTM-Symposium on Bulk Sampling. Special Publication No. 114. Philadelphia: American Society for Testing Materials 1952.

American Standards Association: Quality Control, Standards Z 1.1—1941, Z 1.2—1941 und Z 1.3—1942.

ARLEY, N., u. K. BUCH: Introduction to the Theory of Probability and Statistics. New York: Wiley 1956.

Ausschuß für Wirtschaftliche Fertigung: Schriftenreihe Technische Statistik: Mittelwert und Streuung; Abnahme mit Stichproben; Kontrollkarten; Leitfaden für Instruktoren der Statistischen Qualitätskontrolle; ASQ-Formblätter. Frankfurt/Main 1954, 1956 und 1959.

VON BARANOW, L.: Grundbegriffe moderner statistischer Methodik. I. Teil: Merkmalsverteilungen. II. Teil: Zeitliche und kausale Zusammenhänge. Stuttgart: Hirzel 1951.

BENNETT, C. A., u. N. L. FRANKLIN: Statistical Analysis in Chemistry and the Chemical Industry. New York u. London: Wiley u. Chapman & Hall 1954.

BOWKER, A. H., u. H. P. GOODE: Sampling Inspection by Variables. New York: McGraw-Hill 1952.

BOWKER, A. H., u. G. J. LIEBERMANN: Handbook of Industrial Statistics. Englewood Cliffs, N. J.: Prentice-Hall 1955.

British Standards Institution: Fraction-Defective Charts for Quality Control. B. S. 1313, 1947.

— Presentation of Numerical Values. B. S. 1957, 1953.

— The Reduction and Presentation of Experimental Results. B. S. 2846, 1957.

BROWNLEE, K. A.: Industrial Experimentation. London: His Majesty's Stationary Office 1949.

BRÜCKER-STEINKUHL, K.: Anwendung mathematisch-statistischer Verfahren in der Industrie. Köln und Opladen: Westdeutscher Verlag 1956.
— Anwendung mathematisch-statistischer Verfahren bei der Fabrikationsüberwachung. Köln und Opladen: Westdeutscher Verlag 1958.
BURR, I. W.: Engineering Statistics and Quality Control. New York/Toronto/London: McGraw-Hill 1953.
CAVÉ, R.: Le Contrôle Statistique des Fabrications. Paris: Eyrolles 1953.
CHERNOFF, H., u. L. E. MOSEL: Elementary Decision Theory. New York: Wiley 1959.
COCHRAN, W. C., u. G. M. COX: Experimental Designs. New York: Wiley 1950.
COX, D. R.: Planning of Experiments. New York u. London: Wiley u. Chapman & Hall 1958.
CRAMÉR, H.: Mathematical Methods of Statistics. Princeton: Princeton University Press 1951.
— The Elements of Probability, Theory and Some of its Applications. New York: Wiley 1955.
DAEVES, K.: Rationalisierung durch Großzahl-Forschung. Düsseldorf: Verlag Stahleisen 1952.
DAEVES, K., u. A. BECKEL: Großzahl-Methodik und Häufigkeits-Analyse. Weinheim (Bergstraße): Verlag Chemie 1958.
DAVIES, O. L.: Statistical Methods in Research and Production with Special Reference to the Chemical Industry. London u. Edinburgh: Oliver & Boyd 1957.
— Design and Analysis of Industrial Experiments. London u. Edinburgh: Oliver & Boyd 1954.
DEMING, W. E.: Some Theory of Sampling. New York u. London: John Wiley u. Chapman & Hall 1950.
DIXON, W. J., u. F. J. MASSEY: Introduction to Statistical Analysis. New York/Toronto/London: McGraw-Hill 1951.
DODGE, H. F., u. H. G. ROMIG: Sampling Inspection Tables. New York u. London: Wiley u. Chapman & Hall 1951.
DUDDING, B. P.: Drafting Specifications on Limiting the Number of Defectives Permitted in Small Samples. British Standard B. S. 2635.
DUDDING, B. P., u. W. J. JENNETT: Quality Control Charts. British Standard B. S. 600R, 1942.
— Quality Control Chart Techniques when Manufacturing to a Specification. London: The General Electric Co. Ltd. of England 1944.
DUMAS, R.: L'Entreprise et la Statistique. Paris: Dunod 1959.
DUNCAN, A. J.: Quality Control and Industrial Statistics. Homewood, Ill.: Irwin 1957.
EISENHART, CH., W. H. MILLARD u. W. A. WALLIS: Selected Techniques of Statistical Analysis. New York u. London: McGraw-Hill 1947.
ENRICK, N. L.: Mill Test Procedures. New York: Modern Textiles Magazine and Rayon Publishing Corporation 1958.
— Quality Control. New York u. Brighton: The Industrial Press and Machinery Publishing Company 1959.
EZEKIEL, M.: Methods of Correlation Analysis. New York u. London: Wiley u. Chapman & Hall 1949.
FEDERER, W.: Experimental Design. Theory and Application. New York: McMillan 1955.
FEIGENBAUM, A. V.: Quality Control-Principles, Practice and Administration. New York: McGraw-Hill 1951.
FELLER, W.: An Introduction to Probability Theory and its Applications. New York u. London: Wiley u. Chapman & Hall 1951.

FISHER, R. A.: Statistical Methods for Research Workers. London u. Edinburgh: Oliver & Boyd 1950.
— The Design of Experiments. London u. Edinburgh: Oliver & Boyd 1951.
— Contribution to Mathematical Statistics. New York: Wiley 1950.
— Statistical Methods and Scientific Inference. London u. Edinburgh: Oliver & Boyd 1957.
FLASKAEMPER, P.: Allgemeine Statistik. Hamburg: Meiner 1949.
FRASER, D. A. S.: Non-parametric Methods in Statistics. New York: Wiley 1957.
— Statistics: An Introduction. New York: Wiley 1958.
FREEMAN, H. A. u. a.: Sequential Analysis of Statistical Data: Applications. Statistical Research Group. Columbia University, Report 255. National Defense Research Committee 1944.
FREEMAN, H. A., M. FRIEDMAN, FR. MOSTELLER u. W. A. WALLIS: Sampling Inspection. New York: McGraw-Hill 1948.
FUIJT, W., u. F. G. WILLEMZE: Richtlinien für die Anwendung des Philips' Standard Stichproben Systems. Eindhoven: N. V. Philips' Gloeilampenfabrieken 1955.
GEBELEIN, H.: Zahl und Wirklichkeit. Heidelberg: Quelle & Meyer 1949.
GEBELEIN, H., u. H.-J. HEITE: Statistische Urteilsbildung, erläutert an Beispielen aus Medizin und Biologie. Berlin/Göttingen/Heidelberg: Springer 1951.
GORE, W. L.: Statistical Methods for Chemical Experimentation. New York: Interscience Publishers 1952.
GRANT, E. L.: Statistical Quality Control. New York u. London: McGraw-Hill 1954.
HALD, A.: Statistical Theory with Engineering Applications. New York u. London: Wiley u. Chapman & Hall 1952.
HANSEN, M., W. HURWITZ u. W. MADOW: Sample Survey Methods and Theory. New York u. London: Wiley u. Chapman & Hall 1953.
HOEL, P. G.: Introduction to Mathematical Statistics. New York u. London: Wiley u. Chapman & Hall 1955.
IRESON, W. G., u. G. J. RESNIKOFF: Sampling Tables for Variables Inspection Based on the Range. Technical Report No. 11. Applied Mathematics and Statistics Laboratory Stanford University 1952.
JOHNSON, P. O.: Statistical Methods in Research. New York: Prentice-Hall 1949.
JURAN, J. M.: Quality Control Handbook. New York/Toronto/London: McGraw-Hill 1951.
KARGER, D. W., u. F. H. B. BAYHA: Engineering Work Measurement. New York u. Brighton: The Industrial Press and Machinery Publishing Co. 1957.
KEMPTHORNE, O.: The Design and Analysis of Experiments. New York u. London: Wiley u. Chapman & Hall 1952.
KENDALL, M. G.: The Advanced Theory of Statistics. 2 Bände. London: Griffin 1948.
— Rank Correlation Methods. London: Griffin 1948.
KENDALL, M. G., u. W. R. BUCKLAND: Dictionary of Statistical Terms. London u. Edinburgh: Oliver & Boyd 1957.
KENNEDY, C. W.: Quality Control Methods. New York: Prentice-Hall 1948.
KENNEY, J. F., u. E. S. KEEPING: Mathematics of Statistics. 2 Bände. New York: van Nostrand 1951.
KOLLER, S.: Allgemeine statistische Methoden in speziellem Blick auf die menschliche Erblehre. Handbuch der Erbbiologie des Menschen, Bd. V. Herausgegeben von Prof. Just. Berlin: Springer 1940.
LACEY, O. L.: Statistical Methods in Experimentation: An Introduction. New York: MacMillan 1953.

LEINWEBER, P.: Mathematisch-statistische Verfahren im Fabrikbetrieb. Berlin u. Köln: Beuth-Vertrieb 1951.

LINDER, A.: Statistische Methoden für Naturwissenschafter, Mediziner und Ingenieure. Basel: Birkhäuser 1951.

— Planen und Auswerten von Versuchen. Basel: Birkhäuser 1953.

LUSTIG, H., J. PFANZAGL u. L. SCHMETTERER: Moderne Kontrolle. Wien: Österreichische Statistische Gesellschaft 1956.

LUSTIG, H., u. J. PFANZAGL: Industrielle Qualitätskontrolle. 50 Beispiele aus der Praxis. Wien: Österreichische Statistische Gesellschaft 1957.

MANDEL, B. J.: Statistics for Management, a Simplified Introduction to Statistics. Baltimore: Dangary Publishing Co. 1956.

MENTHA, G.: Statistische Fabrikationsüberwachung in der Industrie (übersetzt von H. Köthe). Wiesbaden: Gabler 1958.

Military Standard 105 A: Sampling Procedures and Tables for Inspection by Attributes. Washington D. C.: Government Printing Office 1950.

Military Standard 414: Sampling Procedures for Inspection by Variables for Percent Defective. Washington D. C.: Government Printing Office 1957.

v. MISES, R.: Wahrscheinlichkeit, Statistik und Wahrheit. Wien: Springer 1951.

MITTENECKER, E.: Planung und statistische Auswertung von Experimenten. Wien: Deuticke 1952.

MORONEY, M. J.: Facts from Figures. Pelican Books A 236. Hammondsworth: Penguin Books 1958.

MOTHES, J.: Techniques Modernes de Contrôle des Fabrications. Paris: Dunod 1952.

MUELLER, R. K.: Effective Management through Probability Controls. New York: Funk & Wagnalls 1950.

PEACH, P.: An Introduction to Industrial Statistics and Quality Control. Raleigh N. C.: Edwards & Broughton 1947.

PEARSON, E. S.: The Application of Statistical Methods to Industrial Standardisation and Quality Control. British Standard B. S. 600, 1935.

PEARSON u. BENNETT: Statistical Methods. New York: Wiley 1942.

POST, J. J., u. C. HARTE: Anleitung zur Planung und Auswertung von Feldversuchen mit Hilfe der Varianzanalyse. Berlin/Göttingen/Heidelberg: Springer 1952.

RICE, W. B.: Control Charts in Factory Management. New York u. London: Wiley u. Chapman & Hall 1947.

RICHTER, H.: Wahrscheinlichkeitstheorie. Berlin/Göttingen/Heidelberg: Springer 1956.

RIDER, P. R.: An Introduction to Modern Statistical Methods. New York: Wiley 1948.

RISSIK, H.: Quality Control in Production. London: Pitman 1947.

RUTHERFORD, J. G.: Quality Control in Industry, Methods and Systems. New York u. London: Pitman 1948.

SCHAAFSMA, A. H., u. F. G. WILLEMZE: Moderne Qualitätskontrolle. Eindhoven: Philips' Technische Bibliothek 1955.

SCHINDOWSKI, E., u. O. SCHÜRZ: Bibliographie der Statistischen Qualitätskontrolle. Berlin: Deutsche Staatsbibliothek, Bibliographische Mitteilungen 15, 1958.

— Statistische Qualitätskontrolle-Kontrollkarten. Berlin: Verlag Technik 1959.

SCHMETTERER, L.: Einführung in die mathematische Statistik. Wien: Springer 1956.

Schweizerische Normenvereinigung: Normblätter SNV 95181, SNV 95182, SNV 95183.

SHEWART, W. A.: Economic Control of Quality of Manufactured Product. New York/Toronto/London: van Nostrand 1931.

SIEGEL, S.: Non-parametric Statistics for the Behavioral Sciences. New York: McGraw-Hill 1956.

SIMON, L. E.: An Engineer's Manual of Statistical Methods. New York: Wiley 1941.

SMITH, E. S.: Control Charts: An Introduction to Statistical Quality Control. New York: McGraw-Hill 1947.

SNEDECOR, G. W.: Statistical Methods. The Iowa State College Press 1950.

STRAUCH, H.: Statistische Güteüberwachung. München: Hanser 1956.

THORNTON, C. F.: Probability and its Engineering Uses. New York/Toronto/London: van Nostrand 1948.

TIPPETT, L. H. C.: The Methods of Statistics. London: Williams & Norgate 1952.

— Technological Applications of Statistics. New York u. London: Wiley u. Williams & Norgate 1950.

— Einführung in die Statistik. Wien: Humboldt-Verlag 1952.

VAN DER WAERDEN, B. L.: Mathematische Statistik. Berlin/Göttingen/Heidelberg: Springer 1957.

WAGEMANN, E.: Narrenspiegel der Statistik. München: Lehnen 1951.

WALD, A.: Sequential Analysis. New York: Wiley 1947.

— Statistical Decision Funktions. New York: Wiley 1950.

WAUGH, A. E.: Statistical Tables and Problems. New York/Toronto/London: McGraw-Hill 1952.

WEIBULL, W., u. F. K. G. ODQVIST (Herausgeber): Kolloquium über Ermüdungsfestigkeit. Berlin/Göttingen/Heidelberg: Springer 1956.

WOLFENDEN, H. H.: The Fundamental Principles of Mathematical Statistics. Toronto: Macmillan Company of Canada 1942.

YOUDEN, W. J.: Statistical Methods for Chemists. New York u. London: Wiley u. Chapman & Hall 1952.

YULE, U., u. M. G. KENDALL: An Introduction to the Theory of Statistics. London: Griffin 1950.

b) Textil

American Society for Testing Materials: Special Technical Publication No. 139. Symposium on Statistical Methods for the Detergent Laboratories. Philadelphia: American Society for Testing Materials 1953.

BREARLEY, A., u. D. R. COX: An Outline of Statistical Methods for Use in the Textile Industry. Wool Industries Research Association, Torridon, Headingley, Leeds. London und Bradford: Lund Humphries 1949.

DIN 53803, Prüfung von Textilien: Probenahme. Allgemeine Richtlinien. Berlin u. Köln: Beuth-Vertrieb 1955.

DIN 53804, Prüfung von Textilien: Auswertung der Meßergebnisse. Berlin und Köln: Beuth-Vertrieb 1955.

ENRICK, N. L.: Quality Control through Statistical Methods. A Modern Textiles Magazine Handbook No. 3. New York: Modern Textiles Magazine and Rayon Publishing Corporation 1954.

HAMBY, D. S.: Textile Quality Control Papers. Milwaukee: American Society for Quality Control, Textile Division. Mehrere Bände seit 1954.

HENNING, H.-J.: „Auswertung" in Handbuch der Werkstoffprüfung, Bd. V, herausgegeben von H. Sommer u. Fr. Winkler. 1. und 2. Aufl. Berlin/Göttingen/Heidelberg: Springer 1960.

MASING, W.: Statistische Qualitätskontrolle in der Baumwollspinnerei. Stuttgart: Konradin-Verlag Robert Kohlhammer 1955.

MENKART, J., u. J. C. WHITWELL: in: Proceedings of the International Wool Textile Research Conference, Australia 1955. Vol. E. Melbourne: Commonwealth Scientific and Industrial Research Organization 1956.

MILNES, A. H.: A Practical Guide to Spinning Mill Control and Testing Statistics. Manchester: Cook 1951.

MONFORT, F.: Aspects Scientifiques de l'Industrie Lainière. Paris: Dunod 1960.

WEGENER, W., u. W. ZAHN: Vergleich des normalen mit verschiedenen abgekürzten Baumwollspinnverfahren in bezug auf Gleichmäßigkeit und Sortierungsstreuung der Garne. Köln u. Opladen: Westdeutscher Verlag 1956.

c) Tabellen und Tafeln

FISHER, R. A., u. F. YATES: Statistical Tables for Biological, Agricultural and Medical Research. London u. Edinburgh: Oliver & Boyd 1953.

GRAF, U., u. H.-J. HENNING: Formeln und Tabellen der mathematischen Statistik. Berichtigter Neudruck. Berlin/Göttingen/Heidelberg: Springer 1958.

HALD, A.: Statistical Tables and Formulas. New York u. London: Wiley u. Chapman & Hall 1952.

KOLLER, S.: Graphische Tafeln zur Beurteilung statistischer Zahlen. Darmstadt: Dietrich Steinkopff 1953.

LINDLEY, V., u. J. C. MILLER: Cambridge Elementary Statistical Tables. Cambridge: University Press 1953.

MOLINA, E. C.: Poisson's Exponential Binomial Limits. New York: van Nostrand 1942.

National Bureau of Standards: Tables of Normal Probability Functions. N. B. S. Applied Mathematics Series 23. Washington D. C.: Government Printing Office 1953.

— Probability Tables for the Analysis of Extreme-value Data. N. B. S. Applied Mathematics Series 22. Washington D. C.: Government Printing Office 1953.

Nederlandse Verenigung voor Statistik: Statistische Tabellen en Nomogrammen. Leiden: N. V. Stenfort Kroese 1954.

PEARSON, E. S., u. H. O. HARTLEY: Biometrika Tables for Statisticians. Cambridge 1954.

PEARSON, K.: Tables for Statisticians and Biometricians. 2 Bände. London 1930 und 1931.

ROMIG, H. G.: 50—100 Binomial Tables. New York u. London: Wiley u. Chapman & Hall 1953.

VAN DER WAERDEN, B. L., u. E. NIEVERGELT: Tafeln zum Vergleich zweier Stichproben mittels X-Test und Zeichentest. Berlin/Göttingen/Heidelberg: Springer 1956. Tables of the Cumulative Binomial Probability Distribution. Cambridge, Mss.: Harvard University Press 1955.

II. Zeitschriften-Veröffentlichungen[1]

a) Allgemein

BARKIN, S.: The Application of Quality Control Techniques in Determining Work Assignments and Standards. Ind. Quality Control 12 (Dezember 1955) S. 8.

BATON, W., M. FORD u. R. HEITZ: The Use of a Discriminant Function in Textile Research. Textile Research J. 20 (1950) S. 869.

BEHNKEN, D. W.: Moving Trend Control Charts. Ind. Quality Control 14 (November 1957) S. 7.

---

[1] Vgl. ergänzend hierzu: Internat. Journ. Abstracts on Stat. Methods in Ind., Internat. Statist. Int., Den Haag.

Bennett, C. A.: Application of Tests of Randomness. Ind. a. Eng. Chemistry 43 (1951) S. 2063.

Benson, F.: A Note on the Estimation of Mean and Standard Deviation from Quantiles. J. Royal Stat. Soc. 11 (1949) S. 91.

Box, G. E. P.: Non-Normality and Tests on Variance. Biometrika 40 (1953) S. 318.

Cowin, R. B.: Control Limits for Visual Quality. Ind. Quality Control 10 (Mai 1954) S. 36.

Crump, S. L.: Variance Component Analysis: Present Status. Biometrics 7 (1951) S. 17.

David, H. A.: Further Applications of Range to the Analysis of Variance. Biometrika 38 (1951) S. 393.

Dodge, H. F.: Chain Sampling Inspection Plan. Ind. Quality Control 11 (Januar 1955) S. 10.

— Quality Rating of Manufactured Product. Transact. Rutgers Quality Control Conf., Americ. Soc. Quality Control (September 1958) S. 105.

Duncan, A. J.: The Use of Ranges in Comparing Variabilities. Ind. Quality Control 11 (Februar, Mai und August 1955) S. 18, 70 u. 36.

Ferignac, P.: Inspection des Produits finis par la Méthode des Indices de Qualité ou Démérités. Revue Statist. Appliquée 7 (März 1959) S. 27.

Ferrell, E. B.: Plotting Experimental Data on Normal or Log-normal Probability-Paper. Ind. Quality Control 15 (Juli 1958) S. 12.

Graf, U., K. Rempel u. R. Wartmann: Statistische Kontrollkarten. Werkstattstechnik u. Maschinenbau 44 (1954) S. 241.

Graf, U., u. R. Wartmann: Die optimale Stichprobendichte bei der Überwachung einer Fertigung. Werkstattstechnik u. Maschinenbau 45 (1955) S. 25.

Hamaker, H. C.: Beispiele zur Anwendung statistischer Untersuchungsmethoden in der Industrie. Mitteilungsblatt Mathem. Statistik 5 (1953) S. 211.

— Die Bedeutung der Statistik für die Entwicklung der experimentellen Wissenschaft. Qualitätskontrolle 2 (1957) S. 106.

Henning, H.-J., u. R. Wartmann: Statistische Auswertung im Wahrscheinlichkeitsnetz: Kleiner Stichprobenumfang und Zufallsstreubereich. Z. ges. Textilind. 60 (1958) S. 19.

Hicks, C. R.: Fundamentals of Analysis of Variance. Ind. Quality Control 13 (August 1956) S. 17.

Kayser, K. H.: Neuartige Kontrollkarten für die Qualitätskontrolle nach Rangstufen. Qualitätskontrolle 3 (1958) S. 103.

Kettmann, G.: Über Stichprobenverfahren und Stichprobensysteme für Abnahmezwecke bei Gut-Schlecht-Beurteilung. Qualitätskontrolle 2 (1957) S. 87.

— A Comparison of the Leading Sampling Plans and a New German Acceptance Sampling System. E. O. Q. C. Bulletin No. 3 (August 1958) S. 47.

Lang, R.: Zur statistischen Auswertung von schiefen Verteilungen mit einer festen Grenze. Qualitätskontrolle 4 (1959) S. 99.

Leinweber, P., u. E. Rossow: Zur Wahl des Prüfpunktes bei Stichprobenplänen. Qualitätskontrolle 2 (1957) S. 63.

Leone, F. C., R. B. Nottingham u. J. Zucker: Significance Tests and the Dollar Sign. Ind. Quality Control 13 (Januar 1957) S. 5.

Liebermann, G. J.: Tables for One-Sided Statistical Tolerance Limits. Ind. Quality Control 14 (April 1958) S. 7.

Mandel, J., u. F. J. Linning: Statistical Methods in Chemistry (Bibliographie). Analytic. Chemistry 28 (1956) S. 770.

Martin, H.: Der Vertrauensbereich des Variantenkoeffizienten, eine wichtige Größe bei statistischen Rechnungen. Faserforsch. u. Textiltechn. 7 (1956) S. 413.

MARTIN, H.: Der Vertrauensbereich des Mittelwertes im Wahrscheinlichkeitsnetz Faserforsch. u. Textiltechn. 8 (1957) S. 196.
— Rationelle statistische Auswertung von Meßergebnissen bei 5 bis 20 Einzelwerten. Monatsber. deutsch. Akad. Wissensch. Berlin 1 (1959) S. 389.
MASING, W.: Ein Verfahren zur statistischen Auswertung kontinuierlich anfallender Meßwerte. Textil-Praxis 10 (1955) S. 357.
— Apparative Hilfsmittel zur statistischen Auswertung technischer Meßergebnisse. Qualitätskontrolle 1 (1956) S. 1.
MOORE, P. G.: Some Properties of Runs in Quality Control Procedures. Biometrika 45 (1958) S. 89.
— Normality in Quality Control Charts. Applied Statistics 6 (November 1957) S. 171.
MORAN, P. A.: Partial and Multiple Rank Correlation. Biometrika 38 (1951) S. 26.
MORRISON, J.: The Lognormal Distribution in Quality Control. Applied Statistics 7 (November 1958) S. 160.
PROSCHAN, F.: Testing Suspected observations. Ind. Quality Control 13 (Juni 1957) S. 14.
RAISON, J.: Les Principaux Tests Non-paramétriques. Quelques Généralités et Références Bibliographiques. Revue Statist. Appliquée 7 (Januar 1959) S. 83.
REYNOLDS, J. H.: Controlling the Control Laboratories. Ind. Quality Control 11 (Juli 1954) S. 12.
ROSSOW, E.: Anwendung statistischer Verfahren für die Güteüberwachung und Werkstoffentwicklung. Stahl u. Eisen 71 (1951) S. 649.
— Anwendung statistischer Versuchsplanung zur Genauigkeitssteigerung bei Werkstoffprüfungen, besonders bei der Härteprüfung. Werkstatt u. Betrieb 88 (1955) S. 425.
— Zur Versuchsplanung zur Klärung von Werkstoff- und Wärmebehandlungsproblemen. Härterei-Techn. Mitteilg. 7 (1955) S. 29.
ROSSOW, E., u. P. LEINWEBER: Beitrag zur Vereinheitlichung von Stichprobenvorschriften. Qualitätskontrolle 3 (1958) S. 39.
SOMMERVILLE, P. N.: Tables for Obtaining Non-parametric Tolerance Limits. Annals Math. Statist. 29 (1958) S. 599.
STANGE, K.: Die zeichnerische Behandlung von Plänen für messende Prüfung. Metrika 1 (1958) S. 111.
— Die Berechnung von einseitigen Toleranzgrenzen aus Mittelwert und Standardabweichung einer Probe. Qualitätskontrolle 3 (1958) S. 85.
— Pläne für messende Prüfung. Qualitätskontrolle 5 (1960) S. 2.
TUKEY, J. W.: Comparing Individual Means in the Analysis of Variance. Biometrics 5 (1949) S. 99.

b) Textil

VAN DEN ABEELE, A. M.: Contribution to the Study of Irregularity of Yarns, Rovings and Slivers. J. Textile Inst. 42 (1951) S. P 162.
AKUTOWICZ, F., u. H. M. TRUAX: Establishing Control of Tire Cord Testing Laboratories. Ind. Quality Control 13 (August 1956) S. 4.
ANDERSON, S. L.: A Simple Method of Comparing the Breaking Loads of Two Yarns. J. Textile Inst. 45 (1954) S. T 472.
BARELLA, A., u. L. VIERTEL: Quality Control in Cotton Spinning and Weaving. Some Practical Results. J. Textile Inst. 48 (1957) S. P 520.
BARKER, A. G., K. W. HILLER u. R. W. WORDWARD: An Analysis of Results of Visual Tests of Textile Yarn. Applied Statistics 3 (Januar 1954) S. 12.

DE BARR, A. E., u. P. G. WALKER: Fibre Distribution in Blended Yarns. A Summary and Discussion. J. Textile Inst. 49 (1958) S. P 353.

BECHNER, E. R.: Statistical Quality Control in Filament Weaving Plant. Textile World 105 (Mai 1955) S. 131.

BONA, M.: Corrélation Diamétre/longueur et Corrélation Aire/longueur pour la Fibre de Laine. Revue Statist. Appliquée 6 (April 1958) S. 81.

BRENY, H.: Calculation of the Variance-Length Curve from the Length-Distribution of the Fibres. J. Textile Inst. 44 (1953) S. P 1.

BÜLOW, U., u. ST. HORRDIN: Errors in the Assessment of Colour Fastness. J. Soc. Dyers Colourists 73 (1957) S. 459.

COOPER, D. L., u. J. G. MILLER: The Accuracy of Work Measurement. J. Textile Inst. 47 (1956) S. T 613.

COPLAN, M. J., u. W. G. KLEIN: A Study in Blended Woollen Structures. Amplification and Extended Applications of the Theory of Blend Statistics. Textile Research J. 26 (1956) S. 914.

COPLAN, M. J., C. A. LERMOND u. R. A. KENNEY: An Index of Blend Irregularity and its Practical Use. J. Textile Inst. 49 (1958) S. P 379.

COX, D. R.: Some Statistical Aspects of Mixing and Blending. J. Textile Inst. 45 (1954) S. T 113.

CUMMING, I. G.: Some Statistical Observations on the Estimation of Fibre Strength. J. Textile Inst. 48 (1957) S. T 143.

ENRICK, N. L.: Laufende Veröffentlichungen im „Modern Textiles Magazine" ab 1953.

— Qualitätskontrolle durch statistische Methoden. Reyon-Zellwolle-Chemiefasern 7 (Februar 1957) S. 107 und später.

— Survey of Control Chart Applications in Textile Processing. Textile Research J. 26 (1956) S. 313.

ENRICK, N. L., u. W. D. HICKS: Variations in Roving Weight Introduced by the Slubber. Textile Research J. 28 (1958) S. 564.

FLEURY, J. P., u. TH. REITZER: La Reproducibilité des Mesures de Degré de Polymérisation dans la Cupriéthylènediamine et de Gonflement sur la Fibranne Viscose-Interprétation Statistique des Résultats. Revue Statist. Appliquée 5 (1957) S. 33.

FURUTA, K.: Methoden der Qualitätsüberwachung bei der Herstellung von Chemiefasergeweben in Japan. Textil-Praxis 12 (1957) S. 139.

GARNER, N. R.: Studies in Textile Testing. Ind. Quality Control 12 (Mai 1956) S. 44.

GERBER, F.: Die Multimomentaufnahme und ihre Anwendung zur Bestimmung der Verteilzeit und der Belastung in der Weberei. Textil-Praxis 12 (1957) S. 547.

GIESEKUS, H.: Die statistische Analyse der Garn- und Fadenungleichmäßigkeit. Faserforschg. u. Textiltechn. 10 (1959) S. 275.

GLASKIN, A.: Statistical Methods in Hosiery Industry. Hosiery Trade J. 60 (1953) S. 50.

GOOSSENS, L.: Laufende Veröffentlichungen in „Rayonne" ab 1948.

GRÁF, U., u. H.-J. HENNING: Zum Ausreißerproblem. Mitteilungsblatt Mathem. Statistik 4 (1952) H. 1.

— Der statistische Vergleich von Streuungen bei textilen Untersuchungen. Textil-Praxis 7 (1952) S. 815.

— Statistische Auswertung (Vertrauensgrenzen, Stichprobenumfang und Auswahl der Meßwerte bei inhomogenem Material). Melliand Textilber. 34 (1953) S. 37.

GREGORY, G.: Statistical Quality Control: A Review of Continuous Sampling Plans. J. Textile Inst. 48 (1957) S. P 467.

GROSBERG, P., u. PALMER, R. C.: On the Determination of the B-L-Curve by Cutting and Weighing. J. Textile Inst. 45 (1954) S. P 291.

GROSBERG, P.: The Medium and Long-term Variations of a Yarn. J. Textile Inst. 46 (1955) S. T 301.

GRUONER, S.: Entstehung und Erfassung von Nummernschwankungen. Melliand Textilber. 40 (1959) S. 483.

GÜTTLER, H.: Zur Auswertung von Scheuerprüfungen am Garn. Textil-Praxis 14 (1959) S. 1208.

HANNAH, M.: Statistical Tests of Colour Blending in Rovings-Comparison. J. Textile Inst. 47 (1956) S. T 236.

HENNING, H.-J.: Zufallseinflüsse beim Zählen von Stillständen, Brüchen und Fehlern. Textil-Praxis 11 (1956) S. 361.

— Statistische Methoden bei der Bewertung der Garnungleichmäßigkeit. Melliand Textilb. 36 (1955) S. 702.

HENON, R.: Classement des Peignées d'après la Finesse. Influence chiffrée de ces Qualitées sur la Filature. Revue Statist. Appliquée 2 (1954) S. 151.

HILL, H. M., u. WHEELER, D.: A Designed Experiment to Evaluate Seven Yarn Lubricants. National Convention Transact. Amer. Soc. Quality Control, 1958, S. 245.

HODARA, H., u. R. HODARA: Méthodes Statistiques Appliquées dans l'Industrie Textile: Exemples de Recherches des Causes de Variabilité des Fabrications. L'Analyse des Variances. Revue Statist. Appliquée 1 (1953) S. 67 u. 2 (1954) S. 157.

HOWORTH, S., u. P. H. OLIVER: The Application of Multiple Factor Analysis to the Assessment of Fabric Handle. J. Textile Inst. 49 (1958) S. T 540.

KEMP, K. W.: An Optical Periodograph for Use in the Analysis of Continuous Measurements. Applied Statistics 6 (November 1957) S. 208.

KIRSCHNER, E.: Die Prüfung der Garnreinheit. Textil-Praxis 13 (1958) S. 1213.

KLEINER, G.: Die Multimomentaufnahme in der Spinnerei. Z. ges. Textilind. 60 (1958) S. 305.

KLOCK, R. G., u. C. W. CARTER: How Bigelow-Sanford Found 2000 Yards of „Lost" Carpet. Textile World 103 (Juni 1953) S. 129.

KÖB, H.: Das Bild der optimalen Garngleichmäßigkeit. Textil-Praxis 8 (1953) S. 835.

— Neue Erkenntnisse aus dem Gebiet der Baumwollspinnerei. Textil-Praxis 10 (1955) S. 11.

— Laboratory Investigation of Methods for the Determination of Shrinkage on Washing of Woven Rayon and Synthetic Fibre Fabrics. J. Textile Inst. 44 (1953) S. S 5.

LEZINSKI, S. E.: Quality Control of Visual Characteristics in Carpet Manufacture. Ind. Quality Control 10 (Juli 1953) S. 13.

LOHSE, H.: Der Statifix, ein Hilfsmittel zur Bestimmung statistischer Kennwerte. Textil-Praxis 10 (1955) S. 289.

LORD, E.: Air Flow through Plugs of Textile Fibres. II. The Micronaire Test for Cotton. J. Textile Inst. 47 (1956) S. T 16.

LUND, G. V.: A Comparative Study of the Regularity of Rayon Staple Yarns Spun on Different Spinning Systems. J. Textile Inst. 43 (1952) S. T 299.

— Fibre Blending. Textile Research J. 24 (1954) S. 759.

MAILLARD, F., O. ROEHRICH u. E. AMOUROUX: Étude de la Régularité des Tissus en Fonction des Différentes Régularités des Fils de Laine. Bull. Inst. Textile France, No. 62 (August 1956) S. 7.

MARTIN, H.: Statistische Qualitätskontrolle in der Spinnerei. Deutsche Textiltechnik 8 (1958) S. 572.

MARTIN, H.: Zum Thema: „Mittelwert und Streuung von abgeleiteten Größen",
     angewandt auf die Berechnung der Reißlänge. Faserforschg. u. Textiltechn. 10
     (1959) S. 172.
MARTINDALE, J. G.: A Review of the Causes of Yarn Irregularity. J. Textile
     Inst. 41 (1950) S. P 340.
MASING, W.: Ein Schnellverfahren zur Gewinnung der Streuungs-Längen-
     (variance-length-)Kurve eines Gespinstes mit elektronischen Mitteln. Textil-
     Praxis 10 (1955) S. 1237.
MESKAT, W., u. R. BORGES: Die gleichzeitige Prüfung eines Kollektivs aus textilem
     Material mit dem Harfenreißgerät. Faserforschg. u. Textiltechn. 8 (1957)
     S. 317.
     Method of Testing Water-Repellency of Fabrics Permeable to Air Using a
     Bundesmann-Type Apparatus. J. Textile Inst. 49 (1958) S. P 255.
MONFORT, F.: Estimation of the Length of Wool Fibres in Combed Slivers by
     Wool Experts. J. Textile Inst. 44 (1953) S. P 29.
— Application of Control Charts to the Control of Count in Worsted Spinning.
     J. Textile Inst. 47 (1956) S. P 111.
MUTSCHLER, H.: Der praktische Gebrauch der Kontrollkarte in der Dreizylinder-
     Spinnerei. Textil-Praxis 9 (1954) S. 12.
NEWBERY, R. G.: Some Practical Aspects of the Implementation of Control
     Charts in Spinning Mills. J. Textile Inst. 49 (1958) S. P 229.
— Some Aspects of Quality Control in Cotton Textiles. Applied Statistics 8
     (1959) S. 1.
ONIONS, W. J., u. A. G. HAMPSON: Tests of Colour Blending in Rovings. J. Tex-
     tile Inst. 47 (1956) S. T 234.
PEAKE, R. E.: Planning an Experiment in a Cotton Spinning Mill. Applied Sta-
     tistics 2 (1953) S. 184.
PICARD, H. C.: The Irregularity of Slivers. J. Textile Inst. 43 (1952) S. T 251.
SCHNEIDER, J.: Vertrauensgrenze und Aussagesicherheit. Melliand Textilber. 40
     (1959) S. 256.
SCHÖN, K.: Stichprobenpläne für Variable, Einsatz und Erfahrungen in der
     Textilindustrie. Qualitätskontrolle 4 (1959) S. 133.
SCHUBERT, C.: Die statistische Auswertung von Meß- und Prüfergebnissen als
     Hilfsmittel für die Überwachung von Fertigungsvorgängen. Melliand Textil-
     ber. 38 (1957) S. 729.
SITTIG, J.: Standardization of Garments Sizing by Statistical Methods. Bulletin
     Internat. Statistic Inst. 34 Teil 4 (1955) S. 307.
STOCKBRIDGE, H. C. W., u. K. W. L. KENCHINGTON: The Subjective Assessment
     of the Roughness of Fabrics. J. Textile Inst. 48 (1957) S. T 26.
STOUT, H. P.: Conformity Limits in Specifications. J. Textile Inst. 45 (1954) S. S 6.
STOUT, H. P., u. F. STERN: Single-thread Breaking Load and the Winding Test.
     J. Textile Inst. 47 (1956) S. T 621.
STRAUCH, H.: Ziel und Methoden der modernen Güte- und Prozeßüberwachung
     (Statistische Qualitätskontrolle). Wirkerei- und Strickerei-Technik (1956)
     H. 8, S. 18.
SULSER, H.: Theoretische Grundlagen für die Beurteilung der Ungleichmäßig-
     keit von Garn. Textil-Rdsch. (St. Gallen) 7 (1952) S. 464.
SWITLYK, G.: The Statistical Approach in Developing Test Methods. Americ.
     Dyestuff Reporter 47 (1958) S. 628.
     Testing in the Worsted Mill: The Control of Topmaking. Wool Science Re-
     view Nr. 12 (1954) S. 44.
THORNDIKE, G. H., u. A. BREARLEY: Possibilities for Systematic Control in
     Wool Yarn Production. J. Textile Inst. 44 (1953) S. P 794.

TIPPETT, L. H. C.: Statistical Methods in Textile Research. Teil 1, J. Textile Inst. 21 (1930) S. T 105; Teil 2 ebendort 26 (1935) S. T 13 und Teil 3, ebendort 26 (1935) S. T 51.

TOWNSEND, M. W., u. D. R. Cox: The Analysis of Yarn Irregularity. J. Textile Inst. 42 (1951) S. P 107.

VASWANI, S.: Statistical Aids in Locating Machine Differences. Ind. Quality Control 11 (Januar 1954) S. 52.

— Quality Control in the Blowing Room and its Effect on Production in Subsequent Departments. J. Textile Inst. 45 (1954) S. P 16.

WEBB, R. W., u. H. B. RICHARDSON: Neps in Card Webs as Related to Six Elements of Raw Cotton Quality. Washington, US Department of Agriculture 1951.

WEGENER, W., u. H. PEUKER: Die CB(L)-Längenvariation. Textil-Praxis 12 (1957) S. 980.

— Beziehungen zwischen dem Warenbild, der CB(L)- und der CB(F)-Charakteristik. Textil-Praxis 13 (1958) S. 261.

— Einfluß des Titers von Chemiefasern auf die Ungleichmäßigkeit des Garnes und auf die des Warenbildes. Reyon, Zellwolle und andere Chemiefasern 8 (1958) S. 735.

WEGENER, W., u. W. ZAHN: Die Längenvariations-Charakteristik in der Spinnerei. Melliand Textilber. 36 (1955) S. 686.

WEINER, L. I., u. S. J. KENNEDY: Field Testing and Correlation of Laboratory and Field Test Data. J. Textile Inst. 44 (1953) S. P 433.

WHITWELL, J. C., u. J. H. WAKELIN: Moments of Distribution and their Interrelation. Textile Research, J. 28 (1958) S. 929.

WIGGERS, B. G.: Statistik und statistische Qualitätskontrolle in der Textilindustrie. Textil-Praxis 9 (1954) S. 3.

WILSON, CH. C.: Textile Quality Analysis. Ind. Quality Control 12 (Dezember 1955) S. 14.

WINKLER, FR.: Über Fehlschlüsse bei Verteilungsfunktionen. Faserforschg. u. Textiltechn. 8 (1952) S. 323.

— Über die Berechnung des Mittelwertes und das Gesetz der Fehlerfortpflanzung bei textilen Untersuchungen. Faserforschg. u. Textiltechnik 4 (1953) S. 58.

VAN ZWET, C. J.: A Method for the Calculation of the CB(L)-Curve. J. Textile Inst. 46 (1955) S. P 794.

Namen- und Sachverzeichnis